도시계획

도시계획

1판 1쇄 인쇄 2006년 12월 5일
1판 1쇄 발행 2006년 12월 10일

편저자 | 萩島 哲
공역자 | 소명식, 조광희, 신인중, 유헌석
발행인 | 김병계
발행처 | 도서출판 보문당
등록 | 1990년 6월 15일(제1-1066호)
주소 | 서울시 마포구 신수동 448-6 우) 121-110
전화 | 704-7025 / 704-0635
팩스 | 704-2324
홈페이지 | http://www.bomoondang.co.kr
전자우편 | bmdpub@empal.com
표지 · 본문디자인 | 디자인이유 02. 3142. 9831

값 17,000원
ISBN 89-89-8413-125-3 (93530)

*파본이나 잘못된 책은 교환하여 드립니다.

도시계획

萩島 哲 편저
소명식, 조광희, 신인중, 유헌석 공역

普文堂

대학에서의 도시계획강의는 건축계열을 포함하여 토목계열 게다가 도시공학계열, 사회공학계열의 학과까지 개설되어지고 있다. 취급하는 대상과 연구분야는 종래에 비해서 대단히 큰 폭으로 확대되었으며 도시설계, 토지이용계획, 마을만들기, 경관설계와 더불어 컴퓨터의 활용수법 등의 각론의 논의가 필요하게 되어졌다.

따라서 많은 건축학과의 학생은 4~5년간에 1~2과목의 도시계획 관련의 강의를 이수하거나, 전문과목으로 보다는 건축학 중에서 개론으로서의 도시계획을 배우는 것에 지나지 않고 있다. 따라서 현대의 사회가 요구하는 도시계획을 짧은 시간 안에 강의하기에는 한계가 있다. 대학원에 입학해서야 본격적으로 도시계획을 하게되는 실정인 것이다.

본서에서는 현 상황에서 학부에서 배워야만 할 기본적인 도시계획에 대해 해설한 것으로 다음의 4가지 요점을 집필의 방침으로 하고 있다. 첫째는 건축학과의 학부학생에 대하여 1학기간의 도시계획의 강의에 활용되어지도록 하는 것, 둘째는 기본적으로 상세하고 총체적으로 해야 할 것, 셋째는 규범적인 사항을 서술하는 것, 넷째는 지방자치단체에서 책정되어진 사례의 도면을 입수하여 도시계획의 도면을 통해서 이해를 돕도록 하는 것이다. 또한 일반사회인들과 초심자 · 실무자에게도 읽혀질 수 있도록 배려하였다.

본서의 집필자는 여러 분야에서 연구논문을 발표하고 있는 10명의 대학관계자분들이다. 집필자의 열의에 의해서 해당 분야의 내용이 깊이가 있게 서술되었다.

본서를 텍스트로서 활용하려는 선생님들께서는 본서의 내용중에서 필요 내용을 잘 선택해서 활용해 주시기를 부탁드리는 바이다.

본서의 구성은 다음과 같다.

제1장은 도시계획의 개념과 사회적 역할에 관하여 서술하였다. 도시의 정의와 계획의 기본 방법을 해설하였다.

제2장은 역사적인 도시를 사례로 들어 그 속에서 배울 수 있는 도시계획, 도시디자인 방법을 서술하였다. 즉 도시계획의 기본적인 사항을 해설하였다.

제3장은 도시의 종합계획과 지자체의 도시계획 마스터플랜에 관하여 기술하였다. 비슷한 용어이지만 내용이 다르다. 양자의 기본적인 특징과 상이점, 양자의 계획수법 등에 관하여 해설하였다.

제4장부터 제10장까지는 도시계획 각론이다. 제4장은 도시의 토지이용계획의 수법에 관하여 서술하였고, 토지이용계획수법과 각종 용도별 토지이용을 고려한 원칙을 해설하였다.

제5장은 주 환경정비와 지구단위의 도시계획 수법에 대하여 서술하였고, 소단위 마을만들기의 다양한 계획수법에 관하여 서술하였다.

제6장은 도시개발과 도시재개발 프로젝트의 사례를 중심으로 소지구의 계획을 해설하였다.

제7장은 도시의 교통계획에 관하여 서술하였다. 교통기관, 교통조사, 교통수요 등 도시의 교통에 관한 기본적인 사항을 해설하였다.

제8장은 도시에 있어서 보행자 공간의 역할에 관하여 서술하였다. 보행자 공간의 역사와 다양한 공간의 형태, 주택지나 상업지에서의 보행자 공간의 설치방법에 관하여 해설하였다.

제9장은 도시 환경계획과 공원, 녹지계획이다. 환경계획의 기념, 환경계획의 수법, 오픈스페이스의 종류와 기능 또한 환경계측과 평가에 관하여 서술하였다.

제10장은 경관의 평가와 계획에 관하여 서술하였다. 경관계획을 위한 조작지표의 사례, 지자체가 작성하는 경관마스터플랜의 도면구성 등에 관하여 해설하였다.

제11장부터 제13장까지는 도시의 제 현상에 관하여 조사분석, 계획한 것을 표현하기 위한 수법을 해설하였다. 제11장은 도시현상을 계측하기 위한 조사나 자료수집의 방법, 데이터베이스 작성에 관하여 해설하였다.

제12장은 도시를 파악하고 예측하는 수법에 관하여 서술하였다. 사례를 들면서 다변량분석방법 등에 의한 분류나 예측하는 방법 등에 대하여 해설하였다.

제13장은 도시계획과 멀티미디어의 활용에 관하여 서술하였다. 이것은 컴퓨터의 발달과 적용이 도시계획분야에도 영향을 주는 것으로 특히 1장을 염두에 두고 최근의 동향을 해설하였다.

제14장은 도시계획을 시험하기 위한 제도 또는 실행조직의 개념을 서술하였다. 이것은 도시계획을 공부하는 학생이 활약할 수 있는 분야를 알려주기 위한 것이다. 마지막으로 제15장은 미래의 도시계획 즉 지방분권화, 정보화, 고령화 사회로 나아갈 때의 도시계획상으로 고려할 수밖에 없는 기본적인 사항에 관하여 해설하였다.

이상이 본서의 대략적인 내용이다. 본서가 도시계획 교과서로서 널리 활용되기를 바란다. 한편 참고문헌에 있어서 인용을 기록하지 못한 경우가 있을지도 모른다. 왜냐하면 인상에 남는 문헌들을 그 즉시 메모해서 강의에 사용했고, 그것을 문장화했기 때문에 교과서를 집필할 때에 빠진 문헌이 있을 수 있다. 이런 경우가 적지 않을 것이라고 생각한다. 여러 선학들의 연구를 참고했으나 일일이 선학들의 이름을 기록하지 못한 것에 대하여 죄송스럽게 생각한다.

| 차 례 |

Chapter 1

도시계획의 개념과 사회적 역할

본 장에서는 도시 및 도시계획의 정의, 도시계획의 역할, 도시의 계획이 포함해야 할 기본적 내용에 대해서 기술한다.

1.1 도시란 무엇인가

1.1.1 경제 사회적인 의미에서의 도시의 발생

아득한 옛날, 인간이 지구상에 등장했던 세계까지 거슬러 올라간다고 하면, 당시의 사람들은 자연에 존재하는 과실 또는 수렵을 기본으로 방목과 유목의 생활을 했었다고 할 수 있다. 그것은 자연이 준 혜택만으로 생활하는 시대이다. 풍부한 자연의 혜택은 전적으로 자연조건에 의해 만들어졌으며, 지리적으로는 하천 또는 바다, 또는 삼림지대에 존재하고 있었을 것이다. 그들 자연의 은혜를 찾아서 이동해서 먹고, 그것이 없어지면 새로운 장소를 찾아 이동하는, 먹을 것을 뒤쫓아가는 생활이다. 그런 상황에서는 주거가 일정한 장소에 고정되지 않는, 말하자면 정착까지는 이루어지지 않는 단계이다.

다음으로 때마침 있는 열매가 대지에 떨어져 그것이 자라나는 상태를 발견했을 때, 일정기간에 동일한 장소에서 의식적으로 거주를 정했다. 그곳에 거주를 하게 되면, 그 일정기간 후에는 확실하게 식물을 입수할 수 있다는 것을 학습했다. 그렇게 하면 인간은 정착하여 사는 것이 가능하게 된다. 적어도 그들을 육성하면 그 후 확실하게 음식물을 획득할 수 있기 때문이다. 정시의 식사, 단백질이 풍부한 식사이다.

그러나 그것만으로는 취락을 형성하지 않는다. 취락을 형성하는 계기는 당시의 자연적 조건, 다시 말하면 풍우나 재해 등에 대해 개인의 힘으로 극복할 수 없어, 집단으로 그것을 방어할 필요성이다. 그에 따라 사람들은 취락을 형성해 정착하여 살게 되었다. 그것이 아득한 옛 시대의 「고대도시」의 성립이었다.

이상과 같은 유목생활로부터 취락을 형성하기까지의 기간은 지극히 단기간이었을지도 모르고, 어떤 지역에서는 장기간이었을지도 모른다. 그러나 취락을 형성하는 과정은 상기와 같은 것이었다고 예상된다.

대지에 노동을 가해 생활을 위한 양식을 얻는 농업을 중심으로 한 취락은 취락 안에서 차례로 농업생산을 높이기 위해 농업기술의 발전을 촉진한다. 한 명의 지혜에서 세 명의 지혜, 더욱이 집단의 지혜와 경험은 농업기술의 발전을 촉진했다. 그리고 마침내는 농기구 관련의 생산의 발전이 직접적으로 농업에 종사하지 않는 사람들에게 내주기만 하는 잉여농산물을 확보했다. 그러함에 따라 오로지 농기구 생산에만 종사하는 생산자를 만들어내었다.

또한 그것이 구역 내에서 취락 밖의 사람들을 위한 농기구 생산을 중심으로 하는 공업을 발생시켰다. 그들은 그 취락 내에 집중해서 중심적인 취락이 발생하는 게 된다. 뒤이어 그 밖의 공업생산을 맡는 사람이 취락을 형성해 가며 공업도시가 형성된다. 즉 농업을 중심으로 한 취락(농촌)이 아니라, 공업에 종사하는 사람을 중심으로 형성된 취락이 도시 발생의 원점이다. 산업혁명기 이후에 발생한 「공업도시」가 문자 그대로의 「도시」이다. 이것이 「도시」와 「농촌」의 결정적인 분리이다.

다음으로 공업생산에 종사하는 사람부터 생산을 위한 원료, 제품의 이동과 출입, 상품의 판매, 무역 등을 위하여 유통관련에 종사하는 사람들이 발생한다. 그들이 집중해서 형성된 것이 「상업도시」이고, 거기에 생산의 관리기능과 금융의 거래가 집중되고, 중추 관리적 기능을 가지는 「중추관리도시」가 출현하게 된다.

물론 지형이나 역사적 배경의 차이, 정치형태, 생산 · 유통의 형태에 따라 다양한 도시의 형태가 있을 수 있지만, 그 도시형성의 골격은 이상과 같다.

1.1.2 행정적인 의미로서의 도시

일본에서의 행정단위로서의 「시(市)」는, 지방자치법 제8조에 이하와 같은 정량적인 기준에 의해 규정되어 있다.

(1) 시(市)

시의 조건으로서, ① 인구 5만인 이상(1954년 이전에는 3만인 이상), ② 중심시가지를 형성하고 있는 구성시의 호수가 전 호수의 6할 이상, ③ 상공업 그 밖의 도시적 형태의 업에 종사하는 자, 또한 그들과 동일세대에 속하는 자의 수가 전 인구의 6할 이상, ④ 해당 도(都)도(道)부(府)현(県)의 조례에서 정하는 도시적 시설과 그밖에 도시로서의 요건을 구비하고 있는 것을 들 수 있다.

①과 ②는 촌락을 형성하고 있는 것, ③은 공업 혹은 상업 · 유통 등 도시적 활동에 종사하고 있는 사람이 많은 것, ④는 이상에 의해 규정할 수 없는 특징을 가

질 경우에 시제(市制)를 인용할 수 있다는 것을 규정하고 있는 것이다. 이상의 규정에 의한 행정상의 시는 670시(1998년)이다.

인구 규모에 따라 도시를 분류하는 경우가 있어 대도시, 중소도시가 있다.

(2) 시가지

중심시가지를 생각하는 방식은 다음과 같은 방식이 있다.

즉 경제활동의 초점(생산과 생활의 집적지)이며, 물적 시설의 집적지이다.

중심시가지를 표현하는 지표에 편의적으로 인구집중지구(DID)라는 방법이 있다. 이것은 국세조사에 의한 「인구집중지구」의 정의 DID(Densely Inhabited District)이며, ① 인구밀도 40인/ha 이상의 조사구(조사구라는 것은 약 50세대의 구역을 하나의 단위로 한다)이고, 또한 상호간에 인접하여 5000명 이상이 되는 지구이다.

통상 시가지라고 부를 때는 이 정의에 따른다.

또한 이 글에서는 행정상으로 정의된 「시」를 도시라고 부르기로 한다.

1.1.3 도시의 기능

먼저 인구가 많다는 것, 주민이 많이 살고 있다는 것은 도시의 하나의 성립 요건이었다.

도시의 기본적 기능은 생산 · 유통에 관련되는 모든 기능과 재생산, 다시 말해 생활에 관련되는 모든 기능이다. 주민이 수입을 얻는 생산이나 유통 등의 일하는 장소가 없으면 생산은 성립하지 않는다. 다시 말하면 직장의 존재가 도시에 있어서 제 1의 기능이다.

다음으로 일하는 주민이 생활하는 장소, 주택이 필요하다. 이것이 없으면 무주택생활(homeless)이 되어 도시주민의 생활은 성립하지 않는다. 주거한다고 하는 것은 제 2의 기능이다.

또, 주택에서 직장에 일하러 가는 이동이 있다. 다시 말해 교통의 기능이 필요하며, 이것이 제 3의 기능이다.

게다가 직장이나 생활하는 일상생활 중에 있어, 정신을 회복하는 레크리에이션에 관련된 기능도 중요하다. 이것이 제 4의 기능이다.

물론, 어느 도시에 직장이며 주택을 소유하지 않은 「사람」이 관광으로서, 혹은 교류를 위해 방문하는 일도 적지 않다. 그러나 상기의 네 개의 기능이 그 도시에 존재하지 않는 한, 이들의 방문자들은 도시 속에 파고들 수 없다. 이런 의미에서, 「일한다」 「생활한다」 「레크리에이션」 「교통」이라고 하는 네 개의 기능을 제안한 CIAM의 아테네헌장은 오늘날에도 유효하다.

물론 도시의 실태는 그 주민이 생활하는 지역으로서, 직장과 주거 이외에 생활을 유지하기 위한 교육, 보건, 오락, 쇼핑, 행정 그 밖의 여러 가지의 서비스, 레크리에이션을 위한 운동장이나 공원이라고 하는 사회적 공동시설과 그들을 연결하는 교통기관이나 상하수도, 가스, 전기라고 하는 공급시설의 네트워크를 짜 맞춘 복잡한 구조물이다.

따라서 네 개의 기본적인 기능을 베이스로 하면서 거기에 부수되는 부차적인 기능이 포함되어 있다.

1.2 도시계획이란 무엇인가

계획이라는 것은 「미래의 일에 관한 현재의 의사결정이다」(드러거)라고 한다. 현재의 의사결정은 장래의 행동을 결정한다. 현재 시행하는 계획은 수년 후에 실현되어, 그 후의 도시의 형태, 구조에 영향을 준다. 따라서, 종합적, 장기적인 전망을 가진 계획이 필요하다. 계획이라는 것은 「장래에 마땅히 그러해야 할 모습을 구상해, 거기에 이르는 과정(process)을 검토해, 현재의 당면 시책을 입안(立案)하는 것」(西山卯三)이다. 즉 ① 장래에 그러해야 할 형태의 입안, ② 프로세스 계획의 입안, ③ 당면 계획의 입안의 세 개가 「계획」의 구성요소이다.

따라서 도시계획이라는 것은 ① 도시의 장래의 그러해야 할 모습을 구상해, ② 그 도시상(像)을 향하여 나아가야 할 프로세스를 표시하여, ③ 당면 실시해야 할 도시의 계획을 입안하는 것이다.

구체적으로는 도시에 있어서의 생산, 거주, 레크리에이션 등의 활동을 원활히 하기 위해, 건축물 등의 시설 내용, 규모, 배치 및 도로, 철도, 항만, 공원, 상하수도를 종합적으로 계획하는 기술을 말한다.

도시계획이라는 것은 도시라고 하는 물적(物的)인 생활공간을 어떻게 만들어 갈 것인가 라고 하는 문제에 대한 계획적인 적절한 대처이다. 결국 도시라는 생활공간의 물적인 구성(「물리적(physical)」이라고도 한다)의 계획이다.

물론 여기에 「물적」이라고 하는 것은 그 이외의 거기서 영위되는 생활이나, 그 계획을 만들어내기 위한 사람들의 활동으로부터 그것을 떼어내어 생각한다는 것이 아니다. 단지 물적인 환경이나 시설은 하나의 공간에 있는 시점에서 하나밖에 존재할 수 없다는 공간의 특질에서부터, 동시적으로 존재하는 다양한 환경이나 시설의 공간적 정합성(整合性)이라는 문제에 대해서 언제나 특별한 계획적 대처를 필요로 한다. 이런 의미에서 도시의 활동을 예측하여, 이것을 계획적으로 유도 · 제어해 가는 일이 도시계획이라고 불리는 것이다.

1.2.1 도시계획의 필요성

그러므로, 도시는 그것을 움직여 가는 메카니즘을 종합적으로 포착한 다음, 도시 전체로서 계획적으로 만들지 않으면 안 된다. 인류가 고도의 문명사회를 영위해 가기 위해서는 도시계획은 중요한 일이다.

완전한 처녀지에 만들어진 브라질의 수도 브라질리아, 혹은 뉴타운에 나타나는 광대한 주택도시 등과 같이 하나의 도시가 완전히 새롭게 만들어진 경우에는 도시계획이 필요함을 첫 눈에 알 수 있다. 거기서는 구석구석에 이르는 건설주체가 세우는 도시계획에 따라서 만들어지는 것이 가능하다.

한편으로, 현대의 많은 도시들은 이미 그곳에 존재하고 있어, 그 중에서 각기 다른 목적을 가진 여러 주체들의 끊임없는 건설에 의해 도시는 고쳐지고 만들어져 가고 있다.

단지 그것이 조화를 계속 유지하여, 바람직한 지역공간이 자동적으로 만들어진다는 보증은 없다. 지역생활을 위해 당연히 필요한 것이 만들어지지 않았다거나, 주민을 위협하는 것과 같은 것이 만들어져, 도시가 효율적이지 못한 것이 되어, 혹은 생활을 계속해 가는 것이 불가능한 생활공간이 되는 일조차 생긴다. 이것에 대한 계획적인 적절한 대처가 필요하게 되는 것은 당연하다.

1.2.2 도시계획에 임하는 자세

일반적으로 개인이 어떤 행위를 할 때, 그 개인은 어떤 「계획」을 가지고 실행한다. 어느 개인이 자신의 소유지에 「계획」을 하여 그것에 기초하여 실현하는 것은 자유이다. 그것은 사회적 영향이 적은 경우에 한한 것으로 개인의 자유로운 건설활동이며, 이 건설의 「계획」은 용인된다.

그러나, 개인과 기업의 활동은 주변환경에 영향을 주고, 그 결과는 도시 전체의 활동에 영향을 줄 수도 있다. 따라서 도시의 종합적인 골격을 파악한 후에 부분적인 계획이 필요하다. 이 계획기술이 도시계획이다.

이 「도시계획」을 공부하여 연구하는 것이 우리들의 역할이다. 이들을 익힌 기술자나 「전문가」는 개인이나 개인소유의 토지를 넘어 타인의 토지며 도시를 「계획」하므로, 일반사회에 대해서 큰 영향을 준다. 따라서, 그 토지나 도시에 대한 깊은 통찰과, 한편으로 도시 전체를 충분히 인지할 수 없는 반성을 가지는 겸허함이 계획하는 「전문가」측에 요구된다.

이것은 때때로 잊어버리기 쉽다. 그러나 「도시계획」의 원점으로서 도시계획을 공부하는 자에게 있어 마음 깊숙이 명심해 둘 필요가 있다.

1.3 도시계획의 사회적 역할

1.3.1 도시문제

현재, 이상과 같이 도시가 형성되어 왔는데, 그러한 동안에 행정은 도시계획을 입안해서 처리해 왔다. 그러나 도시활동의 메카니즘의 파악이 불충분했던 것, 계획을 실시해 가는 체제나 그 시스템이 불충분했던 것, 또 민간의 활동에 대응할 수 없었던 것 등의 이유로 인해, 교통난(교통혼잡, 직장과 주거의 분리에 따르는 주택의 원격지화(遠隔地化), 자동차교통에 의한 소음, 대기오염 등의 공해, 주택문제, 거주환경악화지구의 형성, 근년에는 도심인구의 공동화와 거기에 따르는 상점가의 정체 등의 도시문제가 발생해 왔다.

1.3.2 도시계획과 환경문제

개인이나 기업의 활동, 더욱이 행정에 의한 도시 기반정비는 그 활동의 영향을 깊이 고려하지 않는 한, 각종의 공해를 발생시킨다. 고전적인 대기오염, 수질오염, 진동, 지반침하 등이다. 주변지역의 주민에게 큰 영향을 주고 있다.

각 도시의 계획은 지구(地區), 시(市), 그리고 현(県) 레벨의 공간까지 규정하고 있다.

그것은 지구환경까지 관련된 것이다. 현재 지적되고 있는 지구환경 문제의 원점은 실은 도시의 생활공간에 있다. 생활공간에서 발생하고 있는 환경의 책임량이 현 레벨, 국가 레벨에서 집적되어, 지구 레벨에서 책임의 부담이 증가하고 있는 것이다. 소위 환경문제의 심화와 광역화이다.

어떤 도시의 계획은 지구규모의 문제와 관련되어 있는 것이다. 그를 위해서는 예를 들어 압축된 고밀도의 도시공간, 국정에너지절약 형태의 도시구조를 가지는 도시계획이 필요하다.

1.3.3 도시계획에 있어서 조정의 역할

계획적인 도시를 만들어 가기 위해서는 거기서 생활하는 주민의 의향을 반영하면서, 마을 조성을 진행해 가는 것을 기대할 수 있다. 도시계획에 관계되는 기술자나 전문가는 종합적으로 미래상을 입안하는 능력도 가진 사람인 것이다.

공공적 이익을 위한 계획이 필요하다. 공공적 이익은 한편으로는 직접적으로 이해(利害)가 생기는 주민과 한편으로는 도시 전체에서 간접적으로 이해가 생기는 주민과의 조화가 필요하다. 이를 위해서 행정의 역할이 있다.

계획은 다양한 이익단체의 의견의 조정이라고 하는 측면이 있다. 결과적으로 아무도 납득하지 않는 계획이 실현되는 일도 있다.

「도시계획의 목적은 공공의 이익을 위하여 개발과 토지의 이용을 규제하는 것을 항상 기억하여야 한다. 사적인 이익은 공공의 이익과 일치할지도 모르지만, 보통은 그렇지 않다」. 현실적으로 도시계획과 시민의 권리가 대립하는 경우가 대단히 많고, 통상의 대립이 생겼을 경우, 도시계획은 공공성의 대의명분의 토대로 그 주장이 인정되어, 그 계획목적을 실현해 간다. 그 조정이 도시계획에는 필요하다.

1.4 도시의 종합적인 계획

도시에는 개인이나 기업의 설비투자에 의한 건설활동과 행정에 의한 생활환경을 정비하기 위한 건설활동이 있어, 각각은 장래의 방향을 확정하고 도시의 건설활동을 시행하고 있다. 그러기 위하여 여러 종류의 계획을 입안하고 건설하고 있다.

개인이나 기업으로서는 도시 전체를 고찰한 계획을 작성하는 것은 어렵다. 대상이 되는 부지 및 토지의 계획은 최대한의 이익을 얻기 위한 계획을 입안하기 쉽다. 그러나 개발의 규모가 커져 주민의 의향을 반영하지 않으면, 이익을 얻는 것도 곤란하게 된다.

행정은 주민에 의해 부탁 받은 단체이고, 따라서, 주민의 의사를 무시할 수는 없다. 그래서 시 전체의 합리성을 고찰하면서도, 개별의 요구, 요망을 토대로 계획을 입안하게 된다.

도시의 계획은 법률에 기초한 도시계획의 체계가 있어 행정이 입안한다. 그것에 관해서는 다른 장에서 서술하겠다. 단지, 개인이나 기업, 혹은 전문가도 역시, 도시에 대해서 독자의 제안이 행하여지는 수가 있어서, 임의의 도시계획의 제안은 존재한다. 그것은 행정의 도시계획의 입안에 의해 유효한 지원이 된다. 소지구의 계획에서 도시 전체의 계획까지 민간의 입장에서의 제안은 중요하다. 그래서 방대한 데이터를 다룰 필요가 있어, 그 수집과 해석, 그리고 계획입안을 시행할 능력이 필요하게 된다. 충분한 담당스텝과 경제적 여유가 없으면, 입안하는 것은 현실적으로 곤란하며, 다채로운 전문가로부터 이루어지는 협동작업이 필요하게 된다.

계획입안은 행정에 의해 시행되는 경우가 많고 이것이 일반적이다. 그러기 위하여 행정은 담당직원을 보유하고 있는 것이고, 입안해 가는 일이 의무가 아닐 수 없는 것이다.

거기에는 몇 개의 계획이 있지만, 그 대표적인 것이 종합계획이며, 통상 마스터플랜이라고도 불린다. 이것은 해당 시(市)정(町)촌(村)의 당면 문제와 장래 발생할 문제에 대해서 유효한 시책을 입안해 바람직한 수준을 유지하는 것을 목적으로 하는 계획이다.

이 계획은 그 해당 시(市)정(町)촌(村)에 관련된 다양한 문제를 종합적으로 다루는 장기적인 계획이다. 경제계획, 사회계획, 행정 및 재정 · 추진체재의 계획, 물적 계획의 네 개의 내용에서 구성될 필요가 있다. 시(市)정(町)촌(村)의 특성에 따라서 표현형식은 다르지만 기본적인 계획은 다음 네 가지이다.

1.4.1 경제계획(산업)

해당 시(市)정(町)촌(村)의 경제에 관계되는 문제점의 지적과 과제, 그 방향성을 제시하는 것이다.

① 상업, 공업의 진흥 : a. 고용의 안정
b. 경영진단
c. 새로운 공업입지의 촉진, IC산업의 입지
d. 관광 산업의 활용

② 농업 자원의 활용

1.4.2 사회계획(교육, 문화, 복지)

해당 시(市)정(町)촌(村)의 교육, 문화, 복지에 관련된 문제점의 지적과 과제, 그 방향성을 제시하는 것이다.

① 교육 : 사회교육, 학교교육의 본연의 자세

② 문화 : 문화행사, 문화시설, 축제, 역사적 유산

③ 지역사회 : 인접환경, 생활권의 정비

④ 복지 · 보건 · 위생

1.4.3 행정 및 재정계획

계획을 실현하기 위한 재정상의 뒷받침과 계획을 추진해 가는 방법, 체제를 구상하는 것이다.

1.4.4 물적 계획

통상 물리적(physical) 계획이라고도 불리어지는 것이며, 모든 활동의 결과 반영되는 토지, 건물, 도로 등의 문제점과 그 과제를 추출해서 장기의 계획을 세우는 것이다.

(1) 토지이용계획

도시적 토지 이용 용도의 배치이며, ① 주택지는 밀도에 따른 인구배치, ② 상업 업무지는 도심 · 부도심 지구, 서브 센터, ③ 공업지는 내륙형, 임해형, 도시형 공업, ④ 보전지(保全地)는 주요한 하천, 해변, 호소지(湖沼地), 경승지, 역사적 유산지, 그밖에 보전해야 할 자연지, ⑤ 전원지는 집락지(集落地), 전원지이다.

(2) 교통계획

교통체계의 계획이며 근간 교통시설로서 철도관계는 궤도의 루트(지하철)의 배치, 역사배치, 도로관계는 도시간 고속도로 및 인터체인지, 도시간 간선도로(국도 · 주요 지방도), 도시 내 간선도로의 배치이며, 그밖에 공항, 항만, 버스터미널, 주차장, 자전거 두는 곳 등의 배치이다.

(3) 공원 · 녹지 · 레크리에이션의 계획

이것은 각종 도시 공원, 녹지 및 레크리에이션 시설의 계획이다.

(4) 주요시설 배치계획

주요한 도시시설은 ① 도시시설체계로서 시청청사, 시민회관, 중앙 공민관,

② 교육 · 문화시설로 미술관, 도서관, 대학, ③ 의료 · 복지시설로서 종합병원, 노인복지시설이다. 이들의 규모, 배치의 방침을 제시하는 것이다.

(5) 도시골격형성을 위한 전략적 프로젝트의 배치

대규모로 도시 전체의 골격에 영향을 주는 프로젝트는 기본계획의 단계에서 충분히 검토하여야 한다. 구체적으로는 대규모 복합 상업지, 도심재개발, 주택단지, 공업단지, 리서치 파크, 철도, 항만시설이다. 이들의 규모, 배치의 방침을 제시하는 일이다.

이상과 같이 도시의 전 분야에 걸쳐서 있어야 할 방향을 표시하는 것이 시(市)정(町)촌(村)의 종합계획이며, 다양한 분야에서 성립해 있는 것들이 이해된다. 그 중에서 물적 계획(physical plan)을 주로 담당하는 것이 도시계획을 학습한 기술자, 전문가이다.

1.5 도시계획의 다양한 형식

시(市)정(町)촌(村)의 종합계획을 받아들여 실현시키기 위하여 물적 계획에 관련되는 전 분야의 계획을 비롯하여 하위의 레벨에 상당하는 여러 가지의 계획이 있다. 과제별 계획, 부문별 계획, 지구별 계획, 혹은 거점이 되는 시설을 중심으로 한 계획 등이다. 이들은 이하의 모든 관점을 포함해서 계획할 필요가 있다.

1.5.1 부문별 계획

도시의 특성이나 사회의 요청에 따라 다양한 계획이 존재한다. 예를 들어 시가지정비계획, 주택지계획, 경관형성계획, 역사적 거리의 계획, 보행자공간계획, 환경정비계획, 녹지계획, 도심계획, 공업지계획 등이 있다.

1.5.2 공간규모에 따라 다른 계획

각기 과제가 되는 계획은 대상이 되는 공간의 규모에 따라, 지방계획 등의 상위계획, 도시계획, 이미 정해진 실시계획 등과의 관련, 위치 선정, 정합성을 측정할 필요가 있다. 이들은 상호간에 관련은 되어 있지만, 공간규모로서는 상대적으로 독자의 계획이며, 독자의 계획기술이 필요하다.

① 지방계획(현 종합계획)

② 도시계획(마스터플랜의 물적 계획)

③ 지구별 계획(행정구별, 교구별 혹은 지구별, 거리별 상세계획)의 각 단계가 있다.

1.5.3 시간의 축에 따른 계획

계획을 입안할 때에 목표 연차를 상정할 필요가 있다. 목표 연차의 상정에 따라 도시계획의 내용은 달라진다. 이하와 같이 시간의 축을 고려한 계획이 있다.

① 장기계획(20년 후를 목표)

② 중기계획(10년 후를 목표)

③ 단기계획(5년 후를 목표)

따라서 계획을 입안할 경우, 목표 연차를 상정할 필요가 있다.

1.5.4 구상에서 실시에 이르는 계획

어떤 문제가 발생하여, 그것을 실현해 가는 과정에는 많은 조사, 분석, 과제의 검토, 혹은 계획이 존재해, 시행착오를 반복해 가면서 실시에 이른다. 그 과정에는 주로 다음의 세 단계의 계획이 있다.

(1) 기본구상

목표의 제시이며, 계획의 개념의 표현이며, 설명서, 지표로 표현된다.

(2) 기본계획

토지이용계획, 교통계획, 공원녹지계획 등, 규모가 있는 지도 혹은 설명서로 표현된다.

(3) 실시계획

용도 지역제 등의 규모와 재정의 뒷받침이 있는 사업과 연결시켜 실시하기 위한 계획이다.

1.5.5 요약

이상과 같이 각종의 과제가 되는 계획은 ① 계획의 내용, ② 공간의 규모, ③ 시간의 축, ④ 구상으로부터 실시, 네 개의 측면에서 구성되고 있다.

「계획」은 이들의 다양한 측면의 상호작용을 고려하면서 입안되어야 한다. 어느 공간레벨의 계획은 다른 공간레벨의 다른 부문계획과 밀접하게 엮여 있어, 그들을 고려하면서 계획이 입안되며, 상호의 조정이 필요하게 된다.

따라서 우리들이 계획에 종사할 때, 어떠한 과제를 다룰 것인가, 대상으로 하는 공간규모와 시간 축의 상정, 구상인 것인지 실시계획인 것인지 등을 먼저 명확히 할 필요가 있다.

도시계획을 공부한 전문가는 공간에 관련된 모든 계획에 관여하는 것이 된다. 이와 같은 계획을 입안해 가기 위해서는 타 분야와의 공동작업이 불가결하다.

1.6 계획의 일반적 절차

이상과 같이 도시에 관련된 각종의 계획이 있다. 종합적으로 모든 계획을 파악하면서 해당의 계획을 입안해 가는 것이 필요하지만 쉽지 않다. 그래서 계획을 시스템으로서 파악해 합리적인 계획의 입안 방법을 학습할 필요가 있다.

1.6.1 계획을 시스템으로서 파악

(1) 목적과 수단의 결합

계획을 입안할 때 반드시 목적이 있다. 이 목적에는 반드시 수단과 방법이 동시에 존재다. 이 수단 방법이 계획입안의 대상이다. 즉 계획의 목적은 이 수단과 방법이 된다.

(2) 목적의 계층구조

목적은 몇 가지의 보조의 목적, 작은 목적으로 분해된다. 이 보조목적도 수단이 필요하게 된다. 이 수단(계획의 목적)은 자세히 보면, 이를 위한 수단이 더욱이 필요하게 된다. 이와 같은 의미에서 목적은 계층구조를 가지고 있다.

(3) 계획에서 공용 · 관리

도시의 계획을 실현해 가는 과정에는 계획입안에서 시공, 공용 그리고 유지관리가 있다. 계획은 그 자체로서 독립해 있는 것이 아니다. 계획은 시공, 관리를 전제로 한 것이고 시공은 관리, 공용을 전제로 한 것이다. 계획이 실현되면, 20~50년 이상에 걸쳐서 공용되어지는 것이다. 계획은 합리성, 확실성, 탄력성을 가져야 한다. 부분적으로 바꾸어도 사용 가능한 상태일 것, 즉 이들의 과정을 시스템으로서 파악할 필요가 있다.

(4) 과제계획과 실시계획

실시에 이르기까지 많은 단계의 과제계획이 존재한다. 실시계획을 입안한 후에 비로소 결함을 아는 경우가 있으며, 계획을 만든 후에 비로소 종래에 분명하지 않았던 것이 판명되어 가는 경우가 많다. 그래서 실시계획과 생각한 계획으로도 과제계획이 되는 것이다. 따라서 실시계획의 직전까지의 모든 계획은 과제계획으로 위치하게 된다.

(5) 시스템 · 분석의 입장

일반적으로 시스템이 복잡하고, 동시에 다목적이며, 의사결정에 있어서 목적의 설정이 용이하지 않은 경우가 있다. 이들 목적의 검토라고 하는 과제는 사회과학의 연구, 혹은 정치과정에서 주어지는 것으로 한다는 생각이 일반적이었다.

그러나 이와 같은 생각을 한 걸음 진행시켜 문제가 설령 정치과정에서 해결된다고 해도, 목적의 검토를 포함한 유용한 정보를 제공하려고 하는 것이 시스템 분석의 입장이다.

1.6.2 시스템 분석

계획을 시스템으로서 파악하면, 다음 네 단계의 계획작업 과정이 예상된다.

(1) 계획의 프레임 설정

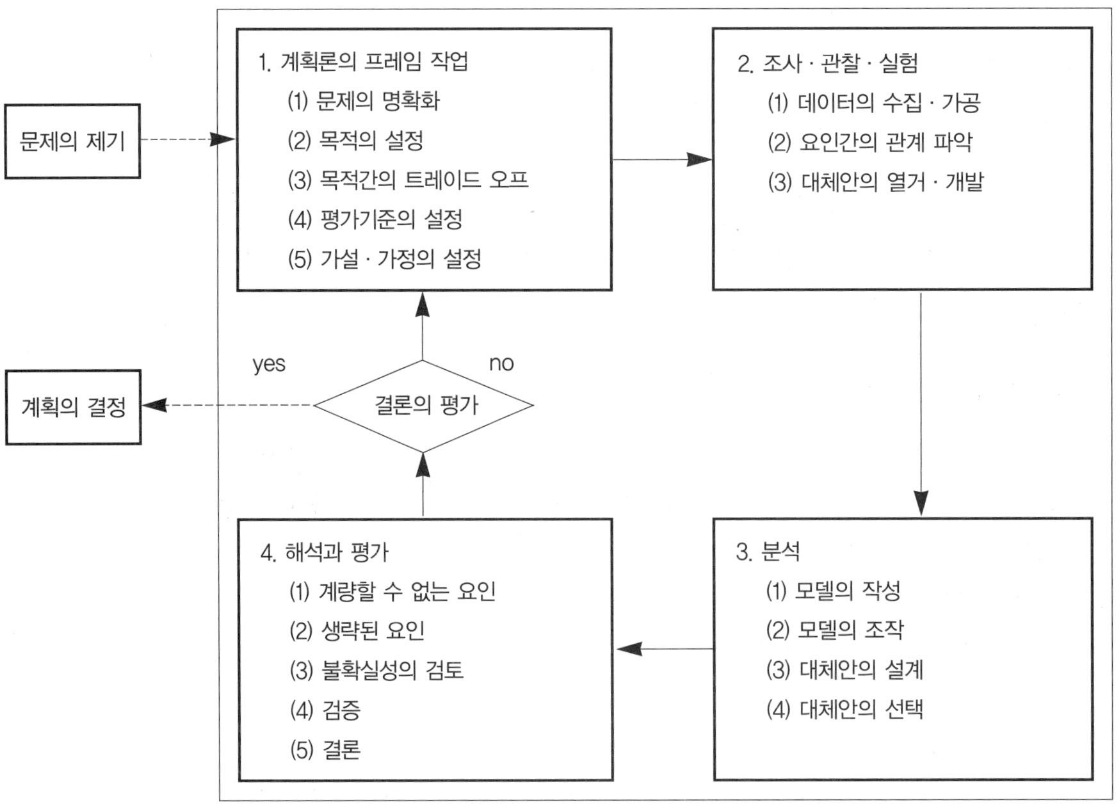

[그림 1.1] 도시계획론의 전체 프레임

우선 계획 전체의 틀을 설정하는 단계이다.

① 문제의 명확화 : 처음에는 의사결정을 요하는 문제가 애매하거나, 문제를 묻는 방법이 적절하지 않은 경우가 많다. 먼저, 의사 결정자가 의식하는 문제를 시스템으로서 파악한다. 이어서, 시스템으로서의 문제의 범위를 한정한다. 그리고 문제에 동반되는 제약조건이나 문제의 배경에 있는 객관적 상태를 파악하는 것이다.

② 목적의 명확화 : 목적의 명확화라는 것은, 첫째는 목적을 정량적, 구체적으로 설정하는 것, 둘째는 목적들 중에 서브목적을 정리하는 것, 셋째는 목적이 달성 가능한가 어떤가를 판단하는 것이다. 몇 년 후에 실현되는 것인지, 단지 조사 · 계획으로 끝나는 것인지, 이들의 일정의 판단이 필요하다. 이 일 자체가 결코 용이한 작업은 아니지만, 뒤의 작업에 있어서 중요하다.

③ 목적간의 트레이드 오프의 검토 : 서브목적 상호간에 모순관계가 생기는 일이 있다. 즉 트레이드 오프의 관련이 생기는 것이다. 목적간의 순서를 정하여 우선순위를 설정할 필요가 있다. 경제력이 작으면 전부를 동시에 달성하는 것은 불가능하다. 그래서, 일정의 예산 전체의 틀 가운데에서 서브목적에 우선순위를 결정할 필요가 있다. 이들의 검토를 실행하는 일이 트레이드 오프의 검토이다.

④ 평가기준의 설정 : 목적을 달성하는 방책의 바람직한 정도를 측정하는 척도를 설정하는 것이다. 척도에는 효율성, 유효성, 공평성, 주민 만족도, 정합성 등이다. 이것을 정량적인 기준으로서 사전에 설정할 필요가 있다.

(2) 조사 · 관찰

다음으로 목적에 적합한 자료의 수집, 대상지역의 조사, 관찰의 단계이다(11장 참조).

① 데이터의 수집 · 가공 : 우선 무엇보다도 대상으로 하는 계획구역의 데이터를 수집하는 단위를 결정한다. 조사목적에 따라서 데이터단위는 달라지지만, 메쉬(mesh:250m, 500m, 1km), 지구, 소학교구, 행정구 등의 어느 것인가를 결정한다.

• 데이터의 수집 : 전수(全數)조사(총리부 통계국의 지정통계, 행정의 통계)의 자료나 필요에 따라서 표본조사의 실시, 수집이다.

• 데이터의 가공 : 이들의 데이터를 연산해서 목적에 맞도록 가공하는 것이다.

② 구성요소간의 관계 파악 : 수집한 데이터에 의해 요소간의 양적인 관계를 분석하여, 함수관계로 정식화한다. 여기에는 통계해석, 다변량 해석, 컴퓨터가 활용되어 요소의 관계를 파악한다(12장 참조).

(3) 분석

조사 · 관찰을 실행한 후에는 그 자료의 분석이다.

① 모델의 작성 : 모델이라는 것은 일반적으로는 하나의 현상의 표현이고, 문제에 대한 회답을 얻는 것을 목적으로서, 현상을 도표, 수식, 모형, 그래프로 표현한 것이다(12장 참조). 목적에 필요한 모델을 작성한다.

② 대체안의 열거 · 설계 : 문제해결을 위한 대체안을 생각한다. 대체안에는 무엇을 해야 할 것인지(목적의 대체안), 어떻게 할 것인지(방법의 대체안)의 두 가지가 있으며, 각각의 대체안을 열거한다. 그래서 실행 가능하고 탄력성이 있는 대체안이 요청된다. 실행 가능성이라는 것은 기술적, 사회적, 경제적으로 실행 가능하다는 의미이다. 또한 모델에 도입 가능한 대체안을 설계할 필요가 있다. 모델에 도입 가능하다고 하는 것은 대체안이 정량적으로 표시된다는 것이다.

③ 모델의 조작 : 모델에 대체안(수량화된 계획안)을 입력하여, 시뮬레이션을 시행하고, 그 결과를 분석하여, 대체안의 효과 · 영향을 밝힌다. 그리고 대체안을 선택한다.

(4) 해석 · 평가

마지막은 이상의 세 단계의 분석결과를 평가하는 단계이다. 그 때는 이하의 검토가 필요하다.

① 계량화할 수 없는 요인의 고찰 : 모델(수식)에는 포함되지 않은 요인, 미지의 요인, 심리적, 사회적 요인 등의 고찰이 필요하다.

② 생략된 원인의 고찰 : 데이터가 입수할 수 없었던 원인의 영향, 모델 작성 도중에서 복잡함을 적게 하기 위하여 생략한 원인에 관한 검토가 필요하다.

③ 불확실성의 고찰 : 변수나 파라미터에 관한 불확실성, 전략적 사항의 불확실성(제도, 재정), 기술개발에 관계되는 불확실성, 상대의 태도, 전략에 대

한 불확실성의 고찰을 더할 필요가 있다.

④ 평가 : 평가는 이상의 해석을 전제로 하면서, 모든 계획작성단계에서 명확히 시행하지 않으면 안된다. 평가항목과 평가지표는 사항을 정확히 표현하는 것이며, 그것을 기초로 해서 평가한다.

이상과 같이, 계획의 프레임의 설정, 조사, 관찰, 분석, 해석 · 평가의 네 단계를 반복하면서 계획을 입안해 가는 것이며, 그 정보를 제공하는 것이 시스템 분석이다.

〉〉〉 문헌

(1) 島 康彦 · 西川清治他監修, 西山卯三編 : 講座現代日本の都市問題2. 都市計劃とまちづくり, 汐文社, 1971.

(2) 西山卯三編, 關西グループ著 : 空間と環境21世紀の設計2, 勁草書房, 1971.

(3) 今野 博編 : 都市計劃. 森北出版. 1972.

(4) 大塚久雄 : 公同體の 基礎理論, 岩波書店, 1970.

(5) 内山久雄 · 鹿島 茂 · 上西時彦 · 村井俊治 : 國土調査論. 土木工學大系 18, 彰國社, 1978.

(6) 都市計劃教科書研究會編 : 都市計劃教科書 제2版, 1995.

Chapter 2

역사상의 도시계획 · 도시디자인

어느 시대의 도시를 도시의 기원이라고 부르는 지 정확하지는 않다. 인간이 가족을 지역사회의 구성단위로 하면서 집합해서 생활하는 「도시」는 고대부터 존재했고, 도시를 계획적으로 만들어, 건설해 가는 행위도 고대부터 행해져 왔다.
여기에서는 고대부터 현대까지의 도시계획과 도시디자인의 역사를 반복하면서, 각 시대의 사회적 배경과 그 시대와 사회가 추구해 온 도시계획과 도시디자인이라는 것은 어떠한 것인가를 살펴보기로 하겠다.
이 때에 중요한 것은 단지 도시디자인의 형태적인 측면만을 공부하는 것이 아니라, 각 시대의 사회적 배경이나 시대의 변화에 대응하려고 한 정책이나 제도와의 관계 안에서, 그 당시의 도시계획 · 도시디자인의 의의와 특징을 공부하는 것이다.

2.1 고대의 도시주거와 도시계획

2.2 중세의 도시디자인

2.3 근대 도시계획의 시작

2.4 모더니즘과 포스트모던

2.1 고대의 도시거주와 도시계획

2.1.1 고대 메소포타미아의 도시

(1) 하천유역의 도시의 기원

고대도시의 기원은 고대문명의 발상지인 이집트의 나일강, 메소포타미아의 티그리스 · 유프라테스강, 인도의 인더스강, 중국의 황하유역의 어느 것도 충적평야에 있다고 한다. 도시의 기원과 하천의 존재와는 밀접한 관계가 있어, 하천의 물은 농업용수, 생활용수로서 이용되며, 또 하천의 연결은 인간과 물건의 이동을 담당하는 중요한 교통수단으로서 이용되어 왔다. 이 하천을 조직적으로 이용하여 관리하는 것이 지배계급의 대두와 도시사회구조의 형성을 재촉하는 것이 되었다.

그러나 도시는 그저 촌락이 확대된 것이 아니다. 도시에는 농산물의 잉여에 의해, 부양된 사람들에 의해 제조업이나 서비스업의 경영이 이루어지게 된 사회가 존재한다.

(2) 메소포타미아의 도시문명

고대문명의 발상지의 하나인 메소포타미아 지역에 도시거주의 기원을 볼 수 있다. 메소포타미아 지역에서는 기원전 4000년대에 티그리스강과 유프라테스강 유역에서 도시문명이 시작되게 된다. 머지않아 수렵 · 채집사회에서 농경 · 목축사회로 생산구조가 변화하여, 인간은 가족을 사회의 단위로 하면서 집단으로 정착하여 거주하는 생활을 영위하게 된다.

특히, 홍수에 의한 범람의 제어, 관개(灌漑), 배수 등을 위한 작업에는 공동체조직이 불가결했다. 그 유역의 평야에는 축적토양이 가져오는 풍부한 농업 수확에 의해 유지된 도시생활이 발전하여, 수호신의 신전을 중심으로 하는 성벽도시가 존재하고 있었다.

고대 메소포타미아 지역에는 다수의 도시가 분포하고 있었지만, 이들 도시의 특징은 외적의 침입을 방어해야 할 주위가 성벽으로 둘러싸인 성벽도시였던 점에 있다.

(3) 근원적 모델로서의 고대도시

고대도시나 고대건축 이전에는 진화를 위한 본보기는 없었다. 고대도시의 발전과정을 학습하는 것은 인간이 처음으로 체험하는 도시의 고밀도화와 규모확대 중에서 도시나 건축 내부의 공간구성을 유기적인 집합체(조직체)로서 어떻게 확립해갔는가 하는 과정을 학습하는 것이다.

고대 메소포타미아의 도시는 인류 최초의 도시 발전과정을 경험한 지역의 하나이며, 인류가 처음으로 경험하는 도시거주의 원형이 있다. 그들은 도시환경의 변화에 따른 지극히 자연스러운 형태로서의 집단 거주형식이나 공간구성의 변화과정을 공부할 수 있는 표본이기도 하다.

2.1.2 도시거주의 원형

(1) 우르의 도시형태

우르는 기원전 2000~3000년경까지 계속된 슈메르의 대표적인 대도시이다. 약 100ha의 면적 안에 수만의 주민이 집중해 있었다. 기원전 1800년경의 우르의 주택은 안뜰을 포함하는 것처럼 거실이 배치된 구성을 하고 있다. 당시에 이미 2층건물의 주택에 명확한 출입구와 현관 홀이 있어, 도시를 구성하는 단위로서 주택이 일정의 공간구성의 양식을 확립하고 있었다는 것을 알 수 있다.

도시의 고밀도화가 진행되는 동안, 사회의 구성단위인 각 가족이 안정된 생활을 할 수 있는 주택이 필요하게 된다. 도시의 혼잡이 증가하면 증가할수록, 내부에 안정된 환경을 확보할 수 있는 주택형식이 필요하게 되는 것이다. 그 결과로서, 주위를 벽으로 둘러싸고, 외부로부터 격리된 안정된 거주조건을 확보하는 중정형 주택의 형식이 발전해 왔다고 할 수 있다.

(2) 고밀도 거주와 중정주택

중정의 기능으로서는 주택 내부에 채광과 통풍 등의 자연환경을 도입하는 기

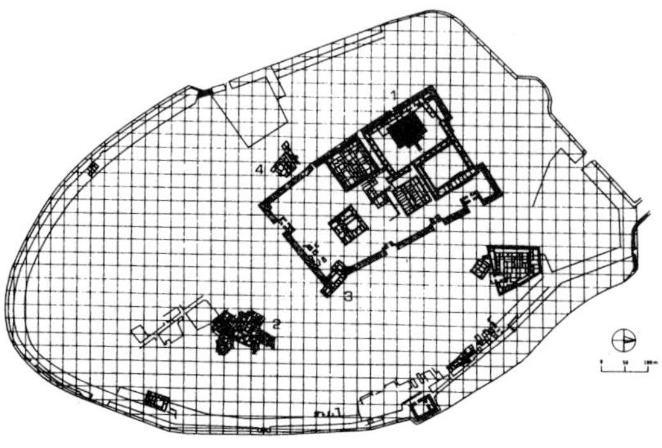

[그림 2.1] 우르의 도시도

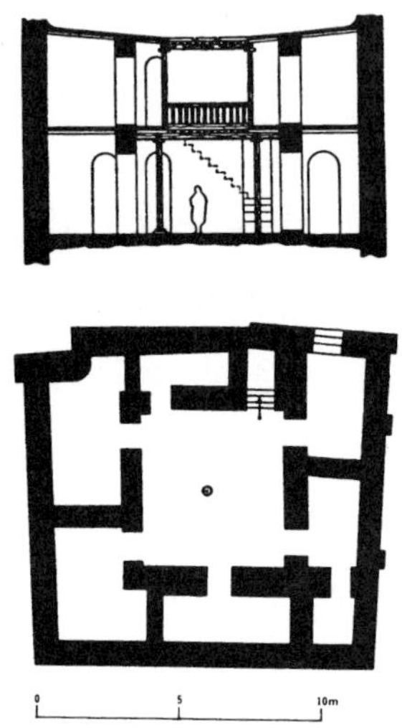

[그림 2.2] 우르의 주택의 단면도(위)와 평면도(아래)

능, 의식 등의 활동의 장으로서 주택의 외부와 거실내부, 또 거실 상호의 공간적인 연결을 매개하는 기능 등의 복합적인 기능이 있었다고 생각된다. 이 중정형의 오픈된 공간을 둘러싼 주택의 형식은 고밀도의 도시형 주택의 하나의 원형이며, 현재에도 서아시아 지역과 유럽 지역 등에서의 전통적인 주택형식으로서 계승되고 있다.

도시전체가 고밀도화 되어, 차츰 고도로 조직화 됨과 동시에 건축도 원시적인 형태에서 다목적 기능을 담당하는 중정을 중심매체로 하는 폐쇄적인 공간기능으로 내부화 되어간 과정이 거기에 있다. 이 과정은 인류가 도시거주를 확립해 간 다음, 지극히 필연적인 해답으로서 이해할 수 있다.

(3) 도시구조의 원형

고대의 도시는 성벽으로 둘러싸인 내부를 충분하게 채우는 형식으로 성장해 갔다. 고대도시 거주지의 성장은 주택을 단위로 하여 불규칙하게 입지한 주택의 공간에는 당초 공간이 있고, 작은 길이 둘러싸고 있었다. 이윽고 주변 벽의 내부가 고밀도화 됨에 따라 공간이 없어져, 언뜻 보기에 무질서하게 주택 등의 건축으로 채워지는 것이 된다.

한편, 건축과 건축을 연결하는 질서가 도시 내에 존재하고 있었던 것을 나타내는 예도 수없이 보고 접할 수 있다. 예를 들어, 테페 가우라(Tape Gawra)의 제

13층에서 볼 수 있는 커다란 중정형태의 광장을 중심으로 한 신전 등의 건축군(建築群)의 배치는 일정의 균형과 대칭성으로 배려한 공간질서가 형성되어 있다. 또 도로 등의 도시구조가 차츰 명확화 되어, 도시 내의 공간이 점차로 기능분화 되어 온 모습도 볼 수 있다.

말하자면, 광장이나 도로 등의 기능이 확립되어 도시의 공간구조를 유지하는 구조체의 역할을 맡게 되었던 과정이 거기에 있으며, 동시에 그것은 도시가 무질서한 오합지졸의 집합에서 고도의 조직체로 발전해 가는 과정이기도 했다.

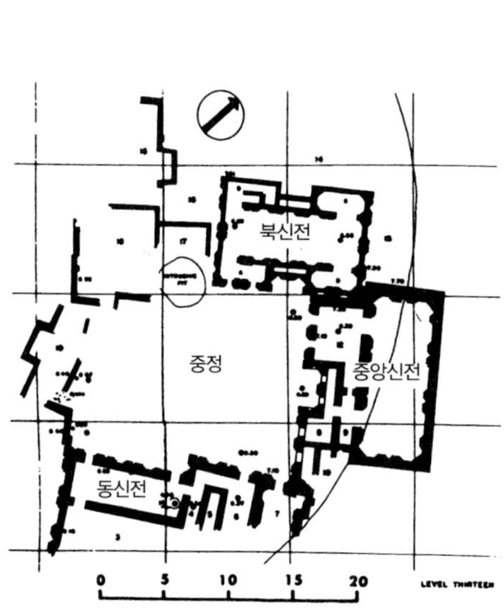

[그림 2.3] 테페가우라 제13층

2.1.3 고대 그리스의 도시국가

(1) 고대 그리스의 도시국가 폴리스

그리스의 국토는 기복이 많고, 복잡하게 얽혀 있으며, 평야가 분산되어 있다. 이러한 지형적 조건 안에서 고대에는 대국이 형성되지 않는 대신, 다수의 소규모 도시국가가 형성되었다. 이들의 작은 국가는 얼마 있지 않아 왕후 귀족의 체제에서 귀족정치 혹은 민주정치의 체제의 폴리스라고 불리는 도시국가가 되어 있었다.

새로운 문화, 예술, 과학을 육성한 폴리스에서는 인구는 항상 억제되어 왔다. 방위나 생산력(농업력)의 유지를 위해서는 도시국가는 어느 정도 이상의 규모를 필요로 하고, 민주제의 유지를 위해서는 민중이 회합할 기회를 방해하지 않도록 인구의 증가를 억제할 필요가 있었다.

(2) 인구 규모의 제어

인구 규모의 균형을 잡으면서 도시국가를 운영해 가는 폴리스의 개념에 따라, 인구의 증가에 대응해서 일정의 한계에 도달하면, 새로운 식민국가를 건설하여 일부의 주민을 이주시켜, 그 질서를 유지해 가는 일도 있었다.

그 중에서도 가장 잘 알려진 폴리스는 아테네이다. 아테네에서도 인구는 페리클레스의 시대에 40,000명에 달했던 정도였다. 페르시아전쟁 시대의 스파르타에서도 약 8,000명 정도였다.

(3) 아크로폴리스와 아고라의 기능

고대 그리스의 폴리스는 신전이 제사 지내지는 아크로폴리스(Acropolis)와 일상생활을 위한 시장 및 광장인 아고라(Agora)를 중추로 한 도시를 구성하고 있었다. 아크로폴리스는 주로 고지대에 위치하여 수호신이 제사된 성역이고, 신전은 그 질에 있어서 다른 건축물보다 훨씬 뛰어났다. 말하자면, 국가의 종교적 상징이며, 머지않아 통합의 상징적인 존재가 되었다.

한편, 아고라는 정치집합, 상거래, 문화활동 등 시민 일상생활의 활동의 장이며, 점차로 실질적인 도시구조의 초점이 되어간다. 원래 아고라는 도시중심부에 위치하는 편리한 공지(空地)였다. 도시활동이 발달함에 따라, 집회나 강연 등의 정치적 기능, 시장으로서의 상업적 기능, 학문, 의식, 예술, 곡예, 경기 등의 문화적 기능을 담당하는 포괄적인 광장이 되어갔다.

(4) 도시광장의 기능의 원형

드디어 아고라의 주위에 평의회의장, 법정, 기록창고 등의 시설이 건설되어, 일부의 기능이 뒤를 이어 아고라 주변과 다른 지역의 시설로 옮겨져 갔다.

[그림 2.4] 펠리클레스시대의 아테네

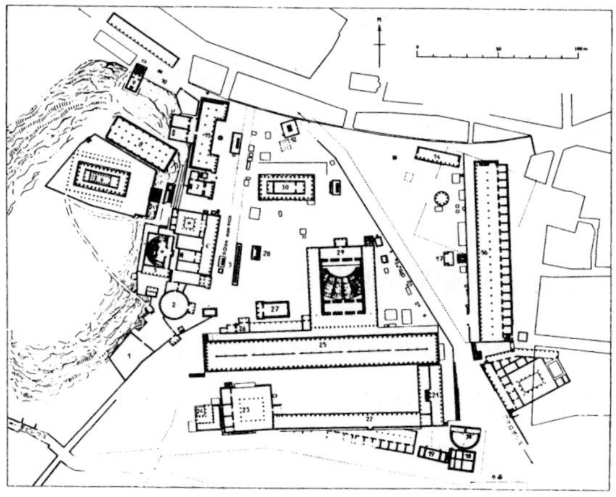

[그림 2.5] 로마시대 아테네의 아고라 배치도

말하자면, 아고라는 포괄적인 도시시설로서 기초 도시활동의 인큐베이터의 역할을 완수하고 있었다. 아고라에서 결정화(結晶化)된 활동이 하나의 도시활동으로서 확립되면, 그것은 기능이 명확한 도시시설이 되어 외부로 전출해 갔다. 이 때문에 아테네 등의 폴리스에서 아고라는 기하학적으로 규칙적인 패턴을 가지지 않고, 계획적으로 각 시설이 집합된 것이 아니라는 것을 알 수 있다. 아고라는 지금까지 시설화 할 수 없는 활동을 하여, 시민의 지적 도시활동을 진화에 따라서 키워가기 위한 장이었다고 할 수 있다.

고대 그리스의 폴리스에 있어 아고라의 기능은 현대도시가 잃어가고 있는 본래의 광장의 역할을 시사하고 있다.

2.2 중세의 도시디자인

중세 성곽도시 등의 자연발생적인 도시는 언뜻 보면 무질서하지만, 실은 성장의 룰이 있어, 거기에 휴먼스케일의 도시를 계획적으로 만들어내는 힌트를 찾아낼 수 있다.

또한, 르네상스기에는 역사(고전)에 대한 깊은 해석과 도시계획의 개념과 이론이 태어났다. 그것은 르네상스 문화의 개념 중에서 가장 추상적인 것의 하나이며, 그렇기 때문에 이탈리아 이외에서도 급속하게 받아들여졌다.

여기에서는, 그러한 중세에 있어 도시의 형성과정과 그 원리에 관하여 보기로 한다.

2.2.1 중세유럽의 성곽도시

지금 있는 유럽도시의 다수는 중세의 성곽도시가 느린 속도로 변모하거나, 혹은 19세기 중반에 개조된 것이다. 거기에서 중세도시의 매력적인 공간에 관하여 알 수 있다.

(1) 성곽도시

지킨다고 하는 행위는, 공격하는 행위와 표리일체이다. 신석기 시대이래, 인류는 자신들의 정착지를 공격으로부터 안전하게 지키는 노력을 계속해 왔다. 도시문화의 발달과 함께 부(富)가 증가하면, 거기에 사는 주민은 자신의 재산을 스스로 지키기 위하여, 도시의 벽으로 거주지의 주위를 둘러쌌다. 도시의 벽은 마을의 권리를 지키는 주민에게 이익과 안심을 주어왔다. 이리하여, 중세도시의 벽은 그저 행정자에 의한 울타리가 아니라, 선(善)의 상징이 되어 시민이 자랑하는 미(美)가 되었다.

이와 같은 도시의 벽을 위요(圍繞)라고도 한다. 그리고, 도시의 벽에 의해 둘러싸인 도시를 「성곽도시」라고 한다.

(2) 중세 성곽도시의 성장패턴

중세의 성곽도시의 성장에 있어, 그 중심점이 되는 것의 대다수는 성이다. 주민들은 성의 방호를 받기 위하여 혹은 성 내에서의 고용의 기회를 얻기 위하여 성의 근처로 이동해 왔다.

이렇게 해서 형성되는 거주지는 프랑스의 바스티드(Bastides, 고대의 식민지)와 같은 특수한 목적을 가진 건설도시를 제외하고, 그 대부분은 자연과 주민이 모여 형성되어, 부정형(不定形)으로 성장했다. 이와 같은 복잡하고도 다양한 성장패턴이 중세의 성곽도시의 매력을 만들어내었다고 할 수 있다.

(3) 도시벽의 역할과 요소

중세 성곽도시를 특징짓는 중요한 것 중의 하나가 도시벽이다. 도시벽의 기능은, 일반적으로 이하의 세 가지이다.

① 적에게 공격받을 때의 방어
② 일상적인 사람과 사물 출입의 조절
③ 도시의 무질서한 성장의 억제(부차적인 효과)

이러한 기능을 위하여 도시벽이 가지는 주요한 요소는 벽 · 탑 · 문의 세 개이다. 시티게이트인 문은 방어상의 약점이기도 했던 탓에 탑이 양측에 설치되어 수비가 강화되었다.

(4) 도시벽의 확장

문은 밖으로부터 오는 이를 확인하는 장소임과 동시에 그것을 기다리는 장소이기도 하다. 그래서 문 밖에서 개문(開門)을 기다리는 사람들을 상대로 장사를 하여 여관을 제공하거나, 그곳에서 숙박하는 여행자에게 서비스업을 하는 이들도 모여든다.

이리하여 외부도시(성밖마을, 외곽도시)가 형성되었다. 그와 같은 중세도시의 발전의 전기는 서구의 대부분의 도시에서 13세기말까지 달성되었다. 그리고 그 외부도시에는 시장이 형성되어, 새롭고 커다란 경제의 핵이 되고, 그 힘이 큰 곳에서는 새로운 도시벽이 건설되어 내부로 받아들여졌다. 예를 들어, 비엔나처럼 새로운 도시 문 밖에 또다시 도시가 형성되는 사이클이 반복된 중세도시도 볼 수 있다.

2.2.2 중세도시와 휴먼 스케일

(1) 사유공간과 공공(公共)공간

도시벽에 둘러싸인 제한된 도시공간 안에서는 사유공간과 공공공간 사이에 서로간의 다툼이 생긴다. 이 사유공간과 공공공간과의 가장 기본적인 차이는 누구라도 들어가는 것이 가능한지 아닌지 이다. 그들의 균형상태가 어디에 어떻게 생겨날 것인가 라고 하는 것이 도시형태를 규정한다.

가로(街路)는 도시의 공공공간으로서 최소한 필요한 것이다. 그 폭은 사유공간을 건설할 요구와 다투어가면서 단순히 결정되었다. 결국, 물자나 인간의 이동이 겨우 가능한 폭이다.

반대로 공공공간을 넓히려고 하는 힘이 집중하는 지점도 있다. 문이 바로 내측에 있는 광장이 그렇다. 밖에서 온 것은 문의 안에 들어가면 바로 포장마차를 열어 장사를 시작하려고 한다. 그리고 거기에서 시장의 광장이 형성되었다.

그러한 균형상태는 경제적 혹은 정치적으로 좌우되었지만, 그 침식에서 생기는 분쟁을 중재할 필요가 있었다. 유럽의 중세도시에는 넘어서는 안될 건축선(建築線) 등에 관계되는 법률이 있다. 그것은 결국, 사적공간의 공공공간으로,

혹은 그 반대로 침식의 정도를 표시하고 있다고 말할 수 있다.

(2) 중세광장의 형성원리와 도시형태

대부분의 중세도시는 원래, 도시 전체가 「시장」이었다고 한다. 모든 공간, 모든 가로(街路)가 종류나 정도의 차이가 있는 「시장」이며, 도시의 여기저기에서 매매가 행해지고 있었다.

그러나, 도시인구가 증가, 상업활동이 활발해지고, 마을의 녹지 주변에 사람들이 집중하여, 도시가 발달하고 있었다. 처음에는, 건물에 둘러싸여 있지 않은 토지에 만들어졌으므로, 거기에 존재하는 경제의 잠재력에 의해 시장의 크기는 규정되었다.

이는 공공적인 활동과 사유공간의 쟁탈에 의해 규정되었다. 당연히 도시 쪽에서 공공적 활동이 강하므로, 시장 측으로 열리고 외부로 갈수록 시들해져, 마치 「깔때기」와 같은 모양이 된다. 요컨대, 자연히 원근법적 형태가 된 것이다. 이러한 「깔때기」가 연속적으로 방사상(放射狀)으로 늘어서는 패턴이 중세도시의 도시형태의 하나이다.

중세의 광장은 이와 같이 힘의 질서에 의해 만들어졌다. 그 중에서도 가장 아름답고 매력적인 것에 베니스의 산마르코 광장이 있다. 산마르코 광장은 만(灣)에 면한 피아텍트(소광장)와 역원근법(逆遠近法)의 구성을 가지는 주요광장이 L자형태로 결부되어 있다. 그 공간을 구성하는 회랑(回廊), 교회, 탑 등이 상승효과를 낳아, 복수의 광장이 각각 독자의 공간을 주장하면서 관계성을 가짐에 따라, 단독의 광장 이상의 아름다움을 만들어내고 있다.

(3) 휴먼 스케일의 도시구성

중세도시는 자연발생적으로 형성되었지만, 거기에는 위에서 서술한 것과 같이 인간의 활동이라고 하는 도시에 내재하는 힘이 있었다. 그것이 도시공간의 구성(기능, 형태, 크기, 연결모양 등)을 결정했다. 그리고 이러한 활동의 힘의 균형이 공간적 조화를 만들어, 그것이 휴먼 스케일의 공간으로서 표출되었다. 결국, 언뜻 무질서해 보이지만, 실은 가장 질서정연한 것들 중의 하나였던 것이다. 그것이 바로 중세도시의 매력임에 분명하다.

2.2.3 르네상스의 이상도시

(1) 도시적 관념의 조짐

고대도시의 재생을 목표로 한 르네상스기의 이탈리아에 있어서 모든 건물은 항상 자연 혹은 도시의 컨텍스트(context)의 한 요소로서 생각되고 있었다. 그러한 도시계획에 대한 직접적인 논의는 〈Filarete, 15세기〉의 저서 「건축론」에 담겨있는 이상도시 Sforzinda에 관한 논고 중에서 볼 수 있다.

Sforzinda는 두 개의 정방형을 45도로 비스듬히 놓아 조합한 팔각형의 성상(星狀)의 도시 벽에 의해 둘러싸인다. 그 중심부는 중앙광장을 중심으로 세 개의 광장과 그 주변에 배치되는 많은 건축 조형물로 이루어진다. 그리고 운하망을 만듦으로써 청결한 도시를 만들어 강과 도로, 광장, 고가도로의 삼층구조에 의한 입체적인 도시의 구축에 의하여, 마차에 의지하지 않는 안전하고 편리한 도시를 질서 있고 바르게 실현하려 하고 있다. 이 이상은 중세의 초월적 · 종교적 세계관으로부터 르네상스의 현실적 · 합리적 세계관으로의 이행을 나타낼 뿐만 아니라, 근대적 도시계획의 이념에 앞서는 도시설계의 최초의 제안이기도 하다.

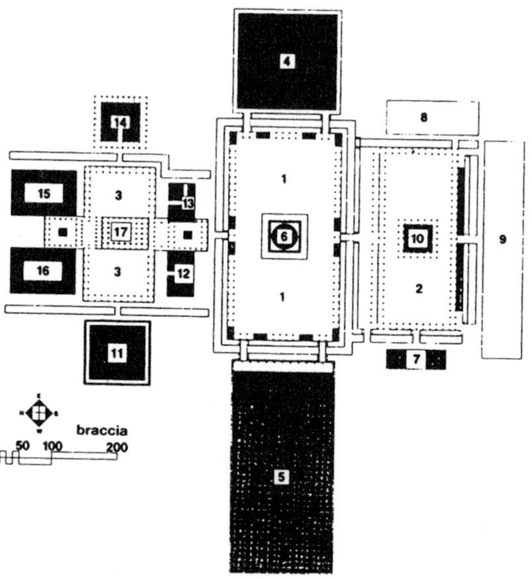

1. 중앙광장
2. 시장광장
3. 상인광장
4. 대성당
5. 영주저택
6. 저수지, 분수, 탑
7. 용병대장저택
8. 밀가루저장소, 소금저장소, 포도주가게
9. 공중목욕탕, 여관
10. 교회, 식료품 등의 시장
11. 형무소
12. 행정장관저택
13. 세무서
14. 조폐소
15. 대조합사무소
16. 소조합사무소
17. 상점, 재판소

[그림 2.6] Sforzinda의 첸토르

(2) 도시모델과 도시형태

르네상스기에는 많은 건축가에 의해 여러 도시모델이 제안되고 실현되었다.

피엔차는 피렌체의 건축가 베르날도 롯셀리노(Bernardo Rossellino, 1409~1464)에 의하여 계획되어, 장대한 건축에 의하여 지방의 농촌이 도시로 변환된 예이다. 그것은 대성당과 몇 개의 귀족의 궁전으로 이루어져 있다. 이 대성당은 단순한 공동체의 성적(聖的)중심으로서만이 아니라, 알베르티(Alberty, 1404~1472)의 수학적 규칙이나 비례에 따라서 지어져 있다. 그리고, 대성당 앞의 광장의 두 개의 측벽(側壁)은 서로간에 평행하지 않고, 대성당에 가까워짐에 따라 방사상으로 넓어지고 있다. 원근법적 구축에 의해 대성당의 정면의 넓이가 조화되도록 시각적으로 조정되어 있다.

팔마노바(Palma-Nova)는 프리우리의 우디네 근처에 있으며, 베네치아 공화국이 1593년에 오스만터키의 침입에 대비해서 건설한 요새(要塞)도시이다. 그 형태는 빈센초 스카모찌(Vincenzo Scamozzi, 1522~1616)의 이론을 가장 명확히 반영해서 만들어져 있다. 그것은 화포의 발달을 의식하여, 중세식의 성벽을 대신해서 굴이나 토루(土壘)에 의한 방어의 형태를 취하고 있다. 도시의 외주(外周)는 복합방어 시스템을 형성하고 있고, 방사상으로 넓어지는 도로가 다각형의 보루(堡壘)와 육각형 중심의 광장을 묶고 있다. 16세기 말에 있어 축성 기술의 전형적 모델이라고 말할 수 있다. 이처럼, 도시는 이미 거대한 정치적 시스템의 일부로 되어 있으며, 침략상 중요한 지점에 위치하는 농촌이 요새화 되어, 도시국가로 되는 일도 있었다.

[그림 2.7] 팔마노바의 조감도

(3) 도시계획의 군사적 요인과 문화적 요인

중세의 요새는 본질적으로 방어적이었지만, 르네상스기에는 동시에 공격적이기도 했다. 15~16세기 사이에 총기가 급속히 발달하고, 그에 합당한 위치에 배치된 것은 요새의 형상에 깊은 영향을 미치게 했다.

예를 들어, 이상적인 도시의 외주(外周)는 통상 다각형으로서 성상(星狀)을 하고 있으며, 입우부(入隅部)에 문이 설치되어 있지만, 이것은 도시문을 공격해 오는 적에게 근거리로부터 십자포화(十字砲火)를 퍼부어서 격퇴할 수 있도록 한 것이다. 무거운 포대(砲台)를 들어올릴 수 있도록 벽의 높이는 낮게 되어 있고, 대포의 표적이 되는 협간흉벽(狹間胸壁)이나 탑은 폐지되어 경사진 벽면을 갖게 되었다.

또, 건축의 고전적 비트루비우스 이론(Vitruvius, 기원전 1세기)이 도시 전체에도 확대되어, 모든 부분의 조화에 대칭(symmetry)이나 비례(proportion)의 개념이 적용되었다. 공간의 기하학적 구조는 원근법에 의한 것이었던 탓에 도시에 있어 건물 배치의 원칙으로서도 충실히 지켜지고 있다.

그리고, 도시의 형태는 이상도시의 이론이나 합리적인 계획안보다도 오히려, 동시대를 표현하는 모뉴먼트에 좌우되고 있다. 요컨대, 공동체에 의해 윤리적으로 중요하고, 역사적 · 이데올로기적 가치를 갖는 인물 등의 유물이 도시의 상징으로서 광장 등에 놓여, 그 크기, 배치, 형태가 도시의 전체 흐름 중에서 두드러진 역할을 수행했다.

2.3 근대 도시계획의 시작

도시계획

19세기 후반부터 20세기 초의 구미(歐美)는 산업혁명을 시작하는 경제구조의 변혁과 중산계급의 태두와 절대왕정과 제국주의가 붕괴되고 있던 과정 중에서 여러 도시로의 변혁이 행해지던 시대이다. 근대 도시계획은 당연히 이러한 모색 중에서 생겨나, 발전해 갔다.

2.3.1 산업혁명과 도시문제

(1) 도시인구의 증가와 공업도시

영국에서 산업혁명이 일어나자, 그때까지의 도시와 농촌의 생활환경은 크게 변화하기 시작했다.

도시에 있어서는 인구가 증가했다. 그것은 사망률이 저하하여 출생률을 현저하게 밑돌았던 것과 도시에 인구가 집중함에 따른 것이다.

농촌에 있어서는 먼저 경제적 변혁이 시초로 토지의 소유 형태에 변화가 나타났다. 이것은 노동의 체계에 영향을 미쳤다. 또한 생산방식의 변환은 새로운 경제체계를 낳아, 재차 노동체계에 영향을 미쳤다. 즉, 농촌의 공유지의 개간에 따라 토지의 유효한 이용이 가능해지면 소작인은 차츰 노동자로 변질하고, 가내공업이었던 섬유산업에 방사기 등의 기계가 도입되면 큰 공장이 생겨나 그 에너지원으로서 석탄의 산출지에 새로운 공업도시가 출현한 것이다.

(2) 주환경의 변화와 도시계획

새로운 공업도시에는 순식간에 다수의 가족들이 모여들었다. 그리고, 협소한 집합주택에 살지 않을 수 없게 되어, 질병의 발생이나 공해 등 여러 가지 해악이 생겨났다. 건물의 각층에는 3~4 가족이 살고, 1실에 15~20인이나 기거하던 사례가 보고되고 있다.

광장

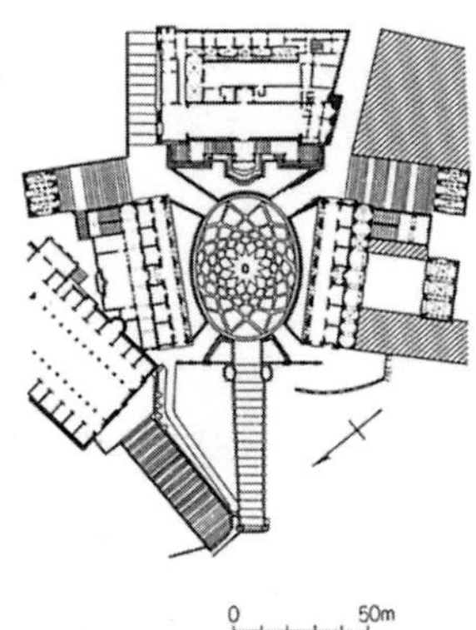

광장평면도

[그림 2.8] 로마 · 칸피드리오 광장

도시계획은 이러한 제 문제의 발생에 대해 개입하는 조정자로서 처음으로 등장했다. 그런 도시를 계획하는 방향성에는 크게 두 개의 흐름이 있다. 하나는 자유로운 발상에 의한 여러 제안으로서의 이상도시계획(ideal city planning)이며, 사회주의자에 의한 이상상(理想像)의 제안 등이 그것이다. 다른 하나는 행정제도로서의 행정도시계획(administrative city planning)이며, 위정자(爲政者)에 의한 도시개조를 실현하는 수단으로서, 위생법이나 건축법이라고 하는 형태로 정비되어 갔다.

2.3.2 바로크 도시디자인

(1) 장대한 도시조형

도시의 장대한 개조계획은 오래 전에는 식스투스 5세(Sixtus Ⅴ, 16세기)에 의한 로마개조(1585~1590)로 시작한다. 직선가로(直線街路)를 개통시켜, 요소(要所)에 모뉴멘트를 배치하는 등 그 지배자의 위엄을 나타내기에 충분한 것이었다. 이것은 도시계획에 있어 원근법, 즉 「비스터(조망)」의 개념의 등장으로부터 왔다. 2차원으로 깊이를 표현할 수 있다고 하는 15세기에 있어서의 투시도법(perspective)의 발명은 회화뿐만아니라, 건축이나 도시계획의 세계에 새로운 수법을 가져옴과 동시에 절대적 지배자의 모습의 이론적 표현이 되었다.

이러한 도시디자인은 바로크적 도시디자인으로서 많은 도시에 전해졌다. 런던(1666, 건축가 크리스토퍼 랜), 베르사유(1670~1710, 건축가 르 노틀), 워싱톤(1792, 계획가 샤를르 랑팡), 파리(1853~1869, 세느 주지사 오스망), 빈(1751~1911, 황제 프란츠 요셉 1세) 등의 제도(帝都)나 수도의 계획만이 아니라, 칼스 크로너(1680, 스페인) 또는 칼스 루에(1715, 독일) 등의 주택도시에도 두루 퍼졌다.

(2) 빈의 도시개조(1857~1911)

빈의 도시개조는 프란츠 요셉 1세(Franz Josef Ⅰ, 1830~1916)가 50년이나 되는 장기에 걸쳐 시행한 대사업이다. 기울어져 가는 합스부르크가 신성로마제국의 위신을 건 것이었음과 동시에 나폴레옹군에 의해 붕괴되어 남겨진 능보(稜

堡)의 처리, 시가지 확장의 필요성, 제도(帝都)의 미화, 구 시가지와 교외지(郊外地)와의 결합이라고 하는 요건에 대한 해결책으로서 행해졌다. 그 특징으로서 이하의 점들을 들 수 있다.

① 종래의 도시구조를 발전시킨 종합적 도시정비 : 시벽(市壁)의 흔적에 연결도로가 건설되었다. 그리고, 국가시설(왕궁, 국회의사당), 교통기반(연결도로, 철도망) 도나우강 치수(治水), 문화적 공공시설, 도시주택, 처리시설(상하수도, 가스 등), 공원, 묘지, 법제도 등이 정비되었다.

② 설계경기(設計競技)에 의한 설계입안 : 건축가 오토 와그너(Otto Wagner, 1841~1918)도 건축에서 도시 전체에 이르기까지 여러 가지로 다루고 있는 것은 주목할 만한 가치가 있다.

③ 토지이용계획과 건축선계획의 도입(1883) : 상기의 계획을 실현시키기 위한 법적 수단으로서 정비되었다.

④ 민간 활력의 도입 : 사업의 토지 · 자금조달을 공급하여 준 민간인을 귀족계급으로 승격시켰다.

한편으로, 이러한 정서적(整序的)인 도시계획에 대하여 강하게 비판을 가진 이론이 나온 것도 잊어서는 안된다. 카밀로 지떼(Camillo Sitte, 1843~1903)에 의한 「도시계획 그 미적 원리를 향하여」(1889)가 그렇다. 그는 고대, 중세, 바로크의 도시공간 구성을 분석하고, 그 요소간의 기본원리를 찾아내어, 빈의 환상(環狀)도로 건설에 동반되는 프로젝트에 적용한다. 그의 모델은 주로 광장의 조형으로 그 특징은 ① 요소의 연속성, ② 공간의 폐쇄성과 변화, ③ 비대칭성, ④ 불규칙성 등이다.

2.3.3 공업도시와 전원도시

(1) 가르니에의 「공업도시」

파리의 에꼴 드 보자르에게 배우고, 로마대상(大賞)을 받은 토니 가르니에(Tony Garnier, 1869~1948)가 「공업도시」의 설계에 몰두한 것은 1898년의 일이다. 그것은, 프랑스 남동부의 고지이며, 북쪽에는 호수, 남쪽은 계곡과 하천을 바라보는 고원에 위치하는 것으로 계획되었다. 즉, ① 천연자원의 존재, ② 에너지

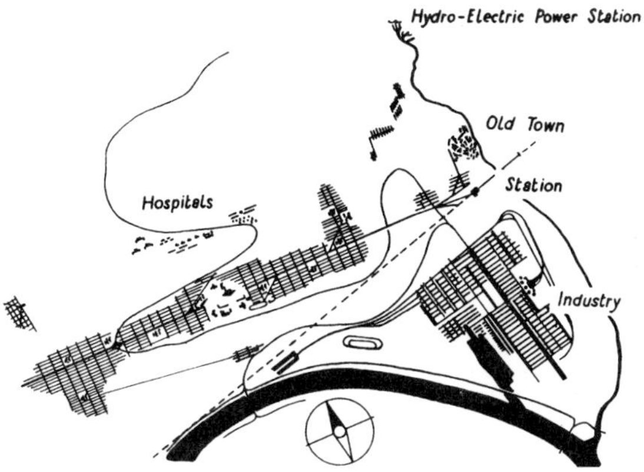

[그림 2.9] 토니 가르니에의 공업도시

원으로서 이용 가능한 자연의 힘의 존재, ③ 수송편이 좋은 것이 이 종류의 도시를 건설하는데 맞춰진 결정적 요인이며, 그 지방의 자원을 이용하는 것이 전제가 되어 있다.

가르니에의 공업도시에 있어 공간적 특징은 ① 기능적 분리, ② 교통망(써큘레이션)으로의 고려, ③ 공업의 강조이다. 주요한 공장군(工場群), 시가지, 병원의 세 가지 요소는 확장을 생각하여 서로간에 떨어져 있다. 공장군은 하천이 지류와 합류하는 평야부에 두고, 시가지는 공장보다도 얼마간 높은 대지의 위에 있으며, 더욱 높은 장소에 병원이 있다. 역은 공장지구에 인접하여 만들어져, 그 주변이 아파트 · 하우스 용지이다. 도시 중앙부에는 공공건축물을 위한 커다란 용지가 확보되어, 온갖 서비스 기능은 사회(행정기관)의 관리하에 두는 것이 계획되었다.

이와 같이, ① 토지이용에 있어서의 조닝, ② 도시 중심부로의 기능 집중, ③ 식재의 활용, ④ 단순화된 건축의 매스, ⑤ 근대적이고 청결한 에너지원 등의 가르니에의 제안은 당시의 진보파(進步派)에게 있어서의 교의(教義)가 되었을 뿐 아니라, 현재의 도시의 존재방식에도 통하는 개념이다.

(2) 하워드의 「전원도시」

1898년, 에버네저 하워드(Sir Ebenezer Howard, 1850~1928)는 「내일의 전원도시」를 발표해 전원도시(garden city)의 이상을 설명했다. 그는 도시, 전원, 전원도시의 이해득실을 비교해서, 전원도시는 도시와 전원의 양자의 이점을 겸비

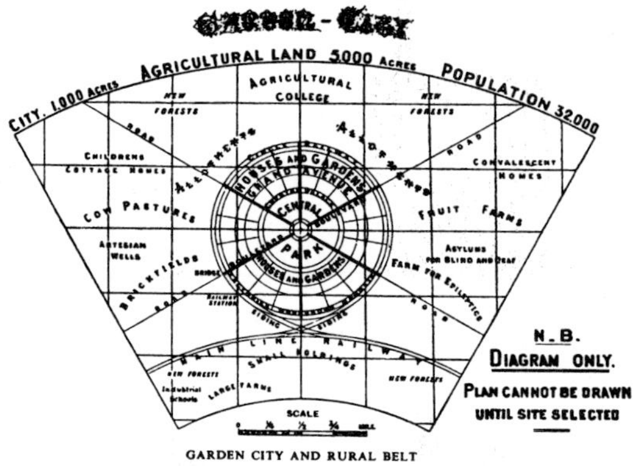

[그림 2.10] 하워드의 전원도시 개념

하는 것이라고 했다.

이 전원도시는 인구 32,000명의 소도시이지만, 계획인구에 달하면 다른 전원도시를 잇달아 만들어내어, 철도와 도로로 연결되어 도시집단을 형성한다. 그 시가지는 방사환상형(放射環狀型)으로, 중심부에 공공시설, 중간지대는 주택 · 교회 · 학교 등 외부지대에는 공장 · 창고 · 철도 등이 있고, 더욱이 그 외측은 농업지대였다.

그 전원도시의 독창성은 ① 도시와 농촌의 결합, ② 토지의 공유, ③ 인구 규모의 제한, ④ 개발이익의 사회 환원, ⑤ 도시의 자족성, ⑥ 자유와 협력의 최대한의 향수(享受)이다.

하워드의 이상은 런던교외의 레치워드(Letchworth, 1930)나 웰윈(Welwyn, 1920) 등의 전원도시로서 실현했을 뿐 아니라, 전원도시와 유사한 전원교외(garden suburb, 모도시의 교외주택지라고 하는 의미로 완전한 자급자족도시가 아니다. 예를 들어 東京都 大田區 전원도시) 등의 형태로 세계 각국에 커다란 영향을 주었다.

2.3.4 아메리카의 주택지계획

(1) 근린주구(近隣住區)론

1929년, 클라렌스 페리(Clarence A. Perry, 1872~1944)는 근린주구 단위

(neighborhood unit)의 개념을 발표하여, 이에 따라 주택지를 구성할 것을 제안했다. 근린주구는 보행자의 안전을 확보함과 동시에 이변성과 쾌적성을 보존 · 유지하는 것을 목적으로 하고 있으며, 그 실현에는 이하의 6원칙이 필요하게 된다.

① 규모 : 초등학교가 1교 필요한 인구에 대응할 것

② 경계 : 간선도로로 주위에 둘러싸여 있을 것(통과교통의 배제)

③ 오픈 스페이스 : 소공원과 레크리에이션 스페이스의 체계가 있을 것

④ 공원시설용지 : 학교 그 밖의 공공시설용지는, 주구의 중앙부가 공공광장의 둘레에 모여있을 것

⑤ 지역의 점포 : 서비스하는 인구에 따른 상점가 지구를 한 곳 또는 그 이상 만들어, 주구의 주변, 가능한 교통의 접점이 이웃의 근린주구와 같은 장소의 근처에 배치할 것

⑥ 지구 내의 가로 체계 : 주구 내에는 특별한 가로 체계를 만든다. 각 간선도로는 예측발생교통량에 알맞게 만들어지고, 주구 내에는 순환교통을 촉진시키며, 통과교통을 방지하도록 전체적으로 설계할 것

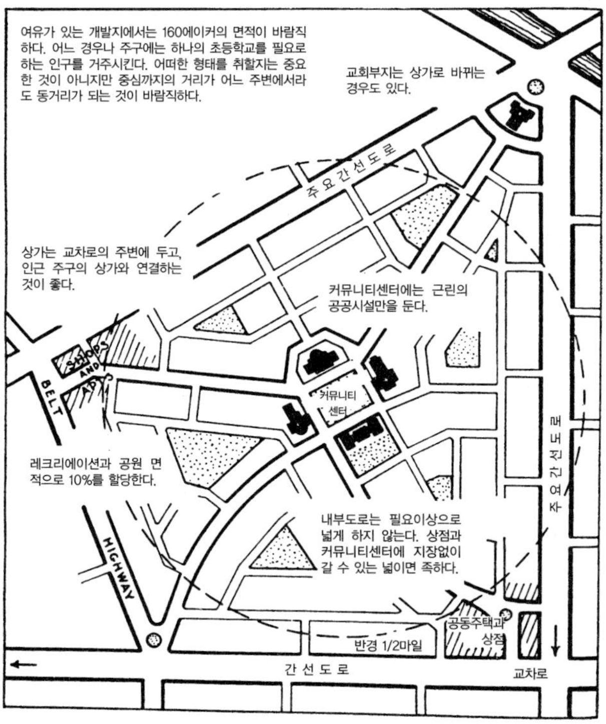

[그림 2.11] 근린주구이론의 원리

근린주구의 이념은 1928년의 래드번(Redburn)에게 있어서도 학교구(區)의 단위가 도입된 이외에, 세계 각국의 실상에 맞도록 조사되어, 주택지의 설계원리로 채용되었다.

(2) 레드번

레드번은 뉴욕시에서 24km 떨어진 뉴저지주에 있는 420ha의 주택지로 「자동차시대의 도시」로서도 유명하다. 이 계획은 써니사이드 가든즈(Sunnyside Gardens)를 계획한 헨리 라이트(Henry Wright)와 클라렌스 스테인(Clarence Stein)이 담당했다.

이 계획의 커다란 특징은 통과교통의 배제와 보차(步車)의 완전분리를 위해서 고안된 이하와 같은 시스템이다.

① 12~20ha의 슈퍼 블록(大街區, super block)의 채용

② 클루드 써크(대로)를 단위로 한 주택(群)

③ 상호간 짜 맞추어진 보행자로와 자동차 도로

④ 보행자로에서 블록 내의 공동 정원으로

⑤ 공동 정원에서 학교, 수영장 등의 공공용지로의 연속적 연결 : 아동은 학교나 운동장에 가는 데에 전혀 통과 도로를 가로지르지 않고 해결된다.

[그림 2.12] 레드번 계획

이 방식은 후에 레드번 시스템이라고 불려, 각국의 뉴타운이나 단지계획에 적용되었다.

2.4 모더니즘과 포스트모던

여기서는 먼저, 도시의 근대화에 큰 영향을 준 르 꼬르뷰제를 통해서 모더니즘의 도시계획 · 도시디자인에 대하여 보기로 한다. 그리고 다음으로, 모더니즘으로의 반성에서 태어난 포스트모던의 도시계획 · 도시디자인에 대하여 서술하겠다.

2.4.1 꼬르뷰제와 기능적 도시

(1) 르 꼬르뷰제

근대 건축운동의 지도자였던 프랑스의 건축가 르 꼬르뷰제(Le Corbusier, 1887~1965)는, 까밀로 지떼의 비기하학(非幾何學)적 도시디자인 이론이나 하워드의 전원도시 등과는 전혀 반대의 입장에서 도시디자인을 전개했다.

꼬르뷰제에게 있어, 기하학은 미학의 문제 이상의 것이며, 자연 질서의 반영이었다. 「주택은 살기 위한 기계이다」라고 하는 말은, 표준화 되고 보편화 된 주택 타입을 만드는 것을 전제로 하고, 기계와 동양(同樣)의 이론조작에 따라 기능적으로 설계해야 한다고 하는 주장이다. 또한, 교외의 독립주택지에 대해서는, 도로나 도시기반의 낭비이며, 도시의 스프롤화를 촉진하고, 반대로 농촌의 평화적인 환경을 잃는다고 지적했다.

꼬르뷰제의 명쾌한 이론과 표현은, 많은 건축가나 도시계획가를 매료시켰다. 이 합리적인 논리에 의한 제안은, 지금까지 참고가 되는 점이 많다. 그러나 한편으로 「수직전원도시」이론이라던가, 도시의 현실적인 사회문제에는 몰두하고 있지 않다고 하는 비판적 의견도 있다.

(2) 300만 명의 현대도시

1922년, 꼬르뷰제는 표준화된 도시모델로서 「우리들이 따라야 하는 기본원칙은, ① 도시의 중심부의 혼잡을 배제하는 것, ② 도시의 밀도를 높이는 것, ③ 옮겨다니기 위한 수단을 늘이는 것, ④ 공원이나 오픈 스페이스를 늘이는 것이다」고 설명하고 있다.

그 플랜은 두 개의 주요 도로가 중앙에서 십자로 교차하고, 장방형을 구성하고 있다. 광대한 오픈 스페이스에 둘러싸인 장대한 마천루(摩天樓)를 중심으로 한 도시에서 거대한 공원이기도 했다. 건폐율(建蔽率)은 불과 5%로, 중심에는 철도나 비행기를 위한 교통센터가 놓이고, 도심에는 3000명/ha의 인구를 수용하는 십자형의 60층 높이의 빌딩이 임입(林立)해, 도시의 사무활동이나 행정기구가 수용되고 있다. 그 주변에는 12층 높이의 아파트 지구가 있으며, 공중정원을 가지는 연속 슬라브의 고급 아파트도 계획되었다.

(3) CIAM

1928년, 꼬르뷰제의 주장을 지지하는 각국의 건축가에 의해 CIAM(근대건축국제회의)가 결성되고, 1933년의 아테네 회의에 있어 현대도시의 존재방법에 관한 생각방식이 합쳐지며, 95건의 아테네헌장(La Chante D' Athenes)으로서 발표되었다. 그 중에서는, 지금까지의 도시계획이 교통만을 문제삼고 있다는 것을 비판하여, 앞으로는 「주거단위」를 중핵(中核)으로서, 기능의 상호관계를 결정해야 한다고 하고 있다. 그러한 도시계획의 주요한 대상기능으로서, 이하의 네 가지를 들고 있다.

① 거주 : 사람들에게 건강한 주거, 즉, 넓이, 맑은 공기, 태양, 이 세 개의 자연의 기본적 조건이 충분히 보증된 장(場)을 확보할 것

② 근로 : 일터를, 가혹한 예속의 장이 아닌, 인간의 자연스러운 활동이라고 하는 본래의 모습을 회복한 곳으로 만들 것

③ 여가 : 자유시간의 유효이용에 필요한 시설, 도움이 되며 풍부하게 해 줄 것을 미리 준비할 것

④ 교통 : 여러 종류의 조직을 묶는 교통망을 부설하고, 각각의 특징을 존중해 가며 상호의 교류를 확립할 것

2.4.2 근대화로의 반성과 도시디자인

(1) 근대화로부터의 가치전환

근대화는, 도시의 균질화(均質化)를 가져왔다. 근대적 법 제도에 의한 건물규제도, 예전에는 1875년의 프러시아 건축선법(建築線法)이나 1894년의 런던 건축법으로 거슬러 오르겠는데, 그들은 경찰권에 의한 건축의 안전기준을 정해, 때로 도로확보를 위한 건축선을 결정하는 정도로, 바이 로우 하우징(Bye-law housing)이라고 불리는 무미건조한 시가지를 형성해 갔다.

그에 대하여, J.제콥스(Jane Jacobs, 1916~)는 거리에 다양성이 필요하다는 것을 역설했으며, 근대도시계획과 도시재개발의 비인간성을 심하게 공격했다. 요컨대, 주거지역, 상업지역이라고 하는 용도의 다양성뿐만 아니라, 새로운 건축과 오래된 건축이 혼재(混在)하는 다양성, 소규모의 것에서 대규모의 것까지의 스케일의 다양성이, 사람들에게 선택의 가능성을 주고, 거리에 변화를 만들어 낼 수 있는 것이라고 했다. 제콥스는 이와 같은 다양성이 성립하는 요인으로서, ① 가구(街區) 블록이 소규모일 것, ② 인구가 고밀도로 집중해 있을 것의 두 가지를 들고 있다.

이러한 중에, 새로운 도시디자인의 움직임이 세계적 규모로 시작되었다. 하나는, 소위 아름다움이나 균형의 좋은 점뿐만 아니라, 알아보기 쉽다거나 인상이 강한 것이 중요하다고 생각하는 방식이다. 케빈 린치는 이의 선구자이다. 문화인류학적으로 도시의 문맥을 읽는 작업도 이것에 들어간다. 다른 하나는, 직접 도시를 디자인하는 것이 아니라, 건축법을 도시디자인의 한 수법으로 생각하는 방식으로, 정책적으로 공간을 유도하는 것이다. 뉴욕시의 새로운 조닝제도는 그 선구자이다.

(2) 도시 이미지의 해독

메사추세츠 공과대학 교수 케빈 린치(Kevin Lynch, 1918~)는, 1960년에 「도시의 이미지」 "The Image of the city"라고 하는 독창적인 도시론(都市論)을 발표했다. 그 안에서 그는 보스턴, 저지 시티, 로스앤젤레스의 세 도시를 들어서 조사하게 되어, 도시디자인을 위한 몇 개의 원칙을 이끌어냈다.

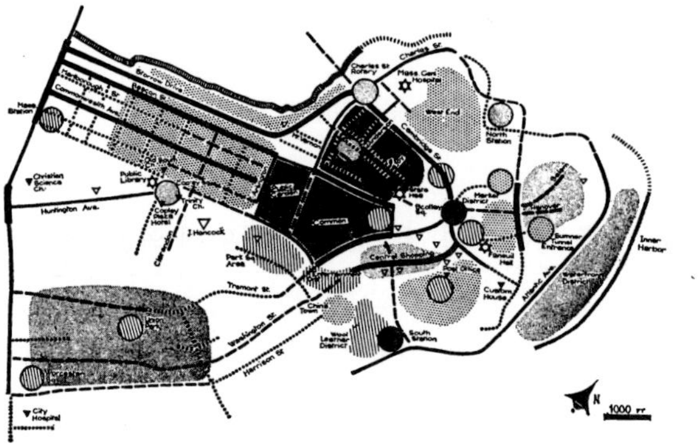

[그림 2.13] 도시의 이미지(보스턴)

먼저, 「도시는 사람들에게 이미지를 주는 것이다」고 하는 것을 지적하고, 「이미지 받을 가능성」을 「이미지어빌리티(Imageability)」라고 이름 붙이고, 이것을 높이는 것이야말로, 아름답고 즐거운 환경에 있어 가장 중요한 조건으로 하고 있다. 그리고, 그 환경의 이미지를 세 개의 성분, ① 아이덴티티(identity, 바로 그 자체인 것), ② 스트럭쳐(structure, 구조), ③ 미닝(meaning, 의미)으로 분석하고 있다.

다음으로, 어떤 도시에도 그곳의 주민의 대다수가 공통으로 안고 있는 「퍼블릭 이미지」가 있으며, 그 도시의 특정한 물리적 현실, 공통의 문화, 기본적인 생리학적 물질에 의해 일치하고 있다. 그리고, 그 이미지를 구성하는 요소로서, ① 패스(path), ② 地區(district), ③ 에지(edge), ④ 랜드마크(landmark), ⑤ 결절점(node)이 있으며, 그들의 상호관계나 연속성을 강화하는 것과, 전체를 이해하고 조작하는 방법을 발견하는 것이 중요하다고 역설하고 있다.

(3) 유도(사탕과 채찍)에 의한 도시디자인

뉴욕에서 조닝(지역제) 조례가 시행된 것은 1916년이다. 뉴욕에 스카이스크레퍼가 건설되게 되어 처음으로, 건축에 용적률 지적이나 사선제한이 더해지게 되었다. 이 제한에 의하여, 도심에는 소위 웨딩케이크형의 고층빌딩이 출현했다.

1961년, 광장이라고 하는 기능적 공간을 만들어내기 위하여 조닝제도가 개정되고, 인센티브 조닝(incentive zoning, 유도 지역제)이 도입되었다. 인센티브 조

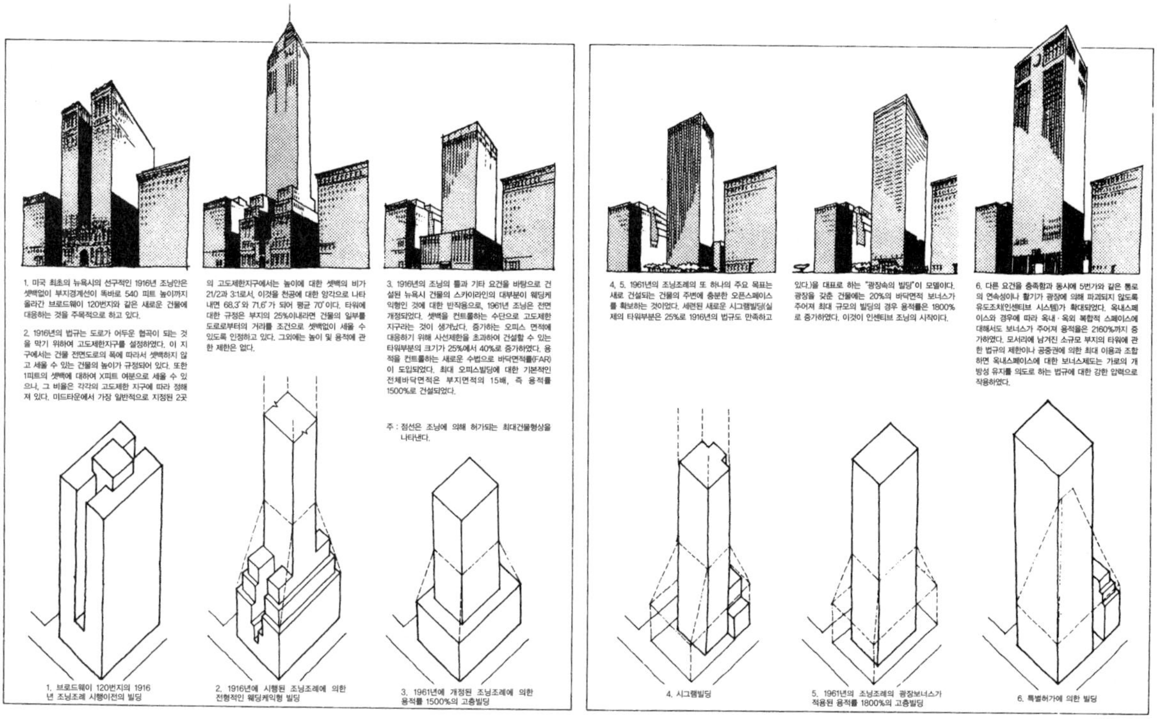

[그림 2.14] 뉴욕의 형태컨트롤의 변천

닝이라고 하는 것은 특정의 지구나 개발에 대해서, 공익에 이바지할 것을 규제완화, 감면세(減免稅), 저리융자 등의 요건으로서, 계획의도의 실현을 꾀하는 사탕과 채찍의 수법이다.

당시의 인센티브 조닝은, 건물 전면에 광장을 설치하는 것에 대해서 용적률의 보너스를 주는 기능적이고 합리적인 인센티브였다. 그것은, 근대적인 고층빌딩의 건설을 촉진시켰다. 그 대표적인 예가 미스 반데 로에가 설계한 시그램 빌딩이다. 그러나, 그것은 반대로, 도로경관에 이가 빠진 형태로 늘어선 모양의 마을을 만들고, 도시의 교외화(郊外化)를 진행시키고, 도심부의 기능저하와 거주환경의 악화를 가져와 거리의 활력을 앗아갔다.

그래서, 1976년, 재차 조닝제도는 개정되었다. 도로에 대한 채광을 확보함과 동시에, 그 범위 내에서 건물 디자인의 유연성을 보증하고, 가로(街路)와 면하여 늘어선 거리를 형성시켜, 길의 활기를 되찾는 일이 시도되었다. 신(新)조닝제도의 특징은, ① 주광(晝光) 곡선 또는 천공률(天空率)의 어느 쪽인가에 기초한 건물형태의 평가방법을 선택할 수 있는 것, ② 이들의 평가방법은 지구개발의 역사적 변천의 결과인 현상(現狀)에 기초해서 정하여진 것이며, ① 자유도의 향상(선택성), ② 역사의 재평가(역사성)라고 하는 의미로 포스터모던의 도시디자인이다.

2.4.3 역사적 · 자연적 경관의 보전과 창조

근년에는, 경제중심주의로의 반성에서, 역사적 · 자연적 환경을 보전하면서 도심의 재정비를 시행하기 위한 연구가 세계 각국 각지에서 행해지고 있다. 여기에서는 이탈리아, 런던(영국)의 근년의 동향을 예로 들어, 역사적 · 자연적 경관의 보전과 창조를 생각한다.

(1) 이탈리아의 풍경계획

이탈리아는 중세의 성곽도시나 산악도시를 비롯한 역사적 형태로 늘어선 거리나 그들을 둘러싼 자연환경이라고 하는 풍경의 혜택을 입은 나라이다. 그 풍족한 풍경을 보호하기 위해, 이탈리아에서는 풍경계획이라는 장치가 도시계획 및 문화 · 환경보존에 도입되고 있다.

풍경계획은 그 책정경위로부터 봐서, ① 자연보호법(1939)을 근저로 현의 문화재과(文化財課)나 시민단체가 시도한 풍경계획, ② 1966년에 책정된 남부 이탈리아 29 관광지역을 위한 풍경계획, ③ 환경가치가 높은 지역의 보호를 위한 법률(통칭: 가라소法, 1985)에 기초해서 책정된 주 레벨의 풍경계획의 세 개로 나누어져 있다. 그러나, ①이나 ②의 풍경계획은, 풍경이라는 성격에서 온 자치단체관할 구역 내에서의 계획의 한계나 남부 전체의 계획이 철저하지 못한 점이 있다. 그래서, 문화환경부에의 지도하에, ①, ②의 계획이 있는 경우에는 거기에 준하면서, 가라소法의 풍경계획이 책정되고 있다.

이 가라소법에 의한 풍경계획의 특징은 이하와 같이 말할 수 있을 것이다. ① 계획의 책정권한을 주에 맡기고, 나라(문화환경부)는 승인을 시행하는 것에 따라, 지방의 특징에 따른 규제를 담당하는 것이 가능할 것(지방성), ② 정리된 행정단위의 계획이며, 문화재단위나 보존지구보다 면적(面的) 또는 종합적인 환경보전이 가능할 것(종합성), ③ 해안 · 호안선(湖岸線), 하천, 국정공원, 화산, 고

고학적으로 중요한 지구, 도시의 원경(조망), 농지풍경 등 다양한 공간의 보호가 가능하다(다양성), ④ 역사적 환경 등을 포함한 주(州)의 일체적인 장래 이상상(理想像)을 그리려고 하는 것(일체성) 등이다.

(2) 런던의 랜드마크 조망보전

예를 들어 런던의 센트폴 사원처럼, 그것을 보면 한 눈에 런던이라고 알 수 있는 것 같은 도시를 특징짓는 심볼릭한 건축물(기념비 등)을 랜드마크라고 부른다. 이러한 랜드마크 조망의 보전은, 대상물에 대해서 조망점(眺望点)을 정하고, 대상물과 조망점 사이의 건물의 높이를 규제하는 것으로 시행되는 것이 일반적이다. 이러한 규제를 뷰 컨트롤(view control)이라고 한다.

영국에 있어서의 랜드마크 조망보전의 선구적인 시도는, 1938년에 시작된 센트폴즈 헤이트(St. Paul' s heights)라고 불리는 건물 컨트롤이다. 이것은, 1976년에는 몇 개인가의 자치체에도 걸쳐 있는 것과 같은 파노라마조망의 생각 방식이 발전해, 현재는 엄밀한 의미에서의 건물높이 규제로도 발전하고 있다.

그것은 스트라테직 뷰(strategic view)라고 불리고, 센트폴 사원과 국회의사당으로의 조망에 대해서 열 군데의 장거리조망을 규제하고 있다. 그 내용은 이하와 같다. ① 조망점에서 그 건물에 이르는 조망을 「높이규제구역(viewing corridor)」이라고 하고, 대상물로의 조망을 보전한다. ② 높이규제구역의 양측으로 넓게 퍼지는 대상(帶状)의 구역은 「광각조망협의구역(wider setting consultation area)」으로서, 일정의 퍼짐을 가지고 대상의 랜드마크를 전망할 수 있도록, 그 부분의 높이에 대해서는 개발주체와 협의를 행한다. ③ 조망점에서

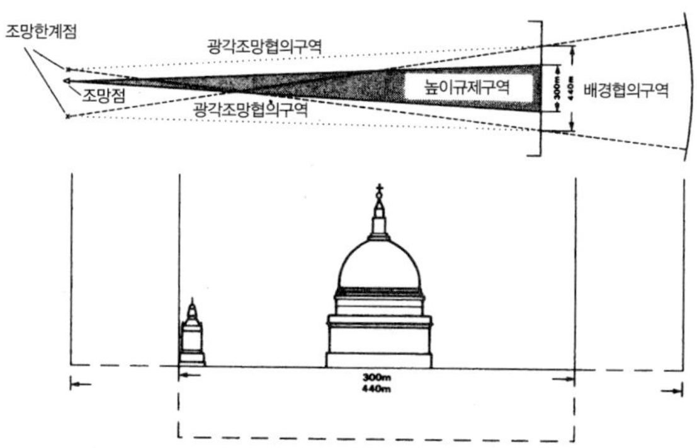

[그림 2.15] 런던의 스트라테직 뷰

보고 대상물의 배후에 안쪽의 길이 2.5~4km의 구역을 「배경협의구역(background consultation)」이라 하고, ②와 같은 모양으로 협의를 행한다.

이와 같이, 경관에 대해서는 규제의 상세화와 강화, 또한 협의와 평가가 근년의 경향으로서 들 수 있다.

〉〉〉 문헌

1) レオナルド・ベネーヴォロ, 佐野敬彦・林 寛治 譯：圖說都市の世界史1, 古代, 相模書房, 1983.
2) ポール・ランプル, 北原理雄 譯：THE CITIES=New Illustrated series, 古代オリエント都市, 井上書院, 1983.
3) J.B. ワード・パーキンズ：北原理雄 譯：THE CITIES=New Illustrated series, 古代ギリシャとローマの都市, 井上書院, 1984.
4) 日本建築學會編：西洋建築史圖集三訂版, 彰國社, 1996.
5) ホースト・ドラクロワ, 渡邊洋子 譯：THE CITIES=New Illustrated series, 城壁にかこまれた都市, 井上書院, 1983.
6) ハワード・サールマン, 福川裕一 譯：THE CITIES=New Illustrated series, 中世都市, 井上書院, 1983.
7) ジュウリオ・C・アルガン, 堀池秀人 監譯, 中村研一 譯：THE CITIES=New Illustrated series, ルネサンス都市, 井上書院, 1983.
8) 井口勝文 ：フィラレテに見るルネサンス期の理想都市ーチェントロについてー, フィレンツェの秋, 中央公論, 1995.
9) 森田慶一 譯註：ウィトルーウィウス建築書, 東海大學出版會, 1979.
10) L・ベネーヴォロ, 横山 正 譯：近代都市計劃の起源, 鹿島出版會, 1976.
11) フランソワーズ・ショエ, 彦坂 裕 譯：THE CITIES=New Illustrated series, 近代都市, 井上書院, 1983.
12) Gallion, A. B. and Eisner, S.：The Urban Pattern, D. Van Nostand Co, 1950, 1963.
13) S. ギーデオン, 太田 實 譯：新版空間・時間・建築, 丸善, 1969.
14) H.ゲレーツェガー・M.バイントナー, 伊藤哲夫・衛藤信一 譯 ：オットー・ワーグナー, 鹿島出版會, 1984.
15) カミロ・ジッテ, 大石敏雄 譯：廣場の造形, 鹿島出版會, 1983.
16) ドーラ・ウィーベンソン, 松本 篤 譯：THE CITIES=New Illustrated series, 工業都市の誕生, 井上書院, 1983.
17) エベネ・ザーハワード, 黑川直樹 譯：明日の田園都市, 鹿島出版會, 1983.
18) クラレンス・A・ペリー, 倉田和四生 譯：近隣住區論, 鹿島出版會, 1975.
19) 日本建築學會 編：建築設計資料集成9, 丸善, 1993.
20) ル・コルビュジェ, 樋口 清 譯：ユルバニズム, 鹿島出版會, 1968.
21) ル・コルビュジェ, 吉阪隆正 譯：アテネ憲章, 鹿島出版會, 1976.
22) ノーマ・エヴァンソン, 酒井孝博 譯：THE CITIES=New Illustrated series, ル・コルビュジェの構想, 井上書院, 1984.
23) J.ジェコブス, 黑川紀章 譯：アメリカ大都市の死と生, 鹿島出版會, 1977.
24) ケヴィン・リンチ, 丹下健三・富田玲子 譯：都市のイメージ, 岩波書店, 1968.
25) J.バーネット, 倉田直道・倉田洋子 譯：新しい都市デザイン, 集文社, 1985.
26) 三島伸雄：地區詳細計劃と保存地區. 造景, No. 12, pp.183-189, 1997.
27) 宮脇 勝：イタリアの法定都市計劃と風景計劃の展開, 東京大學博士論文, 1995.
28) 中井檢裕・村木美貴：英國都市計劃とマスタープラン, 學藝出版社, 1998.

Chapter 3

도시기본계획

3.1 도시의 기본계획

시(市)정(町)촌(村)을 단위로 하는 지방공공단체의 독립성 입장에서의 계획으로서는 지방자치법의 규정에 기초하여 행정구역을 단위로 市町村이 책정하는 기본구상 및 이것을 실현하기 위하여 규정하는 기본계획 등(이들을 종합해서 市·町·村의 종합계획이라고 부른다)과 도시계획법의 규정에 기초하여 도시계획구역에 있어서 규정하는 市町村의 도시계획 마스터플랜이 있다.

광역도시권의 경우에 대해서도 자치사무차관통지(自治事務次官通知)에 기초하여 관계자치단체에서 구성하는 협의회가 규정하는 광역 市町村권의 진흥계획(내용은 기본구상, 기본계획, 실시계획으로 구성된다)과 도시계획법의 규정에 기초하여 복수의 市町村의 도시계획구역에 있어서 도(都)·도(道)·부(府)·현(県) 지사가 정하는 도시권 도시계획(시가화 구역 및 시가화 조정구역이 설정되고 있는 도시권에 있어서는 정비, 개발 또는 보전의 방침이 정해진다)이 있다.

3.1.1 시(市)정(町)촌(村)의 종합계획

도시계획은 장기적인 전망에 있어서 도시가 마땅히 갖추어야 할 장래상을 밝히는 것과 동시에, 지역의 사회계획이나 경제계획 및 행·재정계획과도 대응하는 일체적이며 동시에 종합적인 계획이어야 한다. 이와 같은 장래의 마을조성의 종합적인 지침을 주는 계획이 市町村의 종합계획이다.

종합계획은 市町村이 정하고 있는 도시계획, 농업진흥지역정비계획, 과소(過疎)지역활성화계획 등의 전반적인 시책과의 조정을 고려하면서 책정하는 것이며, 장기적이고 종합적인 행정운영의 지침이 된다. 그리고, 마을 조성을 위한 시책집행의 우선순위를 주민들에게 명시하고, 이해와 협력을 구함과 동시에 주민과 기업 등의 활동에 있어 지침이 된다. 또, 국가, 현(県) 등이 지역계획을 책정하고, 사업을 시행하는 경우에 존중해야 할 지침이 되는 것이다.

3.1.2 시(市)정(町)촌(村)의 도시계획 마스터플랜

도시계획법(1968)에서는 都 · 道 · 府 · 県이 작성하는 「시가화 구역 및 시가화 조정구역에 관한 정비 · 개발 또는 보전의 방침」이 도시의 기본계획으로서 위치가 주어지지만, 1992년의 법개정에 의해 市町村이 작성하는 「정비, 개발 또는 보전의 방침」(市町村 도시계획 마스터플랜)이 이에 더해지게 되었다. 이에 따라서, 도시계획은 「정비, 개발 또는 보전의 방침」이라고 하는 都 · 道 · 府 · 県 결정의 도시계획 마스터플랜과 종합적 · 일체적으로 연계되어 진행하기로 하였다.

市町村 도시계획 마스터플랜은 도시 전체의 장래의 비전이나 도시를 구성하는 물적 요소인 토지이용이나 각종 도시시설의 장기구상을 구체적으로 밝히는 것으로, 도시의 종합계획들 중의 물적 계획이며, 도시의 기본구상과의 정합성(整合性)이 고려되어야 함과 동시에, 상위에 위치하는 국토계획, 都 · 道 · 府 · 県 계획 및 관련계획(도시 防災, 환경보전 등)과의 정합성이 요구된다. 더욱이, 도시계획법에 市町村 도시계획 마스터플랜은 지방자치법에 규정하는 기본구상에 의거하여 정하는 것으로 되어 있다. 그리고, 종합계획 중 기본계획은 도시계획의 입안에 있어 배려되어야만 하는 것이며, 법정도시계획의 동기가 되는 것이다.

市町村 도시계획 마스터플랜은 도시계획구역 내의 행정구역단위로 책정되고, 그 책정주체는 시(市)정(町)촌(村)이며, 계획의 기한은 기본적으로 대강 20년후(장기)이다. 그리고, 각 시(市)정(町)촌(村)에 있어 도시의 장래상이나 토지이용을 분명히 하는 「전체 구상」과 지역별의 시가지상(市街地像)이나 마을 조성의 생각방식이나 정비의 내용 · 방침 등을 나타내는 「지역별 구상」으로 구성되고, 법정도시계획의 기본이 되는 등 도시계획의 종합적인 지침으로서의 역할을 완수하는 것이다.

3.1.3 시가화 구역 및 조정구역에 관한 정비, 개발 또는 보전의 방침

도시계획법안 제 5조에서는 「하나의 도시로서 종합적으로 정비하고, 개발하고, 혹은 보전할 필요가 있는 구역을 도시계획구역으로서 지정한다」. 그리고, 제 7조에서는 「시가화 구역 및 시가화 조정구역에 대해서는 그 구분 및 각 구역의 정비, 개발 또는 보전의 방침을 도시계획에 정하는 것으로 한다」고 규정하고 있다.

이「정비 · 개발 또는 보전의 방침」은 도시의 거시적인 도시계획을 정하는 일이며, 그 내용은 다음에 표시하는 대로다.

① 도시계획의 목표(인구, 산업, 시가지 규모 등)
② 토지이용의 방침(주요용도의 배치방침 등)
③ 시가지의 개발 및 재개발의 방침
④ 교통체계의 정비방침
⑤ 자연적 환경의 보전 및 공공(公共)공지(空地)계통의 정비방침
⑥ 하수도 및 하천의 정비방침
⑦ 그 밖의 도시시설의 정비방침
⑧ 시가지정비 프로그램의 기본적 사항
⑨ 공해방지 또는 환경 개선의 방침
⑩ 도시 방재(防災)에 관한 방침
⑪ 주택건설의 방침

3.2 시(市)정(町)촌(村)의 종합계획

3.2.1 종합계획책정의 필요성

「市町村은 그 사무를 처리함에 있어서는 의회의 의결을 거치며, 그 지역에 있어서 종합적이고도 계획적인 행정의 운영을 도모하기 위한 기본구상을 정해야 한다」(지방자치법 제 2조 제 5항)라고 되어 있으며, 또,「지방공공단체는 주민의 복지 증진에 힘써야 하며, 최소의 경비로 최대의 효과를 거두도록 해야한다」라고 되어 있다.

市町村은 한정된 재원으로 보다 효과적인 시책을 실시하기 위하여, 지역 고유의 특성을 고려한 스스로 지향해야 할 방향을 결정하고, 주민이 긍지와 애착을 가질 수 있는 지역을 창조해 가야 한다. 그러기 위해서는 사업의 중요성과 긴급도(緊急度)를 감안한 종합계획을 책정하고, 종합계획에 따른 계획적인 사업의

집행을 시행할 필요가 있다.

종합계획은 그 계획단계에 따라 기본구상, 기본계획 및 실시계획으로 구분된다. 그 중, 도시계획에 크게 영향을 주는 것이 기본계획이다. 기본계획으로 그려진 구체적 플랜의 실현에는 장기간을 필요로 하므로, 필요성이 높은 것부터 순차적으로 시책화(施策化) 하기로 정해지나, 이 경우 필요에 따라서 도시계획에 토지이용의 규칙이나 도시시설의 정비 등을 정하게 된다. 이와 같은 법률의 절차에 의해 정해진 법적 구속력을 동반하는 도시계획을 특히 법정도시계획이라고 한다.

3.2.2 종합계획의 구성

종합계획은 일반적으로 장기계획으로서 「기본구상」, 중기계획으로서 「기본계획」 및 「실시계획」으로 구성된다. 더욱이, 이 경우에 기본구상과 기본계획, 실시계획의 사이에 맥락을 끊는 것과 같은 일이 없도록 배려할 필요가 있다.

(1) 기본구상

기본구상은 市町村의 장래의 모습을 전망하여, 이에 입각한 장기에 걸친 市町村 경영의 근간이 되는 것이며, 그 지역의 장래상 및 이것을 달성하기 위하여 필요한 시책으로 구성된다. 이 구상은 그 중요성부터 종합계획 심의회의 답신을 받아 안이 작성되며, 결정에는 전술(前述)한 바와 같이 해당 市町村 의회의 의결을 필요로 하는 것이다. 구성과 그 개요는 다음과 같다.

a) 기본목표

① 장래상(도시상) : 사회, 경제, 문화 등의 지역특성에 따라 정하는 지역의 장래상으로, 일반적으로는 1~5항 정도의 문장으로 도시의 모습을 표현한다.

② 주요지표 : 목표 연차를 정할 경우에 설정하는 인구, 경제(소득이나 산업구조 등)에 관한 목표치(目標値)이다. 장래 인구, 시민소득, 산업분류별 취업자수 · 생산액 등을 추계(推計)하여, 이를 행정치(行政値)로 수정하여 게재한다. 더욱이, 목표 연차를 분명히 하지 않는 구상으로 하는 경우에는 기본계획에 이를 게재한다.

③ 토지이용구상 : 토지이용의 기본방침, 토지이용의 장래목표, 목표달성을 위한 조치 등을 게재한다. 더욱이, 후술(後述)할 국토이용계획법에 기초한 市町村계획을 책정하고 있는 경우는 내용의 정합(整合)을 생각한다. 상세한 기재는 기본계획에 맡기는 경우가 많다.

b) 시책의 대강(大綱)

장래상을 실현하기 위하여 연구해야만 하며, 시책의 기본 체계라던가 각 시설의 대응 방침 등을 표시한 것이므로, 모든 행정분야에 미치며 각종 행정시책의 기본이 되는 것이다. 일반적으로는 생활환경정비, 건강 · 복지, 교육 · 문화, 산업진흥 등의 목적적(目的的) 행정분야마다 그 내용을 표시한다.

(2) 기본계획

기본계획은 기본구상으로 정해진 장래상을 실현하기 위해 필요하게 되는 시책에 대하여 목표 연차를 정하고, 그 기간에 있어서의 근본적이고도 구체적인 사업 등을 담는 것이다. 모든 행정분야에 걸쳐 지역에서 전개되는 제 활동의 전체상을 나타내고, 필요한 경우에 국가, 현, 관계 市町村의 시책이나 민간사업 등을 포함하여 시책이 게재된다. 기본시책과 동일하게 종합계획 심의회의 답신을 거쳐 책정되지만, 市町村의회의 의결은 필요없고 수장(首長)의 권한에서 책정한다.

기본계획의 구성은 일반적으로 기본구상에서 정하는 장래상, 목표 연차, 장래인구 등의 기본지표, 토지이용구상, 시대의 조류에 대한 대응방침 등을 기재하는 총론, 기본구상에 표시된 시책의 대강에 따라 각 분야별로 과제, 기본방침, 시책 등을 기재하는 각론(各論), 말미에 계획의 추진에 대해서 기재되고 있다. 대도시에 있어서는 행정구역을 복수로 구분하여 지역별 계획(區制의 경우에 있어서는 區別 계획)을 담는 경우가 많다.

더욱이, 최근에는 계획에의 탄력부과나 지역특성을 강조하는 것 등을 위하여, 총론과 각론 사이에 중요시책이나 주도적 프로젝트 등을 특기(特記)하는 계획이 증가하고 있다.

각론 이하의 일반적인 예를 나타내면 다음과 같다.

(분야별 시책의 체계)

① 안전, 쾌적한 마을 만들기

• 교통망의 정비
• 환경의 보전과 활용
• 생활환경의 정비
• 생활의 안전성 확보

② 건강하고 행복하게 살 수 있는 마을 만들기

• 사회복지의 충실
• 소아 · 고령화사회에 대한 대응
• 보건위생의 충실
• 협동참여사회의 실현

③ 풍부한 인간성과 문화를 키우는 마을 만들기

• 학교교육, 사회교육의 충실
• 문화 · 스포츠의 진흥
• 지역사회의 형성

④ 활력 있는 마을 만들기

• 새로운 산업의 창출
• 상공 관광업의 진흥
• 농림수산업의 진흥
• 산업기반의 정비

(기본계획의 실현을 향하여)

⑤ 계획의 추진

• 효율적인 행 · 재정 운영
• 시민참여의 추진
• 관계행정기관과의 제휴

⑥ 실시계획

실시계획에서는, 기본계획에 표시된 분야별 시책을 각 연도의 예산조치에 연결하여 구체적인 사업으로서 전개해 가기 위한 중기계획이며, 해당 市町村의 중기재정계획과 연결시켜서 수장(首長)이 책정하는(종합계획 심의회에는 묻지 않는다) 것이다. 일반적으로 대도시에서는 5개년 정도의 고정방식의 중기계획, 중소도시 등에서는 3개년의 롤링방식의 중기계획으로서 책정되어 있는 경우가 많다. 사회경제정세의 변화에 동반되는 세수(稅收) 등의 제정상황의 악화를 감안하여, 재정계획의 재평가에 의한 계획변경 등 계획의 적정한 관리가 요구되고 있다.

계획의 구성은 기본계획의 분야별 시책의 체계에 따라, 각종 사업의 사업계획의 개요, 사업비 등이 기재된 것이다.

3.2.3 종합계획의 사례

종합계획의 사례로서 후쿠오카시(福岡市)의 종합계획을 소개하겠다.

(1) 후쿠오카시 기본구상

「장래에 걸쳐지는 후쿠오카시의 도시 만들기의 목표와 기본이념을 나타내는 구상」이다.

기본구상은 의회의 의결을 거쳐 제정된 것이며, 장래에 마땅히 존재해야 할 도시상 및 시책의 대강으로 되어 있다(네 개의 도시상).

- 자립적이고 기쁨을 공유하는 시민의 도시
  한사람 한사람이 따뜻한 위로나 서로 의지하는 마음을 공유하는 도시를 지향한다.
- 자연을 살린 쾌적한 생활의 도시
  풍족한 자연환경을 살려 모든 시민이 안전하고 쾌적하게 생활할 수 있는 도시를 지향한다.
- 바다와 역사를 품은 문화의 도시
  풍부한 바다와 역사를 살려 항상 다양한 창조성을 유지하는 도시를 지향한다.
- 활력 있는 아시아의 거점도시
  아름답고 개성이 풍부한 도시를 기반으로 활력으로 가득한 아시아의 거점도시를 지향한다.

(2) 후쿠오카시 기본계획

기본계획은「기본구상의 도시상 달성을 향하여, 15년간의 계획기간 중에서의 시책을 종합적, 체계적으로 나타낸 장기계획」이다.

a) 후쿠오카시 기본계획의 전체계획

후쿠오카에서는 1996년에 「제 7차 후쿠오카시 기본계획(사람 · 교류의 都 - 공생과 창조를 지향하여)」을 책정하였다. 후쿠오카시 기본계획은 「총론」, 「계획각론」, 「구별계획」 및 「계획의 추진체제」로 구성되어 있고, 총론의 제 1부에 계획의 전제인 계획책정의 배경이나 계획의 목표 연차(목표 연차는 2010년으로 한다), 계획구역과 광역적인(후쿠오카 도시권과 아울러 기타큐슈 도시권 등) 제휴의 방침, 계획의 기본지표(인구, 경제, 토지이용)을 나타내고 제 2부에 있어서는 「사람 · 교류의 都 - 공생과 창조」를 지향한 기본적 방침, 지역 · 생활중시의 시점(視点), 광역의 시점, 환경과의 공생의 시점의 세 개의 기본적인 계획의 시점을 내걸고, 기본계획 기간 중에 추진해야 할 열 개의 중요시책의 방향을 표시하고 있다. 그리고, 제 3부에 있어서는 도시공간형성을 위한 지침을 표시하고 있다.

지향해야 할 도시공간정비의 기본적인 생각과 이에 기초한 도시공간구성을 나타낸다.

① 도시공간정비의 기본방침 : 도시공간은 환경과의 공생을 기본으로 하고, 자연환경의 보전에 노력을 기울임과 동시에, 시가지에 대해서는 자연환경과의 조화를 고려해 가면서 도시의 발전과 조화되는 양호하고 질서 있는 시가지를 형성한다. 또, 광역적이고도 지역적인 시점에 서서 계획적인 도시공간의 형성을 지향하고 있다.

도시공간정비의 기본적인 방침으로서 ① 광역적 시점에서의 공간정비, ② 자연환경의 보전과 활용, ③ 계획적 시가지 정비의 추진을 도모한다고 되어 있다.

그리고, 도시공간정비의 기본적인 방침에 기초하여, 계획적인 도시공간의 형성을 꾀하기 위한 도시공간의 장래의 구성과 기본적인 방침을 주요한 지역(zone)과 도시거점마다 나타내고 있다.

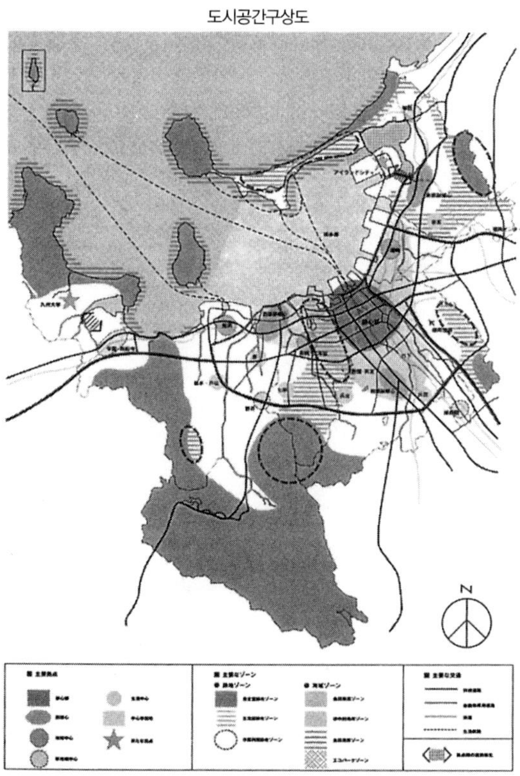

[그림 3.1] 도시공간정비구상

• 주요한 존(zone) : 자연환경을 보전함과 동시에, 자연환경과 공생하는 도시 만들기를 진행시키기 위하여 녹지존, 해역(海域)존을 설정하고 있다.

녹지존은 보전형 녹지, 생활형 녹지, 시민이용 녹지의 각 존으로 구분 설정하고, 해역존은 자연환경, 도시적 활용, 자연해안, 환경파크의 각 존으로 구분 설정하고 있다.

• 도시거점 : 각 도시거점이 상호간에 제휴 · 보완해가면서 각각 자립된 도시거점을 형성하는 「다핵(多核)제휴형 도시구조」를 실현하기 위하여, 적정한 기능의 분담을 기초로 시가지의 주요거점을 설정하고, 그 거점성에 따른 기능의 충실 · 강화를 도모함과 동시에, 계획적인 교통 네트워크의 정비에 따라 거점간의 제휴를 진행하는 것으로 하고 있다.

그래서, 주요한 거점(도시부, 부도심, 지역중심, 준(準)지역중심, 생활중심, 중심시가지)이나, 새로운 거점으로서 동부 임해부(臨海部)(아일랜드시티)와, 서부지역(큐슈대학 이점선(移点先) ~ 이토(伊都)지구)을 설정하고 있다.

② 토지이용의 기본방침 : 여기에서는 도시공간의 기본방침을 바탕으로 시가화 구역의 주요 용도별의 토지이용 및 시가화 정비구역의 토지이용의 기본방침을 나타내고 있다.

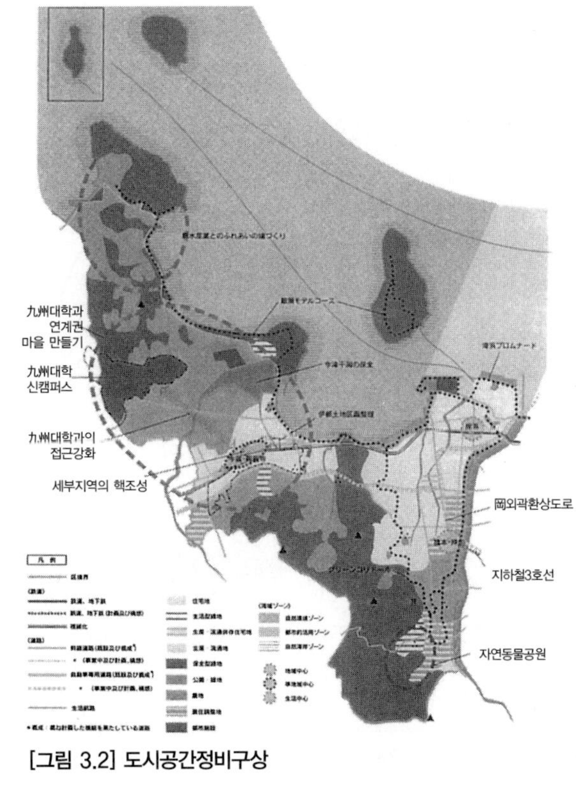

[그림 3.2] 도시공간정비구상

시가화 구역의 토지이용에 대해서는 용도지역을 비롯한 지역지구제도의 적절한 운용 등에 따라 주택지, 상업 · 사무지, 공업 · 유통업무지 등의 토지이용구분을 명확화하고, 도시 구성상의 효율성이나 쾌적성을 배려한 도시 만들기를 진행하고, 균형이 잡힌 다핵제휴형의 도시구조의 형성을 지향하며, 도시공간 구성 및 지구의 특성에 따른 주요 용도를 배치하고, 적정한 기능분담 · 강화를 꾀하는 것으로 하고 있다.

시가화 조정구역에 대해서는 우량농지의 보전, 임지(林地)의 보전, 자연환경의 보전 ·

활용 등 보전구역의 명확화와 대응방침이 나타나 있고, 단계적으로 시가화를 검토하는 구역의 명확화와 대응방침을 포함하고 있다.

b) 후쿠오카시 기본계획의 행정구별계획

후쿠오카시의 행정구별계획은 ① 구(區)의 개요, ② 구의 주요한 시책의 방향, ③ 구의 매력 만들기, ④ 지구의 장래상, ⑤ 장래 구상도로 구성되어 있다.

서구의 경우에는 서구의 개요(서구의 입지상의 특색이나 산업, 인구, 토지이용 등)를 정리하고, ① 풍부한 자연과 조화가 이루어진 마을 만들기, ② 안전하고 쾌적한 교통 네트워크 만들기, ③ 창조성 풍부한 문화환경 만들기, ④ 농림수산업의 진흥과 살기 좋은 생활기반 만들기에 관한 주요한 시책을 표시하고 있다. 그리고 다섯 개로 구분된 지역마다에 「교통이 네트워크化 된 접촉이 있는 마을」이 되도록 문언(文言)에 의해 장래상을 나타내고 그림 3.2에 나타낸 바와 같이 행정구의 장래구상을 그리고 있다.

(3) 실시계획

실시계획은 「기본계획 실현에 즈음하여, 구체적 시책을 추진해 가기 위한 5개년의 중기계획」이다.

3.3 시(市)정(町)촌(村)의 도시계획에 관한 기본적인 방침

3.3.1 도시계획 마스터플랜의 구성과 역할

市町村의 도시계획 마스터플랜은 주민에게 가장 가까운 입장에 있는 市町村이 그 창의(創意)연구에 의해 주민의 의견을 반영시키고, 도시조성의 구체적인 장래의 비전을 확립하고, 지역별로 마땅히 갖추어야 할 시가지상(市街地像), 지역별 정비과제에 따른 정비방침, 지역의 도시생활, 경제활동 등을 지탱하는 제시설의 계획 등을 결정하며, 상세하면서도 동시에 종합적으로 정할 것을 내용으로 하고 있다.

(1) 책정에 즈음한 기본적 사항

도시계획 마스터플랜 책정에 즈음한 기본적 사항은 표 3.1과 같다.

■ 책정구역 • 도시계획구역 내에서 市町村 단위	■ 주민의견의 반영 • 앙케이트의 실시 등 • 공청회의 개최
■ 책정주체 • 市町村	■ 관계기관과의 조정 • 청(庁) 내부국 등과의 조정 • 현(県)과의 사전협의
■ 계획기간 • 장기목표를 기본으로 한다.	■ 책정의 시기 • 용도지역의 재평가와 병행하여 책정
■ 기본적인 구성 【 전체 구상 】 • 도시의 장래상 • 토지이용계획 • 도시시설계획 등	【 지역별 구상 】 • 장래목표 • 정비방침(토지이용, 지구시설 등) • 정비방책 등
■ 용도지구 재평가와 그 관련 • 재평가 소안 작성단계에서 토지이용계획, 지역별 마을 만들기 방침이 필요	

[표 3.1] 책정에 있어서 기본적 사항

(2) 「전체 구상」과 「지역별 구상」의 주요 내용

전체 구상은 도시의 광역적 위치선정(광역도시권에서의 위치선정), 도시의 현상태와 문제점(도시의 현황, 구조특성 등), 도시조성의 기본적 과제(도시의 기능, 토지이용, 시가지정비 등의 연구해야 할 과제), 도시조성의 이념과 목표(장래비전, 정책목표 등), 장래의 도시구조나 도시정비의 방침(① 도시구조 · 공간형성의 기본적인 생각, ② 토지이용 · 시설정비 · 시가지 개발사업 등의 방침, ③ 양호한 도시환경 형성의 방침, ④ 도시경관 형성의 방침, ⑤ 그 밖의 도시정비의 방침 등)과 그 프로그램을 분명히 한다.

지역별 구상으로는 지역구분(지역구분의 생각과 지역설정), 지역별 장래목표

(장래목표, 테마, 프레임 등), 지역별 정비방침(① 건축물의 용도 · 형태, ② 시설 정비의 방침, ③ 녹지공간의 보전 · 창출의 방침, ④ 공지의 확보, ⑤ 경관형성의 방침, ⑥ 지구계획 등 규정구역과 계획내용 등, ⑦ 정비수법 등의 지구정비방침)을 확실히 하는 것이다.

전체 구상과 지역별 구상의 관계는 전체 구상에 표시된 것을 지역별 구상에 있어서 상세화, 구체화하는 사항과 반대로 지역에서 쌓아올린 것이 전체 구상이 되는 사항을 생각할 수 있으므로, 상호적, 유기적인 관계를 유지할 필요가 있다.

여기에 市町村 도시계획 마스터플랜의 책정에 즈음하여, 조사, 분석에서 계획입안에 이르기까지의 흐름을 그림 3.3에 나타낸다.

그리고, 도시계획 마스터플랜의 사례로서 후쿠오카현의 치쿠시노(筑紫野)시의 「전체 구상」과 「지역별 구상」을 그림 3.4, 그림 3.5에 나타낸다.

치쿠시노(筑紫野)시는 후쿠오카시에서 남동 약 15km에 있는 베드타운이며, 후쿠오카의 성장과 함께 인구가 증가하고 있다. 또한, 동서로 가늘고 길게 양측 산의 중간에 있어서 자연이 풍족하다. 이러한 조건을 고려하여, 도시계획 마스터플랜의 기본이념을 ① 역사 · 문화를 지키고 살리는 마을 만들기, ② 지역의 개성을 살린 마을 만들기, ③ 풍요로움과 활력을 높이는 마을 만들기, ④ 강과 녹지를 지키고 가꾸는 마을 만들기, ⑤ 생활, 방문하는 사람에게 친절하고, 안심, 안전한 마을 만들기로 하고 있다. 장래의 인구는 정비 · 개발 또는 보전의 방침, 종합계획, 물의 수요에 관한 정책적 판단 등을 고려한 다음, 2015년에 있어 11~14만 명(현재 약 8만 명)으로 하고 있다.

「전체 구상」에서는 기본이념을 이어받아 다음의 사실을 내용으로 하고 있다. ① 역전 등의 계획적 토지이용을 추진하고 상점가의 구심성(求心性)을 높일 것, ② 장래 인구의 프레임이나 보전해야 할 녹지며 농지를 감안하여, 떨어져 있는 시가화 구역의 일체화를 꾀할 것, ③ 남북 도시의 축(간선도로, 철도)에 따라 분단되어 있는 시가지에 있어 동서도로망의 강화를 꾀할 것, ④ 동서에 있는 풍부한 녹지를 보전함과 동시에 하천공간의 활용과 기존 촌락의 유지를 도모할 것 등이다.

「지역별 구상」에는 이들에 관하여 보다 구체적으로 서술되고 있다. 예를 들어 ① JR 天拜山역 서쪽의 공공 공익시설 존의 형성, ② 야마구찌(山口) 강변의 보행자 동선과 친수(親水)공원의 정비, ③ 니시테쯔(西鐵) 오이타선(線)의 동서를 묶

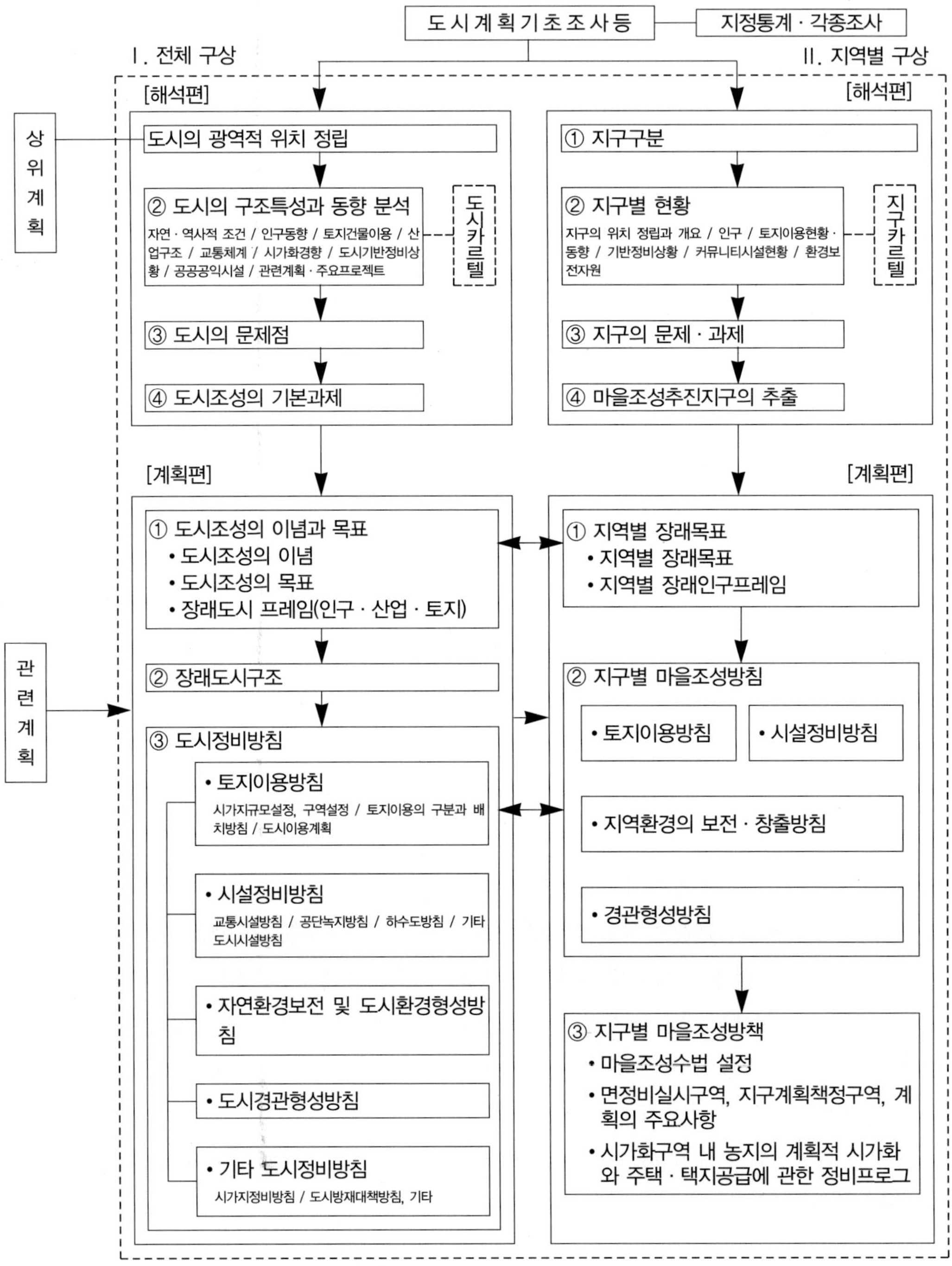

[그림 3.3] 시정촌 도시계획 마스터플랜 책정 흐름도

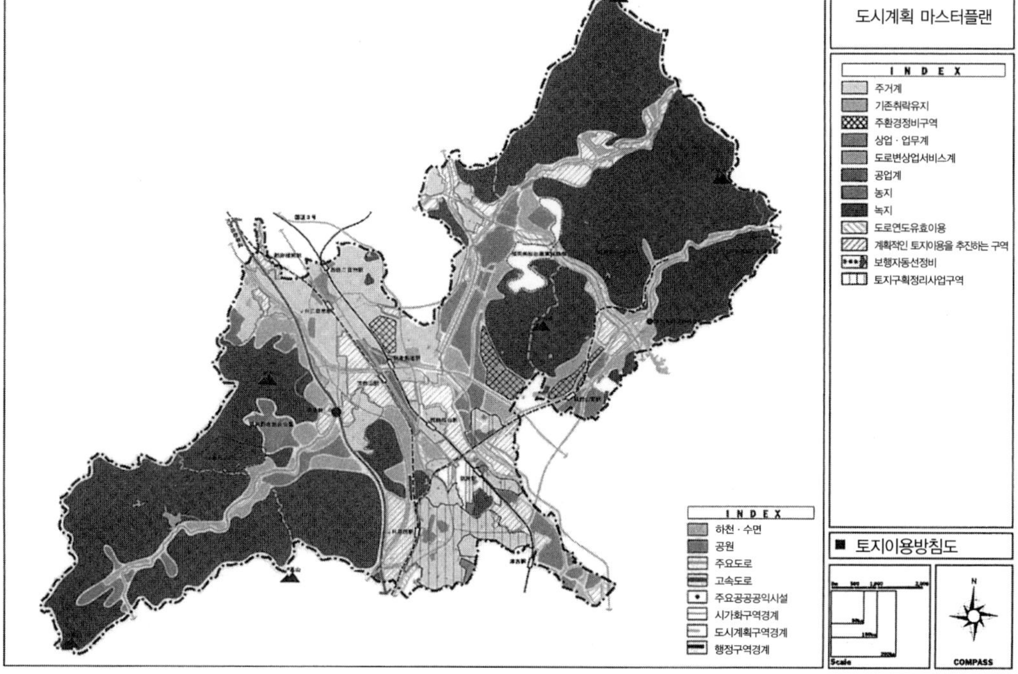

[그림 3.4] 시의 전체 구상도

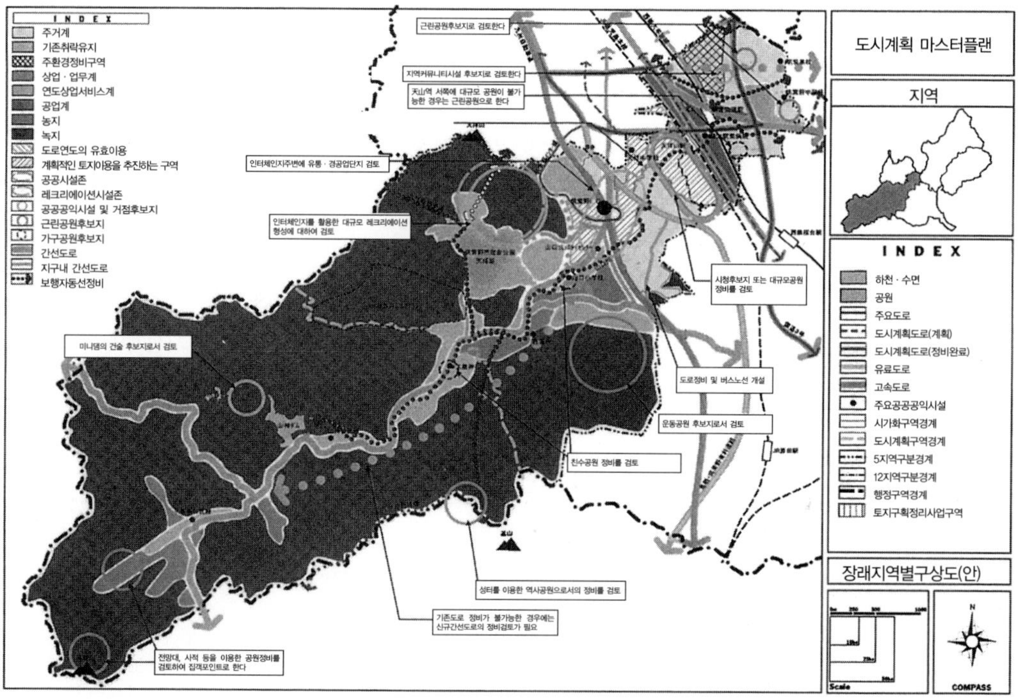

[그림 3.5] 시의 지역별 구상도

는 간선도로의 정비 등이다.

이들에는 주민에 의한 지역 과제도(課題圖)의 작성 등으로 꼽히어 의논된 사항도 포함되어 있다. 그리고, ① 치쿠시노(筑紫野) 인터체인지 주변의 유통 · 공업단지 형성의 검토와 그 추진, ② 종합공원 옆의 레크리에이션 존 형성, ③ 오카다(岡田) 지구에서 인터체인지까지의 도로 등 「지역별 구상」에만 반영되어 있는 것도 있다.

(3) 시(市)정(町)촌(村) 도시계획 마스터플랜의 역할

市町村 도시계획 마스터플랜은 상위계획을 근거로 하여 도시의 장래상이나 토지이용을 명확히 하는 것과 함께, 각 지구마다 마을조성의 방침을 정함에 따라, 市町村에 있어 도시계획의 종합적인 지침으로서의 역할을 달성하는 것이다.

특히, 市町村이 정하는 도시계획으로서는 지구계획, 특별용도지역 등을 들 수 있지만, 용도지역 등 지사가 정하는 도시계획에 있어서도, 그 원안(原案)은 市町村이 작성하기 때문에, 市町村 도시계획 마스터플랜은 각 市町村에 관계되는 법정도시계획의 지침으로서 중요한 역할을 담당한다.

또한, 도시계획법의 개정으로 볼 수 있는 용도지역의 세분화, 특별용도지구의 추가, 지구계획제도의 확충에 따라, 지구단위의 마을조성에 대응하는 상세한 토지이용계획제도가 확립되어 있으며, 市町村 도시계획 마스터플랜은 지구단위의 계획을 도시 전체 중에서 체계적으로 위치를 정하는 계획이 된다.

市町村의 종합계획과 도시계획 마스터플랜과의 관계에서 볼 경우, 도시계획

■ 기본구상
시정촌의 계획적인 행정운영의 종합적 지침

■ 정비 · 개발 또는 보전 방침
도시계획구역에서의 도시설계의 종합성과 일체성을 확보하기 위한 상호조정지침

↓

■ 시정촌 도시계획 마스터플랜(기본방침)
시정촌이 정하는 도시계획의 종합적 지침
주민참가에 의한 도시레벨 및 지구레벨의 마을조성을 추진하는 지침

[그림 3.6] 도시계획 마스터플랜의 역할

마스터플랜은 지역별 구상을 중심으로 하고, 다음과 같이 종합계획을 보강하는 기능을 가지고 있다.

① 종합계획 중에 지구별 계획을 갖는 市町村이 많지만, 도시계획 마스터플랜의 지구별 구상을 반영시키는 것으로 지구별 계획을 강화하고, 계획을 보다 선명하게 할 수 있다.

② 종합계획의 지구별 계획의 책정목적은 계획을 알기 쉽게 나타냄과 동시에, 분야별 시책의 종합화에 중점을 두는 경우가 많다. 종합화는 도시계획 마스터플랜이 대상으로 하는 지구 스케일의 각종 주구(住區)시설의 배치계획 및 토지이용계획 등의 물리적인 계획검토(공간화) 중에서 시작하여 과제가 구체화되고, 적절하고 확실한 계획이 될 수 있다.

③ 종합계획은 주민의 행정에 의한 행정서비스의 계획이며, 계획은 행정 스스로가 행하는 시책으로 구성되어 계획으로의 주민참가에 한계가 있다. 주민에게 마을조성의 책임을 분명히 하는 도시계획 마스터플랜이 주민참가 하에 책정되는 것으로, 파트너쉽 형태의 마을조성을 계획사업으로 하고 전개하는 것이 가능하다.

3.3.2 도시계획 마스터플랜의 책정수단과 그 표현형태

(1) 그랜드 디자인과 상세한 계획(새의 눈과 벌레의 눈)

「시가화 구역 및 시가화 조정구역에 관한 정비, 개발 또는 보전의 방침」과 「市町村의 도시계획에 관한 기본적인 방침」의 전체 구상, 지역별 구상의 조정을 말한다.

당초의 법정 도시계획의 대강은 주로 거시적인 토지이용의 조절이나 도시시설의 정비 등을 주제로 하여 정해져 있었지만, 그 후 다음과 같은 반성에서 부지단위의 건축규모와의 중간영역을 보완하는 제도로서 1980년에 지구계획제도가 창설되어, 도시계획제도의 충실을 도모하였다.

a) 거주환경에 대한 의식의 변화

주변 환경에의 관심의 확대, 거주환경개선으로의 지향, 지역특성을 살린 개성 있는 마을조성 등 주민의 요구가 변화해 왔다.

b) 참가형 행정의 정착화

개성 있는 마을조성, 질이 높은 정주(定住)사회의 형성에는 주민의 상위(相違)와 연구가 필요하다는 인식에 단지 주민의 참가가 계속 정착되고 있다.

c) 시가지 정비상의 문제

종래의 도시계획에 있어서 거시적인 시가지 형성에는 일정의 성과가 올라간 것은 사실이지만, 방재적(防災的) 과제지구의 미개선, 거주환경의 향상에 도움이 되는 도시시설 정비의 지연 등 좋은 시가지 형성에 반드시 연결된 것은 아니었다.

본래대로라면 지구계획제도의 창설시에 동시에 표시했어야 했었다. 행정단위나 지역단위의 마스터플랜의 책정제도의 창설(「市町村의 도시계획에 관한 기본적인 방침」)이 1992년에 시행되어, 겨우 거시적인 도시계획과 미시적 도시계획의 계획체계가 제도적으로 정비되었다.

마스터플랜에는 목적별, 분야별로 각종의 것이 있지만, 각각 종합적인 내용을 나타내는 것으로는 거시적 도시계획의 대표자가 「시가화 구역 및 시가화 조정구역에 관한 정비, 개발 또는 보전의 방침」(구획실시 도시계획구역에 대해서 책정, 미구획 도시계획구역으로는 「市町村의 도시계획에 관한 기본적인 방침」의 전체 구상이 거시적인 마스터플랜이 된다)이며, 미시적인 대표자가 「市町村의 도시계획에 관한 기본적인 방침」의 지역별 구상이다.

거시적인 도시계획의 마스터플랜 「정비, 개발 또는 보전의 방침」에서는 국가나 현을 비롯 각종 관련된 상위계획을 받아들여, 국토이용계획법에 따른 토지이용기본계획이나 국토개발 간선자동차도로 건설계획에 의한 고속도로의 위치선정 등이 전제로서 책정되어, 또한 경제활동과 시민생활을 지댕하는 여러 가지의 도시기능을 보다 효율적으로 실현하려고 하는 관점(새의 눈)에서 도시 전체의 토지이용계획, 도시시설의 배치계획 등이 담기게 된다(그림 3.3). 구체적으로는 지역주민만의 입장에서는 반드시 필요하다고는 할 수 없고, 자동차 전용도로, 처리시설 등이라도 국토나 도시 전체로부터 보면 그 정비는 필요하고, 「도시의 건전한 발전과 질서 있는 정비를 도모하고, 국토의 균형 있는 발전과 공공 복지의 증진에 기여한다」고 한 도시계획법의 목적을 달성하기 위하여, 새의 눈의 관점이 우선되어야 하는 것이다.

한편, 미시적인 마스터플랜에 대해서는 지구계획제도의 배경에서 접했던 것처럼, 지역단위에서는 토지이용이나 도시시설정비의 방침 등의 마스터플랜에 담긴 사항이 도시 전체 단위에서 보면 상세한 것이 요구되고 있으며, 또 마스터플랜 책정의 과정에서 주민의견의 반영이 의무화 된 것에서, 지역에 밀착된 관점(벌레의 눈)으로 경관형성 그 이외의 지역특성을 살린 개성 있는 마을조성 등도 포함해서 내용을 음미해가게 된다. 이 경우, 먼저 접한 주민의 입장에서는 폐를 끼치는 시설의 위치선정 등에 대해서는 오히려 적극적인 주변환경 정비의 관점에서의 충분한 검토를 실시할 필요가 있다. 또 일반적인 토지이용의 유도나 도시시설 등의 정비와 같은 것의 방침에 대해서는 각 지역의 실정을 근거로 해서 상세 부분을 검토하여, 거시적 도시계획으로의 피드 백(feed back)도 필요하게 된다.

(2) 주민의견의 반영방법과 관계 도서(圖書)의 역할

a) 주민의견의 반영방법

도시계획 마스터플랜(기본방침)을 정하려고 할 때는 반드시 주민의 의향을 반영시키기 위해서 필요한 조치를 강구할 필요가 있다.

계획책정에 있어 주민참가의 방법으로서는 도시계획 책정에 즈음하여 마음대로 구경하고 의견서를 제출하는 것 이외에, 지구별로 관계주민에 대하여 사전에 원안(原案)을 제시하고, 충분한 설명을 계속하여 의견을 구하고, 이를 쌓아올려 계획안을 작성해야 하고, 앙케이트나 청취의 실시에 의한 의견의 반영, 공청회나 설명회의 개최에 의한 의견의 반영, 주민조직에 의한 계획의 검토, 광역정보지라든지 팜플렛의 활용 등의 방식을 생각할 수 있다.

계획책정의 각 단계에 따라서 적절한 방식을 조합하고, 필요하면서도 충분한 주민참가가 도모될 필요가 있다. 가능한한 계획검토를 위한 주민조직이 필요하다. 계획검토를 위한 주민조직은 지구의 상황에 의해 여러 가지로 생각할 수 있지만, 일반적인 예로서는 다음의 것을 생각할 수 있다.

① 협의회 방식(위원회) : 지구의 대표자를 선출하여, 그 멤버에 의해 계획안의 심의 등을 실시한다.

② 간담회 방식 : 자유참가방식의 회합으로 멤버를 고정하지 않고 계획의 검토를 실시한다.

③ 기존의 자치회 등의 조직을 활용하는 방식 : 특별히 새로운 주민조직을 설치하지 않고, 기존의 자치회나 주민활동 그룹을 모체로 하여 계획의 검토를 실시한다.

b) **관계 도서(圖書)의 역할**

도시계획에 관계되는 각종 마스터플랜을 책정함에 있어 다양한 도서가 필요하게 된다. 미스터플랜의 표현방법은 문장과 부속도서이다. 또 마스터플랜 책정 시의 주민의견의 반영 과정에 있어서도, 문장과 부속도서 그리고 설명서나 참고자료가 이용된다.

그들 도서는 법정도서로서의 역할만이 아니라, 주민의 합의 형성을 꾀하기 위해서도 중요한 것이며, 계획의 입안에서 결정단계까지 각종 도서가 유효하게 이용되어야 한다. 여기서는 계획책정 등의 각 장면마다에 필요하다고 생각되는 도서를 간단하게 소개해 보겠다.

거시적인 도시계획의 마스터플랜(정비, 개발 또는 보전의 방침 등) 관계에서는,

① 초안의 종람(縱覽) ② 안의 종람 ③ 계획도서의 종람	계획서와 첨부도면(1/25,000~1/50,000), 토지이용 구상도(1/25,000~1/50,000)

원안은 市町村이 작성하고, 都道府県이 조정하여, 도시계획지방심의회의를 거쳐, 건설부장관의 인가를 거쳐 결정하기 위해, 책정 과정에서는 기본적으로 법이나 통고 등으로 나타내게 된다.

미시적인 도시계획의 마스터플랜(지구별 구상 등) 관계에서는

① 앙케이트 조사 : 문장, 지도, 개념도, 구상도 등

② 집회, 공청회 : 문장, 첨부도면, 개념도, 구상도, 조감도, 이미지도, 모형, 설명을 위해 필요한 각종 자료

③ 협의회, 위원회 : 문장, 첨부도면, 개념도, 구상도, 조감도, 이미지도, 모형, 설명을 위해 필요한 각종 자료

④ 市町村 도시계획심의회 : 문장, 첨부도면, 설명을 위해 필요한 각종 자료

⑤ 기본방침(지구별 구상) : 문장, 첨부도면, 개념도, 구상도, 조감도, 이미지도 등

⑥ 주민에게로의 홍보 : 문장, 지도, 개념도, 이미지도 등 자유

원안은 주민의 의견을 들으면서 市町村이 작성하고, 市町村의 도시계획심의회의를 거쳐 결정한다. 통고에 결정이 있는 것 등을 제외하고 자유이다.

근년, 주민의견의 반영방법의 선진사례로서, 다음과 같은 시도가 시행되고 있다.

- 지구 단위의 마을조성의 구상을 작성함에 있어 지역주민에 의한 워크샵 방식 등을 도입하고 있으며, 초 · 중고생들의 도안모집, 모형의 작성 등 다양한 수법을 개발하여 민의(民意)를 반영한다.
- 공공 공익시설의 정비에 있어서는 경관 시뮬레이션시스템 등을 활용하여, 높이나 모양, 색 등을 지원 설명으로 복수의 안을 제시한다.

이처럼, 주민의견의 반영이나 여론형성과정에 있어서는 다양한 시도도 계속 시행되고 있다. 이후에는, 인터넷 등 통신미디어의 활용도 생각할 수 있다.

3.3.3 도시계획 마스터플랜의 구체화의 연구와 과제

각 市町村에 있어서 도시계획 마스터플랜 책정에 즈음하여 여러 가지 과제를 생각할 수 있다. 이들 과제를 극복하고, 보다 한층 실효성 있는 바람직한 도시 마스터플랜 만들기가 기대된다. 아래에서 그들 과제를 정리해 보자.

기본적 과제

a) 마스터플랜 계획구역과 행정구역의 차이

도시계획구역과 市町村 기본구상 · 기본계획구역과의 차이가 있는 백지구역으로의 대응이 있다.

b) 마스터플랜의 계획내용

① 2계층제(階層制) 도시계획으로의 접근방법

- 도시 전역의 계획과 지구마다의 계획이 필요.

- 마스터플랜은 거시와 미시의 양면에서 도시계획을 포착하여 양자의 중개를 책임진다.

② 바람직한 시가지상의 명확화와 실현을 위한 시책 전개

- 안전성, 보건성 등의 최소한의 환경조건을 확보하기 위한 기초적 제한의 강화.
- 지구마다의 바람직한 조건의 확보에 대해서는, 주민의 다양한 가치관을 존중하여, 지구적 특성을 근거로 한 개성 있는 거리를 만들어 낼 것.

③ 계획에 관한 주민의 참가와 합의형성의 규칙 확립

- 행정이 주민에게로의 계획 검토에 필요한 정보의 제공, 토의의 장(場) 설치.
- 주민도 토의를 발전시키기 위한 규칙을 지키고, 실질적인 의견을 서술할 것.

c) 마을조성과 토지정책의 관계에 대하여

① 행정의 토지이용계획

- 토지 종별마다의 장래 추계치(推計値)를 나타내기만 한다든지, 개별계획의 추인형(追認型)이어서 계획이라 할 수 없다.
- 시가화 조정구역에 대해서 행정에 의한 구체적이고도 즉시적인 토지이용계획 소안(素案)의 제시, 보전계(保全系) 토지이용계획은 규제 유도책과 세트로 대응이 필요.
- 시가화 구역에 대해서 일정규모 이상의 토지이용 전환은 지구단위의 계획을 의무화 하는 것이 필요.

② 도시단위와 지구단위의 계획의 정합성의 확보

- 동질적인 문제를 안고 있는 지구를 유형화하여 행정으로서의 대응을 표시할 필요.

③ 사람들의 집합과 해산, 유동의 실태를 파악하고, 핵(核)과 권역(圈域)의 구조를 명확히 나타낼 것

- 도심핵, 부차핵, 지구중심 등의 위치 책정이 필요.
- 주택지에서는 아동 및 고령자의 1차 일상생활권, 지구센터를 핵으로 하는 2차 일상생활권의 획정과 공공 공익시설의 배치.

d) **상위계획제도와의 관계에 대하여**

① 마스터플랜은 市町村 기본계획 내의 물적 계획(토지이용, 도시기반, 시가지정비, 도시환경 등)으로부터 단순히 발췌해 내는 것은 안 된다.

② 市町村의 기본구상, 기본계획의 존재방법을 재평가하고, 물적 계획은 도시 마스터플랜에 맡기는 등 상위계획을 재평가한다.

e) **마스터플랜의 실효성의 확보**

① 도시의 물리적인 측면만이 아니라 경제적 · 사회적 측면의 고려.

② 광범위한 목표설정만이 아니라 구체적인 정책의 설정, 정책실시의 프로그램 및 지리적인 관계를 명기하는 도면의 작성이 필요.

③ 지구별 계획의 공간적이면서도 요소적 정합성의 확보, 기존의 조례 · 제도의 적정한 재평가.

3.4 상위계획 및 기타의 관련계획

3.4.1 도시계획에 관한 부문별 계획

도시계획에 관한 부문별 계획에는 다음과 같은 각종 계획이 있다.

① 시가지 정비 기본계획

② 도시 재개발 방침

③ 녹지의 기본계획

④ 주택 마스터플랜

⑤ 지하이용 가이드 플랜

3.4.2 현(県)의 장기종합개발계획 등 상위계획 및 기타의 관련계획

도시계획 및 도시계획을 책정하는 장으로서 도시계획구역에 관련된 여덟 개의 상위계획이 있다.

① 전국종합개발계획

② 국토이용계획 및 토지이용기본계획(국토이용계획법)

③ 수도권 정비계획(수도권 정비법)

④ 킨끼(近畿)권 정비계획(킨끼권 정비법)

⑤ 중부권 개발 정비계획(중부권 개발 정비법)

⑥ 현(県) 종합개발계획, 현(県) 장기구상

⑦ 市町村의 기본구상(지방자치법)

⑧ 하천, 철도, 항만, 공망 등의 시설에 관한 국가의 계획

이들 상기의 계획의 개략을 아래에서 설명하겠다.

(1) 전국종합개발계획

국토종합개발법 7조 1항의 규정에 근거하여, 전국의 구역에 대해서 작성되는 것이며, 都道府県종합개발계획, 지방종합개발계획 및 특정지역 종합개발계획의 기본이 되는 것이다.

(2) 국토이용계획 및 토지이용기본계획

a) 국토이용계획

국토이용계획은 국토의 이용에 관한 계획을 시행하는 것으로, 국토이용의 기본구상, 구분마다의 현재목표, 목표달성의 조치를 내용으로 하여 전국계획, 都道府県계획, 市町村계획이 있다.

b) 토지이용기본계획

토지이용기본계획은 都道府県지사가 전국계획 및 都道府県계획을 기본으로 하여, 해당 都道府県의 구역에 대해 토지이용기본계획을 정하는 것이다. 토지이용기본계획은 다음의 다섯 개의 지역을 정하는 것으로 되어 있다.

이들 다섯 개의 지역은 각각 개별의 토지이용규제법의 지역 · 구역과 직접적으로 관련되어 있고, 다음과 같이 대응되는 개념으로 이루어져 있다.

① 도시지역 : 도시계획법의 도시계획구역

② 농업지역 : 농업진흥지역의 정비에 관한 법률의 농어진흥지역

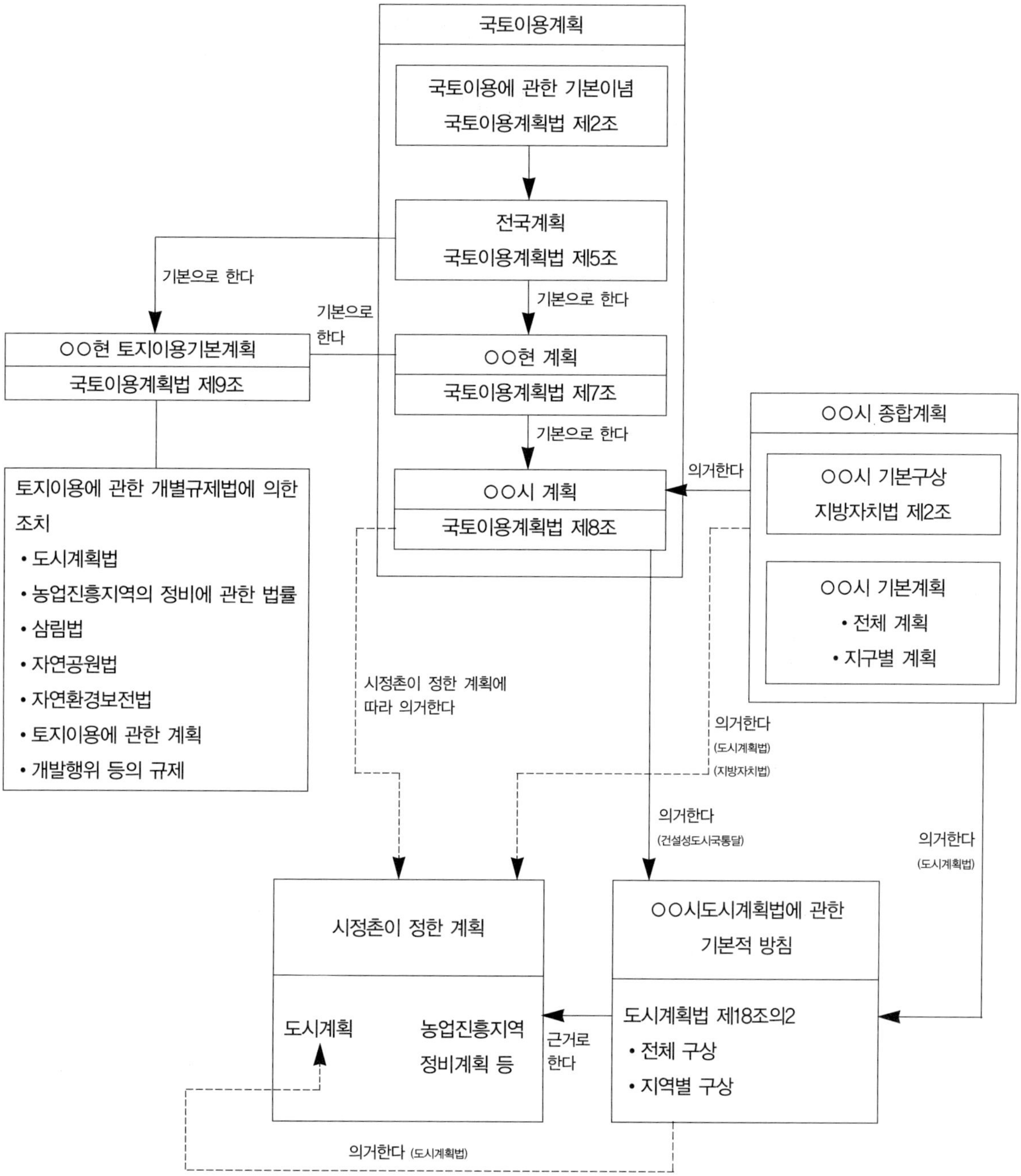

[그림 3.7] 국토이용계획과 다른 계획들과의 관계

③ 삼림지역 : 삼림법의 국유림 및 지역삼림계획대상 민유림(民有林)의 구역
④ 자연공원지역 : 자연공원법의 국립공원, 국정공원 및 都道府県립 공원의 구역
⑤ 자연보전지역 : 자연환경보전법의 원생자연환경보전지역, 자연환경보전지역 및 都道府県자연환경보전지역

c) 市町村의 국토이용계획

국토이용계획법 제 8조에 있어서 「市町村은 정령(政令)으로 정하는 바에 따라, 해당 市町村의 구역에 있어 국토의 이용에 관해 필요한 항에 대해서 市町村계획을 정하는 것이 가능하다」고 되어 있다.

市町村계획의 책정에 있어서는 都道府県계획을 기본으로 한다고 되어 있고(「都道府県계획을 기본으로 한다」는 것은 국토이용의 기본개념, 이용 구분별의 국토이용의 기본방향, 규모의 목표, 규모의 목표를 달성하기 위하여 필요한 조치의 개요 등에 대해서 都道府県계획을 기본으로 한다는 것을 말한다), 또한, 지방자치에 의한 기본구상에 입각한 것이어야 한다고 되어 있다(「기본구상에 입각한다」는 것은 기본구상에 정하는 장래 및 시책의 대강을 반영하고 있는 것을 말한다).

그리고, 계획의 책정에 즈음하여서는 ① 토지이용상황 조사, ② 토지조건 조사, ③ 사회경제조건 조사 등을 실시하여, 토지이용 개략도를 작성하고, 기초 자료로서 작업을 실시할 필요가 있으며, 기초 조사 등의 실시를 필요로 하고 있다.

(3) 都道府県 장기종합개발계획

각 都道府県계획에 있어서는 각 市町村의 상위계획인 都道府県계획의 장기종합개발계획이 책정되어 있다. 이 계획은 10년 이상의 장기간을 목표 연차로서, 都道府県의 목표와 그 달성을 위한 시책을 확실히 하는 것으로, 현정(県政)운영을 종합적이면서도 계획적으로 실시하기 위한 기본방침이다. 현재, 21세기를 전망한 장기계획이 각 都道府県에 있어 많이 책정되고 있다.

市町村에 대해서는 계획적인 행정운영을 위한 지침이 될 것이 기대되며, 민간에 대해서는 이 계획에 따라 활동이 전개될 것을 기대함과 동시에 유도적 역할을 달성하는 것이다.

이 계획은 총론, 각론, 각 프로젝트의 3편으로 구성된 것이 많고, 총론에서는

都道府県의 현상과 과제를 밝히고, 목표 연차에 있어 기본목표와 시책방향이 제시되어 있다. 각론에서는, 행정시책의 분야(생활조성, 지역사회조성, 기반조성, 인력조성, 산업조성 등)마다, 현상과 과제, 시책추진의 기본방침과 시책체계 및 구체적 시책이 제시되어 있다. 프로젝트 편에서는 앞으로 연구해야 할 하드 및 소프트 양면에 걸친 주요한 프로젝트가 나타나 있다. 도시계획 관련에서는 도시의 정비, 대규모 개발사업, 지역의 진흥, 환경의 보전 등이 그 내용이 된다.

〉〉〉 **문헌**

1) 日本都市計劃學會：都市計劃マニュアル, ぎょうせい, 1990.
2) 日本都市計劃學會, 市町村の都市計劃マスタープラン研究小委員會 ： 市町村の都市計劃マスタープランの現状と課題, 1996.
3) 須原庸次：地域づくりからみた「マスタープラン」の役割と課題(その1)(その2), 自治時報, No. 86.
4) 福岡市：第7次福岡市基本計劃, 1997.
5) 筑紫野市：筑紫野市都市計劃マスタープラン(案), 1998.

Chapter 4

도시의 토지이용계획

이 장에서는 우선, 토지이용의 정의를 서술하고, 이어서 토지이용계획에서 표현되어야 할 큰 틀에 대하여 검토한다. 그리고 토지이용의 정량적 예측과 토지이용의 공간구성의 법칙성을 서술하고 이들의 검토 후 토지이용계획을 입안하여가는 과정 및 토지이용계획을 실현하기 위한 수단에 대하여 서술한다.

4.1 도시의 토지이용의 개념

4.1.1 토지이용의 정의

일반적으로 인간의 모든 활동은 최종적으로 지표면에 반영된다. 토지이용은 이러한 인간의 생산과 소비에 관하여 토지의 위에서 이루어지고, 또는 시행하고 있는 종류(기능)와 그 강도(밀도)를 장소의 함수로 표현한 것이다. 도시의 토지이용에서 취급하는 것은 활동이 반영되는 토지이용과 그의 모든 활동을 취급하는 것이다.

말할 필요 없지만, 모든 인간활동을 개인적인 모든 활동까지 다루는 것이 아니고, 사회적 활동을 다루는 것이다.

4.1.2 토지이용과 밀도

토지의 위에서 전개되는 것은 높은 건물이 있는 장소와 낮은 건물이 있는 장소가 있다. 혹은 많은 사람이 살고 있는 장소, 적은 사람이 살고 있는 장소, 또는 주간에 많은 사람의 통행이 있는 곳이나 통행이 적은 곳이 있다. 이와 같은 사람의 혼잡 정도나 사람의 많고 적음을 표현함에 밀도가 있다. 이 밀도는 단위면적당 활동량으로 나타내는 것으로 이것이 지상에서 전개되는 인간의 경제활동을 반영하고 있다. 토지이용을 취급하는 경우에는 이 밀도가 중요한 개념이 된다.

4.1.3 토지이용의 종류

도시적 토지이용을 검토할 때는 토지이용용도의 종류를 도시적 활동을 반영하는 주거계 용지, 상업계 용지, 공업계 용지의 셋으로 나눈다. 계획의 스케일에 따라서는 더욱 세분화 되는 경우도 있다. 또한 밀도를 더하면 종류는 더 많아진다. 그 밖에는 도로 · 철도부지 등의 교통계 용지나 오픈스페이스 등의 생산녹지계, 자연녹지계의 용지가 더해진다.

4.1.4 토지이용의 분포

토지이용은 다양한 장소에 토지이용의 종류가 전개되어 있다. 이러한 토지이용의 분포가 도시의 특징을 표현하고 있다고 할 수 있다. 따라서 분포가 표현되지 않는 토지이용은 의미를 갖지 못한다. 지구별로 표현될 필요가 있다.

4.2 토지이용계획

4.2.1 서론

인간이 살고 있는 주거지계, 상업, 유통이 이루어지고 있는 상업지계, 생산이 이루어지는 공업지계, 농업 등의 대지에서 생산이 이루어지는 생산녹지계, 삼림 등의 자연녹지계 등의 종류가 있어, 이러한 종류와 그 밀도를 장소 또는 분포로서 표현하며, 계획이란 이러한 토지이용의 장래 용도와 밀도를 배치하는 계획이다.

그러나 일본에서는 일반적으로 도시계획 행정을 담당하는 기술자 중에는 토지이용의 규제수단인 용도지역제 등의 지역·지구제도의 계획만을 토지이용계획으로 해석하고 있는 사람도 적지 않다. 지역·지구제의 계획은 목표로 하는 「토지이용계획」을 실현하기 위한 수단이지 이를 토지이용계획이라 부르는 것은 반드시 적당하지 않다.

장래에 실현되어야 할 목표로서의 토지이용의 상태를 나타내는 계획을 토지이용계획이라 생각해야 할 것이다. 이것은 마스터플랜이라는 장래의 토지이용, 장래 구상으로서의 토지이용을 말하는 것이다.

4.2.2 토지이용계획이라는 용어의 채택

일본에서는 「전재부흥계획(戰災復興計劃)」에 있어서 처음으로 종합적인 마스터플랜적 토지이용이 도입되었다. 「토지이용계획은 도시계획구역 내의 토지의 용도에 관한 기본적 계획으로서 지역 · 지구의 지정, 도로, 광장, 공원, 녹지 등의 계획, 토지구획정리의 설계, 주요 건물의 배치계획 등의 기준이 되는 것」(1946)이다. 즉 「토지이용계획」이라는 용어가 이 시기에 처음 채택되었다.

「전재부흥계획」의 구체적인 토지이용계획은 도시계획구역을 시가화지역, 녹지지역, 유보지역으로 3구분하는 「시가지배분계획」이며, 지역지구계획에서는 3개의 상업지구, 3개의 공업지구, 주거전용지구, 점포지구 등을 정하는 것으로 하고 있다. 더욱이 관공서, 학교, 우체국 등의 수, 규모, 위치를 상정(想定)하는 「주요영조물배치계획(主要營造物配置計劃)」을 작성하는 것으로 되어 있다.

1946년의 「전재부흥계획」에서 「토지이용계획」과 「법정계획」이 다르다는 것을 알고 있었다. 그러나 1954년에 폐지되어 완전히는 실현되지 못했다.

당시의 사회상황에서는 용도지역제가 토지이용계획이라고 인식하고 있었다. 그 후 도시계획 관계자의 노력에 의하여, 또한 한편에서는 고도성장기의 도시문제가 격화됨에 따라, 「도시계획법」이 1968년에 개정되어 토지이용계획의 위치가 명확해졌다.

4.2.3 1968년의 도시계획법의 개정

개정된 주요 내용은 ① 용도지역제가 4지역에서 8지역으로 변경, ② 마스터플랜적 토지이용의 개설이다.

특히 후자에서는 각각의 지역에서 정비, 개발, 또는 보전의 방침을 정하도록 되어 있다. 「이 방침은 도시계획의 기본이 되므로, 인구, 산업 … 등의 방침, … 주택지, 공업지, 상업지 등의 토지이용, 도시의 골격을 형성하는 도로, 철도, 하천 등의 시설의 배치, 주된 시가지 개발 및 재개발의 예정 등의 방침을 정하고 …」, 「이에 적합하도록 용도지역의 지역지구를 정한다」이다.

즉 정비, 개발 또는 보전의 방침이 토지이용계획으로 확립되어, 법으로서 규정된 것이다. 그리고 과거로부터 구속력을 갖는 용도지역제도가 토지이용계획을 실현하는 수단으로서 정착되었다.

4.2.4 1994년의 도시계획법의 전면 개정

도시계획 마스터플랜에서의 토지이용계획은 더욱 상세해져, 대상 도시 전역의 전체 구상과 지구레벨의 구상의 2층 구성이 기대되고 있다.

4.3 토지이용계획의 구성과 입안수법

4.3.1 토지이용계획에서 표현되어야 할 내용

토지이용계획은 용도별 토지이용 분포와 그 밀도를 표현하는 인구밀도 분포, 업무에 종사하는 사람의 밀도 분포로 구성된다. 이하의 각 항목의 배치방침에 대한 설명서, 다이어그램(그림과 표), 지도로 나타낼 필요가 있다.

① 도시적 토지이용용도의 배치 : 이하의 항목에 대하여 배치의 방침을 설명서로 표현하고, 그 분포를 맵으로 표현할 필요가 있다. 다음의 표에 예를 들었다.

항목	카테고리
주택지	밀도에 따른 인구배치 (저밀도, 중밀도, 고밀도)
상업 업무지	도시지구, 서브센터 (근린상업지, 도심 · 부도심 상업지 등)
공업지	내륙형, 임해형, 시가지형 (도시형 공업지, 장치형 공업지)

② 보전적 토지이용용도의 배치 : 이하의 항목에 대하여 배치의 방침을 설명서, 그 분포를 맵으로 표현할 필요가 있다.

항목	카테고리
보전지	주요한 하천, 해안, 호소지, 경승지, 역사적 유산지, 기타 보전해야 할 자연지
전원지	집락지, 전원지
삼림지	

③ 인구배분계획

④ 업무 종사자 배분계획

⑤ 공공시설 · 공원 · 녹지 등 배치 계획

⑥ 기타 프로젝트배치계획

참고로서 시 전역을 대상으로 한 토지이용 구상도와 특정 소지구를 대상으로 한 토지이용 구상도를 각각 그림 4.1과 그림 4.2에 나타내었다. 표시항목과 표현 수법도 다양하며 각각의 지역의 특징을 반영할 필요가 있다.

4.3.2 토지이용계획안의 입안절차

토지이용계획을 입안하기 위해서는 우선, 일반적인 토지이용의 분포경향을 충분히 이해할 필요가 있다. 그리고 토지이용에 관한 조사와 분석을 실시하여 계획을 입안해 나가게 된다.

(1) 토지이용조사

공간 스케일에 대응되는 항목의 자료수집(교통계, 상업계, 공업계, 주택계, 녹지계, 자연계, 지가(地価), 사업소, 인구 등 지정통계)와 데이터를 가공하여 토지이용 현황을 파악한다.

(2) 토지이용 분석과 계획도 초안

이상의 데이터에 의하여 모델화하여 분석을 한다. 그 다음 토지이용에 관련된 정량적 예측, 정성적 토지이용의 경향을 거쳐 교통량 수요 등 기타 분야의 현황 분석에 근거하여 토지이용계획 초안을 입안한다(그림 4.3).

물론 현실적으로 시행하는 토지이용계획의 입안 과정에서는 주민의 의향, 지

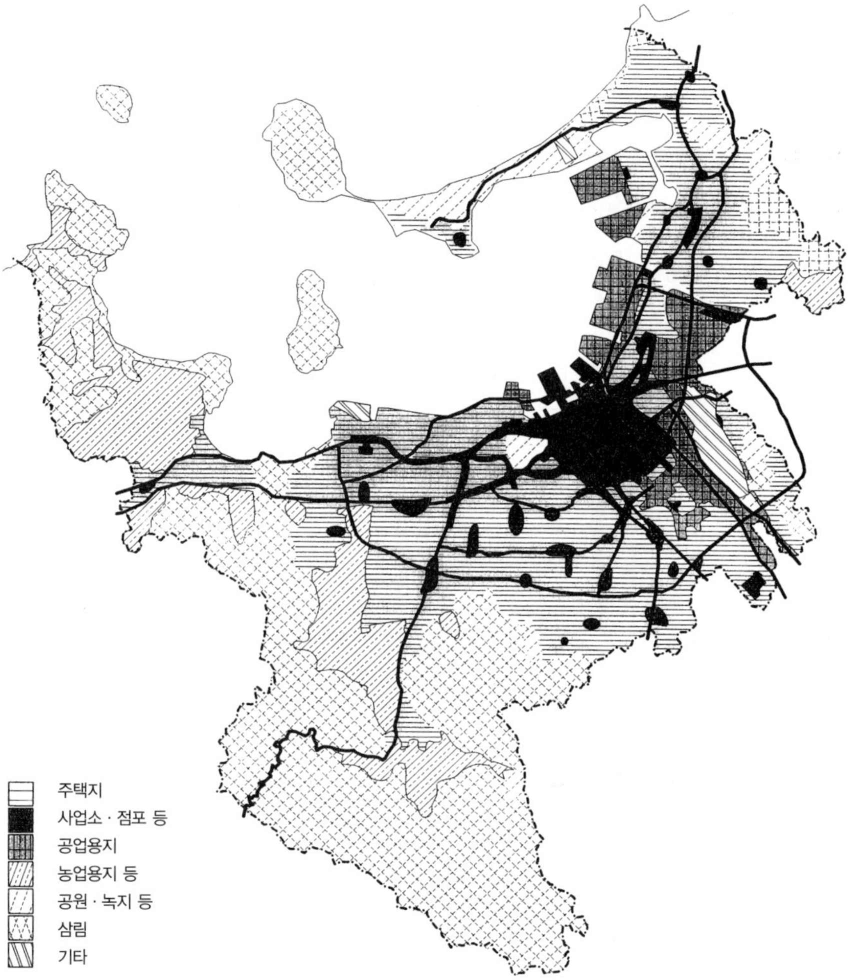

[그림 4.1] 토지이용 구상도

구의 역사적 상황, 현재 전개되고 있는 도시계획사업의 진행상황, 용도지역의 지정현황 등을 충분히 고려해 가며 입안해 간다. 그러나 우선, 과거의 연구 성과를 충분히 도입하여 또한, 객관적 사실에 바탕을 둔 분석에 의하여 입안할 필요가 있다. 이렇게 해서 입안된 계획 정보가 행정에 있어서도 민간의 도시개발에 있어서도 귀중한 것이 된다.

다음의 4.4절에서 정성적인 토지이용의 패턴에 대해서 배우고, 4.5절에서 정량적인 예측의 중요성에 대하여 배우도록 한다.

토지이용방침도

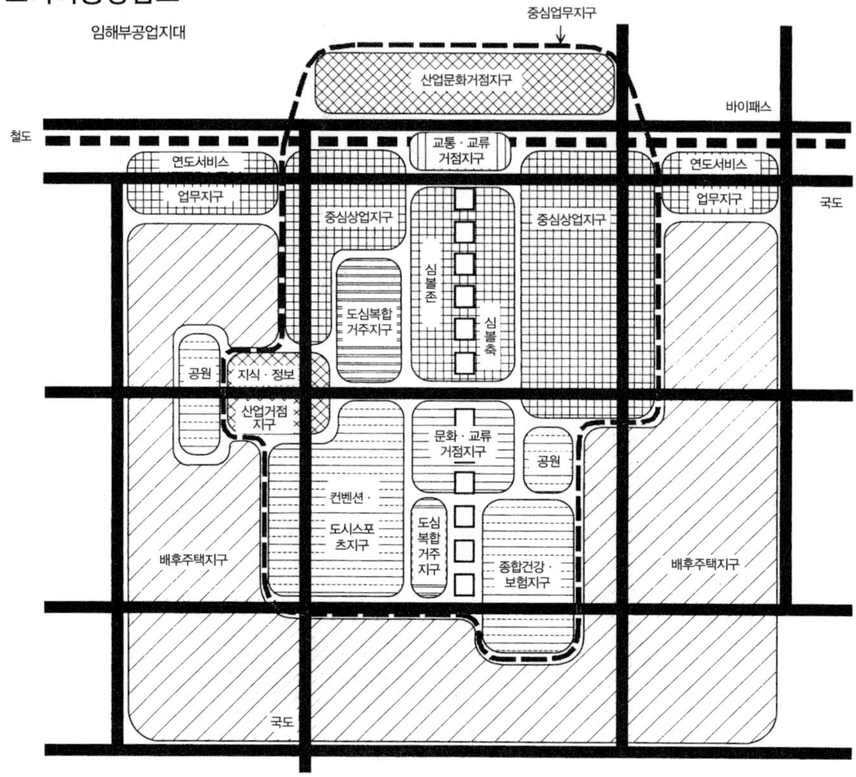

토지이용구분의 범례	
• 상업 · 업무지구(15ha) 매력있는 구매공간과 개성적인 점포로 구성된 도심형 상업지	• 문화 · 교류거점지구(5ha) 문화 · 주택 · 어메니티 · 업무 등 복합도시 거점
• 심볼존(5ha) 질높은 경관, 도시공간이 있는 상업 · 업무지	• 산업문화거점지구(10ha) 산업의 고도화와 지역과의 교류를 지원하는 도시기능 용지
• 중심업무지구(10ha) 역전 주변의 중심적 업무지구	• 지식 · 정보산업거점지구(10ha) 녹지가 풍부한 쾌적공간을 갖고 있는 첨단서비스 · 공공서비스지구
• 연도형서비스업무지구(10ha) 간선도로 변의 자동차 이용형 서비스 기능 등	• 복합건강 · 보건지구(10ha) 고령자 보호, 인재양성기능, 건강관리기능 등을 갖고 있는 종합의료지구
• 교통 · 교류거점지구(5ha) 각종 교통기관이 집중되고 매우 편리한 정보발신 기능이 있는 지구	• 컨벤션 · 도시스포츠지구(10ha) 질높은 도시형 리조트 호텔
• 도심복합거주지구(5ha) 도시형 주택을 중심으로 소규모 점포 및 오피스의 겸용을 도모하는 지구	• 배후주택지구(190ha) 양호한 환경을 갖춘 주택지(높은 규격의 중층도시형 주택으로 유도)

* 토지이용구분면적은 도로공원용지를 포함하지 않는다.

[그림 4.2] 소지구의 토지이용구상 사례

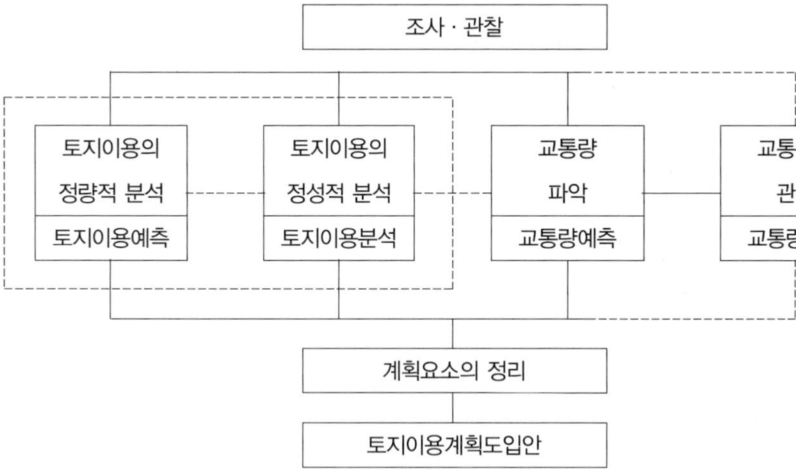

[그림 4.3] 토지이용분석과 계획절차

4.4 토지이용의 공간구성과 토지이용 패턴의 법칙

토지이용계획을 입압해 가는 과정에서 토지이용의 분포 경향을 파악하는 것이 필요하므로 과거의 연구 성과로부터 배울 필요가 있다. 그 하나는 지리학으로부터의 성과이며, 그 밖에 토지이용용도의 입지론적 연구의 실증적 성과이다.

4.4.1 공간구성의 파악

(1) 바제스의 동심원 모델

중심지로부터 동심원상으로 다음의 5가지의 토지의 이용형태의 차이를 나타낸 것으로 같은 용도의 토지이용이 연속하여 존을 형성한다는 개념이다(그림 4.4).

제1권 : 중심업무지구(루프지구)

제2권 : 추이지대

제3권 : 노동자 주택지대

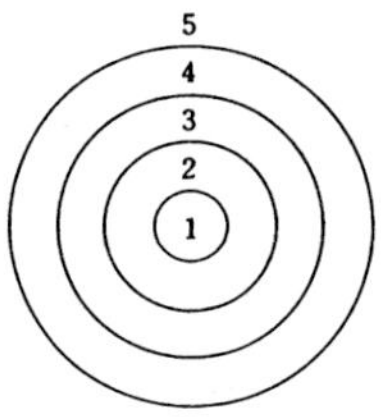

1. C.B.D. : 소매점포, 극장, 호텔, 사무소, 금융기관이 중심부에 분포하고, 주변에 시장, 도매점포, 창고, 바다에 접해있는 경우라면 항만시설, 공장이 분포되어 있다.
2. 추이지역 : 공장이나 도매점포 등 중심부의 시설들이 확산된 지역으로, 옛날 주택의 잔존물, 저수준의 주택슬럼이 혼재되어 있다.
3. 노동자거주지역 : 공장노동자, 일반노동자의 주택이 분포되어 있다.
4. 중산계급거주지역 : 중산계급의 양호한 주택이 분포되어 있다.
5. 통근자거주지역 : 교외의 시정촌을 포함하여, 고소득계층의 통근자의 주택이 분포되어 있다.

[그림 4.4] 바제스의 동심원 모델

제4권 : 양질 주택지대

제5권 : 통근자 주택지대

① 이 고리(권)들은 도시가 성장해 감에 따라 하나씩 바깥쪽의 고리에 침투해 간다.

② 중심부는 도너츠 현상, 가장 바깥쪽 고리는 더욱 더 스프롤해 간다.

③ 토지이용이 끊임없이 변동하는 추이지대가 존재한다.

도시 내부에 특수한 지대화가 발생한다는 혁신적인 설이다. 즉, 토지이용 용도는 같은 용도가 집중되어 「지대(존)」를 구성한다는 생각을 바탕으로 한다.

(2) 호이트의 부채형(扇形) 모델

도시조사에 근거한 모델로서 동심원 모델에 더하여 섹터에 의해 토지이용 분포가 다름을 나타낸 것이다(그림 4.5). 도심으로부터 방사상으로 늘어선 교통 간선변에 쐐기 형태의 부채형(扇形)구분(섹터)에 의해 주거에 관한 토지이용 구분을 설명하는 것이다.

① 도시를 정점으로 하는 선형의 구역마다 수입이 다른 계층의 주택이 발견된다.

② 고가 임대주택 지역은 일정한 형태의 선형구분만이 보이고, 중간층은 한편, 또는 양측에 접하여 같은 모양의 섹터를 구성하고 하층계급은 다른 섹터로 넓혀간다.

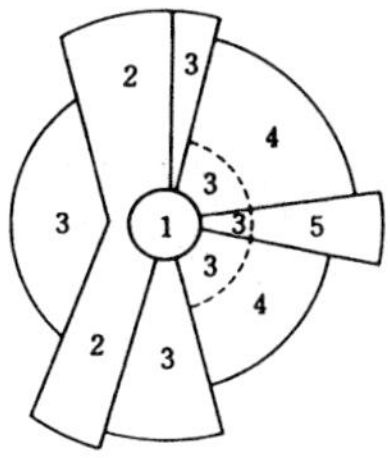

[그림 4.5] 호이트의 부채형 모델

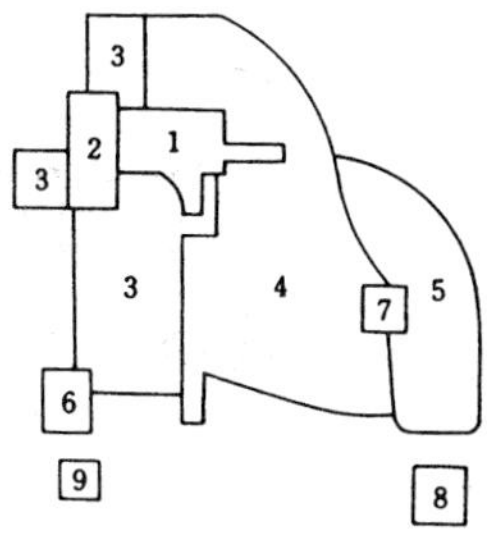

[그림 4.6] 해리스와 울맨의 다핵 모델

③ 중소업무지구와 도매 · 경공업지구가 분리된다.

④ 하층계급 그룹이 철도연선(鐵道沿線)에 분포된다.

(3) 해리스와 울맨의 다핵 모델

단일의 핵이 아닌 복수의 핵에 의해 구성된다고 생각하는 모델이다.

배치의 구체적인 형태는 다음과 같다.

① 중심업무지구는 도시교통기관의 초점에 입지하여 도로변으로 확대되어 간다.

② 도매경공업지구는 도시 내부에 있어도 구역 외와 연결하는 교통기관의 초점 가까이에 입지한다.

③ 중공업지구는 도시 외부에 입지한다.

④ 고급주택지는 배수가 좋은 높은 지대, 소음, 악취, 매연 및 철도노선으로부터 떨어진 곳에 입지한다.

⑤ 부핵이 주택지 내에 발생한다.

⑥ 교외에 주택지, 공업지가 떨어져서 발생한다.

⑦ 주택지는 중심 가까이에 하층계급 주택지, 이어서 중간계급 주택지, 그 외주부에 고급 주택지가 배치된다.

구체적인 토지이용의 특징으로서는 다핵으로서 중심업무지구와 부업무지구의 발생, 중공업지구와 경공업지구의 분리, 떨어져서 교외 주택지의 발생, 더욱이 도로를 따라서 선상으로 스프롤이 있어, 이는 주택지의 스프롤, 중심업무지의 스프롤이 있음을 표현하고 있다.

4.4.2 주거입지 · 업무입지 · 상업입지 · 공업입지

여기에서는 주택, 업무, 상업, 공업의 입지에 관한 실증 분석으로부터 얻어진 입지 경향에 대하여 서술한다.

(1) 거주입지한정계층론

a) 거주의 입지 요인

주민이 주택지를 선택할 때에 규정되는 일반적 조건은 다음의 2가지이다.

하나는 거주지를 정하기 위해 선택하는 토지의 조건이다. ① 세대주가 수입을 얻는 직장으로부터의 거리, ② 자연환경수준 즉, 태양, 대기, 녹지, 재해로부터의 위험의 유무, ③ 사회적 문화적 환경수준 즉, 교통, 통신시설, 학교 등의 교육문화시설, 구매시설, 또는 토지의 형태, ④ 도시시설 즉, 도로, 공원, 상하수도, 전기, 가스 등의 정비상황이다. 사람은 이러한 토지이용 조건 중에서 가장 좋은 토지에 주거를 정하고자 한다.

두 번째는 주거를 선택하는 주민 자신이 갖고 있는 조건이다. 이는 본인의 ① 직업, 노동조건, 소득계층 등의 경제적 요인, ② 지연성(地緣性) 등의 지역사회적 요인, ③ 연령, 세대구성(유아와 부부, 맞벌이 세대), ④ 성격, 취미, 기호, 감각, 욕구, 교육, 문화, 교양 등이다. 이러한 자신이 갖고 있는 조건에 의해 거주지를 정하고자 한다.

사람들은 이상의 모든 조건을 가능한 한 많이 갖추어져 있는 장소에 주택지를 정하고자 경쟁한다. 그 결과 조건이 좋은 토지의 가격은 상승한다. 여기에서는 집값 부담능력(소득수준)에 따라 거주지의 결정이 좌우되게 된다.

특히, 직업이나 노동조건 등의 경제적 요인은 다른 요인과는 달리 매우 엄격한 한정성을 갖고 있다.

따라서 경제적 요인 특히, 노동조건으로 거주지가 결정되는 계층을 「거주입지한정계층」이라 한다.

b) 거주입지한정계층의 실태

도시에는 직업 때문에 지역적으로 직장과 주거가 분리되기 어려운 계층이 적지 않다. 다음과 같은 계층의 실태가 파악되고 있다.

가장 극단적인 직주(職住) 일체형이 요구되는 계층은 빌딩이나 공장, 창고의 시설 관리 및 수위, 소방대원 등 보안서비스 종사자 등의 계층이다.

교대제 근무형(야간을 포함) 노동자계층에서는 대규모 장치형 공장노동자(2교대, 3교대, 주야교대제)로서 이른 아침, 심야, 야간 등의 작업이 따르기 때문에 주거지는 사업소 가까운 곳에 요구된다.

야간영업 근무형 노동자계층에서는 음식 서비스업 등에 종사하는 노동자로서 항상 심야 근무하는 노동자층이다. 귀가시간이 심야이기 때문에 공공교통기관을 이용하는 것이 불가능하다. 통근거리는 도보, 기껏해야 택시의 최저요금거리에 한정된다.

이상과 같은 직업을 갖는 계층은 비교적 도심에 가까운 장소에 직장을 갖고 있기 때문에 지가가 높아도 노동조건에 따라 직장에 가까운 장소(도심 근접부)에 주택지를 정할 필요가 있다.

c) 거주입지한정계층의 주택사정

이상과 같은 계층의 주택사정은 상대적으로 열악하다. 주택 규모는 협소하고, 임대아파트, 임대주택이 많고, 노후화되어 있다. 특히 민영 임대주택이 그렇다. 설비 및 일조조건 등 주거환경도 상대적으로 나쁜 상황이다. 그러나 주거가 도심에 인접해 있기 때문에 집값은 비교적 높다.

이상과 같이 거주입지한정계층의 주택사정은 좋지 않다.

d) 불량주택밀집지구의 발생 원인

거주입지한정계층은 도심에 인접한 지역에 집중되어 불량주택밀집지구를 형성할 가능성이 크다.

주택 규모가 상대적으로 작고, 노후화되어 있으므로 일반적으로 싸지만 단위면적당 집값은 상당히 높다. 주택의 질을 낮춰서 거주하고 있는 것이다. 노동조건 때문에 거기에 살지 않으면 안되기 때문이다. 따라서 불량주택밀집지구를 형성하는 필연성이 여기에 있다.

이러한 불량주택밀집지구는 상업지의 확대에 의해 조금씩 상업계 지역의 바깥쪽 구역으로 이동해 간다. 거주입지한정계층의 주택문제를 해결하지 않는 한 불량주택밀집지구는 사라지지 않는다.

(2) 사업소의 입지 경향

일반적으로 생각하면, 사업소의 입지조건은 다음과 같다.

① 지형(표고, 경사, 산림 등), ② 교통 등의 접근 조건(철도역, 버스망, 도로 등), ③ 관공서 시설(국가 기관, 현청, 시청사), ④ 배후권(주변의 인구 밀도, 상업종사자 밀도 등)의 집적 상황, ⑤ 주변의 환경조건(소음, 도시시설, 공익시설 등), ⑥ 토지이용 규제(용도지역제 등), ⑦ 지가 이다.

이들 조건이 중복되어 조건이 가장 좋은 장소에 사업소가 입지하게 된다.

a) 업무 사업소의 입지 요인

철도의 역은 승강객의 수에 따라 대규모 터미널(승강객 수 10만인 이상/1일), 중규모 터미널(2만인 이상/1일), 소규모 터미널(기타)로 구분된다. 어떤 규모의 터미널일지라도 터미널로의 접근의 용이성은 사무소의 입지 요인으로서 작용한다. 대규모 터미널의 경우는 특히 그러해서, 그 영향권은 터미널의 1㎞범위이다.

배후권에 있어서 모든 활동의 높은 집적은 사무소의 집중을 촉진하는 요인으로서 작용한다. 예를 들어, 주변의 인구밀도가 100인/ha 이상으로 높은 경우의 사업소는 활동의 집적도가 높은 지구에 집중한다.

더욱이 버스 노선, 도로의 네트워크 밀도가 높은 지구는 접근이 용이하기 때문에 사업소의 집중을 촉진하는 요인으로서 작용한다.

이상과 같이, 사업소의 입지, 집중이 발생하는 지구는 시외와의 연결점이 되는 철도의 역으로의 접근이 용이한 지구이다. 더욱이, 주변의 집적(인구나 사업소 밀도)이 높으면 사업소의 집중이 촉진된다. 또는 철도역을 중심으로 버스망이나 도로망이 정비되어 주변으로부터의 접근이 용이하면 사업소의 집중이 촉진된다.

이리하여 도심부, 부도심부가 형성되는 것이다.

b) 도심부의 오피스의 입지 경향

도심부의 오피스에는 다음의 입지 경향을 나타내는 그룹이 있다. ① 시외로부터 시내로 이전해오는 그룹, ② 시내의 CBD(Central Business District, 사업소집중지구)의 바깥에서 CBD 내로 이전해 오는 그룹, ③ CBD 내에서 재이전하는 그룹, ④ 이전하지 않는 그룹 이다.

앞의 3그룹은 우선 접촉의 편리성, 정보수집의 편리성을 추구하여 시외로부터 시내에, 더욱이, 시내에서 도심 지역으로 이전하여, 도심 지역 중에서도 토지와 건물의 조건이 월등한 장소로 이전을 반복해 간다. ④의 경우는 전용 빌딩에 입지하고 있는 그룹이다.

업무활동의 주된 내용은 영업이며, 일본의 영업활동은 면접활동에 의해 이루어진다. 페이스 투 페이스에 의해 이루어지고 있고, 이것이 사라지지 않는 한 텔레커뮤니케이션(정보통신)수단은 영업활동에 있어 부차적인 것이며, 사업소의 지역적 분산은 일어날 수 없다.

c) 소매 · 서비스업

일반적으로 상업의 사업소에게는 저역의 배후권의 각종 집적이 입지 요인으로서 작용한다. 즉, 배후권의 인구밀도가 높은(100인/ha 이상) 경우나 사업소 종사자 밀도가 높은(40인/ha 이상) 경우에 사업소는 그 장소에 집적되어 진다.

그 결과 상업의 분포 형태는 다음과 같다.

① 도심 · 부도심의 상업지 : 문화용품, 취미 · 기호품, 고급품 등을 취급하는 점포, 업무, 관공서, 은행 등의 집적지이다. 입지조건과의 관련으로는 배후권의 사업소의 집적이 높은 지구, 대규모 터미널 등의 승강객 수가 많은 도시간 교통의 초점에 입지한다.

② 근린상업지 : 자주 구입하는 물건을 판매하는 점포(식료품, 세탁소, 약국, 이발소)의 집적지이다. 이들의 입지조건과의 관련은 구역 내 교통(버스노선) 등의 연결점 혹은 배후권의 인구 밀도가 높은 지구의 중심지이다.

③ 로드사이드형 상업지 : 교외의 간선도로변에 비교적 대규모의 주차장을 갖고 있는 복합상업시설이 입지하는 지구이다. 자동차 이용을 하며, 인터체인지 주변이나 간선도로변에 입지하는 것으로 장래에 도시계획적 대응이 필요한 상업지이다.

d) 공업의 배치

공업지는 공업의 종류에 따라 다음과 같이 형성된다.

① 기성시가지 : 도시형공업(인쇄, 출판, 식료품, 가구공업 등)은 여전히 기성시가지에 입지하는 업종이며, 시장 입지형이라 부른다. 또한, 전통적 공업, 지방 전통산업은 시가지 내에서 발전해 왔으므로 기존의 장소를 이동한다는 것은 생각할 수 없다.

② 임해 매립지 : 선박수송에 의해 원재료의 반입, 제품의 출하를 하는 업종은 항만에 근접한 임해부에 입지한다. 일반적으로는 수송입지형이라 불리는 석유 · 화학공업 콤비나트, 귀중품을 제조하는 업종이다.

③ 내륙 공업지 : 고속도로의 인터체인지 부근, 바이패스, 공항 주변에 입지하는 업종이 있다. 이것도 수송입지형이라 불리는 것으로 수송기계, 전기기기 등의 가공 조립, 하이테크산업이 입지한다. 단지 접근뿐 아니라 환경조건도 중시하는 업종도 적지 않다.

④ 공업단지(인더스트리얼 파크) · 유통단지 : 내륙부에 입지하는 경공업, 중규모 공장, 창고업, 배송업 등이 있다. 주로 내륙부에 계획적으로 조성된 공업단지나 유통단지에 입지하는 업종이다. 이것도 수송입지형이라 불린다.

4.4.3 토지이용의 순화(純化)와 혼합

이상과 같이 주거, 상업, 공업의 상호 공간배치를 검토해야 한다.

일반적으로 토지이용계획은 상호의 기능에 지장을 주지 않도록 상호 분리하여 배치함이 권장되고 있다. 소위 토지이용의 순화이다. 공업과 주택의 혼재는 교통의 혼재에 의한 생활환경의 악화, 또는 공장의 매연과 소음 등에 의한 생활환경의 악화를 초래한다. 이 경우에는 공업지와 주택지의 분리, 즉 토지이용의 순화가 필요하다.

그러나 순화와 혼합을 고려할 경우에는 대상이 되는 공간의 규모, 생산 활동의 종류를 검토할 필요가 있다. 공장의 업종과 규모, 혹은 주택지의 규모를 충분히 배려하여 순화를 촉진시킬 것인가를 결정할 필요가 있다. 입지해 오는 도시의 규모, 공업의 종류와 규모에 따라서는 순화가 필요한 경우가 있고, 혼합적 토지이용이 필요한 경우가 있다.

4.5 토지이용예측

토지이용의 정량적인 장래 예측을 하고 이를 바탕으로 토지이용의 계획을 세운다. 다음에 예측의 중요성과 예측 수법에 관하여 기술한다.

4.5.1 정량적 예측의 역할

(1) 단순예측

이는 과거의 연장으로 어떻게 될 지를 예측하는 것으로, 그 역할은 현재 그대로를 연장하여 장래를 묘사해 보임으로써 현재 진행되고 있는 정책, 사업, 기타 활동이 어떠한 결함을 갖고 있는가를 확대시켜 보이는 것이다. 이에 따라 경고를 하고, 또는 현재의 정책을 점검하여, 앞으로의 계획을 위한 문제제기를 한다.

(2) 정책실험으로서의 예측

정책 수단을 조합하고 모델에 도입하여, 장래에 어떠한 영향을 미칠 것인지를 명확히 하는 예측으로, 그 역할은 각각의 정책수단 간의 관계가 어떻게 수량적으로 작용하는지를 확인한다. 확실하게 알 수 있는 범위 내에서 예측하여 제안하고자 하는 몇 가지 결정안을 선택하기 위한 단서를 제공한다. 미리 계획, 정책의 효과를 알 수 있다.

(3) 구상, 계획을 위한 예측

이상의 예측을 종합적으로 검토하여, 마스터플랜에서는 수치상의 틀(프레임워크, 인구나 종사자 수, 토지이용 등의 장래 값)을 설정한다. 그 역할은 계획의 전체 프레임을 제공하는 것이다. 이를 바탕으로 각종 시설계획, 교통계획이 입안된다.

4.5.2 토지이용예측의 수법

토지이용계획에 필요한 예측항목은 4.3.1에서 나타낸 인구, 종사자 수, 용도별 토지이용 면적 등이다. 이 때, 이들 수치는 소 지구별(계획대상 면적에 따라 추계단위는 다르다) 인구 분포, 종사자 분포의 예측이 필요하다(상세한 예측 수법은 11장, 12장 참조).

토지이용예측의 사례를 그림 4.7에 나타내었다.

이것은 통계구 규모를 단위로 한 데이터와 메쉬 규모를 단위로 한 데이터를 수집하여, 양쪽의 장점을 활용하여 정도(精度)를 높이기 위하여 병용하여 구축한 예측 수법의 사례이다.

토지이용분포를 예측함에 있어서 예측 단위는 작으면 작을수록 계획을 실행함에 있어 바람직하다. 그러나 메쉬 단위에서는 데이터의 분포가 크고, 모델화가 곤란하며, 입수 가능한 데이터가 적다.

일정한 분포를 갖는 통계구 단위가 입수 가능한 데이터도 많고, 모델화가 비교적 용이하다.

소개하는 모델은 양쪽의 특징을 살려, 이를 메쉬 베이스 데이터를 이용하여, 통계구 베이스로 추계된 값을 수정해 간다. 이 때, 인구의 동향에 상응하는 종사자 수를 추계하여, 인구, 종사자에 필요한 토지이용 면적을 추계하여 상호 밸런스를 취한다.

토지이용 경향은 메쉬별로 산정된 토지이용 데이터를 통계구로 재집계하여, 통계구 베이스로 작성된 토지이용 동향 모델로 체크한다. 이 체크에 의해 다시 한번 메쉬별로 해체하여 메쉬별 토지이용 면적을 추계한다.

이렇게 하여, 메쉬별 인구, 종사자 수, 용도별 토지이용 면적을 추계하여, 시 전체의 프레임을 추계하는 모델이다.

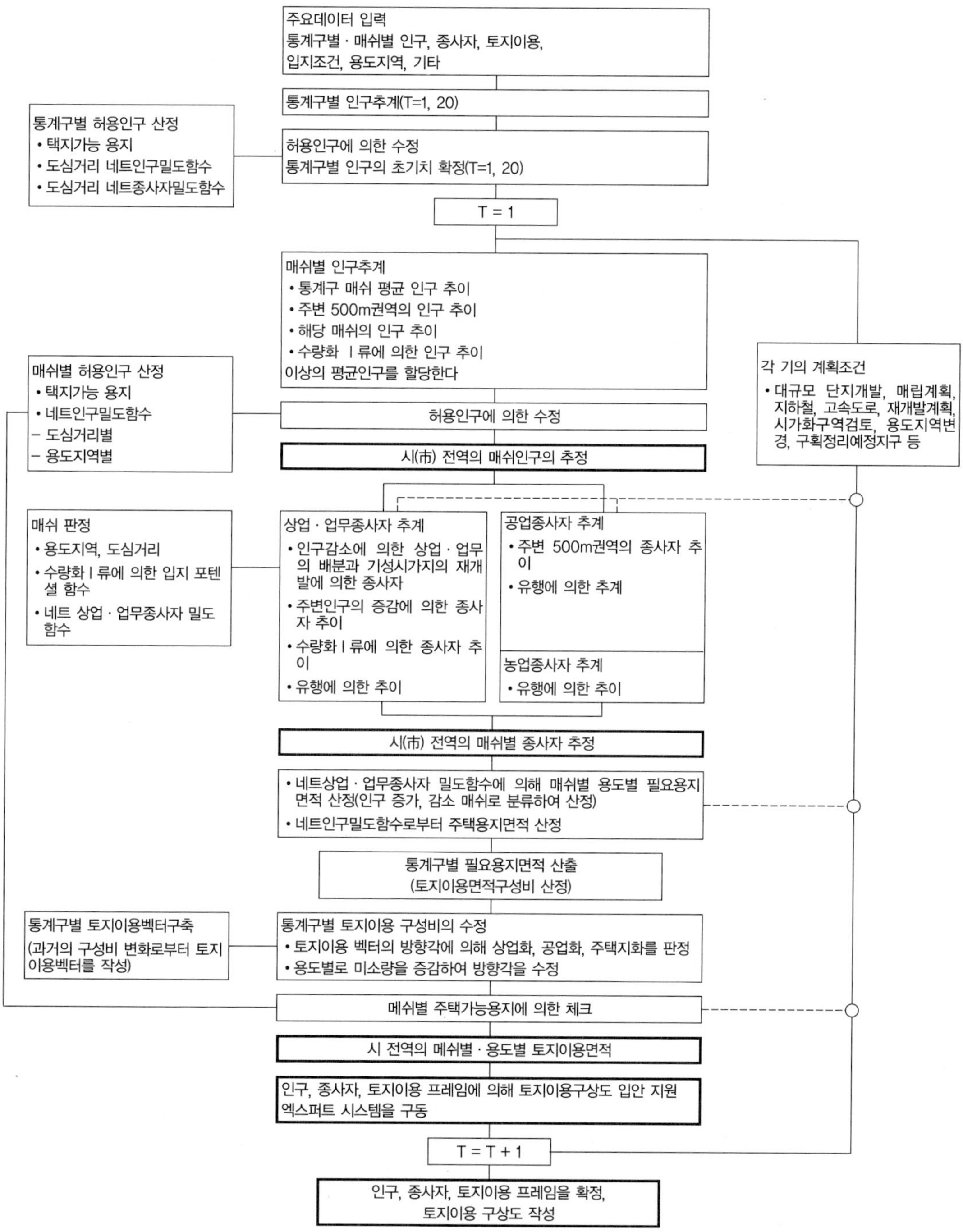

[그림 4.7] 메쉬별 토지이용예측의 수법

4.6 토지이용계획의 실현

토지이용계획을 실현해 가기 위해서는 행정의 법 규제에 의한 수법 및 도시계획사업에 의한 유도 수법이 있다. 한편, 민간에 의한 도시개발, 재개발 등의 사업이 있다.

규제를 중심으로 하는 수법은 법제도에 의해 토지이용의 활동을 규제하는 용도지역제를 비롯한 지역 · 지구제이다. 또 하나는 유도를 중심으로 하는 수법으로 행정이 시행하는 도시계획사업이다.

여기에서는 행정이 시행하는 법 규제에 의한 도시계획 제도를 중심으로 기술한다.

4.6.1 도시계획구역, 시가화구역, 시가화조정구역의 설정

도시계획구역, 시가화구역, 시가화조정구역, 용도지역, 특별용도지구의 상호 관련을 그림 4.8에 나타낸다.

(1) 도시계획구역

시, 또는 일정한 조건에 해당하는 정촌(町村)은 일체로 종합적으로 정비, 개발 및 보전할 필요가 있는 구역을 도시계획구역으로 지정한다. 지정 대상의 구체적 요건은 다음의 3가지이다.

① 해당 정촌(町村)의 인구가 1만인 이상으로 상공업에 종사하는 사람이 50% 이상

② 발전 동향의 관점에서 대략 10년 이내에 ①에 해당할 것으로 기대될 것

③ 중심 시가지를 형성하고 있는 구역 내의 인구가 3천인 이상의 정촌(町村)

또한, 무질서한 시가화를 방지하고 계획적인 시가화를 도모하기 위하여 도시계획구역을 시가화구역과 시가화조정구역 2로 구분하여 지정한다.

여기에서 지적하여 두고 싶은 것은 동일 자치단체로서 도시계획구역과 구역

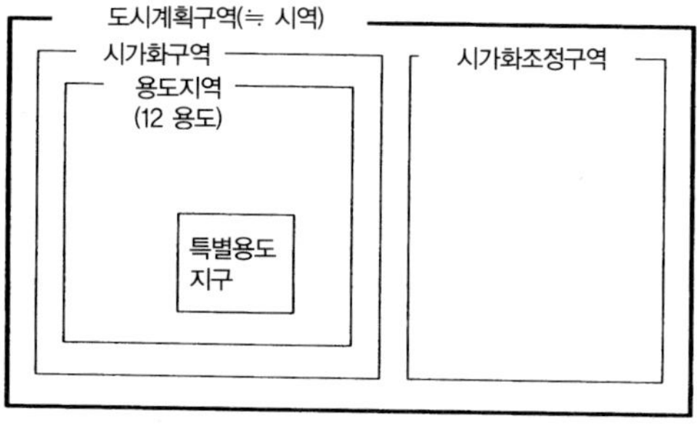

[그림 4.8] 도시계획구역 · 시가화구역/시가화조정구역 · 용도지역 · 특별용도지구의 관련

외(통상, 백지역(白地域)이라고 한다)의 양쪽이 존재하는 경우가 있다. 본래의 목적에 의하면 해당 자치단체는 일체적으로 정비하는 것이 바람직하므로 전 지역을 도시계획구역으로서 지정해야 한다.

(2) 시가화구역

시가화구역은 이미 시가지를 형성하고 있는 구역 및 대략 10년 이내에 우선적, 계획적으로 시가화를 도모하는 구역으로서 다음과 같은 경우가 있다.

① 이미 시가지를 형성하고 있는 구역(인구밀도가 40인/ha 이상이며 5000인 이상의 구역)

② 대략 10년 이내에 우선적, 계획적으로 시가화를 도모해야 할 구역

현 상태의 지표뿐만 아니라 장래 10년 후의 인구, 산업 등 해당 도시의 발전과 계획적 시가화의 가능성 등을 감안하여 규모나 배치를 정한다. 잘못하면 개발을 기대하여 과대하게 지정되는 경우가 있다. 토지이용예측의 결과에 준하여 지정할 필요가 있다.

또한, 노선상의 스프롤형 지정이 아닌 컴팩트한 시가지를 목표로 하는 지정이 필요하다.

(3) 시가화조정구역

시가화를 억제해야만 하는 구역에 지정하는 것으로, ① 장래의 가능성 등을 감안하여 시가화가 부적당한 구역, ② 집단적 우량농지(대략 20ha 이상), 또는 10ha 정도의 농지로 10년간 농지로서 이용되는 것이 확실한 구역, ③ 재해의 발

생의 우려가 있는 구역, ④ 우수한 자연 풍경을 유지하고 도시의 환경을 보전, 유지하고, 수원을 함양하고 토사를 방비하는 등 보전해야 할 구역 등으로 지정한다.

이 때, 동떨어진 땅에서의 시가화조정구역 지정은 바람직하지 않다. 농업기반 환경이 악화된다. 또한, 조정구역 내에서의 유통관련 업무의 입지가 필요에 따라 인정되도록 되어 있어 이러한 배려는 주변 환경을 고려하여 배치한다.

4.6.2 지역 · 지구제

시가화구역에는 다음의 지역 · 지구를 지정하여 토지이용의 바람직한 모습을 계획적으로 형성한다. 기대나 희망에 의해 지정하는 경우도 있으나, 객관적인 자료를 근거로 지정 면적과 배치 등 충분히 검토하지 않으면 안된다.

(1) 지역 · 지구의 종류

지역 · 지구의 종류는 다음과 같다.

① 용도지역
② 특별용도지구
③ 고도지구, 고도이용지구
④ 특정지구
⑤ 방화지역, 준방화지역
⑥ 미관지구
⑦ 풍치지구
⑧ 주차장정비지구
⑨ 임항지구
⑩ 역사적 풍토특별보존지구
⑪ 녹지보전지구
⑫ 유통업무지구
⑬ 생산녹지지구
⑭ 전통적 건조물군보존지구
⑮ 항공기 소음장해방지지구

(1) 제1종 저층주거전용지역	(2) 제2종 저층주거전용지역	(3) 제1종 중고층주거전용지역
저층주택과 관련되는 양호한 주거환경을 보호하기 위하여 지정한 지역으로 주거와 병설되는 소규모의 점포 등 만이 허용되는 전용성 높은 저층주거의 전용지역일 것. ① 저층주택지로서 환경의 보전을 도모하는 구역 ② 저층주택지로서 개발이 바람직한 구역	주로 저층주택과 관련되는 양호한 주거환경을 보호하기 위하여 지정하는 지역으로서, 독립한 소규모의 일용품 점포의 입지가 허용되는 지역일 것.	중고층주택에 관련되는 양호한 주거환경을 보호하기 위하여 지정하는 지역으로서, 거주자에게 필요한 중규모의 점포 등의 편리시설이나 대학, 병원 등의 공공시설 등의 입지만이 허용되는 전용성 높은 지역일 것. ① 이미 형성되어 있는 중고층주택지와 그 주변 ② 도시 시설의 정비 상황으로 볼 때 중고층주택이 입지해도 환경 악화의 우려가 없는 주택지 ③ 계획적 중고층주택단지로서 정비되었거나 정비될 것이 확실한 구역
(4) 제2종 중고층주거전용지역	**(5) 제1종 주거지역**	**(6) 제2종 주거지역**
주로 중고층주택과 관련되는 양호한 주거의 환경을 보호하기 위하여 지정하는 지역으로 대규모가 아닌 점포, 사무소 등의 입지가 허용되나, 공장, 호텔 등이 제한되는 지역일 것. ① 이미 형성되어 있는 중고층주택지 등과 그 주변 구역 및 도시 시설의 정비 상황으로 볼 때 중고층주택지가 입지해도 환경 악화의 우려가 없는 구역 ② 제1종 고층주거전용지역으로서 부적합한 건축물이 혼재하고 있는 구역으로 장래에 주택지로서 용도 순화를 도모하는 구역	주거의 환경을 보호하기 위하여 저정한 지역으로서, 중규모의 공장, 노래방 등의 외에 특히, 대규모 점포, 사무소 등 주거 환경에 해를 끼칠 우려가 있는 건축물 등의 입지가 제한되는 지역일 것. ① 주거전용의 지역의 주변에 있으며, 제2종 중고층주거전용지역으로서는 부적합한 건축물이 혼재되어 있는 구역 ② 주택지를 관통하는 보조간선도로의 연도 또는 역, 상업지, 공업지의 주변에 있으며, 또는 주환경 보호의 관점으로부터 대규모의 점포나 사무소의 입지 규제를 도모할 필요가 있는 구역	주로 주거환경을 보호하기 위하여 지정하는 지역으로서, 중규모의 공장, 창고업을 하는 창고, 극장 등이 제한되나, 점포, 사무소의 입지가 허용되는 지역일 것. ① 용도가 혼재하고 있는 주택지 중 제1종 주거지역으로서는 부적합한 건축물이 혼재되어 있는 구역 ② 역, 상업지, 공업지의 주변에 있으며, 저층 및 중고층주거전용지역 정도의 용도규제가 곤란하고, 점포나 사무소의 입지를 허용하는 구역
(7) 준주거지역	**(8) 근린상업지역**	**(9) 상업지역**
도로의 연도로서의 지역의 특성에 적합한 업무의 편리 증진을 도모하며, 이와 조화되는 주거환경을 보호하기 위한 지역으로서, 자동차 차고, 창고업용의 창고, 일정규모 이하의 자동차 수리공장으로서의 입지를 허용하면서, 그 밖의 중규모 공장, 극장 등이 제한되는 지역일 것.	인근의 주택지 주민에 대한 일용품 공급을 주된 목적으로 하는 상업과 기타의 업무의 편리 증진을 위하여 지정하는 지역으로서, 소규모의 극장 등의 입지를 허용하면서 대규모 공장, 카바레, 공중 목욕탕 등의 입지를 제한하는 지역일 것. ① 일반 시가지에 있어서 상점가 등 일용품 시설이 집적된 구역 ② 상업지역의 주변 ③ 주택지에서의 쇼핑센터 등의 일상 구매시설이 집적된 구역 또는 지구 서비스시설을 확보할 구역 ④ 주택지 내의 간선도로변에서 연도 서비스적 시설의 입지 경향이 뚜렷한 구역	주로 상업과 기타 업무의 편리를 증진하기 위하여 지정하는 지역으로서, 대규모 공장 등의 입지가 제한되는 지역일 것. ① 광범위한 상권을 갖는 상업업무지 또는 관공서, 사무소 등이 집중하여 입지하는 구역 ② 백화점, 전문점이 입지하는 상점가 구역 ③ 오락시설, 요정, 카바레 등이 집중하여 입지하는 구역 ④ 도매 상업단지 등의 상업적 유통업무시설이 집중하여 입지하는 구역 ⑤ 장래에 위의와 같은 지역으로 바뀌게 될 가능성이 확실한 구역 ⑥ 주요 역 주변의 중심 상업지
(10) 준공업지역	**(11) 공업지역**	**(12) 공업전용지역**
주로 환경의 악화를 초래할 우려가 없는 공업의 편리를 증진하기 위하여 지정하는 지역으로서, 대규모 공장 등의 입지가 제한되는 지역일 것. ① 주택과 상업이 혼재되어 있는 구역 ② 유통업무시설이 집적된 구역 또는 예상되는 구역 ③ 지방산업이 입지하는 주택과 공장혼합지역 ④ 간선도로 또는 결절점 주변 지역 등의 연도 이용에 있어서 경공업, 유통업무시설이 집적되어 있는 구역, 또는 입지가 확실한 구역	주로 공업의 편리 증진을 위하여 지정하는 지역으로서, 환경 악화를 초래할 우려가 있는 공장에 대하여 규모나 업종에 관계없이 입지를 인정하는 한편, 호텔, 극장, 학교, 병원 등의 입지가 제한되는 지역일 것. ① 공업지로서 개발된 구역으로서 장래에도 공업지로서 남겨 둬야 할 구역 및 공업지로서 계획적으로 개발될 가능성이 확실한 구역 ② 임해부의 공업용지로서 매립된 지역 중 공업지로 하는 구역 ③ 용도의 혼재 정도로 보아 공업전용지역으로서 부적당한 공업지 ④ 준공업지역으로서는 부적합한 공장이 상당히 입지하고, 주택 및 상업시설이 혼재되어 있는 구역	공장의 편리 증진을 위하여 지정하는 지역으로서, 호텔, 극장, 학교, 병원 등과 더불어 주택, 물품 판매업을 포함한 점포의 입지가 제한되는 지역일 것. ① 공업단지 중에서 공업용으로 제공되는 구역 ② 임해공업지대 중에서 공업용으로 제공되는 구역 ③ 기존의 공업지 또는 계획적으로 개발하는 공업지로서 앞으로도 공업의 증진을 도모하고 주택의 입지를 방지할 필요가 있는 공업지의 구역

[표 4.1] 각 용도지역의 지정 기준

(2) 용도지역

용도지역은 12종류의 용도지역이 있으며, 표에 나타낸 지역을 정하여 건물의 용도를 규제와 함께 건물의 용적률, 건폐율을 규제하는 것이다. 건물의 용도 규제의 내용은 건축기준법 별표와 같이 정하고 있다.

대략 인구 1인당 거주계지역, 공업계지역, 상업계지역의 지정면적을 나타내었다. 이것은 전국 베이스의 평균치에 가까우며, 약간 큰 수치이다. 이것에 해당 시정촌의 인구를 곱하면 상정하는 지역의 면적이 산출되나, 어디까지나 통계치로 편차를 고려해야 한다.

통상적으로는 중소 시정촌에서 평균치에 비하여 크게 지정되고, 대도시에서 작게 지정된다. 이들 수치는 도시의 규모나 특성에 따라 수정되어야 한다.

전면적	주거계	상업계	공업계
160~195 m²/인	110~130 m²/인	15~20 m²/인	30~50 m²/인

주) 도시계획구역 내 인구에 대한 지정면적으로, 구 용도지역과 신 용도지역의 평균치. 도시계획연보(1996)에서 산출

표 4.1은 각 용도지역의 내용이며, 그림 4.9는 용도지역의 이미지를 나타내고 있다.

이들을 참고하며 지역 지정을 한다.

(3) 특별용도지구

12종류의 용도지역을 더욱 세부적으로 각 지역의 특성과 과제에 맞게 용도 규제하는 수법으로 다음과 같은 특별용도지구가 있다. 이것은 용도지역과 중복해서 지정할 수 있다.

① 중고층 주거전용지구
② 상업전용지구
③ 특별공업지구
④ 문교지구
⑤ 소매점포지구
⑥ 사무소지구
⑦ 후생지구

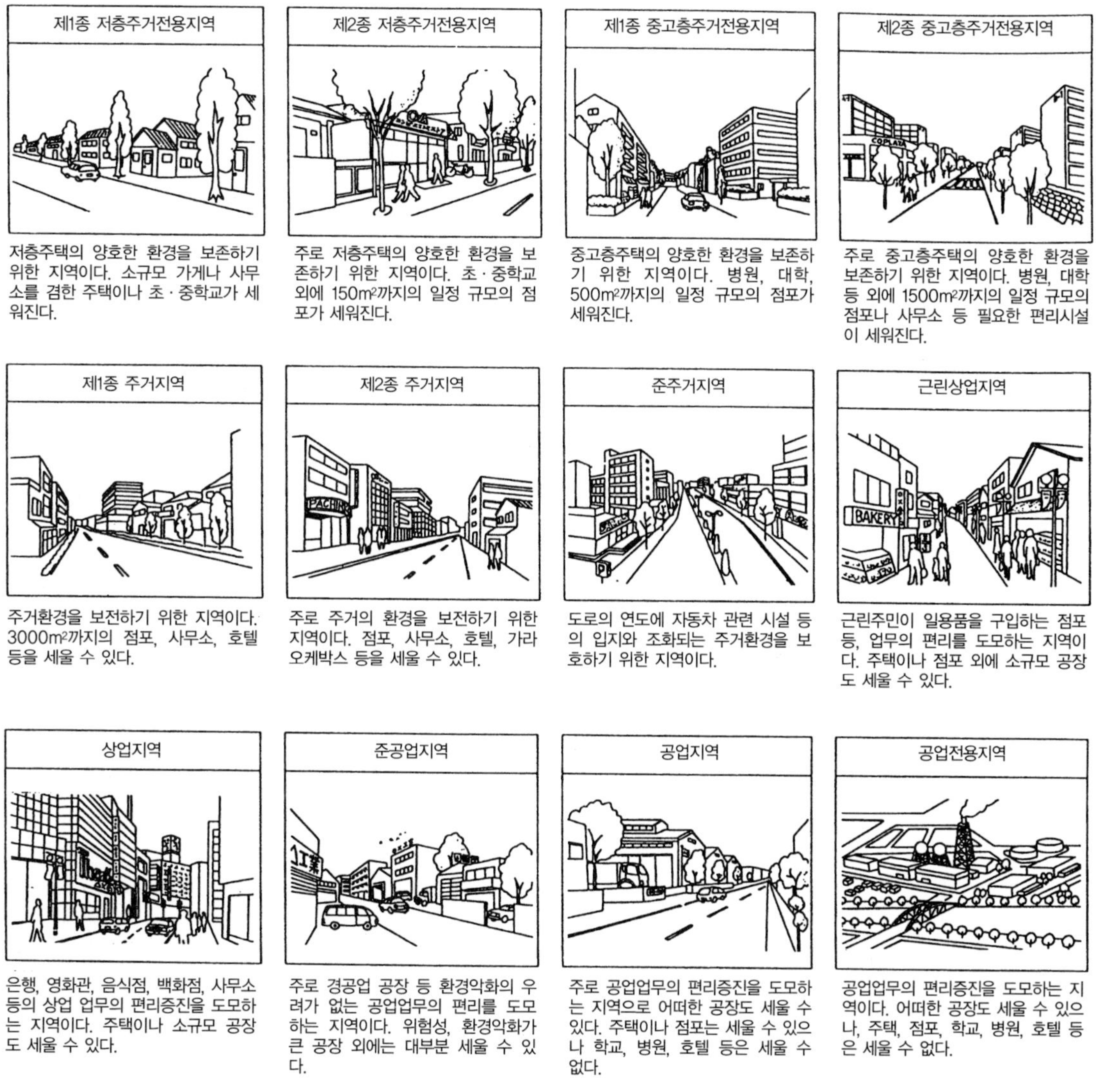

[그림 4.9] 12종류 용도지역의 이미지

⑧ 오락 · 레크리에이션지구

⑨ 관광지구

⑩ 특별업무지구

⑪ 연구개발지구

이상의 지구에 대해서는 관련 자료를 참고할 것.

4.6.3 도시계획사업

시가지를 면적으로 정비해 가는 구획정리사업, 재개발사업, 도시계획도로사업, 하수도사업 등이 있다. 이들은 용도지역지정과 연결하여 사업계획을 입안하고 실시할 필요가 있다. 그렇지 않으면, 토지이용계획의 실현은 곤란하다.

이를 효과적으로 활용하여 민간에 의한 도시개발을 유도하며, 토지이용의 실현을 도모할 필요가 있다.

4.7 용도지역지정안의 작성

토지이용계획을 실현하기 위하여 간결하고 외지가 발생하지 않는 시가지 형성을 목표로 용도지역을 지정한다. 이 때 다른 지역지구, 지구계획제도 등의 일체적 운용이 기대된다. 용적률, 건폐율의 지정시에는 원칙적으로 토지이용예측을 바탕으로 지정한다.

실제의 용도지역지정에서는 ① 용도지역을 지정하는 일단의 규모의 면적, ② 배치 · 위치, ③ 다른 용도지역과의 인접 관계, ④ 지정하는 용도지역의 형상 · 형태 요건, ⑤ 명확한 지형 경계를 구획선으로 하는 것 등을 고려하여 지정안을 작성하지 않으면 안된다. 표 4.2, 4.3에 용도지역별 운용기준의 사례를 나타내었다.

단, 중소도시에서는 활성화라는 관점에서의 지정도 필요하다.

4.7.1 주택지의 형성

가능한 한 주거의 전용성을 높이는 것이 바람직하고, 전용계의 주거지역을 지정해야 한다.

① 면적 요건 : 하나의 주거계의 규모는 대략 20ha 이상이 되어야 함이 바람직하다.

② 인접 요건 : 주거전용지역은 상업계, 공업계 지역과 상호 인접하여 지정하

지 말아야 한다. 저층계의 주거지역과 고용적 지정의 고층건물이 용인되는 용도 지역은 가능한 한 인접하여 지정하지 말아야 한다.

③ 형태 요건 : 지정하는 지역의 형상이 부정형이 되어서는 안된다.

<table>
<tr><th colspan="3" rowspan="2">용도구분
항목</th><th colspan="7">주거계 용도지역</th><th colspan="2">상업계 용도지역</th><th colspan="3">공업계 용도지역</th><th rowspan="2">도시계획 구역 내에서 용도지역의 지정이 없는 구역</th></tr>
<tr><th>제1종저층 주거전용 지역</th><th>제2종저층주거전용지역</th><th>제1종중고층주거전용지역</th><th>제2종중고층주거전용지역</th><th>제1종 주거지역</th><th>제2종 주거지역</th><th>준주거 지역</th><th>근린상업 지역</th><th>상업지역</th><th>준공업 지역</th><th>공업지역</th><th>공업전용 지역</th></tr>
<tr><td colspan="3">1. 용적률(%)</td><td colspan="2">50, 60, 80, 100, 150, 200</td><td colspan="2">100, 150, 200, 300</td><td colspan="4">200, 300, 400</td><td>200,300, 400,500, 600,700, 800,900, 1000</td><td colspan="3">200, 300, 400</td><td>400 (100, 200,300)</td></tr>
<tr><td colspan="3">2. 건폐율(%)</td><td colspan="4">30, 40, 50, 60</td><td colspan="3">60</td><td colspan="2">80</td><td colspan="2">60</td><td>30, 40, 50, 60</td><td>70 (50, 60)</td></tr>
<tr><td colspan="3">3. 벽면의 후퇴거리</td><td colspan="2">1, 1.5</td><td colspan="11"></td></tr>
<tr><td colspan="3">4. 절대 높이 제한</td><td colspan="2">10, 12</td><td colspan="11"></td></tr>
<tr><td rowspan="6">5. 사선제한</td><td rowspan="2">도로 사선</td><td>적용 거리(m)</td><td colspan="7">20, 25, 30</td><td colspan="2">20, 25, 30, 35</td><td colspan="3">20, 25, 30</td><td>20,25,30</td></tr>
<tr><td>경사</td><td colspan="7">1.25</td><td colspan="5">1.5</td><td>1.5</td></tr>
<tr><td rowspan="2">인접지 사선</td><td>입상(m)</td><td colspan="2" rowspan="2"></td><td colspan="5">20</td><td colspan="5">31</td><td>31</td></tr>
<tr><td>경사</td><td colspan="5">1.25</td><td colspan="5">2.5</td><td>2.5</td></tr>
<tr><td rowspan="2">북측 사선</td><td>입상(m)</td><td colspan="2">5</td><td colspan="2">10</td><td colspan="9" rowspan="2"></td></tr>
<tr><td>경사</td><td colspan="4">1.25</td></tr>
<tr><td rowspan="3">6. 일영규제</td><td colspan="2">대상 건축물</td><td colspan="2">처마높이 7m 이상 또는 3층 이상</td><td colspan="6">10m 이상</td><td rowspan="3"></td><td>10m 이상</td><td colspan="2" rowspan="3"></td><td>10m 이상</td></tr>
<tr><td colspan="2">측정면(m)</td><td colspan="2">1.5</td><td colspan="6">4</td><td>4</td><td>4</td></tr>
<tr><td colspan="2">값(5m라인의 시간)</td><td colspan="4">3, 4, 5</td><td colspan="4">4, 5</td><td>4, 5</td><td>4, 5</td></tr>
<tr><td colspan="3">7. 부지 규모 규제</td><td colspan="2">200㎡ 이하의 수치</td><td colspan="11"></td></tr>
</table>

(주) 용도지역 지정이 없는 구역에서의 ( )내는 특정 행정청이 도시계획지방심의회의 회의를 통과해 지정한 구역 내에 적용되는 수치

[표 4.2] 용도지역과 형태규제

<table>
<tr><th></th><th>1 저층</th><th>2 저층</th><th>1 중고층</th><th>2 중고층</th><th>1 주거</th><th>2 주거</th><th>준주거</th><th>근린상업</th><th>상업</th><th>준공업</th><th>공업</th><th>공업전용</th></tr>
<tr><td rowspan="3">1. 면적 요건</td><td colspan="4">(하나의 단지로서) 대략 20ha 이상</td><td>–</td><td>–</td><td>–</td><td colspan="2">대략 2ha 이상</td><td>–</td><td>–</td><td>–</td></tr>
<tr><td>대략10ha 이상</td><td>대략10ha 이상</td><td>대략5ha 이상</td><td>대략5ha 이상</td><td>대략5ha 이상</td><td>대략5ha 이상</td><td>대략2ha 이상</td><td>–</td><td>–</td><td>대략5ha 이상</td><td>대략5ha 이상</td><td>대략10ha 이상</td></tr>
<tr><td colspan="6"></td><td colspan="4">과대해지지 않도록 지정할 것</td><td colspan="2"></td></tr>
<tr><td>2. 위치 요건</td><td colspan="7"></td><td colspan="2">경제권 및 생활권을 고려하여 적정 배치할 것</td><td colspan="3"></td></tr>
<tr><td rowspan="3">3. 인접 요건</td><td colspan="4">상업지역, 공업지역 및 공업전용지역에는 인접 불가</td><td colspan="2">공업 또는 공업전용 인접 시는 완충대 설치</td><td rowspan="2"></td><td rowspan="3"></td><td rowspan="3">주거전용 지역에 인접하여 지정하지 않는다.</td><td rowspan="3"></td><td colspan="2" rowspan="3">주거전용지역에 인접하여 지정하지 않는다.</td></tr>
<tr><td colspan="4">간선도로 등의 연도 업무의 편리 증진을 도모해야 할 지구에 인접은 불가</td><td colspan="2">좌측의 지구 중 항상 소음이 현저한 지구로의 인접은 불가</td></tr>
<tr><td colspan="7">신간선 철도 등의 연도 및 공공용 비행장 주변은 원칙적으로 인접 지정 불가</td></tr>
<tr><td>4. 형태 요건</td><td colspan="4">부정형이 되지 않도록 정할 것</td><td colspan="2">가능한 한 부정형이 되지 않을 것</td><td colspan="4"></td><td colspan="2">부정형이 되지 않도록 정할 것</td></tr>
<tr><td>5. 기타 기준표</td><td>저층 주택이 대략 90% 이상</td><td>저층 주택이 대략 90% 정도</td><td colspan="5"></td><td>점포수 50, 상업업무시설 20% 이상</td><td colspan="4"></td></tr>
</table>

[표 4.3] 현의 운용기준의 각종 요건 간편표

4.7.2 상업계의 형성

교통의 네트워크와의 형성을 고려하여 도심, 부도심, 기타 지역중심지 등의 각 상업지의 위치 결정에 따른 상업지를 지정한다.

① 면적 요건 : 근린상업지의 경우는 대략 2ha 이상

② 위치 요건 : 경제권, 생활권을 고려하여 적정한 위치에 배치

4.7.3 공업지의 형성

전용계의 지역을 지정함이 바람직하다.

① 면적 요건 : 하나의 규모는 5ha 이상

② 인접 요건 : 주거전용의 지역과 인접하여 지정하지 말 것

③ 형태 요건 : 지정하는 지역의 형상이 부정형이 되지 않도록 지정할 것

〉〉〉 **문헌**

1) 福岡県 : 平成4年度改正都市計劃法に係わる用途地域等の決定 · 運用基準, 1994.

2) 都市計劃教育委員會編 : 都市計劃教科書第2版, 彰國社, 1995.

3) 牛見 章 : 居住立地限定階層に關する一連の研究, No. 216, 1974.

4) 櫛田光男 · 佐々波秀彦編 : 土地利用計劃, 土地問題講座4, 鹿島出版會, 1973.

Chapter 5

주환경정비와 지구단위의 도시계획

5.1 주환경정비의 방침

5.2 주환경정비의 방법과 과제

5.3 지구계획

5.4 마을조성과 지구계획제도

5.5 커뮤니티시설 계획

5.1 주환경정비의 방침

5.1.1 「주환경」이란

「주환경」은 지구(地區), 가구(街區), 택지레벨의 물적 도시환경에 대해서, 일조, 방재, 복지 등 주생활과 관련된 다면적인 관점에서 본 환경요소의 종합을 일컬어 사용된다. 지구(地球)규모에서 보는 환경의 개념을 「지구환경」, 지역단위에서 보는 환경의 개념을 「지역환경」이라고 부르지만, 「주환경」은 보다 작고 인간생활에 밀접하게 관련된 환경의 개념을 가리킨다고 말할 수 있다.

또한, 「주환경정비」란 일반적으로 주택 주변의 환경을 대상으로 한 지구(地區)의 개선을 위한 사업이나 활동을 말한다. 이처럼 「주환경」이란 주택 내부 및 주변의 물적 환경과 이것에 관련된 사회적 구조 전반을 가리키는 개념이라고도 말할 수 있다.

5.1.2 지구(地區)단위로서의 도시계획의 필요성

도시계획에서는 마을이 형성되어 온 과정에서의 사회적 역사적인 성립이나 배경, 거주자의 커뮤니티의 단위, 거리풍경(주택가 또는 상점가)의 연속성 등을 고려하여, 하나의 통합된 영역을 계획단위로서 생각할 필요가 있다.

계획의 목적에 따라 지구(地區), 가구(街區), 도로의 계획 단위가 존재한다. 그 계획 단위의 개념은 지구의 고유성이나 다양성을 존중한 미크로한 도시환경의 보존 · 정비와 관련된 필요성으로부터 요구되어지는 경우도 있고, 계획을 보다 실효성 높은 것으로 하기위해 필요시 되어지는 경우도 있다.

특히, 최근 일본에서 착안되고 있는 것은 「지구계획제도」 등의 제도를 운용한 지구성이나 고유성을 배려한 「마을 조성」에 대한 대처가 각지에서 있으며, 미크로한 도시환경의 정비 · 보전에 관하여, 주민이 참가하는 방법을 취하면서, 어떤 방법으로 주민 주체의 계획을 진행해 가느냐가 현재의 과제이다.

5.1.3 「재개발」의 정의

도시의 발전이나 쇠퇴에 따라, 기성 시가지에 있어서 각 지구의 토지이용이나 도시시설 등은 갱신되고 변화되어질 필요가 있다. 그러한 변화에 따른 지구의 신진대사가 이루어지지 않을 경우에는 재개발에 의해 보다 합리적인 토지이용이나 도시기능에 대해 계획적으로 지구를 갱신해 갈 필요가 있다.

「도시재개발」은 폭넓은 개념으로, 그것을 실현하는 방법에는 여러 가지 사업이나 제도가 존재한다. 좁은 의미로는 도시재개발법 등의 특정법제도의 적용을 받는 사업에만 한정하여 사용하는 경우도 있다.

일반적으로 도시재개발이라 하면 「스크랩 · 앤드 · 빌드방식」이라 불려지는 전면적인 파괴와 계획적으로 재건설되는 「재개발」을 상상하지만, 시가지의 갱신에는 그 외에 「보전」, 「수복」 또는 「개선」의 형태도 있다.

5.2 주환경정비의 방법과 과제

5.2.1 기성 시가지의 개선형 정비

(1) 수복과 개선

특히, 주택지에 있어서의 재개발은 거주자나 지권자(地權者)에게 여러 가지로 곤란하게 한다. 재개발로 인해 지역의 커뮤니티나 지연적 관계가 파괴되고, 지구를 재개발하는 것이 지금까지 행복하게 생활해 온 인간생활 자체를 크게 변화시켜 버리게 된다. 재개발의 계획은 그러한 만큼 주민 등의 관계자의 의견을 조정하며, 신중하게 진행해 나가지 않으면 안된다.

도시재개발의 목적이나 수단은 시대와 함께 변해왔다. 근대 도시계획의 정책과 제도가 보다 빨리 성립된 구미 여러 나라에 있어서, 당초, 도시재개발의 주요한 목적은 소위 비위생지구, 불량환경지구의 제거(슬램 · 클리어런스)에 있었다.

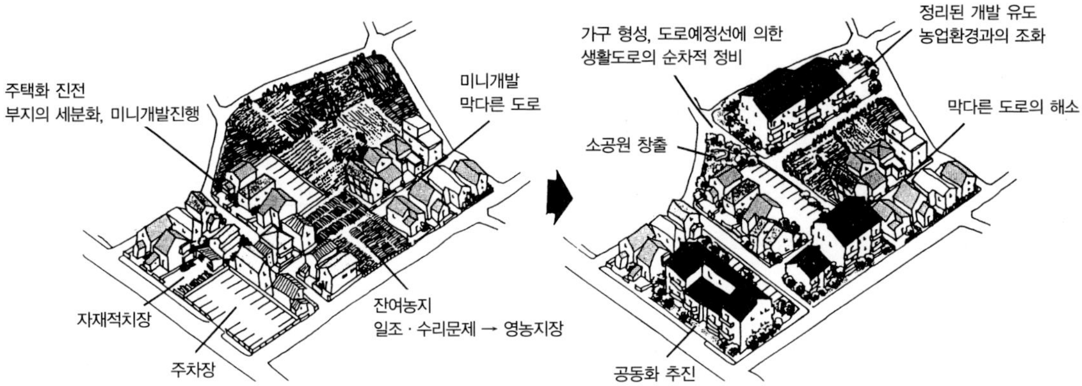

[그림 5.1] 스프롤지구의 정비 이미지(東京都中野區 주택 마스터플랜)

그 후, 지구 수복이나 지구 보전이라는 개념과 방법이 사회적으로 인지되어, 제도로서 확립되어 가면서 재개발의 개념도 재규정되어진다.

(2) 수복과 개선에 의한 재개발의 등장

일본에서는, 1970년대에 즈음하여, 극단적으로 환경이 열악한 지구만이 아닌, 도시 내에 광범위하게 펼쳐져 있는 환경미정비지구를 대상으로 한 재개발의 필요성이 급속하게 높아져 갔다.

도시재개발법을 기초로 한 재개발사업은 위에서 말한 것처럼 스크랩 · 앤드 · 빌드방식에 의해 지구를 갱신하고 있지만, 특별히 주택지에 대해서는 꼭 적용해야 하는 만능의 방법은 아니다. 大阪府 豊中市의 庄內지구와 고오베시 眞野지구에서 스크랩 · 앤드 · 빌드방식에 의하지 않은 정비의 실천이 시도되어짐과 동시에, 고밀도 주택지 등의 지구에 있어서 주택 등의 재건을 계획적으로 규제 · 유도하고, 소규모의 사업을 반복하면서 주환경을 개선해 가는 다양한 사업 방법이 창설되게 되었다.

(3) 개선형 재개발의 의미

스클랩 · 앤드 · 빌드방식의 재개발사업이 지구 내의 폭넓은 물적 개편을 동반하는「개조형」임에 비해, 이러한 재개발사업은 절차나 정비의 진행 방법 등에서 유연성이 있어,「부드러운 재개발 수법」이라고도 말할 수 있는 방법으로서,

「개선형 재개발」, 「개선형 마을 조성」이라고도 불리어지고 있다.

개선형 재개발이라 불리는 지구개선의 방법은 일정한 지역생활 단위에 있어서 지역의 기본적 구조를 존중하며, 소규모사업, 한정적 사업을 공간적 · 시간적으로 늘여가며 공공공간의 정비와 택지건물의 정비를 포함하여 발의, 입안, 실시, 환경 관리의 일련의 단계에서 주민의 의향을 반영하고, 또한 그 참가를 기대하는 것이다.

특히, 대도시 주변의 도로 등 도시 기반이 미정비되어 불충분하며 밀집도가 높은 주택지에서 이루어져 왔다.

5.2.2 도시 방재와 불연화(不燃化)

(1) 기성 시가지의 주환경에 대한 과제

일반적으로 시가지의 밀도가 고밀도가 될수록 거주환경은 악화한다. 그러나, 이미 무질서한 스프롤에 의해 고밀도화가 진행된 시가지를 재개발에 의해 단번에 적당한 밀도로 갱신하는 것은 기존 커뮤니티의 붕괴 등 큰 위험성이 내재한다. 마찬가지로, 노후화된 도시 활동이 쇠퇴해가는 기성 시가지의 갱신에 있어서도, 기존 주거자의 생활을 존중하고, 커뮤니티를 배려하며 도로 등의 도시 기반의 정비나 건축물의 재건에 의한 주환경의 개선을 도모하는 방법이 요구된다.

대도시권 내나 지방도시의 기성 시가지에서는 지구 내의 기존생활이나 도시활동을 존중하며 일정 계획 하에 환경개선과 관련된 건축행위를 규제 · 유도하며 지구 전체의 주환경을 개선해 갈 조절 방법이 요구되고 있다.

(2) 안전한 도시 조성을 지향하는 도시계획

세계의 대다수의 도시는 그 역사적으로 큰 화재의 피해를 입어왔다. 지진 후의 화재나 연소(延燒) 등의 방지는 도시계획상의 가장 중요한 목적의 하나가 되고 있다.

특히, 밀집 시가지에 있어서 주환경 정비는, 최대 과제의 하나로서 항상 방재를 들어 왔다. 관동대지진 재해나 阪神 · 淡路대지진의 재해는 밀집된 시가지에서 지진 후의 재해에 의한 피해의 공포를 우리들에게 보여주었다. 또한 대규모

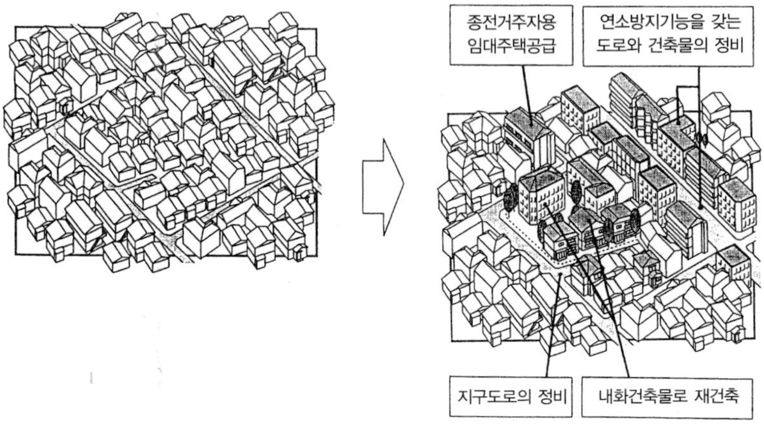

[그림 5.2] 밀집시가지정비의 이미지

재해 후의 시가지의 복구 · 부흥계획은 그 어떠한 것들도 도시를 재해로부터 얼마만큼 보호할 수 있는가가 주요한 목적이 된다.

(3) 시가지의 불연화

시가지의 불연화를 위해 지금까지 주로 다루어온 방책은 아래와 같이 요약할 수 있다.

- 주택 등의 건축물의 불연화의 촉진
- 연소(延燒)의 방지
- 피난 장소와 피난로의 확보
- 방재 거점의 건설

대도시권의 밀집시가지(특히 주택지나 주택 · 공장혼재지(混在地)의 일부 지구에서는 지금까지 지진 재해시의 위험성이 지적되어 왔다. 이러한 지구의 일부에서는 대규모 도시재개발사업이나 구획정리사업에 의한 재개발이나 개선형 정비에 대한 생각을 기반으로 한 지구의 재개발이 진행되어 왔다.

일반적으로 개선형 정비에 대한 사고에 기반을 둔 지구의 재개발에서는 지구계획제도의 적용 등에 의한 정비계획의 책정, 노후화된 단독주택이나 아파트의 재건에 대한 보조사업을 적용하고, 기존의 좁은 가로의 확장 정비 등을 순차적으로 진행하며, 지구의 주환경 개선을 진행하고 있다.

5.2.3 마을 조성의 규칙

(1) 마을 조성 규칙의 필요성

지구 주환경의 특징은 역사적, 지리적, 사회적인 조건에 따라 각각 다르다. 이러한 특징이나 문제점을 고려하여 지구의 환경을 컨트롤하기 위해서는 용도지역제 하에서 전국의 일률적인 기준을 기반으로 한 규제로서는 한계가 있다.

특히 법규상 최저기준 이상의 환경목표를 내걸고 환경을 컨트롤해 가기 위해서는 역시 지구 독자적인 마을 조성 규칙이 필요시 된다.

거리풍경의 구성이나 지구의 시각적인 쾌적성을 검토하기 위해 중요한 요소에는 공공공간과 반사적(反射的) 공간의 조화와 질서가 있다. 예를 들면 단독주택 주택지의 거리풍경을 도로단면도에서 생각하면 잘 알 수 있다. 도로, 보도, 택지 내부의 앞뜰, 주택전면까지의 중간영역 디자인이 매력있는 풍경 구성의 열쇠가 된다. 이러한 주택 풍경의 연속성이나 중간영역 디자인의 질서를 형성하기 위해서는 건축물의 형태, 의장(意匠)이나 식수 등의 구성 요소에 관한 지구 독자적인 규칙(디자인 컨트롤)이 필요하게 된다. 또한 그 상태를 유지해 가기 위해서는 주민 모두가 지구환경을 유지 관리해 가기 위한 방법도 필요하게 된다.

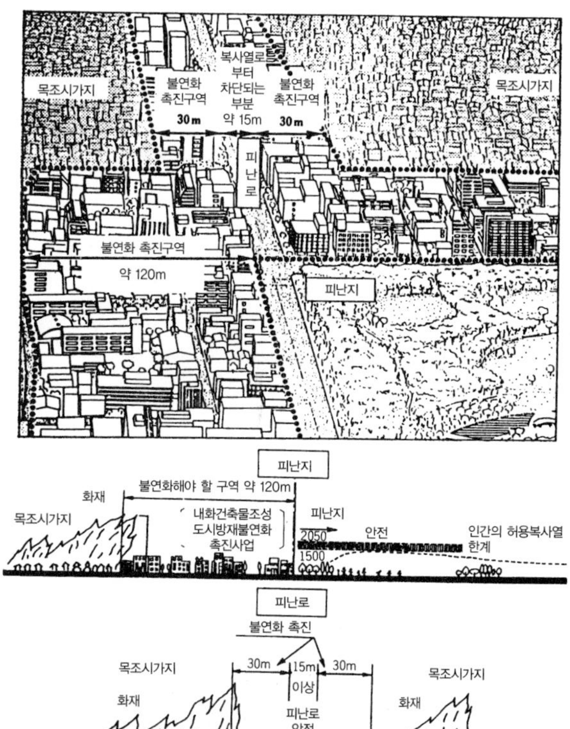

[그림 5.3] 지구의 불연화 방침. 피난지, 피난로, 주변의 불연화

(2) 건축협정

건축협정은 시정촌(市町村)이 조례에서 정하는 일정 구역 내의 환경개선 등을 도모하기 위해 건축기준법의 일반적인 제한 외 관계 권리자 전원의 합의를 기초로 체결되는 협정이다. 즉 건축협정은 일정 구역의 주민이 협의하여 동의를 바탕으로 작성되는 규칙

이다. 그 대상은 건축물의 위치, 구조, 용도, 형태, 의장 등으로 개개의 건축물에 대한 기준으로 적용된다.

기성 시가지나 구획정리지구 외에 신규개발지구에서 택지가 분양되기 전에도 적용되어, 각 분양 택지에 건물이 세워진 후에도 일정의 지구환경이 보전되도록 건축협정과 함께 택지판매를 하는 케이스도 있다.

(3) 녹지협정

녹지협정은 시가지의 양호한 환경을 확보하기 위해 대상 지구 내의 주택 소유자 등의 합의하에 협정을 체결하고 녹화를 추진하기 위한 제도로서, 당초, 도시녹지보전법(1973)에 의한 「녹화협정」으로 제도화되었다. 그 후, 1995년의 법 개정에 의해 녹지의 보전에 관한 사항도 협정 내용에 부가되어, 보전형의 협정도 가능하게 되어 「녹지협정」으로 명칭이 변경되었다.

적용 대상은 식수의 장소, 위치, 종류 및 수량, 산울타리의 구조, 수목의 관리

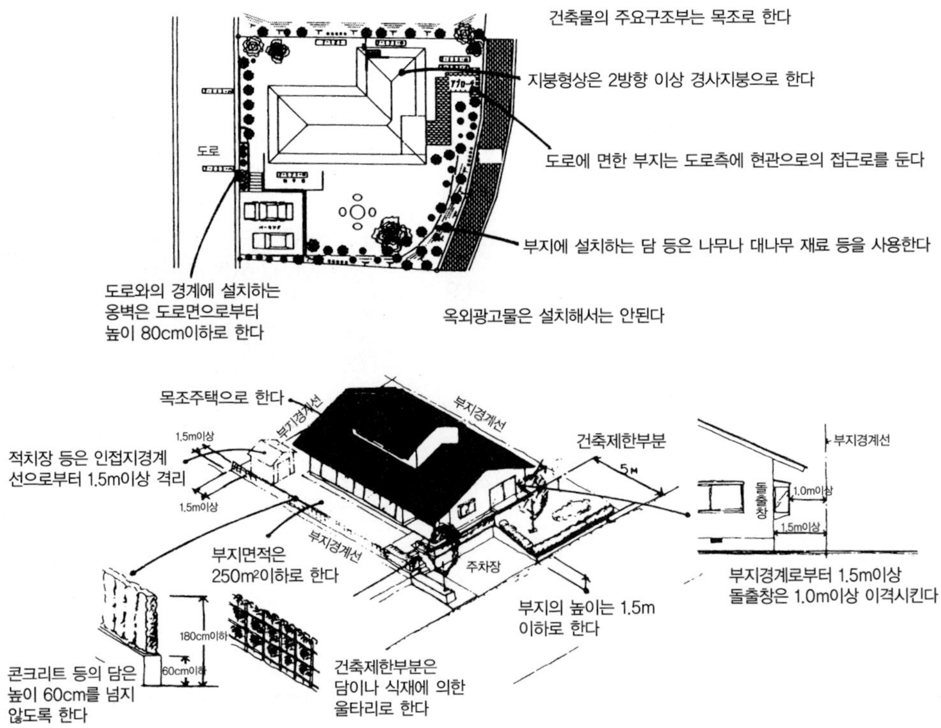

[그림 5.4] 복도현 삼춘정의 건축협정

등에 이른다.

(4) 마을 조성 협정

지구 내에 특색 있는 주환경을 형성, 또는 보존해 가기 위해서, 대상 지구 내의 주민들이 협정하여 건축물 재건의 규칙 등으로 작성된 임의의 협정을 일반적으로 마을 조성 협정이라고 부른다.

일본 전국적으로 다수의 사례가 있지만, 행정주도가 아닌 지역주민이나 상점주인 등이 자주적, 주체적으로 거리 풍경의 정비나 보존에 임한 결과, 작성된 것이 많다. 협정 내용도 건축물의 배치, 형태, 의장, 外構, 광고물 등 개개의 택지 내로부터 공공공간까지 그 대상은 폭넓다. 상업지구의 협정사례로서는 横濱市의 마차도(馬車道) 등이 유명하다.

5.2.4 주민 참가와 마을 조성

(1) 파트너쉽의 마을 조성

특정 지구의 장래 계획을 구체적 사업으로 전개해 가는 과정에는 거주자, 지권자(地權者), 행정(市町村, 都道府県, 국가), 전문가, 기업 등 여러 사람들이나 조직이 관계한다. 이러한 관계자 조직은 복잡한 이해관계에 있으며, 또한 당연히 이해가 대립관계에 있는 경우도 많이 있다.

그 중에서 중요한 것은 각 주체가 지구 또는 도시 전체의 발전을 위해 각각의 완수해야 할 역할을 인식하며, 대등한 입장으로 함께 협력해 갈 환경과 의식을 만들어 가는 것이다. 이를 위해서는 조정자(코디네이터)로서, 또한 고도의 기술자로서의 전문가(플래너)의 존재도 빠질 수 없다. 참가의 문제는 주로 계획을 책정해 가기 위한 의사결정의 방법적인 문제이며, 정보공개, 계획책정 과정의 공개성, 장기적 · 단기적인 양방의 시야에서의 계획안에 대한 평가가 요구되어진다.

특히, 많은 경우, 주민 참가와 정보 공개에 대한 행정측의 적극적인 대응이 요구된다. 경우에 따라 도시계획은 행정 대 주민의 대립적인 구도로 다루어지는 경우도 있지만 주민 참가형 마을 조성이라 불리는 방법도, 그 목적은 모든 것을 주민이 행하는 것을 의미하는 것은 아니고, 주민, 행정, 전문가 등의 관계 주체간의 파트너쉽(협력관계)을 기초로 한 계획과정과 민주적인 의사결정의 방법을 확립하는 데 있다.

(2) 주민 참가의 타입

최근에는 주민 참가 또는 주민 주체의 마을 조성에 대한 실천이나 의논이 각지에서 활발히 이루어지고 있다.

참가의 방식이나 과정에는 여러 케이스가 있다.

그 중 하나로, 행정주도에 의한 설명회 방식이라 불리는 것으로, 계획 책정의 과정에서 단락마다 주민설명회를 열어, 안에 대한 설명과 의견 청취를 하고, 그 성과를 계획에 반영시켜 가는 방법이 있다.

더욱이, 적극적인 참가로서, 계획 당초부터 지역의 대표자들로 구성된 협의회를 조직하여, 계획내용의 검토와 의사결정을 해 가는 방법이 있다.

어느 경우도, 계획의 검토나 의사결정에는 도시계획이나 관계 제도 등에 관한 복잡하고 고도의 전문지식과 기술을 필요로 하고, 또 한편으로는 대립하는 의견의 조정이 필요시 된다. 참가를 보다 적극적으로 진행하는 새로운 방법이나 과정에서도 이러한 중요한 역할이 전문가(플래너)의 능력으로서 요구되어진다.

(3) 마을 조성 협의회

마을 조성 협의회는 주로 개선형 · 수복형의 지구 주환경정비에 있어서, 주민참가의 유력한 형식으로서 많은 지구에서 채용되어 왔다. 주환경정비의 계획프로세스에 있어서 전 주민이 동시에 모여 협의한다는 것은 당연히 불가능하기 때문에 주민의 대표자가 지속적인 협의가 가능한 인원수로 모이는 검토 조직이다.

현실적으로 모든 운영을 주민이 주체적으로 이루어 나가는 협의회나, 행정이나 플래너에 의해 준비되는 협의회도 있고, 그 운영방법은 다양하다. 또한 오래전부터 주민자치모임, 자치회조직이 활발한 지구에서는 협의회 조직의 구성은 자치회 조직과 관계있는 케이스가 많다. 본래 마을 조성은 여러 주민들의 생활과 관계된 문제이므로 다양한 거주자층으로부터의 대표에 의해 조직되고, 다각적으로 계획이 협의되어져야 한다.

또한 행정이나 플래너가 주민을 인도하고, 미리 세워진 계획에 대해 단순히 합의만 형성되는 장소가 아닌, 충분한 협의와 지구주민의 종합의견하에서의 의

사결정을 목적으로 하는 조직이어야 한다.

(4) 워크샵

마을 조성(도시계획)의 분야에서 워크샵이란 공원계획 등의 구체적 사업이나 특정지구, 또는 보다 광역적인 도시 전역의 장래계획과 관련된 검토를 대상으로 관계된 집단이 작업을 통해 아이디어를 서로 내어 의사결정을 해가는 과정을 말한다.

참가형의 계획검토에 있어서 최근 그 방법에 대한 효과가 각지에서 보고되고 있다. 일반적으로 워크샵의 원칙은 일반 공개의 장소에서 이루어지고, 참가자 누구나가 평등한 입장으로 타인의 의견을 비난하지 않는 것이다.

그 활동은 실내로 제한되지 않고, 대상지역의 조사, 관찰, 문제점의 해독, 정리, 일정 테마에 관한 토론, 도면이나 모형 등의 시각적 성과물의 작성을 통한 상황의 이해, 계획 아이디어의 제안 등 여러 가지 작업의 조합이 있으며 내용은 폭넓다.

여기에서는 참가자의 적극적인 활동도 물론, 기획자의 기획단계에서의 준비, 전문가(플래너)의 조정자로서의 진행방법 등이 중요한 열쇠인 것이다.

5.3 지구계획

5.3.1 지구계획제도의 배경

(1) 지구계획제도의 창설

일본에서 지구를 단위로 한 도시계획제도로서는 1980년에 도시계획법과 건축기준법이 개정되어 창설된「지구계획제도」가 있다.

지구계획제도의 의의와 역할을 이해하기 위해서는 1980년에 일본에서 지구계획제도가 창설된 당시의 일본 도시문제와 그 배경을 이해해 둘 필요가 있다.

(2) 고도성장기의 도시문제

지구계획제도가 창설되기 이전의 1970년대 일본은 고도성장기로서 전후 부흥기를 거쳐 경제성장이 두드러진 시대였다. 당초, 고도성장기의 급속한 성장으로 연동하여 무질서한 시가화(스프롤)의 진행이 수많은 도시문제를 일으키고 있었다.

한편, 그러한 스프롤지역에서는 도로기반 정비의 지연에 의한 문제도 현저했다. 특히 주택개발면적이 1,000㎡ 이하의 소규모 주택개발은, 도시계획법의 개발 허가를 필요로 하지 않는 소위 미니개발이라 불리어, 이 개발 형태가 좀먹는 상태로 퍼져갔다. 미니개발은 소규모의 택지에서 도로기반이 정비되어 있지 않기 때문에 개발 후의 방재상의 위험성이나 주위 환경의 악화 등의 문제가 지적되어 왔다.

(3) 무질서한 스프롤

또한 무질서한 개발이 집적된 결과, 지역 전체의 교통량이 증대하고, 도로나 학교 등의 도시시설의 용량이 초과하여, 공공시설의 정비가 따라가지 못하는 스프롤지역도 다수 나왔다.

이러한 상황은 일본의 도시계획제도에 대해 시가지의 토지이용 컨트롤의 부

(1972년) (1976년 6월)

[그림 5.5] 무질서한 스프롤 지역

재로 인하여, 지구의 실상에 맞춘 꼼꼼한 토지이용 컨트롤의 필요성을 강하게 호소하기에 이르렀다.

5.3.2 지구계획제도에 대한 기대와 과제

(1) 토지이용 컨트롤의 부재

위에서 말한 상황에 대해 당시의 도시계획제도의 과제는 한편으로는 지구를 일체적으로 정비하는 제도의 결여에 있었다. 특정지구의 사업에 대응한 제도는 있었지만 공원이나 도로의 정비와 거주환경의 정비가 일체적으로 계획되어 그 계획이 실시되는 제도가 존재하지 않았다.

또한 일반적 지역지구제도에 의한 토지이용 컨트롤에서는 전국 일률적인 세트메뉴에 의한 규제가 적용되어질 뿐으로, 일률적인 집단 구조의 틀의 범위 내에서 밖에 대응할 수 없다는 문제가 있다. 지구의 상황에 따른 시가지 환경의 규제 · 유도가 생기지 않아, 스프롤 방지에는 불충분했다.

(2) 택지 컨트롤의 필요성

미니개발 등 거주환경 악화 원인의 하나로는 택지규모의 협소에 있으며, 소규모택지가 연속하고 주택이 밀집하므로, 일조, 채광, 통풍의 환경면이나 방재면에 관한 문제를 일으키게 된다. 토지이용 컨트롤의 하나로서 택지의 규모나 형상을 컨트롤하는 방법의 결여도 지적되어 왔다.

(3) 커뮤니티 계획에 대한 대응

한편, 지역의 커뮤니티를 단위로 한 커뮤니티 계획의 필요성도 지적되어 왔다. 1970년대의 고도성장기는 일본 전국적으로 여러 공해 문제를 일으켰다. 적극적인 공해반대운동을 통해 생활환경에 대한 관심이 높아짐에 따라 커뮤니티 활동이 활발히 이루어져, 이윽고 반대운동에서 주민이 참가하는 마을 조성 운동으로 그 흐름은 이어져 가게 되었다. 그 즈음부터 자치단체의 커뮤니티 계획에 대한 대응이 필요도를 높이고 양호한 지역사회의 형성을 위해, 1969년의 지방자치법의 개정에 의해, 시정촌(市町村)의 기본 구상의 책정이 시작되어진다.

5.3.3 지구계획제도의 의의와 역할

(1) 지구의 일체적 정비

지구계획제도가 1980년에 처음으로 창설된 이후 여러 지구계획제도가 창설되어 왔다. 여기서, 1980년대 창설 당시의 지구계획제도를 일반형이라 부르고 그 의의와 역할을 해설한다.

도기기본계획이 도시 전체(일반적으로는 자치체단위)를 대상으로 하는데 대해, 지구계획은 그 부분인 지구를 대상으로 한다. 대상 지구나 그 주변도 포함한 지역의 계획 요건을 종합적으로 조사, 분석하여 계획이 입안되어지지만 그 계획 내용은 1/500~1/10,000 정도의 스케일로 하게 된다.

위에서 말한 도시 문제에 대해 지구계획에서는 지구 고유의 사회적 배경, 문제점 등의 조건을 고려하여 도시계획이 이루어지는 것은 의의가 크다. 특히, 택지 단위의 꼼꼼한 건축물의 컨트롤과 장래의 용도지역에 의한 매크로한 토지이용의 컨트롤 간의 간격을 엮어서 도로, 공원, 건축물 등을 대상으로 포함한 일체적인 계획을 책정하고, 실시할 수 있다는 점에 그 의의가 있다.

지구계획창설시의 도시계획법 제 12조에서는 도시계획은「건축물의 건축형태, 공공시설 외의 시설에 대한 배치 등으로 보아, 일체로서 각각의 구역의 특성에 어울리는 모습을 갖춘 양호한 각 지구를 정비 및 보전하기 위한 계획」이라고 말하고 있다.

즉 지구계획의 주된 취지는 지구정비상의 고유의 문제에 대해, 주택 등의 건축물, 공원 등의 도시시설, 도로 등의 도시기반을 일체적으로 정비하는 것을 목적으로 한다는 점에 있다.

(2) 정비단위로서의「가구(街區)」

더욱이 지구계획을 입안하는 경우에 있어 지구를 구성하는 단위로서,「가구」라고 하는 공간단위의 개념에 언급되어 있는 것도 특필할 만한 점이다. 도로의 확장정비나 밀집 해소 등의 정비상의 문제는 항상 토지 문제를 동반하고, 이러한 지구 내의 택지 하나하나를 단독으로 취급하면 해결이 곤란한 문제이다.

택지는 토지 소유 또는 토지 이용의 최소 단위이다. 그러나 토지를 단독으로 생각하면 해결할 수 없는 지구정비에 관한 현실 문제에 대하여, 하나 이상의 택지가 인접하여 집합되고, 도로에서 구분된 단위인 「가구」를 계획공간 단위로서 하나로 취급하는 것이 계획 실효성을 높이는 경우도 적지 않다. 가구의 일체적인 정비란 가구 내부의 택지를 공동화하여 재건을 이행하고, 협조적으로 재건을 유도하는 등의 수법을 적용하며, 현실적인 환경개선의 방법을 찾아내고자 하는 것이다.

(3) 지구계획제도의 구조

지구계획은 시정촌(市町村)이 정하는 도시계획이다. 또한 시정촌(市町村)은 지구계획의 결정단계에 시령으로 정하는 지구시설 외의 도도부현(都道府県)지사의 승인이 필요하다. 지구계획의 책정, 결정에 대해서는 구역 내의 거주자, 토지소유자 등의 이해 관계자의 의견을 청취하지 않으면 안된다. 도시계획법에서는 시정촌(市町村)은 지구계획을 정하는 대상 구역, 지구계획의 목표, 정비, 개발, 보전의 방침(방침지구계획)을 정하고 있다.

또한 지구계획 구역의 전부 또는 그 일부에 대해 지구정비계획을 정하고 있다. 지구정비계획에는 지구시설(도시계획시설 이외의 시설에서 거주자 등이 동시에 이용하는 도로, 공원, 녹지, 광장 그 외의 공공 공지)의 배치 및 규모, 건축물 등의 용도의 제한, 건축물 용적률의 최고 한도 또는 최저 한도, 건폐율 최고 한도, 택지면적이나 건축면적의 최저 한도, 벽면의 위치 제한, 건축물 등의 형태, 의장의 제한, 담장의 구조의 제한 등을 정하고 있다.

즉, 지구계획에서는 도시계획법에서 정하는 책정의 절차를 밟으며, 방침지구계획에 의해, 지구가 지향해야 할 목표나 비전을 분명히 하고, 정비, 개발, 보전의 방침을 거쳐, 그 방침을 근거로 정비계획에 의해, 도로, 공원 등의 지구시설의 계획이나 택지, 건축물 등을 꼼꼼하게 컨트롤할 수 있는 제도이다(표 5.1, 5.2).

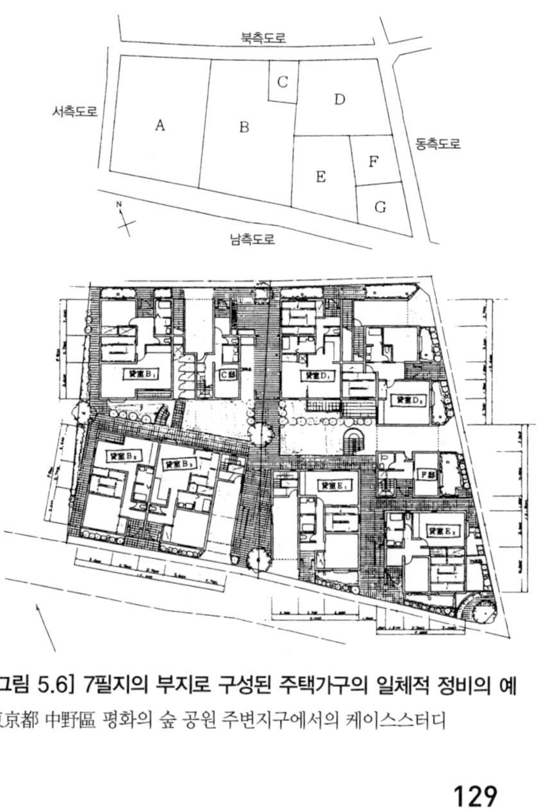

[그림 5.6] 7필지의 부지로 구성된 주택가구의 일체적 정비의 예
東京都 中野區 평화의 숲 공원 주변지구에서의 케이스스터디

[표 5.1] 지구정비계획 중 조례로 제한 가능한 사항

지구정비계획의 내용 · 사항		건축기준법에 의한 조례화 가능 사항	관계 조문
지구 시설	8m 이상의 도로	×	도로 위치 지정 예정 도로의 지정 기준 제68조 6, 7
	상기 외	×	
건축물 등에 관한 사항	용도의 제한	○(기법 제88조 제2항의 공작물을 포함)	기령 제136조 2의2 제1항 제1호
	용적률의 최고 한도	○50% 이상	〃 제2호
	용적률의 최저 한도	○	〃 제7호
	건폐율의 최고 한도	○30% 이상	〃 제3호
	부지면적의 최저 한도	○	〃 제4호
	건축면적의 최저 한도	○	〃 제7호
	벽면의 위치	○	〃 제5호
	건축물에 부속하는 문 또는 벽의 위치	○높이 2m를 넘는 것	
	높이의 최고 한도	○지상 2층이 건축 가능한 높이	〃 제6호
	높이의 최저 한도	○	〃 제7호
	형태 또는 의장	○지붕 · 외벽의 형상 · 재료	〃 제8호
	울타리의 구조	○건축물에 부속하는 문 · 벽의 높이 · 형상 · 재료	〃 제9호
	입체도로에 관한 사항	○건축물의 건축의 한계	〃 제10호
토지이용의 제한		×	
비고	지구 시설 • 도법 제17조의 5 제2항 • 도령 제7조의 4 지구정비계획 사항은 • 도법 제17조의 5 제3항 • 도령 제7조의 4 • 〃 5 • 〃 6	용도의 제한 외에는 건축물에 대한 제한만 조례화 가능. 건축조례는 지구정비계획구역 내에 적용. • 기법 제68조의 2 제1항 • 〃 제2항 부지면적의 최저 한도의 제한은 기존 부적격 토지의 제외 규정을 설치할 것. • 기법 제68조의 2 제3항	

도법: 도시계획법, 도령: 동법 시행령, 기법: 건축기준법, 기령: 동법 시행령

[표 5.2] 각종 지구계획제도의 일람

종류			지구계획	용도별 용적	유도 용적	용적의 적정 배분	가로 유도	주택지고도 이용지구계획	재개발 지구계획	취락 지구계획	연도정비 지구계획
근거법			도시계획법, 건축기준법						도시계획법, 도시재개발법, 건축기준법	도시계획법, 취락지역정비법, 건축기준법	도시계획법, 간선도로 연도의 정비에 관한 법률, 건축기준법
지정할 수 있는 용도지역 등			한정 없음	상업지역, 근린상업지역, 제1종주거지역, 제2종주거지역, 준주거지역, 준공업지역	한정 없음	한정 없음	한정 없음	구역의 대부분이 제1종저층주거전용지역, 제2종저층주거전용지역, 제1종중고층주거전용지역, 제2종중고층주거전용지역 중 하나임	한정 없음	농업진흥지역	한정 없음
지정해야 할 사항	2호 시설							○		○	
	지구정비계획	지구시설			○						
		건축물 등에 관한 사항		벽면의 위치 제한, 용적률의 최고 한도·최저 한도	공공시설의 정비에 준한 용적율(잠정 용적율), 목표로 하는 용적률(목표 용적율)	구역을 구분한 용적률의 최고 한도·최저 한도, 부지면적의 최저 한도, 벽면의 위치 제한	벽면의 위치 제한, 높이의 최고 한도, 용적률의 최고 한도·최저 한도, 부지면적의 최저 한도, 공작물의 설치 제한	용적률의 최고 한도, 건폐율의 최고 한도, 높이의 최고 한도	용적률의 최고 한도		
완화된 항목	인정				목표 용적률	용적률의 최고 한도	사선제한, 전면도로 폭에 의한 용적률 제한	절대 높이 제한, 건폐율의 최고 한도(이들 2항목에 관해서는 제1종저층주거전용지역, 제2종저층주거전용지역), 용도 제한, 용적률의 최고 한도	용적률의 최고 한도, 용도 제한		
	인가							사선 제한	사선 제한		
	확인			용적율의 최고 한도							

5.4 마을 조성과 지구계획제도

5.4.1 지구계획제도의 타입

(1) 일본 전국에서 펼쳐지는 지구계획의 대상

지구계획에는 신규로 개발된 주택지 내의 환경을 장래에 걸쳐 지켜가는 것을 목적으로 하는 보전형 타입이나 기성 시가지 내의 환경을 적극적으로 개선, 정비해 가는 것을 목적으로 한 정비형 타입 등이 있다. 이미, 전국에서 2,089사례, 지정구역면적으로 59,419ha가 지정되어 있다(1996년 3월 31일 현재).

(2) 지구계획제도의 타입

그 후, 이 지구계획제도는 「개발지구계획제도」 등의 목적이나 방법이 다른 여러 가지의 관련제도가 추가 창설되고 확충되어졌다.

지금까지(1995까지)의 관련법 개정에 의해 아래에 있는 것과 같이 여러 가지 지구계획제도가 창설되어 왔다. 어떠한 제도도 각 시기의 도시문제나 사회적 요청에 답하기 위해 창설되었다. 시가지 환경은 일반적인 도시계획의 지정만으로는 개선되지 않고, 보전도 곤란한 경우가 많이 있다. 경우에 따라서 면적에 대한 시가지 환경의 정비, 보전은 규제의 완화 또는 강화를 전략적으로 사용하는 이러한 제도에 의해, 도시개발의 힘을 유도하며, 계획적으로 진행할 필요가 있다.

- 재개발지구계획제도(1988)
- 연도지구계획(1980)
- 취락지구계획(1987)
- 용도별 용적형지구계획제도(1990)
- 주택지고도이용지구계획(1990)
- 유도용적제도(1992)
- 용적의 적정 배분(1992)
- 거리유도형 지구계획(1995)

5.4.2 지구계획을 적용한 마을 조성 사례

(1) 고밀도 시가지의 정비

예를 들면, 東京都 中野區의 平和의 森공원 주변지구에서는 노후된 목조임대 아파트가 집적되어, 고밀도의 주택 시가지의 개선, 정비를 목표로 지구계획이 적용되었다. 구체적으로는 도로망의 정비, 저층주택지로부터 중 · 저층주택지로의 토지이용방침의 변경, 건축물의 불연화촉진과 방재(防災)의 향상, 노후화된 아파트의 재건축 촉진 등을 위한 조치가 검토되었다.

(2) 지구계획과 보조사업

그 결과 1993년에 지구계획을 적용하여, 일부의 도로정비나 새로운 토지이용의 방침 등을 책정하여 건축물의 벽면 위치의 제한, 용도지역의 변경 등을 이루어 나가며, 더욱이 아파트의 재건축이나 불연화 건축물로의 재건축 등에 대해 행정측(구, 동경도, 국가)이 자금적 원조를 하는 사업도 적용하고 있다.

기성 시가지의 정비를 목표로 한 지구계획에서는 이와 같이 공공적 보조사업 등과 조합하여, 보다 효과적으로 재건축이나 도로정비를 촉진하는 방법이 채용되고 있다.

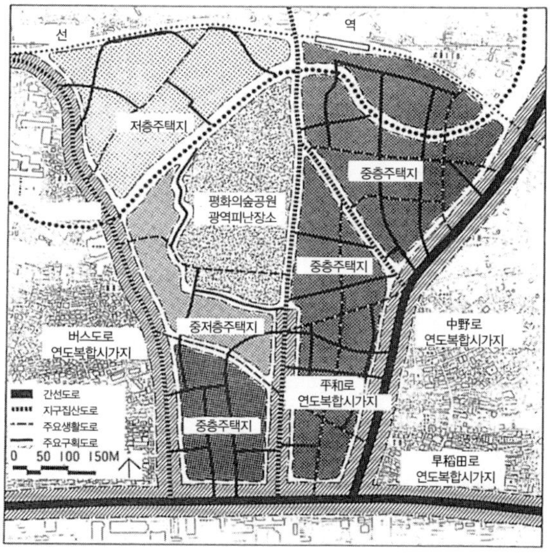

[그림 5.7] 東京都 中野구 평화의 숲 공원 주변지구의 계획개념도

(3) 지구계획의 규칙에 기초한 재건축의 유도

이러한 지구에서는 법적으로 담보된 지구계획 등의 전체 방침에 기초하여, 아파트나 단독주택 등의 각각의 재건시기에 재건 후의 건축물의 위치나 형태 · 구조 등을 계획적으로 규제 · 유도하며, 좁은 길의 확장이나 불연화를 권장하고 있다.

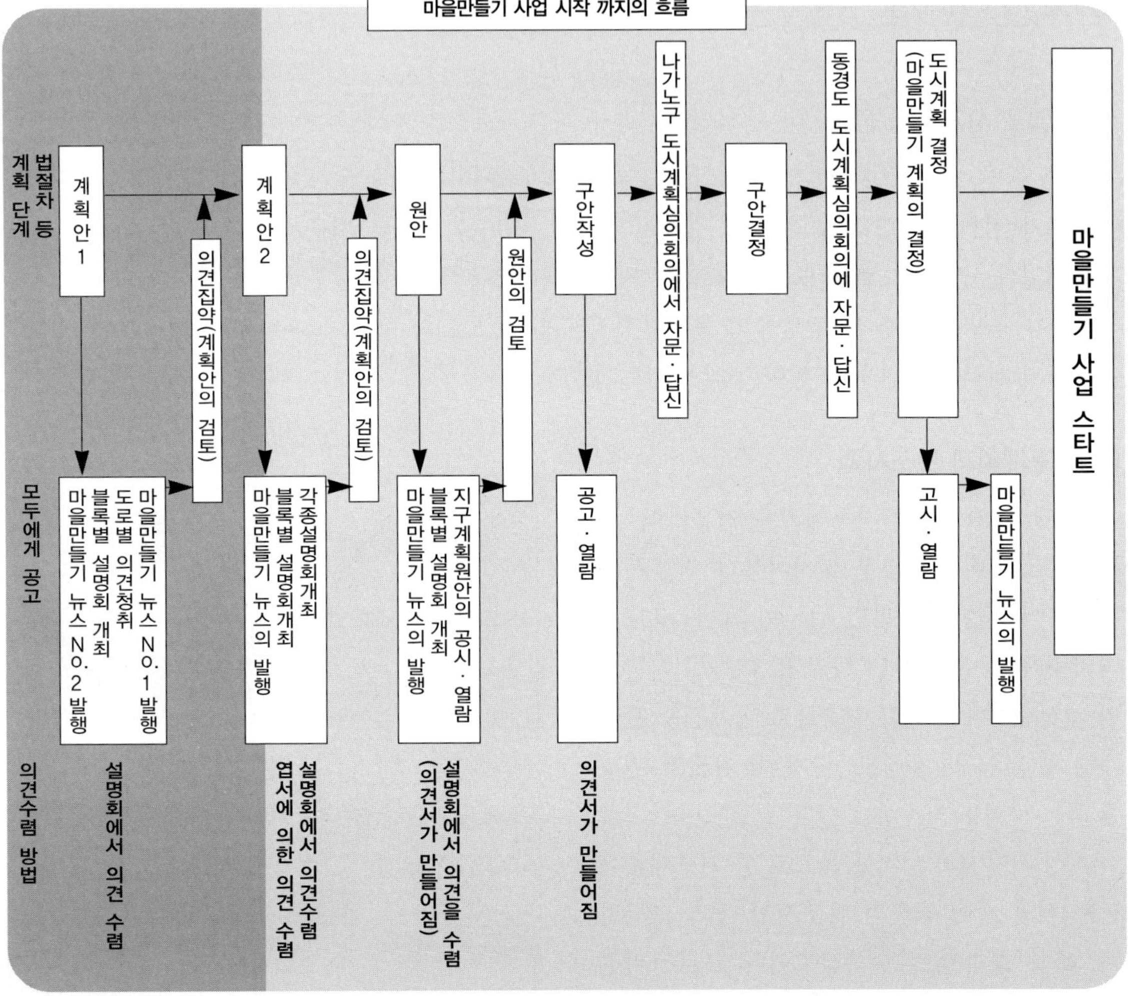

[그림 5.8] 東京都 中野구 평화의 숲 공원 주변지구의 계획책정의 흐름(1993)

5.5 커뮤니티시설 계획

지구를 정비하는 경우에는 전체적으로 균형 잡힌 계획이 요구된다. 이를 위해서는 여러 레벨의 커뮤니티에 따라 초등학교를 중심으로 하는 각 커뮤니티시설을 정비할 필요가 있다.

5.5.1 커뮤니티시설 계획의 필요성

지역사회를 형성하는 주체는 그 지역 내지는 지구의 주민이다. 주민의 집단과 물적 환경, 사회환경이 복잡하게 작용하여 주환경을 형성하고 있다.

도시계획에서는 대상이 되는 도시가 초등학교區나 정정(町丁)의 경계 등에 의해 몇 개의 지구로 구분되어, 조사 집계, 분석의 단위로서, 지역사회의 유지관리의 단위로서, 더욱이 주민의 일상생활이 전개되고 정착하는 단위로서 이용되어진다. 이러한 지구의 단위는 주구(住區) 또는 커뮤니티라 불린다. 커뮤니티의 일상을 유지하는 시설의 총칭이 커뮤니티시설이며, 커뮤니티시설을 어느 정도의 규모로, 또한 어느 정도의 밀도로 배치하는 가를 검토하는 프로세스가 커뮤니티시설 계획이다.

커뮤니티시설에는 문교시설(유치원, 초등학교, 중학교, 고등학교 등), 사회교육시설(아동후생시설, 시민수영장, 도서관, 공민관 등), 의료보건시설(보건소, 진료소, 병원 등), 공원녹지시설(가구(街區)공원, 근린공원, 지구(地區)공원 등), 상업시설(점포) 등이 있다.

5.5.2 커뮤니티시설의 계획 기준

지구(地區)의 인구는 시가(市街)화에 따라 변화한다. 인구밀도의 상승에 따라, 시설의 이용 권역을 바꾸어서 대응해야 할 시설(초등학교 등)과 시설의 확충에 따라 대응하는 시설(점포 등)이 있다. 日笠 端는 주택지의 계획단위에 대하여, 주택지의 인구밀도 또는 시설의 확충에 따라 커뮤니티시설의 계획 단위 기준을 대응시켜야 한다고 말하고, 인구밀도의 변화에 따른 공동주구(共同住區)와 학구(學區)의 관계안에서, 인구밀도가 100인(人)/ha의 경우, 근린지구는 대략 1km×1km(10,000인)이라고 기술하고 있다(그림 5.9, 5.10). 한편 谷口 汎邦는 지역시설의 이용 권역에 관한 표준적인 계획 기준을 들고 있으며, 이것을 참고로 커뮤니티시설의 대략적인 계획 기준을 나타내고 있다(그림 5.11).

5.5.3 커뮤니티시설 계획의 변천

커뮤니티시설은 뉴타운 개발의 방법에 따라 그 방침이 변한다. 여기서, 근린주구론(住區論) 이후에 계획된 주요 뉴타운에 대해 개관적으로 알아보기로 한다.

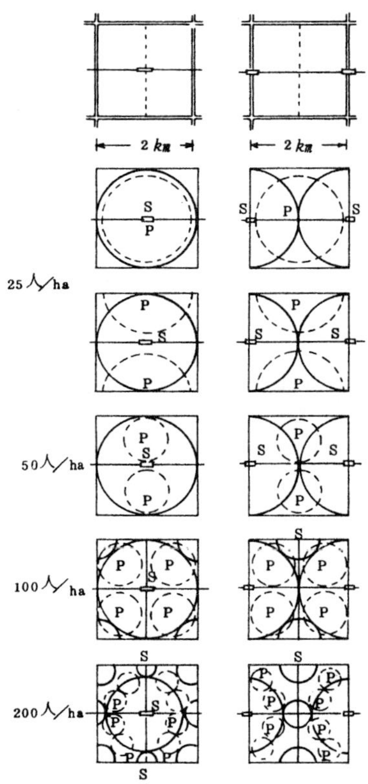

—□—: 역, P : 근린주구, S : 공동주구

[그림 5.9] 인구밀도 변화에 따른 근린주구와 공동주구

(1) 래드번(Radburn Newtown, 1928~)

크라랜스 · 페리의 「근린주구론 The Neighborhood Unit」(1929)는 그 후의 세계 각지의 주택지계획에 가장 강한 영향력을 가졌다. 근린주구이론은 미국의 뉴저지주 래드번지구에서 채용되어 일약 유명해졌다. 헨리 · 라이트(henry Wright)와 크라랜스 · 스타인(Clarence Stein)에 의해 계획된 이 뉴타운 계획은 20호 정도의 주호를 배치한 총길이 100m 미만의 크루드삭크를 인구 약 12,000인의 초등학교區의 단위로 정리하는 래드번시스템을 만들어냈다.

(2) 할로우(Harlow Newtown, 1947~)

런던의 북동 23마일에 위치하는 계획인구 80,000인(人), 택지면적 2,450ha의 뉴타운이다. P.아버크롬비(Patrick Abercrombie, 1879~1957)가 제안한 8위성도시의 하나로서, F.기버드에 의해 계획되었다. 근린지구제와 래드번시스템을 도입한 것으로 영국 뉴타운군의 구타입의 전형이라 볼 수 있다. 인구 약 6000명의 근린주구가 2~3개 모여서 지구를 구성하고, 지구가 4개 모여 도시를 구성하는 3단계의 시가지구성을 취하고 있다. 주구나 지구 상

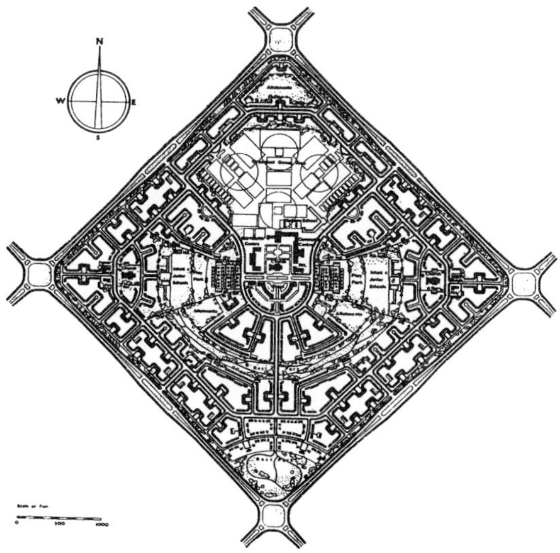

[그림 5.10] 인구 10,000인의 근린지구(맨체스터)

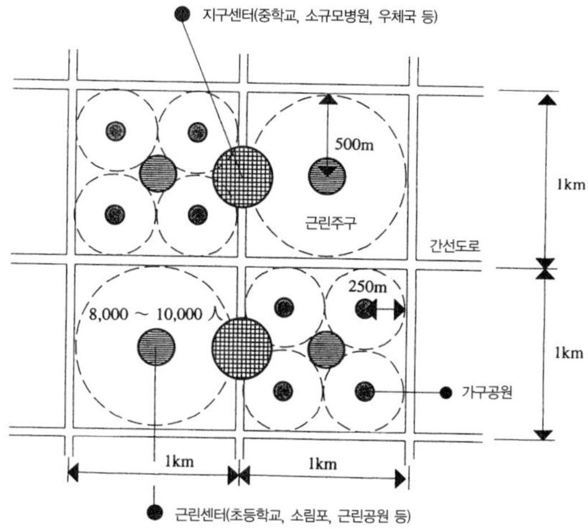

[그림 5.11] 근린센터와 지구센터

호간은 명확히 구분되어 있고, 주구, 지구, 도시는 각각 센터를 가지고 있다. 근린주구의 중심에는 초등학교, 점포, 홀, 음식점으로 이루어지는 서브 센터, 교회 등이 배치되어 있다(그림 5.12).

(3) 훅(Hook Newtown, 1960~)

런던의 남서 60마일에 계획된 인구 10만명 택지면적 3000ha의 뉴타운이다. 중간단계인 지구 중심의 성격이 애매했던 것이나, 지나치게 정적인 근린주구이론의 적용이 문제시되어 원센터 · 시스템이 제안되었다. 할로우보다도 열린 형태이지만, 4,000~5000명의 근린주구적인 정돈은 배려되어 있다. 주위에 분산 도로가 있고, 중앙에 1.2km×0.4km의 센터가 배치된다. 방침의 변경에 의해 실현을 보지 못하고 끝났지만, 이 계획에서 제안된 새로운 시도는 그 후의 뉴타운 계획에 큰 영향을 미쳤다(그림 5.13).

(4) 뚜루즈 · 르 · 미레유(Toulouse le Mirail, 1961~)

프랑스의 뚜루즈시의 남서 5km에 계획된 택지면적 800ha의 뉴타운이다. 근린주구방식을 취하지 않고, Y자의 간선도로와 보행자도로를 입체적으로 겹치는 형태로 보차(步車)분리를 하고, 보행자루트에 따라 생활관련시설, 공원 등을 배

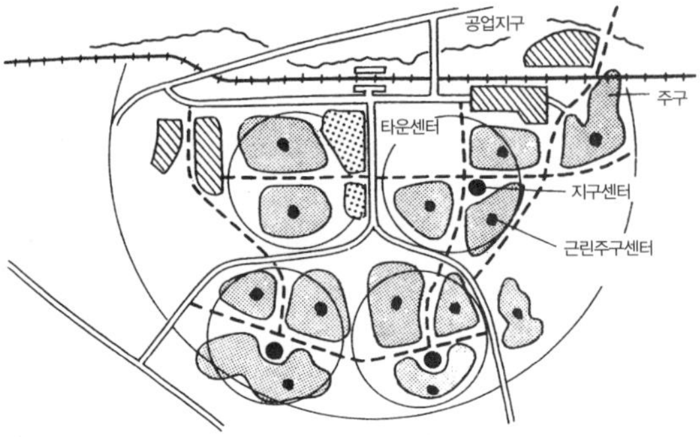

[그림 5.12] Harlow Newtown

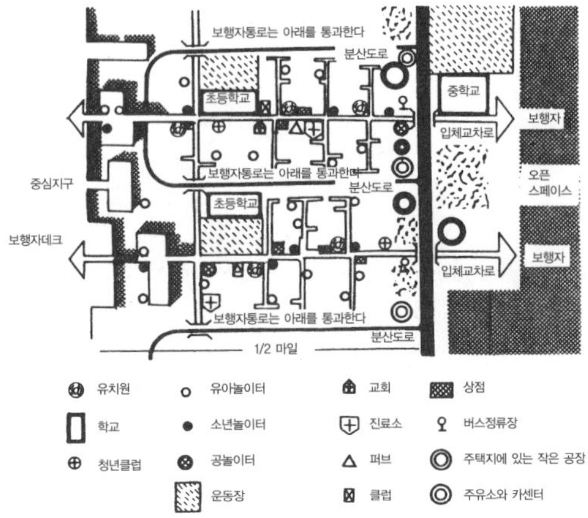

[그림 5.13] Hook Newtown

[그림 5.14] Toulouse le Mirail(일본건축학회, 1983에 의해 작성)

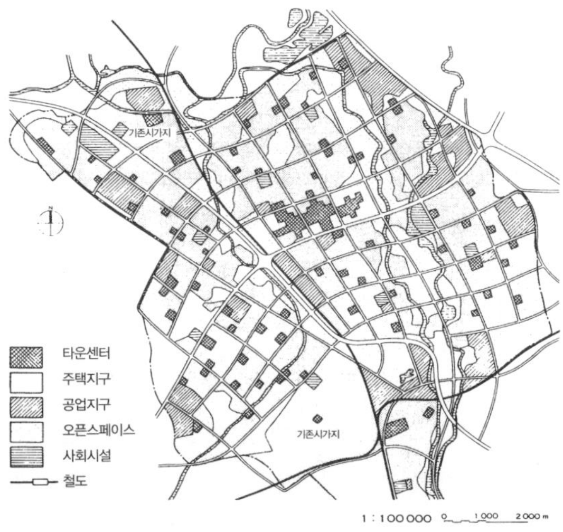

[그림 5.15] Milton Keynes(일본건축학회 1983에 의해 작성)

치했다(그림 5.14).

(5) 밀튼 · 케인즈(Milton Keynes, 1969~)

밀튼의 북방 72km에 계획된 인구 26만명, 택지면적 8,900ha의 뉴타운이다. 근린주구이론에 의한 고정적으로 되기 쉬운 공간 구성을 재고하여, 광범위한 이용자를 대상으로 한 지구센터나 자동차 이용에 있어 가장 편리한 그리드 패턴을

1km×1km를 기본으로 채용하고, 각종 시설의 이용이나 여러 가지 사회조직의 형성이 중층적이고 또한 선택적으로 전개하는 오픈커뮤니티의 실현을 지향하여, 다른 종류의 주택을 전체적으로 분산시키고 있다. 건설 과정에의 주민참가, 기존 집락과의 조정 등 의욕적인 시도가 이루어졌다(그림 5.15).

5.5.4 일본의 커뮤니티시설 계획

(1) 千里뉴타운(1964~)

大阪의 북방, 吹田市, 豊中市에 펼쳐지는 千里구릉에 大阪府가 개발한 일본 최초의 대규모 뉴타운이다. 계획 인구 15만명, 구역 면적 1,160ha에, 할로우 · 뉴타운 등을 참고로 하여 근린주구이론의 충실한 적용을 기초로 도로 단계 구성의 명확화, 페데스트리언웨이의 도입이 시도되었다(그림 5.16).

(2) 高藏 등의 뉴타운(1960~)

나고야시 근교 20km권에 위치하는 계획 인구 81,000명, 구역 면적 702ha의

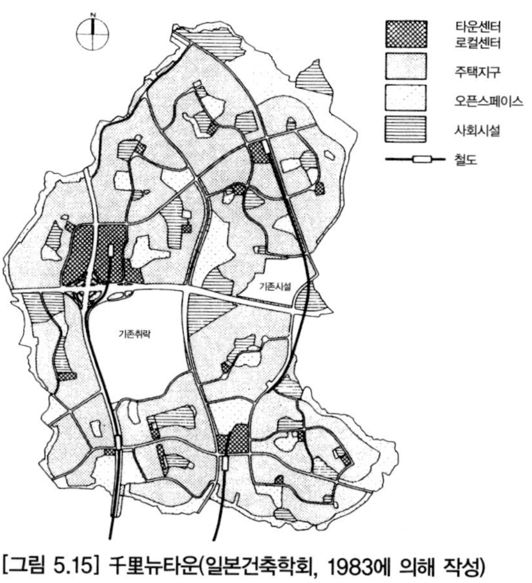

[그림 5.15] 千里뉴타운(일본건축학회, 1983에 의해 작성)

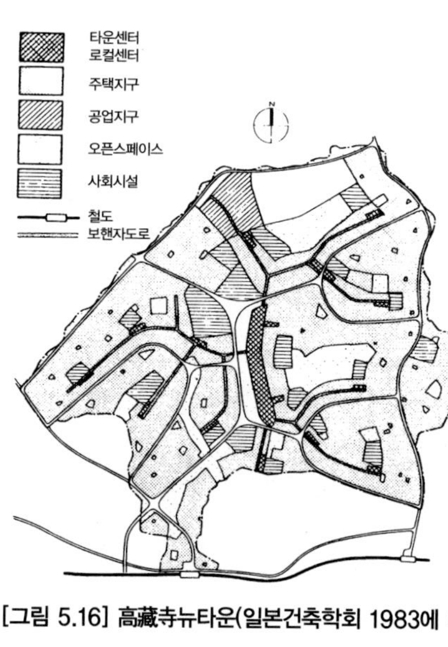

[그림 5.16] 高藏寺뉴타운(일본건축학회 1983에 의해 작성)

뉴타운이다. 일본주택공단이 단독으로 토지구획정리사업을 했다. 뚜루즈 · 르 · 미레유 등을 참고로 하여, 자동차 이용을 주로 상정(想定)한 복수의 센터에서 계획되어지고, 구릉지에 집합주택지와 독립주택지를 조합한 배치를 하고 있다(그림 5.17).

(3) 벨코리뉴南大沢(1990~)

多摩뉴타운(1965~)은 동경도심에서 서방 약 30km의 多摩市, 八王子市, 稲成市, 町田市에 걸친 多摩구릉에 위치하는 일본 최대급의 뉴타운(계획 인구는 약 31만명, 구역 면적 약 3,100ha)이다. 多摩구릉의 뛰어난 자연환경과 조화된 양호한 거주환경의 주택지를 주로, 교육문화, 사무, 상업의 기능을 갖춘 복합 다기능 도시로 하는 것을 지향하고 있다. 多摩센터지구에는 상업시설, 복합문화시설, 관공청시설, 호텔 등이 입지하고 있다.

벨코리느南大沢는 택지 면적 66ha의 多摩뉴타운 제 15주구(1500세대)의 호칭으로, 이탈리아 산악도시의 이미지를 기초로, 마스터키텍트(内井昭藏)와 6명의 블록아키텍트에 의한 마스터아키텍트방식으로 계획되었다. 가구를 형성하는 건물의 벽면 후퇴, 벽면율, 지붕 형상 등에 관한 디자인 코드를 설정하여, 계획의 각 단계에서 조정이 이루어졌다. 전체적으로 변화를 주면서 통일감 있는 거리를 형성하고 있다(그림 5.18).

(4) 幕張베이타운(1995~)

이벤트와 테크널러지를 주 테마로 구상된 幕張 신도심의 주택지구인 幕張베

[그림 5.18] 多摩뉴타운 · 베르코리느南大沢

[그림 5.19] 幕張 베이타운

이타운은 택지 면적 약 84ha에 약 26,000명을 설정하여 계획되었다. 그 특징은 도시경관으로서의 거리의 스카이라인, 커뮤니티 벨트 등의 랜드스케이프 디자인에 의해 각각의 시설의 기본적인 방향을 나타내고, 중요한 도로의 길가의 주택시설의 저층부에 상업 · 업무시설을 배치하여 가로와 일체적으로 정비하여, 서로 교류가 있는 가로 공간을 만들어냈다는 점에 있다. 또한 쾌적한 커뮤니티 형성을 위한 내부 공간의 확보의 필요성에서 중층주택(6~7층)에서는 내부 정원을 갖는 울타리형 주택으로서 종래의 일조 중시 개념에서 다루지 않은 연구가 이루어지고 있다(그림 5.19).

(5) 커뮤니티시설과 뉴타운계획의 전망

구미에서 전개된 주택지를 구성하기 위한 이론은 일본의 뉴타운만들기에 적용되어 왔지만, 정보화, 국제화, 고령화 사회를 맞이하여, 이러한 것들에 적용한, 지속하는 사회의 구축(서스티너블 · 커뮤니티)의 필요성이나, 환경과 공생하는 커뮤니티의 새로운 형태가 구축되고 있다. 도심의 거주를 재촉하는 시책이 전개되는 한편, 교외보다도 도심으로부터 한층 떨어진 장소에서 거대한 쇼핑몰을 핵으로 한 주택지(에이지 · 시티)가 출현하고 있어, 커뮤니티시설과 뉴타운계획은 새로운 시행이 필요한 단계에 있다.

〉〉〉 문헌

1) 佐藤 滋+新まちづくり研究會：住み續けるための新まちづくり手法, 鹿島出版會, 1995.
2) 村上純一：密集市街地における防災街區の整備の促進に關する法律の制定について, 都市計畫, No.208, 日本都市計畫學會, 1991.
3) 住環境の計畫編集委員會：住環境の計畫５住環境を整備する, 彰國社, 1991.
4) 日笠 端：地區計畫都市計畫の新しい展開, 共立出版, 1981.
5) 日笠 端：都市計畫 第3版, 共立出版, 1993.
6) 風間初美：地區計畫の決定および運用, 造景, No. 8, 建築資料研究社, 1997.
7) 日端康雄：ミクロの都市計畫と土地利用, 學芸出版社, 1988.
8) 三船康道+まちづくりコラボレーション：まちづくりキーワード事典, 學芸出版社, 1997.
9) 渡邊定夫：アーバンデザインの現代的展望, 鹿島出版會, 1993.
10) 東京都中野區：平和の森公園周邊地區まちづくりニュース, No. 4~7, 1993.
11) 日本建築學會住環境小委員會：市街地像の協議のための技術と制度 参加型まちづくりの展望(3), 1996.
12) 出口 敦：新たな市街地環境の整備を考える視点と課題, 都市住宅學, No. 17, 都市住宅學會, 1996.
13) 日笠 端：コミュニティの空間計畫論, 第一住宅建設協會, 1977.
14) 谷口汎邦他：地域施設の利用圏域, 地域施設の計畫, 日本建築學會, 丸善, 1995.
15) C.A. ペリー：近隣住區論, 鹿島出版會, 1975.
16) 渡邊俊一：アメリカの都市計畫とコミュニティ理念, 技法堂出版, 1977.
17) 都市計畫研究會：都市計畫教科書, p. 130-132, 彰國社, 1987.
18) 日本建築學會編：建築設計資料集成9, p. 112-114, 丸善, 1983.
19) 都市環境デザイン會議編：日本の都市環境デザイン '85~'95, p. 76, 學芸出版社, 1996.
20) 多摩ニュータウン新たな都市景觀の形成へ, 新建築社, 1994.
21) 千葉県企業廳：幕張新都心住宅地事業計畫, 1990.
22) 千葉県企業廳：幕張ベイタウン住宅都市をつくる, 1996.

Chapter 6

도시의 개발과 재발견

박람회, 역사적 자원, 테마파크, 거점문화시설 등, 도시의 활성화에 도움이 되는 시도가 각지에서 이루어지고 있다. 여기서는 도심의 상업지역에 관하여, 거점시설의 입지, 교외의 워터프론트의 전개 · 재개발, 더욱이 도심의 활성화에 있어 중요한 기능의 하나인 대학 캠퍼스의 계획 사례에 대해 살펴본다.

6.1 거점시설의 입지에 의한 상업지의 개발

행정 기능이나 공장의 이전에 의해 생겨난 도심의 공지에 규모가 큰 복합 시설을 건설함으로, 사람, 물건의 움직임이나 인식을 바꾸어, 소비나 정보 전달 등의 행위를 유발하고, 도시를 새로운 것으로 재건해 가는 소위, 거점시설에 의한 도시개발이 전국에서 이루어지고 있다.

6.1.1 지방자치단체의 민활도입에 의한 상업지 개발

도심 상업지에 지방자치단체가 소유해 온 청사를 이전하고, 그 자리에 자치단체가 사업자가 되어 민간기업과 제휴하며 거점 문화시설을 건설하고, 시가지의 활성화를 도모하는 사업이 각지에서 전개되었다.

九州 최대의 상업집적지인 중앙구 天神의 福岡현청사 자리에는 국제 · 문화 · 정보의 교류 거점으로서 1995년에 아크로스 福岡가 시공되었다. 이 사업은 福岡현에 의해 진행되었지만 일괄 사업 콤페에 의해 채용된 민간기업이 시공사가 되어 건설이 진행되었다. 지주인 福岡현은 부지의 임대료를, 福岡심포니홀, 패스포트센터 등, 바닥면적의 약 40%를 차지하는 공공 · 공익시설부분의 취득비 등으로 사용하고 있다. 연면적 97,493㎡로 도시형 컨벤션 기능, 다목적 이벤트 기능, 국제교류 촉진 기능, 정보 제공 기능, 산업전시거래 촉진 기능, 어메니

[그림 6.1] 아크로스 福岡

티 형성 기능, 새로운 도시형 산업의 업무 기능, 편리 서비스 기능 등이 전개되는 거점 문화시설이다. 옥상을 녹지화한 스텝가든의 오픈 스페이스를 인접하는 天神 중앙공원과 연결시켜, 아트리움을 개입한 도시와 공간적 융합을 도모하고 있다(그림 6.1).

6.1.2 민간 주도의 상업지 개발

도심으로부터 이전한 공장터 등을 행정의 협력을 얻어 민간 개발자가 독자적으로 개발하는 사례도 많다.

福岡도심부는 상업업무시설이 天神과 博多의 양극에 집중된 구조이다. 이것을 균형잡힌 일체적 면적 개발에 이행하기 위한 기폭제로서, 캐널시티博多가 1996년에 시공되었다. 天神과 福岡의 중간에 남겨진 민간 공장이 있었던 자리에 제1종 시가지 개발사업으로서 계획된 이 사업은 민간기업에 의해 진행되었다. 연면적 234,460㎡로, 호텔, 대형상점, 전문점가, 극장, 영화관, 오락시설 등의 기능이 포함되어, 「극장으로서의 도시」「도시 안에 또 하나의 도시를 만든다」라고 하는 개발 컨셉을 바탕으로 시설군에 둘러쌓인 수면 도로의 플라자에는 거리예술이나 지역의 전통예능, 문화활동이 이루어지는 공간이 배치되어, 가치있는 것을 싸고 폭넓은 영역에 걸쳐 조사, 연구 개발, 컨설팅을 하고 있다. 즐기면서 산다고 하는 소비 경향을 마케팅 전략의 중심으로 한 점포 배치를 하고 있으며, 福岡의 새로운 얼굴로서 아시아의 관광객을 끌어들여 그 집객(集客)력에 의하여 이 지방 상점가의 사람의 왕래도 수 배로 증가하여 지역의 활성화에 공헌하고 있다.

아크로스 福岡의 사업 주체는 후쿠오카현과 민간기업이며, 또한 캐널시티博多는 민간기업이 주도하여 진행한 사업이다. 20세기는 공적 기관이 도시 조성에 중요한 역할을 하고 있지만, 앞으로는 도시의 프로듀서로서 민간기업의 역할도 점점 중요해질 것으로 생각된다.

6.2 워터프론트의 개발

화물의 집하장이나 컴비너트나 공장의 입지장소로서 고도경제성장을 뒷받침해 온 도심 인접부의 워터프론트는 제조업이나 항만 사무의 고용력 감소에 의해 황폐하고 공동화되어, 이너하버, 이너시티 문제를 불러일으켰다. 최근, 항만기능의 재구축을 하면서, 새로운 기능을 부가하여, 여유를 즐기고, 자연을 지향하는 생활양식의 변화에 대응한 워터프론트의 개발이 진행되고 있다.

6.2.1 항만의 역사 자원을 살린 개발

역사적인 거리, 건축물을 살리면서 공동화된 지구의 재생을 도모하는 사업이 각지에 전개하고 있다. 그 예로서 샌프란시스코의 통조림공장을 레스토랑이나 뷰티크, 화랑 등이 입주하는 쇼핑타운으로 재생된 Fisherman' s Wharf가 유명하다.

北九州시에서는 九州의 현관으로서 또한 대륙 무역의 거점으로서 산업, 경제, 문화의 전반에 걸쳐 번영한 門司港지구를 재생시켜 활성화하려는 시도가 계속되고 있다. 門司항 레트로사업은 낭만이 감도는 수많은 역사적 건축물, 関門해협연안의 변화무쌍한 매력있는 워터타운 등의 자연경관을 활용하여, 역사와 자연과 문화가 융합된「도시형 관광 거점」으로서 이 지역의 활성화를 도모하는 사업이다(그림 6.2).

이 사업은 주로, 국가의「고향 만들기 특별 대책 사업」을 기반으로 한 北九州시가「門司항 레트로 순환 해협 순환 추진 사업」을 책정하여, 더욱이 종합 보양지 지역 정비법에 기초하여 해안가를 대상으로 福岡현이「현해레크 · 리조트구상」을 책정했다. 이 지구를「門司항 레트로 · 존」으로서 중점 정비 지구로 정하여 추진되고, 역사적 건축물의 보존 활용, 프롬나드 정비, 안내판의 배치나 광장의 정비에 의한 관광시설 등의 정비가 이루어졌다. 이 지구에 대한 관광객은 매년 증가하고 있고, 지명도도 높아져 있지만, 관광 소비액의 증가나 민간사업 전

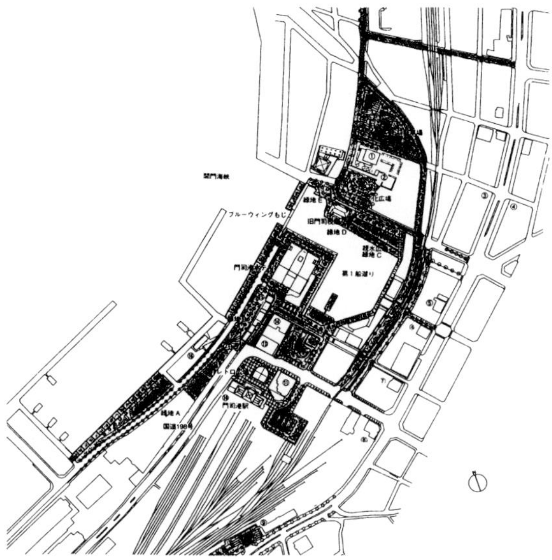

[그림 6.2] 門司항 레트로

개가 과제로 남아 있다. 역사적 거리를 살린 도시개발은 그 지방 상점가와의 연대나 거점시설 정비, 국가나 현과의 연대 등이 중요한 열쇠가 된다.

6.2.2 박람회에 의한 워터프론트 개발

박람회는 산업 및 문화의 성과를 일정 기간 전시하고, 일반 사회에 선전 또는 계몽하는 규모의 큰 행사를 말한다. 「n년 후에 개최」를 목표로 단기간에 준비가 이루어지는 박람회는 철도나 도로 등의 교통, 공원, 가로 공간, 에너지관련 시설의 정비 등 신도시의 인프라 정비를 촉진하기 위한 기폭제로서 이용된다. 일본에서는 「일본만국박람회」(1970)가 千里뉴타운건설에, 「츠쿠바과학만국박람회」(1985)가 츠쿠바연구학원 도시 정비에, 「고베 포트아일랜드박람회」(1981)가 고베 포트아일랜드 건설에, 「아시아태평양박람회」(1989)가 후쿠오카시의 시사이드모모치 건설과 관련하여 개최되었다.

「아시아태평양박람회」는 「만남」을 키워드로 세계 과학기술의 뛰어남을 전시함과 동시에, 아시아의 자연을 살린 공간을 만든다는 과제로, 주회장(主會場)에는 두 개의 게이트가 설치되었다. 주회장에서는 만남의 광장과 전망타워의 주위

[그림 6.3] 아시아태평양박람회(日建설계)

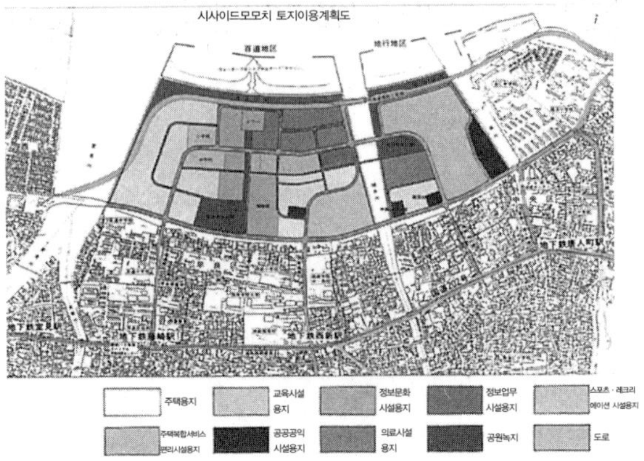

[그림 6.4] 시사이드모모치 토지이용계획도(福岡시 항만국, 시사이드모모치 도시계획 매뉴얼, 1993)

에 인공운하가 설치되어 운하의 내측에 식물, 꽃, 조류를 전시하는 「아시아태평양존」, 운하의 외측에 과학기술의 뛰어남을 전시하는 「파빌리언존」이 배치되어, 주회장 북측의 리조트시어터와 인공해안이 각종의 이벤트에 사용되었다. 목표 입장자 수를 크게 뛰어 넘은 822만명이 입장했을 뿐만 아니라, 그 후의 후쿠오카는 아시아로부터의 유학생이나 관광객을 받아들이는 거점으로 성장하기 위한 試金石이 되기도 했다(그림 6.3).

아시아태평양박람회의 회기 후에는 「시사이드모모치지구 지구계획(1989)」이 책정되어, 21세기를 전망한 「바다로 펼쳐진 활력있는 아시아 거점도시」창조의 일환으로서 食 · 住 · 遊의 모든 기능이 복합, 교류하여 새로운 매력과 활력으로 넘쳐나는 도시공간을 형성, 보전을 도모함과 동시에, 양호한 시가지 환경의 보전을 도모하는 것을 목표로 한 아시아의 국제교류 거점도시 조성을 이루어 나감과 동시에, 바다로 열려있는 도시, 21세기의 도시상을 나타내는 쇼케이스로서 이 도시를 정비했다.

시사이드모모치지구 138ha에서는 후쿠오카시의 도심 · 부도심에 가까운 입지 특성을 살려, 국제화, 정보화 등 앞으로의 진전에 대응한 시설의 입지를 계획함과 동시에 문화, 스포츠, 레크리에이션, 업무, 주택 등의 다양한 시설을 적절히 배치하여, 활력 속에서도 여유와 윤택함을 느끼게 하는 시가지 형성의 도모를 목적으로 「정보문화존」「정보업무존」「주택지」「레크리에이션존」「녹색 네트워크」가 설정되었다(그림 6.4).

신도시 개발을 계기로 한 거점정비형의 박람회와는 다른 타입으로, 「나라 · 실크로드박람회」(1988)를 들 수 있다. 나라 시내의 4곳의 장소로 회장을 분산하고, 버스 등으로 연결하여 손님이 시내를 회유함으로써, 도시 전체가 활성화되고 번화되는 시스템을 만들었다. 고도(古都)의 도시 구조에 손을 대지 않고, 목조 건축물에 텐트를 친 파빌리온을 많이 건설하여, 매장(埋葬) 문화재가 많은 고도(古都)에 대해 배려한 것이 높이 평가되어, 그 후에도 「나고야 디자인박람회」(1989) 등에서 복수의 회장을 연결하는 타입이 등장했다. 佐賀県내 3회장을 네트워크화하여 개최되었던 「세계 · 불꽃박람회」(1996)에서는 예측을 넘은 입장자수 255만명이 입장하여, 개인소득의 형성, 고용창출, 지방세 수입 증가, 지역 활성화나 이미지를 높였다.

일본의 박람회 붐은 버블성장의 쇠퇴와 함께 시들해졌다. 동경도는 동경도 임해부 부도심의 개발과 관련하여 1996년에 개최예정이었던 「세계도시박람회」를 중지했다. 경제의 침체에 따라, 경제개발의 실마리, 기폭제로서 박람회를 개최하는 방식의 재고와 그것을 대신할 새로운 형태가 모색되고 있다. 경제 사정이나 환경의 중요성을 고려하면, 한번으로 끝나지 않고, 자원의 유효 활용을 꾀하고, 환경창조형의 도시 조성을 지향하는 장기적 시점에 선 박람회의 모습이 모색된다.

6.2.3 테마파크에 의한 개발

특정의 테마를 기초로 구성, 연출된 유원지를 테마파크라고 하며, 어트랙션시설이나 전시시설이 정비되고, 지역 활성화의 중심으로서 계획되는 경우가 많다. 테마파크에 의한 도시개발에서 세계적으로 유명한 디즈니랜드(1955~)는 로스엔젤레스 교외 65ha의 토지에 월트 · 디즈니(Walt Disney, 1901~1966)가 구상, 개발한 테마파크이며, 플로리다, 치바, 파리에도 같은 테마파크를 가지고, 플로리다에서는 그 주를 방문하는 관광객이 디즈니월드의 개장 전후로 2.5배로 늘어나고, 올랜드공항은 미국의 대도시에 있는 공항의 여객수와 어깨를 나란히 한다. 치바에서는 동경디즈니랜드(1983~)가 입지한 것에 의해 치바현의 소도시인 浦安시의 지명도가 올라가고 이미지가 향상되었을 뿐 아니라, 재정면에서는 시 세입의 약 1%를 차지하는 세수를 가져와 신 시가지 정비 등의 공공투자에 대하여

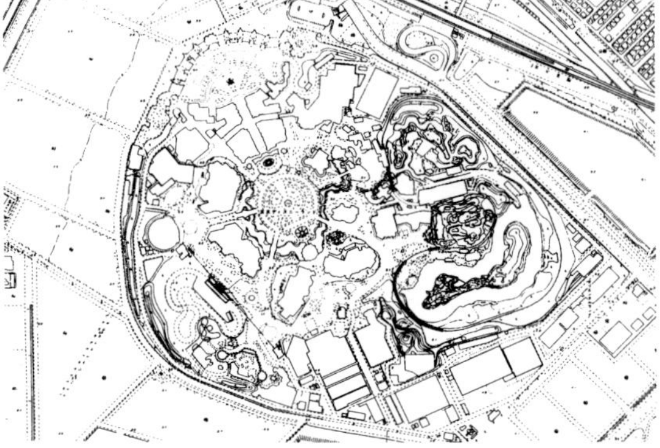

[그림 6.5] 東京디즈니랜드(浦安시 도시계획도)

유효한 자원이 되고 있다. 디즈니랜드는 자연의 위협이 존재하지 않는 안전하고 청결하며, 쾌적한 세계로 향한 미국 개척자들의 강렬한 동경을 실현하는 것이며, 이것은 박람회가 인류의 과학기술의 도달점을 알리는 견본 시로서 발달한 것과 공통의 기반을 갖는다(그림 6.5).

동경디즈니랜드의 성공에 따라, 1980년대 후반부터 1990년대에 걸쳐서, 지방 박람회 붐과 함께 리조트 개발 붐의 날개를 달아 일본의 테마파크에 의한 지역 개발이 전국으로 전개되었다. 사람들은 수많은 테마파크의 출현에 의해 여러 가지 엔터테인먼트를 경험하고, 보다 많은 자극성, 쾌적성을 요구하게 되었다. 테마파크의 매력에 끌려 재차 방문하는 손님을 얼마나 확보하는 가가 열쇠가 되고 있다.

6.3 대학과 도시의 활성화

지적 인프라라고도 할 수 있는 대학은 도시 기능의 하나로서 중요한 위치를 차지하고 있다. 대학이 입지하는 것만으로 학생이나 젊은 연구자가 도시의 평균 연령을 낮추는 요인이 되어 도시에 활기를 준다. 최근의 급속한 국제화, 고령화, 정보화 등의 사회구조의 변화와 그것에 대응한 새로운 대학과 도시의 모습을 요구하고 있다.

6.3.1 대학의 입지타입

대학이 도시와의 관련 형태가 바뀌면서 대학의 공간 구조도 바뀌어 왔다. 대학과 도시 공간의 관계는 시티형과 캠퍼스형으로 분류된다.

(1) 시티형

초기의 대학은 캠퍼스가 없었으며, 대학의 시설이 도시 공간에 서있는 듯한 타입이었다(그림 6.6). 이 타입은 시티형이라 불리며, 대학의 역사 1,000년 중 800년은 모두 시티형이다. 11세기부터 12세기에 걸쳐 이탈리아에 생겨난 대학에서는 왕성한 동방과의 교역을 배경으로 당시의 부유시민, 도시 귀족이 유명한 법률가를 불러들여 시민을 육성했다. 전 유럽으로부터 학생들이 모였다. 이윽고 스콜라학의 성립과 함께 학문을 하기 위한 장소로서의 대학이 생겨나, 대학은 도시를 벗어난 전원이나 작은 마을에 만들어지게 된다. 옥스퍼드대학도 그렇게 해서 생겨난 대학의 하나이다. 수 명의 학생이 한 채의 집을 빌려 공동생활을 하

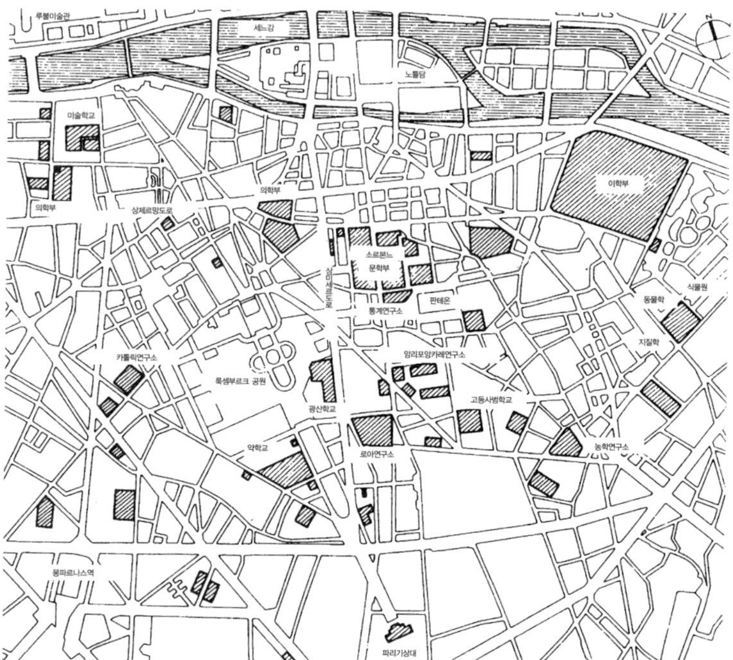

[그림 6.6] 시티형(파리대학)

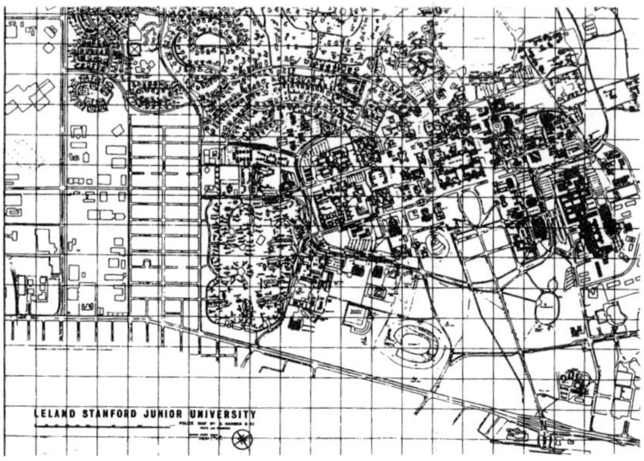

[그림 6.7] 캠퍼스형(스탠포드대학)

게 되며, 그것이 시티형의 대표적인 공간 형식인 쿼드랑글(Quadrangle)을 낳았다. 쿼드랑글은 식당, 기숙사, 교회, 홀, 도서관 등의 주요 시설이 정원을 에워싼 형태로 배치되어, 1층에는 정원에 면한 회랑이 둘러쌓여 있다.

(2) 캠퍼스형

캠퍼스는 일반적으로 대학의 교지 전체 또는 건물간의 오픈스페이스를 가리킨다. 대학 독자의 구내를 갖고, 단순한 건물만의 공간이 아닌, 몇 동에서, 수십, 수백에 이르는 건축이 배치되어, 도로나 공원, 주차장이나 운동장을 갖춘, 소위 도시의 축소판 같은 형을 캠퍼스형이라 부르며, 캠퍼스형은 18세기 후반의 미국에 있어 실학 중시 기풍과 새로운 대학 조성의 기운으로 생겨났다. 조원가 플레드릭 · 올름스테드(Frederic L. Olmstead, 1822~1903)는 미국 각지에서 많은 캠퍼스 계획에 관계했지만 스탠포드대학(1885~)에서는 크워드, 축성(軸性), 환상(環狀)도로를 도입한 캠퍼스형의 전형적인 모습을 실현했다(그림 6.7). 건물 그 자체보다 그들 사이에 있는 오픈스페이스의 가치를 중시하는 캠퍼스형은 유럽의 신흥 제국에도 파급되었다.

6.3.2 지금까지의 대학과 도시의 모습

대학캠퍼스의 공간 구성에는, 지역사회와 대학과의 관계가 투영되어 왔지만, 도시의 성장에도 대학의 성장에도 약간의 한계가 보여지기 시작하고 있으며, 주변과의 관계를 포함한 대학캠퍼스의 모습을 재고해야 할 때에 와 있다.

고령화 사회의 도래와 함께 학생수가 감소하는 사태가 생겨, 한편에서는 정보화나 국제화에 대응한 대학조직 개혁에 의한 대학의 개성화, 차별화가 요구되고 있다.

(1) 캠퍼스의 이전 통합 · 교외 이전

소규모의 캠퍼스가 도심에 분산하고 있는 것은 학생과 교직원에게 불리하고,

대학의 시설 이용도 도시의 토지 이용에 낭비를 가져오며, 도심으로의 인구집중, 교통문제를 불러일으켜, 고교나 전문학교의 교지를 그대로 분산 이용한 형태로 성립한 국공립대학 캠퍼스의「문어발 상태」해소를 주된 목적으로 하여, 이전 통합이 이루어진다. 1970년이후, 히로시마대학, 카나자와대학, 큐슈대학 등이 통합 이전을 실시하고, 또한 계획 중에 있다.

또한 수도권으로의 인구집중, 교통문제 등을 개선하는 목적으로, 八王子市로의 대학캠퍼스 교외 이전이 국책에 의해 추진되었다. 1963년의 工學院대학으로부터 1991년의 동경도립대학의 이전까지 22교가 이전하여, 八王子市의 인구 50만명(1998년)에 대해 각 대학의 재적학생수 합계는 9만명을 넘고 있다. 八王子市에서는 대학의 존재를 도시 조성이나 시내의 여러 활동에 적용하는 시도가 이루어지고 있다.

아시아 각국에서도 이전 통합 · 교외 이전은 이루어지고 있다. 쟈카르타의 인도네시아대학(1950~)은 시내 3곳에 분산한 캠퍼스를 1970년대 후반이 되어 쟈카르타 시내에서 30km떨어진 약 300ha의 신캠퍼스에 이전 통합했다. 도시의 숲을 디자인컨셉으로 공간적 여유가 있는 대학다운 대학을 실현하고 있다(그림 6.8). 대학캠퍼스의 이전 통합, 교외 이전은 반드시 대학발전에 기여하지는 않는다는 지적도 있지만, 대도시로부터 고립한 미국의 대학이 매력적인 캠퍼스 라이프를 제공하고 연구 교육 실적을 올리고 있는 사실로부터 그 가능성을 찾을 수 있다.

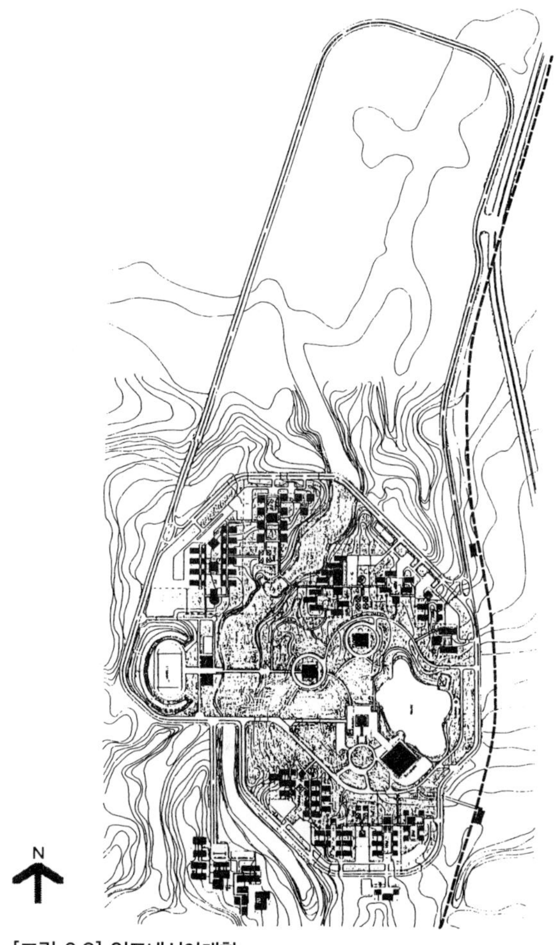

[그림 6.8] 인도네시아대학

(2) 도심에서의 대학캠퍼스 재발견

동경대학은 1993년에「本鄕지구 캠퍼스재발견 · 이용계획」을 책정하여, 대학캠퍼스의 풍성함은 역사와 함께 형성되고 있다는 인식에 기초하여, 그 목표를 역사적 환경의 계승, 최선

단의 교육 연구 시설의 정비, 교육 연구의 필요에 따른 시설면적의 확보, 교육 연구 활동을 중단시키지 않는 갱신 시스템의 수립, 공동 이용 시설의 충실 등에 두고 있다. 그리고 보존 건설 및 보존 외벽의 지정, 공공공지(公共空地)의 지정, 녹지축의 설정 등에 의해 재개발계획이 입안되고 있다. 시가지에 있어서 대학캠퍼스의 재개발은 북해도대학, 나고야대학 등에서 실시되고 있다.

(3) 대학의 분교설치

1990년대가 되어 워싱턴대학(1861~)에서는 시애틀의 메인 캠퍼스와는 별도로 30~50km 떨어진 보슬(Bothell)과 타코마(Tacoma)에 분교를 설치했다. 거기에서는 이미 대학을 졸업하고 풀타임의 일을 가지고 있는 사람이나, 아이가 있어서 멀리 있는 대학에 다니지 못하는 사람 등의 수요에도 응하고 있다. 이러한 학생은 20세 전후의 학생과 구별하여 비전통형 학생(nontraditional students)으로 불려진다. 분교의 설치는 유명 백화점이 소비자의 요구에 응하여 교외점을 구축하는 전략과 닮아 있다. 이것은 도심 및 그 주변 시가지에 통합된 일정 규모 이상의 메인 캠퍼스를 형성하고 있는 대학이 취하고 있는 형태이며, 충분한 규모의 캠퍼스를 갖지 않은 대학이 메인 캠퍼스를 형성하기 위해 통합 이전하는 움직임과는 역행하고 있는 듯이 보여진다.

(4) 가상 대학과 도심에서의 교류 공간의 확보

비전통형 학생의 요구나 상황에 맞춘 프로그램으로 변화하는 대학도 등장하고 있으며, 방송대학이나 인터넷을 이용한 사이버칼리지 등도 출현하고 있다. 교육 형태의 변화와 함께 대학캠퍼스는 소멸되어질 것처럼 보이지만, 이러한 통신수단의 발달과 함께 학생과 교사가 얼굴을 함께 할 기회와 공간은 더 한층 필요해질 것이라 한다. 교통편이 좋은 도심에 위성 · 캠퍼스 또는 위성 · 오피스를 가지는 것을 가정할 수도 있지만, 대학캠퍼스의 교통 공간은 점점 그 중요성을 더해간다고 생각할 수 있다.

6.3.3 학술연구도시

대학캠퍼스는 도심이나 교외, 어느 형태를 지향해도 국민이나 나라의 연구기관이 집적한 학술연구도시가 주변에 형성되면, 대학과 연구기관의 기능을 상호간에 서로 보완할 수 있게 된다. 학술연구기관을 중심으로 발달 또는 계획된 도시는 학술연구도시, 학원도시 등으로 불린다. 핵으로서 대학이 있는 경우, 일본에서는「학원」의 명칭이 붙여지는 경우가 많다. 그 어원은 리서치 파크(research park) 또는 사이언스 파크(science park)이지만, 리서치 파크는 주로 기초 연구를 중심으로 하는 시설의 입지, 사이언스 파크는 주로 실용화를 중심으로 하는 시설의 입지를 지향한다. 미국에서는 캘리포니아州 실리콘벨리의 스텐포드 리서치 파크가 유명하다. 실리콘벨리는 샌프란시스코와 산노제를 연결하는 남북 약 100km의 에리어에 있으며, 그 역사는 1937년의 휴렛 패커드사의 창립에 스텐포드대학 교수 프레드릭 터맨(Frederick E. Terman)이 출자한 것으로 시작된다. 사이언스 파크는 스텐포드대학 주변의 토지 283ha에 있으며, 나라의 원조를 얻은 기업형 시설의 건설, 리스 방식에 의한 운영, 민간 자금의 활용 등에 의하여 발전을 하여, 현재는 일렉트로닉스, 우주공학, 바이오테크널러지, 컴퓨터 등 150사, 23,000명의 연구자 및 종업원이 일하고 있다(그림 6.9).

학술연구도시 만들기는 과학기술 진흥 정책의 물결을 타고, 전세계적으로 이루어 졌다. 미국의 리서치 트라이앵글 파크(노스케롤라이나州), 한국의 대덕연구단지(대전시), 일본의 치바연구학원도시(치바현 츠쿠바시, 그림 6.10), 타이완의 新竹과학공업園區(新竹) 등이 유명하다.

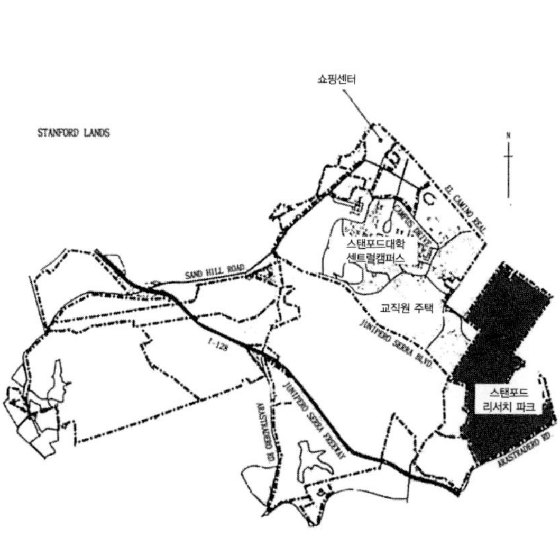

[그림 6.9] 스탠포드 리서치 파크

6.3.4 대학을 서포트하는 도시의 인프라

근대 도시의 성립은 도로, 철도 등의 공공 교통, 전기, 가스, 상하수도, 통신회선 등의 기본적 도시 기반의 정비가 전제가 된다. 대학의 활동이 모도시(母都市)의 기능과 유기적으로 연대하여 가기 위해서는 대학활동을 지원하는 인프라가 정비될 필요가 있다.

(1) 연구 · 발상과 창조, 지적생산을 지원하는 기반

연구활동은 사색에서 시작된다. 이를 위해 자연의 숲속이나 도서관 등의 「조용한 환경」을 필요로 하는 연구자가 많다. 한편, 사람이 많이 모이는 「복잡한 환경」 속에서는 사람들과 이야기를 주고 받고, 때로는 술을 마시고 교제를 나누며 연구의 힌트를 발견할 수 있는 연구자도 많다. 이러한 두 개의 상반되는 환경을 하나의 세트로 정비할 필요가 있다.

[그림 6.10] 치바연구학원도시

(2) 교육 · 학생생활을 지원하는 기반

건강하고 지적인 캠퍼스 라이프를 위해서는 거주, 상업이나 음식 관련 시설, 그 외의 산업시설, 레크리에이션시설 등에 충실해야 한다. 캠퍼스 주변의 생활환경은 학생의 대학 선정에 영향을 미치는 요소의 하나로서도 앞으로 점점 중요해져 간다.

(3) 사회공헌 · 교류를 촉진하는 기반

대학에서 얻은 지적 재산은 학술교류, 문화교류, 사회적 교류, 지역교류 등을 통하여 사회에 환원된다. 학회나 심포지움 등의 컨벤션은 연구 교육 활동의 성과를 서로 전달하는 장소로서 중요하며, 또한 일반인들의 교류에 의한 자극, 정보의 교환이 대학과 도시의 활동을 한층 활발히 한다.

〉〉〉 문헌

1) 日經アーキテクチュア編：アクロス福岡, 日經BP社, 1995.
2) エフ・ジェイ都市開發株式會社：キャナルシティ博多資料, 1997.
3) 光吉健次："よかトピア"と博覽會後の展開, 新建築, 64, No. 5, 20-21, 1989.
4) 佐賀縣：世界・炎の博覽會の社會經濟效果, 1997.
5) 川端直志：地域修復型ウォーターフロント開發, 都市計畫, No. 188, 1994.
6) 能登路雅子：ディズニーランドという聖地, pp.74-144, 岩波書店, 1986.
7) 大迫道治他：テーマパークが都市に与える影響と街づくりに關する研究. 第29回日本都市計畫學會學術論文集, pp. 385-390, 1994.
8) 日本建築學會編：建築設計資料集成9, p. 131, 丸善, 1983.
9) Paul V. Turner：Campus an American Tradition, The MIT Press, 1984.
10) Richard P. Dober：Campus Design, John Wiley & Sons, Inc., 1992.
11) 長倉康彦：大學キャンパスの計畫課題に寄せて. 建築雜誌, 109, 10-13, 1994.
12) 土肥博至：大學都市への模索. 建築雜誌, 109, 16-17, 1994.
13) 丸茂弘幸：都市空間と大學キャンパス. 建築雜誌, 109, 14-15, 1994.
14) 岸田省吾：大學の空間. その變容に見る持續する原理. SD別冊28, pp. 6-14, 1996.
15) 高野文雄：大學と地域社會, 北九州都市協會國際研究交流セミナー資料, 1996.
16) 筑波大學概要, 筑波大學, 1995.

Chapter 7

도시의 교통계획

도시에는 중심업무지, 상업지역, 주택지, 공업지역 등의 토지이용 구분이 있으며, 고도의 합리적인 토지이용이 이루어지고 있다. 지금까지 도시 규모의 증대와 함께 도시가 광역화되고, 토지이용의 구분이 명확해짐에 따라, 운동·통학이나 쇼핑 등 교외로부터 도심으로의 교통, 도심을 중심으로 한 업무교통 등, 일상적인 도시생활에서의 인간이나 물자의 이동이 빈번해지며, 또한 장거리화 되어 왔다. 이와 같이 도시 활동과 교통 활동과는 극히 밀접한 관계에 있으며, 도시 활동의 고도화와 함께 도시에 있어서의 교통의 중요성은 점점 높아져가고 있다고 말할 수 있다.
이 장에서는 우선, 교통의 정착, 교통기관의 특징과 적용 범위, 현대의 교통 요소와 운송의 구조 등에 대해 개략적으로 관찰한 후, 도시 교통의 실태와 교통 조사, 교통계획의 방법론에 대해 해설한다.

7.1 교통 및 교통기관

7.1.1 교통의 정의

사람들은 사회 또는 지역에 있어서, 생활, 생산 및 여가와 관련된 여러 생활을 하고 있다. 이 다양한 생활을 뒷받침하여, 원활히 하고, 발전시키는 것으로서 사람과 사람과의 교류, 재산(물건, 금전)의 이동, 교섭 및 정보의 전달이 있다. 그리고 사람, 재산, 정보가 공간의 제약을 극복하고 이동하는 것에 의해, 사회나 지역의 활동은 활성화 되고 유지된다. 이러한 것을 「교통」이라고 한다.

교통과 비슷한 용어에 「운송」이 있다. 운송은 사람이나 물건의 이동에 수단을 제공하여 이동을 보조하는 개념으로 볼 수 있다. 즉, 사람을 버스나 철도, 항공기, 선박 등으로 운반하는 일 및 물건을 어떠한 수단으로 운반하는 일이 운송이다.

7.1.2 교통의 분류

교통은 그 주체에서 보면, 「사람」의 이동과 「물건」의 이동(물자유동)으로 나뉘어진다. 또한 이동의 공간적 범위에 따라, 도시간 교통, 도시교통, 지구(地區) 교통으로 분류할 수 있다. 표 7.1에 교통수단에 의한 교통의 분류를 나타낸다.

각 교통수단에는 동력, 운반도구 및 통로의 3요소가 있다. 교통수단은 이 3요소가 시스템으로 구성되어져, 그 활용에 따라 교통 주체가 운반되는 교통수단과 그렇지 않은 것으로 구분되어, 전자를 「교통기관」이라고 한다.

교통기관은 공공교통기관과 사적교통기관으로 대별된다. 공공교통기관은 불특정 다수 시민에게 이용되고, 적어도 이용 가능성이 보장되어 있는 교통기관이다. 버스나 철도, 항공기관 등의 대부분이 공공교통기관으로서 운행되고 있다. 한편, 자가용이나 자가용 트럭, 전용 철도 등은 특정의 개인이나 단체가 이용하는 사적교통기관이다.

공공교통기관은 그 운송력의 대소에 따라, 대량, 중량, 개별의 각 기관으로 분류된다.

교통기관	공공교통기관	대량교통기관	대형항공기, 대형선박 철도, 지하철 등
		중량교통기관	중형항공기, 중소형선박, 노면전철, 버스, 중량형신교통시스템 등
		개별교통기관	소형항공기, 택시, 개별형신교통시스템 등
	사적교통기관		소형항공기, 렌트카, 자가용승용차, 자가용트럭, 자동이륜 등
비교통기관			도보, 자전거
기타			벨트컨베어, 파이프라인 등

[표 7.1] 교통수단의 분류

7.1.3 교통기관의 분담 특성

교통기관의 운송 특성 중, 여객운송에 있어서 중요한 요소는 속달성이다. 일본의 실례로 거리대별로 어떠한 교통기관이 운송을 분담하고 있는가를 그림 7.1에 나타내었다. 각 교통기관의 소요 시간과 거리대로부터 분담 영역은 명확하다. 예를 들면, 도보와 버스의 경계는 약 0.5km이며, 버스와 지하철의 경계는 약 1.7km이다. 승용차는 버스나 지하철보다도 긴 거리대를 분담하고 있다. 프로펠라기는 新幹線과 제트기의 쌍방으로부터 분담 영역을 침범당해, 로컬선 이외에서는 그 존재 의의를 잃었다. 항공기의 결점으로서 접근 시간과 이착륙 시간이 길고, 300km 이하에서는 新幹線에 그 분담 영역을 빼앗길 수밖에 없다.

7.1.4 도시교통 수단의 분담 관계

도시에서 사람의 교통트립 거리와 이용밀도의 관계를 나타내면, 그림 7.2와 같이 된다. 기존의 도시교통 기관에는 각각 적합한 지역이 있다. 또한 교통수요가 있으면서 그것에 맞는 교통수단이 없는 지역이 존재한다. 그림의 A, B, C지역이 그것이다. A지역은 비교적 근거리로, 걷기에는 조금 멀지만 탈 것을 이용하기에는 너무 가까운 경우로, 교통수요도 크고, 1~3km 거리대는 도심역과 업무중심지 구간, 공항 내, 대형 레저센터 내 등이 해당한다.

B지역은 고속철도를 건설하기에는 이용자가 적어 채산이 어렵고, 버스로는 수요가 너무 많은 경우이다. 동경이나 오오사카 등의 거대도시의 교외에는 이와

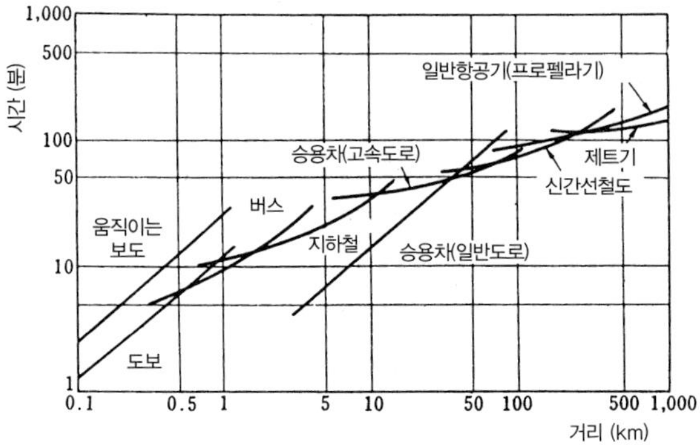

[그림 7.1] 교통기관의 분담영역

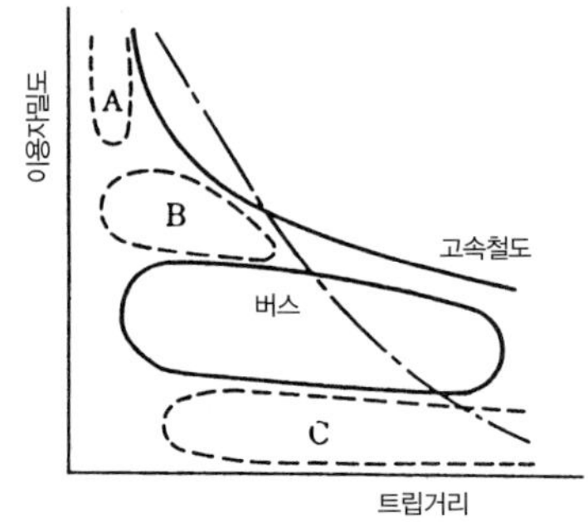

[그림 7.2] 도시교통수단의 적합범위

같은 지역이 많다.

C지역은 버스조차로도 경영이 어려울 정도로 이용자가 적은 지역이며, 중심도시의 교외나 지방에 많다. 이와 같은 지구는 교통 빈곤지대라 불리고, 공공교통기관의 혜택을 받지 못하기 때문에 자가용차가 널리 사용되고 있다.

A지역에 대해서는 보행거리를 늘리는 수단으로서 연속운송시스템(움직이는 보도)이 개발되어, 역구내나 공항 등에서 많이 사용되고 있다. 또한 B지역에 대해서는 중량궤도시스템이나 모노레일이 실용화되고 있지만, 건설비가 막대한 이유로 차선책으로서 버스운송의 효율화를 도모하기 위해 많은 도시에서 도로교통시스템의 개선책이 도입되고 있다. C지역에 대해서는 특히 지방도시에서 많은 버스노선이 경영악화에 빠져 심각한 상황이다. 이 문제에 관해서는 교통기관의 개발보다도 공공교통시스템의 상황에 관한 사회적인 면으로부터의 어프로치가 필요하다.

7.1.5 물자운송에 있어서의 운송기관의 분담

그림 7.3은 화물운송에 있어서 각 운송기관의 분담률을 거리대별로 나타낸 것이다. 이것에 의하면 200km 이하의 근거리 운송에서는 자동차의 분담률이 압도적으로 높고, 200~500km의 중거리 운송에서는 철도와 내항해운(內航海運)의 분담률이 증가하고, 500km 이상의 장거리운송에서는 내항해운의 분담률이 높다.

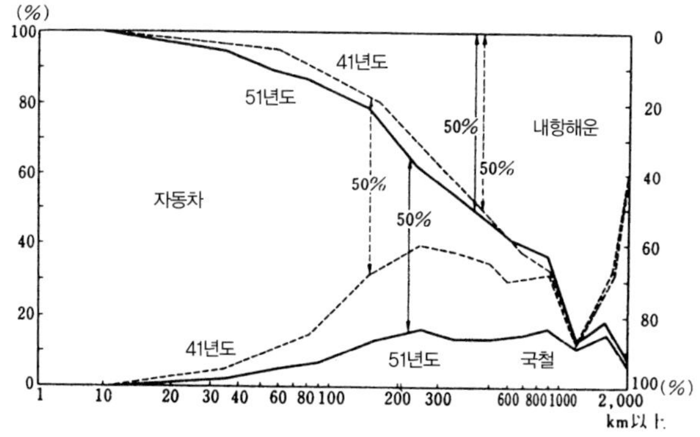

[그림 7.3] 거리대별 화물수송 비율

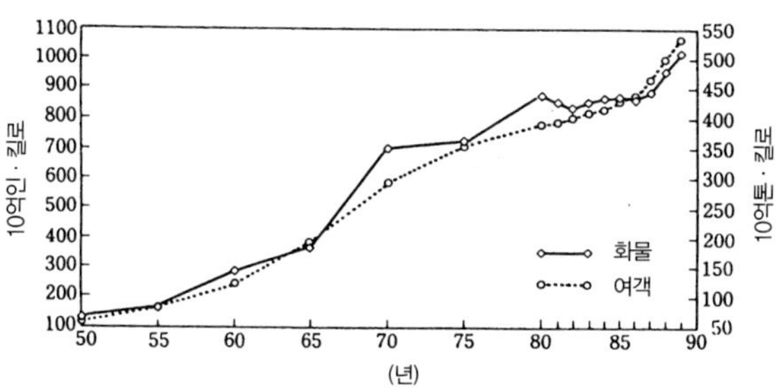

[그림 7.4] 교통수요의 경년변화

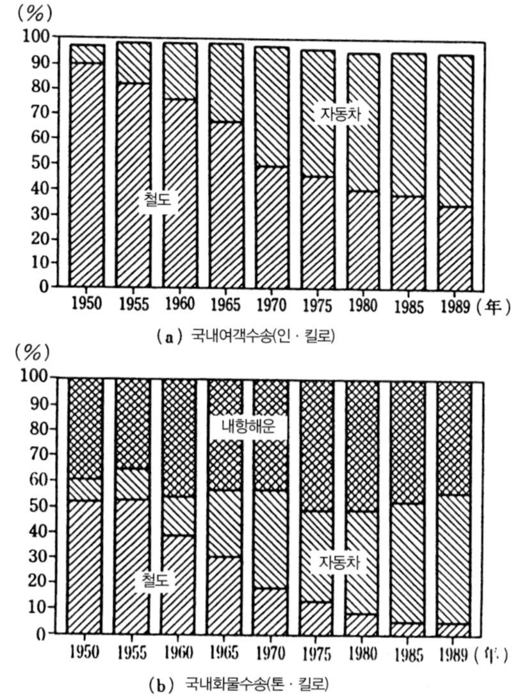

[그림 7.5] 국내여객 · 화물수송에 있어서 분담률

7.1.6 교통수요와 운송구조의 변화

전후의 일본의 교통수요의 경년변화를 나타낸 것이 그림 7.4이다. 전후의 경제성장의 시기에 본격화한 교통수요의 증대는 고속 경제성장의 시대에 비약적인 증가를 보여, 두 번의 석유위기 직후에 둔화되었지만, 그 후 안정성장기를 거쳐 오늘날에 이르기까지 거의 일관되게 계속 늘어나고 있다.

그림 7.5는 전후의 운송기관마다의 분담률의 변화를 본 것이다. 1945년대는 국내여객운송(人 km)의 대부분을 철도가 분담하고 있지만, 1955년대에 들어가면 차츰 자동차의 분담 비율이 높아지고, 1971년에는 결국 역전되었다. 이 경향은 그 후로 계속되어, 1989년에는 자동차 60.1%, 철도 34.6%가 되었다.

국내 화물운송(t km)은 여객 이상으로 철도의 쇠퇴, 자동차의 강세가 두드러지고, 1989년의 분담률은 철도 5.9%, 자동차 51.0%, 내항해운(內航海運) 43.9%

이다. 그러나 최근은 철도나 내항해운(內航海運)의 이점을 재고하고, 자동차 운송을 삭감하여 운송의 분담 관계의 재구축을 지향하는 움직임이 시작되고 있다.

7.2 도시교통조사

7.2.1 도시교통의 기본개념

본론에 들어가기 전에 교통현상에 관하여 이해하는데 필요한 몇 개의 기본개념을 소개한다.

(1) 트립(trip)

트립이란 사람이 어떠한 목적을 가지고, 어느 지점에서 다른 지점으로 이동하는 것(산보나 건물 내 이동은 포함하지 않는다)을 말한다. 교통계획에서는 트립을 교통목적(예 : 통근)의 완결에 의해 표현되는 「목적 트립」과 교통수단에 의해 구분한 「수단 트립」으로 구별하고 있다. 그림 7.6은 이것들의 관계를 설명한 것이다.

(2) 기종점(OD, Origin & Destination)

트립은 기점과 종점이 있어서 완결된다. 따라서 기점 · 종점은 트립의 가장 중요한 속성이다. 기종점을 줄여서 「OD」로 부르는 경우가 많다(OD교통량, OD표 등).

(3) 대표 교통수단

하나의 트립으로 몇 개의 교통수단을 환승하는 경우, 대표 교통수단의 우선순위는 철도, 버스, 자동차, 이륜차, 도보의 순위로 한다. 그림 7.6의 경우, 「대표 교통수단」은 철도가 되고, 버스, 도보는 「철도단말교통수단」이 된다.

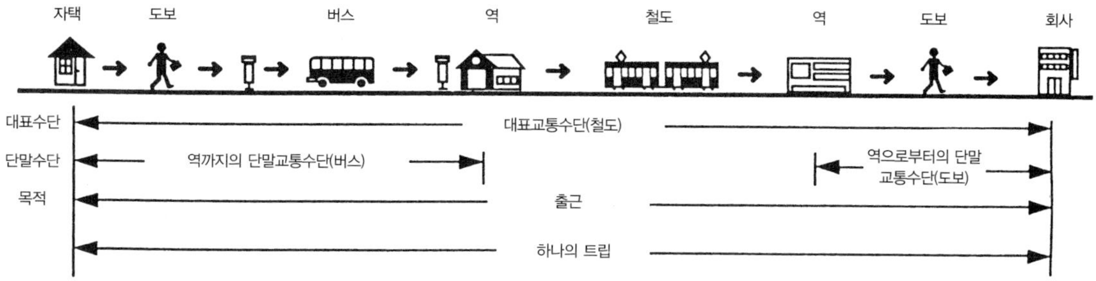

[그림 7.6] 트립의 개념

7.2.2 퍼슨트립조사(PT조사)

교통수요를 발생시키는 주체는 「사람」 또는 「물건」이며, 자동차나 철도는 「사람」이나 「물건」의 공간적인 이동과 그 배경에 있는 도시활동 또는 「사람」과 「물건」의 속성을 관련지어 파악하는 것에 의해, 비로소 교통현상을 본질적으로 파악하는 것이 가능해진다. 이 같은 관점으로부터 복잡하고 다양한 도시교통문제에 대처하기 위해, 교통발생의 단위인 「사람」 및 「물건」의 움직임에 착목하여, 도시권의 교통기관 상호관련을 포함한 통합적인 도시교통조사가 실시되고 있다.

일본에서는 특히 인구 및 물자의 발착점으로서의 사업소의 집적이 현저한 30만명 이상의 도시권 또는 도시에 있어서, 종합교통체계조사로서 퍼슨트립조사(「사람」의 움직임) 및 물자유동조사(「물건」의 움직임)를 실시하고, 종합적인 도시교통계획을 책정하고 있다.

(1) 조사방법

퍼슨트립조사의 방법에는, 가정 방문 또는 사무소 방문이라는 방문법과 조사표를 우편으로 배포 · 회수하는 우송법, 거리에서 인터뷰하는 거리면접조사법 등이 있다. 이러한 조사방법 중 방문법은 방문처에서 조사 대상자와 면접하여 필요 사항을 기입하는 「방문면접법」이나 방문처에서 조사 내용을 설명하고 조사 대상자가 기입 후, 후일 방문 회수를 하는 「방문유치법」 및 방문유치법과 우송법을 합한 「방문우송회수법」이 있다. 지금까지의 실시 예에 의하면, 방문유치법이 많이 이용되고 있다.

(2) 조사의 시기

실태조사의 실시에 있어 유의해야 할 것은 대상이 되는 도시권의 가장 평균적인 사람의 움직임을 파악할 수 있도록 설정하는 것이며, 또한 다른 관련 조사와의 대조도 가능한 시기를 선택해야 할 필요가 있다. 과거의 조사 예를 보면, 실태조사를 10~11월 즈음으로 설정하고, 더욱이 축제일, 토, 일요일의 영향을 받지 않는다고 생각되는 화~목요일 중 하루를 대상 조사일로 하는 경우가 많다.

(3) 조사 대상의 추출

조사 대상을 추출하는 방법으로서는 야간 인구를 대상으로 추출 단위를 세대하여, 세대를 구성하는 각 개인의 트립을 세대 속성 및 개인 속성과의 관련으로 파악하는 방법이 일반적이다. 조사 대상자는 대상 지역 내에 거주하는 사람 중, 스스로의 의사로 트립을 생성한다고 생각되어지는 5세 이상의 사람으로, 그 중에서 표본 추출을 한다. 이 때 일반적으로 주민기본대장을 사용하는 경우가 많고, 표본을 추출하는 방법에는 ① 무작위추출법, ② 계통추출법, ③ 층별추출법 등의 방법이나 이것들을 합친 방법이 사용된다. 추출율은 도시권에 따라 다르지만, 5~7%의 도시권이 많다. 제 3회 북부큐슈권 PT조사(1993)에서는 무작위계통추출법으로 이루어져 추출율은 약 5%였다.

(4) 조사내용

퍼슨트립조사의 구성을 표 7.2에 나타낸다. 일반적으로 그림 7.7과 같이 대상 도시권 내에서 생겨나는 트립에 대하여, 트립패턴별(都市圈內內, 都市圈內外, 都市圈通過)로 트립발생자의 속성 및 트립의 속성을 파악한다.

도시권역 내 거주자는 주 조사(가정방문조사)에서 장기 지역의 출장 등과 같은 특이한 예를 제외하면 모든 트립패턴에 대해 실태 파악이 가능하다. 또한 도시권역 외 거주자에 관한 조사는 보완조사로서 자리잡고 있지만, 조사 대상일에 도시권역 외로부터 여러 교통수단을 이용하여 도시권 내에 유입하여, 도시권 외로 유출해 가는 트립이나, 조사 대상일 이전에 도시권 내의 호텔 등에서 숙박하고, 도시권 내에서 일하는 트립 등을 파악하는 목적으로 코든라인 조사(조사권 외의 경계선을 통과하는 교통의 조사) 및 호텔 숙박자 조사 등을 실시한다. 그밖에, 도시권 내에 철도나 하천가의 가상의 선(스크린라인)을 두어, 이것을 통과하

<table>
<tr><th colspan="2" rowspan="2"></th><th colspan="3">조사 대상 트립</th></tr>
<tr><th>내↔내</th><th>내↔외, 외↔내</th><th>통과(외↔외)</th></tr>
<tr><td rowspan="3">조사 대상자</td><td>권역내 거주자</td><td colspan="3">(주조사)
추출에 의한 가정 방문 조사로서 1일의 행동을 조사</td></tr>
<tr><td>권역외 거주자</td><td colspan="3">(보완조사)
• 코든라인 조사
권역의 경계선 등에서 자동차 이용자, 버스철도 이용자 수를 조사
• 호텔 숙박자 조사</td></tr>
<tr><td>전체</td><td colspan="3">(정도 검정 조사) 스크린라인 조사
하천 등의 가상선을 횡단하는 교통 실수를 조사</td></tr>
</table>

[표 7.2] 트립패턴과 실태 조사의 구성

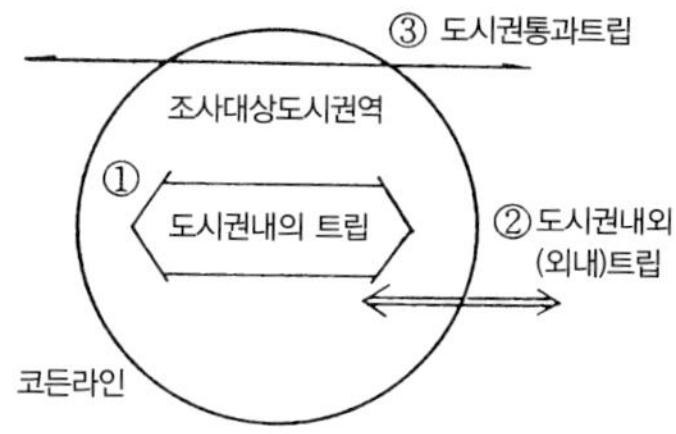

[그림 7.7] 조사대상도시권과 트립패턴

는 교통량의 실시를 조사하여, 추출조사의 정도검정(精度檢定)을 하고 있다. 이것을 스크린라인조사라고 한다.

퍼슨트립조사의 주요 조사 항목은 다음과 같다.

a) 사람의 속성에 관한 조사

① 개인 속성 : 성별, 연령, 직업, 산업 등

② 세대의 속성 : 소득, 자동차의 보유, 가족 구성, 거주지

b) 트립에 대한 항목

① 발착지 및 시설, 시각

② 목적

③ 수단

7.2.3 도시교통의 실태

퍼슨트립조사는 3대 도시권을 비롯하여, 전국 지방도시권에서 실시되고 있다. 여기서는 제 3회 북부九州권 퍼슨트립조사(1993년, 대상지역은 남동부를 제외한 福岡현 전역과 鳥栖市, 下關市, 荒尾市)의 결과를 기초로 도시교통의 실태를 개설한다.

(1) 자동차 보유 및 운전면허의 보유

우선, 자동차 교통의 발생원이 되는 자동차 보유와 면허 보유의 상황에 대해 살펴보자.

자동차 보유의 상황(그림 7.8)을 보면, 자동차 보유 세대의 인구가 전 인구의 82.4%로 대부분을 차지하고, 비보유 세대의 인구는 17.6%로 적다. 또한 보유대수별로 보면 1세대에서 1대 보유하고 있는 비율이 전체의 43.9%로 가장 많고, 다음으로 2대인 25.7%, 3대 이상인 12.8%로 이어진다. 1983년의 제2회 조사와 비교하면, 10년간 자동차 보유 세대가 차지하는 비율이 74.2%에서 82.4%로 증가하고 있다.

다음으로 면허 보유인구(그림 7.9)를 보면, 전 인구의 과반수를 차지하는 53.1%가 면허 보유자이며, 또한 자동차의 운전면허는 전 인구의 41.8%가 보유하고 있다는 것을 알 수 있다.

(2) 트립 생성량

조사권역 전체에서 1일에 발생하는 트립수를 생성교통량이라 한다. 예를 들면, 어느 1명의 사람이 아침에 출근하여 거래처에 영업으로 나가, 귀사하여, 저녁에 귀가하면, 합계 4트립이 되듯이, 한 사람이 하루 중에 여러 트립하는 것이 일반적이며, 하루의 거주자 전원의 트립 합계가 생성교통량이 된다. 생성원 단위는 외출한 사람을 대상으로 하는 경우에는 2.94(트립/인/일), 외출하지 않는

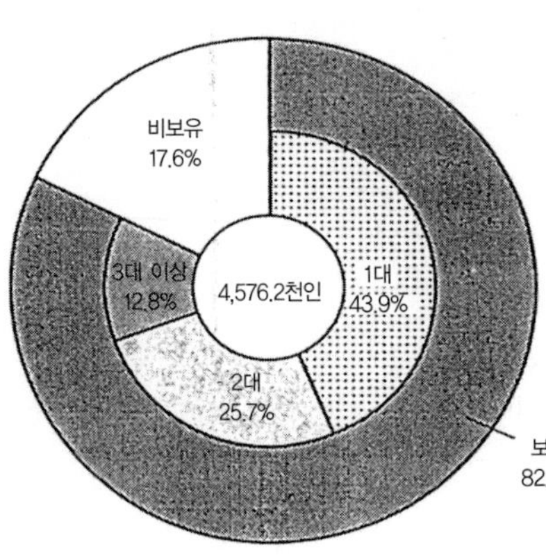

[그림 7.8] 자동차 보유 상황

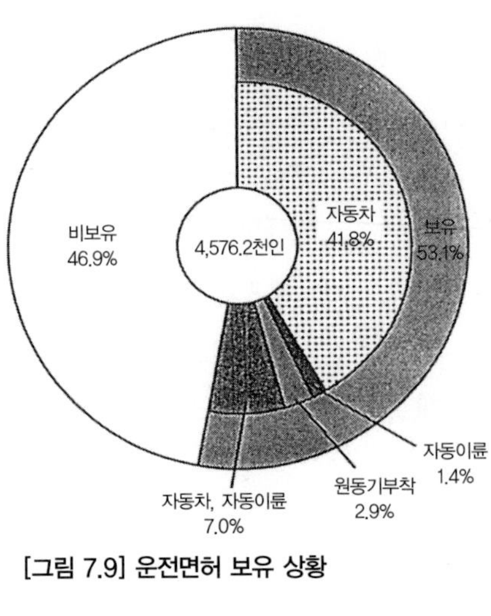

[그림 7.9] 운전면허 보유 상황

사람을 포함한 경우는 2.53이 된다. 1972년부터 1993년의 20년간에 외출자의 트립수가 증가하는 한편, 외출하지 않는 사람의 비율도 높아져 있다.

생성원 단위를 성별로 보면, 연령층에 관계없이 남성이 여성보다도 크다(남성 2.75, 여성 2.29).

(3) 트립 목적의 구성

북부九州권 및 3대 도시권에 대한 목적별 트립의 구성을 그림 7.10에 표시한다.

트립 목적을 통근, 통학, 산업, 사적용무, 귀가의 5분류로 보면, 어느 도시권에 있어서도 귀가가 약 40%로 가장 많고, 다음으로 사적용무가 22~23%이다. 업무교통이 차지하는 비율은 그다지 높지 않다.

(4) 대표 교통수단의 구성

북부九州권에서 이루어진 3회의 조사 및 대표 교통수단의 구성율과 그 추이를 나타낸 것이 그림 7.11이다. 1993년의 조사에서는 자동차 이용이 47.2%로 가장 많고, 다음으로 보행(24.7%), 이륜차(12.7%), 철도(9.1%), 버스 · 노면전차(6.3%)의 순이다. 20년간의 대표 교통수단 구성의 변화를 보면, 자동차 이용이

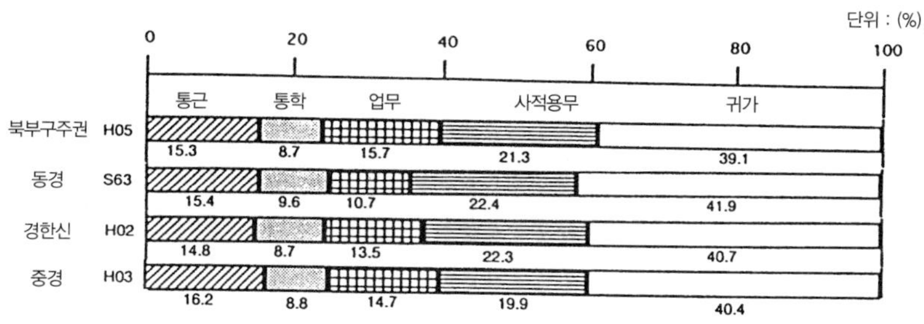

[그림 7.10] 트립 목적의 구성

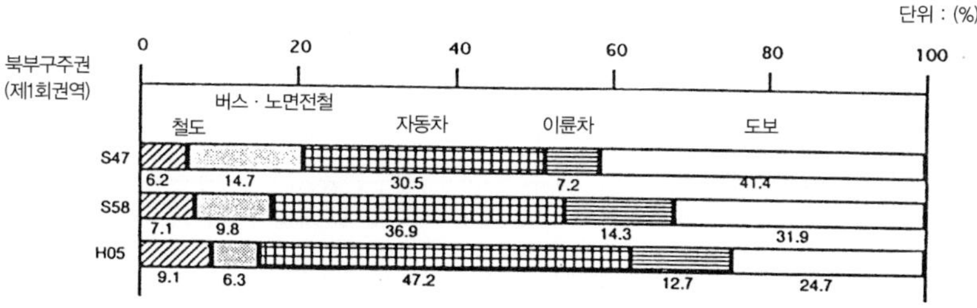

[그림 7.11] 대표 교통수단의 구성

30.5%에서 47.2%로 큰 폭으로 증가하고, 한편, 보행이 41.4%에서 24.7%로 감소하는 경향을 나타내고 있다. 또한 공공교통기관 전체적으로는 감소경향이다. 이상의 경향은 3대 도시권에 있어서도 거의 공통적으로 보여지는 현상이다.

(5) 시간 특성

그림 7.12는 트립 목적별로 발생하는 (출발)시각과 집중(도착)시각의 분포를 나타낸 것이다.

첫째 날에서 출발시각의 피크는 오전 7시대(피크율 11.6%)와 오후 5시대(피크율 10.2%)이다. 도착시각의 피크는 오전 8시대(피크율 15.6%)와 오후 5시대(피크율 9.7%)이며, 오전의 도착시각의 피크가 높다. 목적 구성을 보면, 출발 · 도착과 함께 오전의 피크에서는 통근 · 통학이 80%, 오후의 피크에서는 귀가가 70%를 차지하고 있다.

(6) 자동차 승차인구

전목적 전차종 평균승차인구는 1.2인/대이다. 차종별로는 승용차가 1.22인/대, 경자동차가 1.17인/대, 화물차가 1.18인/대이다. 목적별로 보면, 통근 목적이 1.09인/대로 가장 적고, 통학 목적을 제외하면 사적용무 목적이 1.36인/대로 가장 크다.

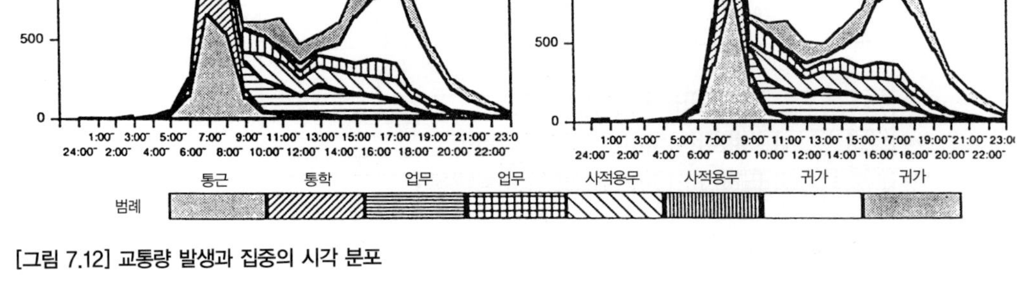

[그림 7.12] 교통량 발생과 집중의 시각 분포

7.3 교통수요 예측의 수법

장래의 교통수요의 예측은 교통계획의 기초데이터를 얻기 위한 중심적 위치를 차지하고 있다. 그 방법은 4단계 추정법으로서 알려져 있고, 발생교통량, 분포교통량, 배분교통량의 순으로 단계적으로 추정하는 방법이다.

이러한 방법으로 교통시설별 네트워크상의 교통량을 추정하고, 교통수요와 계획네트워크와의 대응관계를 검토한다.

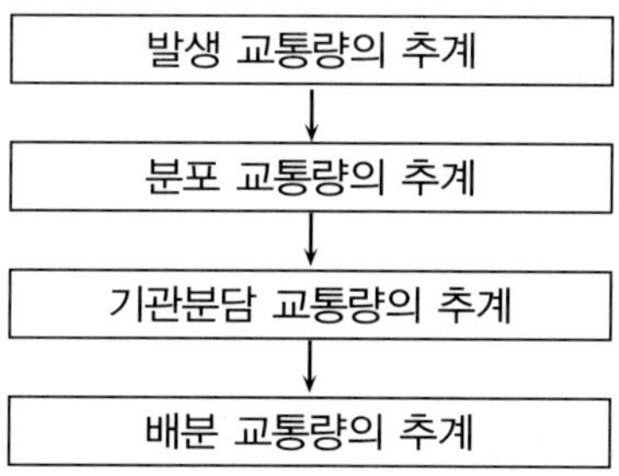

7.3.1 발생 · 집중교통량의 예측

어느 지역의 발생교통량이란, 그 지역 내에 출발점을 갖고 있는 트립의 총수를 말하고, 집중교통량이란 그 지역 내에 도착점을 갖고 있는 트립의 총수를 말한다.

발생 · 집중교통량의 예측은 대상 지역의 총교통량의 예측과 지역별 발생교통량 및 집중교통량의 예측의 두 가지 예측작업이 포함된다. 일반적으로 다음과 같은 가정을 설정하는 경우가 많다.

① 평균적인 1일의 발생 · 집중교통량을 대상으로 한다.

② 지역의 발생교통량과 집중교통량은 같다.

(1) 생성교통량

대상 지역에 발생하는 총교통량을 트립수로 추계하는 것이 생성교통량의 예측이다. 생성교통량에 대해서는 개인 또는 세대의 속성별의 생성원 단위를 기초로 총교통량을 예측하는 경우가 많다. 이 경우 생성원 단위는 변화가 적다고 하는 가정을 기초로 장래의 속성별 인구에 생성원 단위를 곱하여 추계치를 구하는 것이 보통이다. 생성원 단위에 사용하는 속성에는, 가족구성 · 세대구성, 세대의 자동차보유율, 직업 · 직종 등이 있다.

(2) 지역별 발생 · 집중교통량

지역별 발생 · 집중교통량의 예측에서는 지역의 사회경제지표나 토지이용상황으로부터 지역별로 교통량을 예측한다. 발생교통량의 예측법에는 대부분의 경우, 그 지역의 활동을 나타내는 인구계의 지표(상주지 거주인구, 산업별 거주지 취업인구, 산업별 종업지 취업인구)를 사용하여 발생교통량을 예측하는 중회귀모델이 사용되고 있다.

7.3.2 분포교통량의 예측

어느 지역에서 다른 지역으로 일정시간 내에 이동하는 교통의 양을 OD교통량(분포교통량)이라 하고, 대상 지역 내의 모든 지역간의 OD교통량을 표의 형태로 정리한 것을 OD표라 한다. OD표는 교통시설계획, 교통정책의 입안상 빠질 수 없는 자료이다. 표 7.3에 OD표의 개념을 나타내었다.

과거의 수많은 분포교통량 예측모델이 제안되고 있지만, 그것들은 ① 현재패턴법, ② 중력모델법 등으로 대별된다.

O/D	1 … j … n			計
1	x_{11}		x_{1n}	g_1
i		x_{ij}		g_i
n	x_{n1}		x_{nn}	g_n
計	a_1	a_j	a_n	t

O/D	1 … j … n			計
1	X_{11}		X_{1n}	G_1
i		X_{ij}		G_i
n	X_{n1}		X_{nn}	G_n
計	A_1	A_j	A_n	T

[표 7.3] OD표의 개념

(1) 현재패턴법

예측년의 트립수의 대기준년비에 대한 교통성장률을 말한다. 현재 OD표의 X_{ij}에 지역의 교통성장률 $(G_i/g_i)\cdot(A_j/a_j)/(T/t)$를 작용시켜 장래의 OD교통량 X_{ij}를구하는 방법의 총칭을「현재패턴법」이라 한다.

(2) 중력모델법

OD간의 트립수가 각지역의 발생교통량 · 집중교통량에 비례하여 2지역간의 거리에 반비례한다는 생각의 모델 및 그 변형을「중력모델」이라 한다.

중력모델의 기본형은 다음 식의 형태를 하고 있다.

$$X_{1j}=k\cdot G_i^{\alpha}\cdot A_j^{\beta}\cdot T_{ij}^{-\gamma} \quad (7.1)$$

여기에, κ, α, β, γ은 모델의 페리미터, T_{ij}는 장래의 지역 ij간의 소요시간이다. 모델의 페리미터는 현재 OD표(X_{ij}, g_{ij}, a_{ij})와 현재의 지역간 거리 t_{ij}를 사용하여 최소 2승법에 의해 정해진다.

(3) 분포교통량 예측모델의 특징 비교

현재패턴법은 인구의 증가와 전체의 활동의 변화가 작고, 교통시설설비도 그다지 갖추어지지 않는 경우, 또는 인구 등은 상당히 변화하지만, 전 지역에 균질한 변화로 분포패턴이 그다지 변화하지 않는다고 생각되어지는 경우에 사용이 제한된다. 한편, 중력모델은 교통시설정비가 왕성히 이루어지고, 또한 장래의

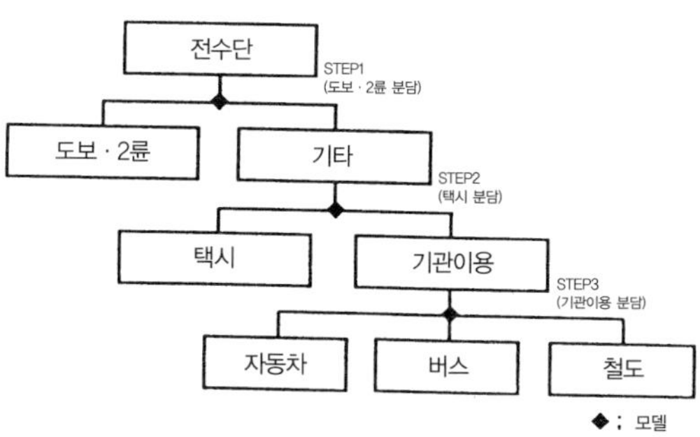

[그림 7.13] 교통수단의 분담순서

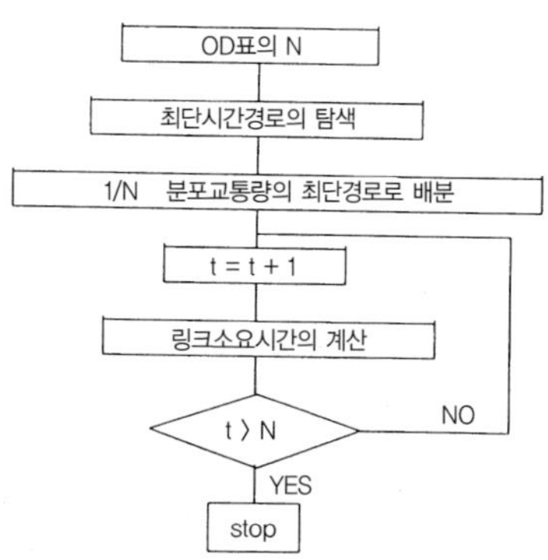

[그림 7.14] 분할배분법의 계산절차

취업 · 산업구조가 크게 변화하고, 따라서 분포패턴이 크게 변화한다고 생각되어지는 경우에 해당한다.

7.3.3 교통수단별 교통량의 예측

교통수단 분담모델은 발생트립이 OD, 목적, 시간 비용 등의 조건에 따라 어느 교통수단을 선택하느냐를 설명하는 모델이다. 장래 OD교통량은 트립단위로 추계되어지기 때문에, 이것을 교통수단별로 분담하여 교통수단별의 장래 OD표를 작성한다. 그 방법으로서, 두 개의 수단으로 분담하는 스텝을 반복하는 방법이 주류이다. 이것은 교통수단에 따라 선택이유가 다르며, 1조의 요인(변수)으로 정도(精度)높게 교통수단의 선택행동을 설명하는 것은 곤란하기 때문이다.

교통수단의 분담 순서는 처음에 보행 · 이륜차와 그 외의 교통기관으로 나누는 경우가 많다. 다음으로 그 외 교통기관을 택시와 그 외로 나누고, 더욱이 그 외를 버스 · 철도와 자가용차로 나누며, 마지막으로 버스와 철도를 분할하는 방법(그림 7.13) 등을 들고 있다.

교통수단 분담모델의 설명변수로서는 개인속성(성, 연령, 소득, 직업, 자가용차의 유무 등), 지역특성(지형, 주택위치, 인구밀도, 지역의 편리성, 주차장의 유무 등), 지역간 특성(최단거리, 철도거리, 도로거리, 각수단의 소요시간, 각 수단의 비용 등)이 이용된다.

7.3.4 분포교통량의 예측

분포교통량으로서 예측된 사람이나 자동차의 이동을 도로망 안에서의 흐름으로 보고, 경로 선택의 메카니즘에 따라 도로망의 각 부분(링크, 도로구간)의 교통량을 예측하는 작업이 교통량의 배분이다. 교통량 배분은 운전자는 최단 경로를 선택한 결과, 1조의 OD간에서 이용되는 경로의 소요시간이 모두 같아지도록 OD교통량이 흐른다고 하는 생각(등시간배분원칙)이 주류이다.

그림 7.14에 등시간배분원칙을 기초로 오늘날 실용적으로 가장 넓게 이용되고 있는 분할배분법의 계산순서를 나타내었다.

도시 분류	기본적 방침	도시교통기관 – 도시권역의 예		
		도로	공공교통기관	기타 시설
대도시권	교통기관의 분담을 고려하여 도시고속철도, 도시고속도로 및 도로망을 전체망으로서 배치	도시고속도로망 주요간선도로망 간선도로망	도시고속철도망 버스망	자동차 주차장 교통광장 버스터미널 트럭터미널
지방 중추도시	교통기관의 분담을 고려하여 도시고속철도, 도시고속도로를 주요 방향에 배치하여 도로망을 구성	상동	상동	상동
지방 중핵도시	교통기관의 분담을 고려하여 도시고속철도를 배치하여 도로망을 구성. 인구 규모가 작은 경우에는 도로망에 의함	주요간선도로망 간선도로망	(도시고속철도망) 버스망	자동차 주차장 교통광장 버스터미널 (트럭터미널)
지방 중심도시	상동	상동	버스망	교통광장 (버스터미널)
지방 중소도시	상동	상동	버스	교통광장

[표 7.4] 기간교통수단

7.4 교통망의 계획과 평가

7.4.1 종합교통체계와 기간교통수단의 선택

교통망의 계획에서 중요한 것은 각종 교통시설을 개별로 계획 · 정비하고, 운용 · 관리할 뿐만 아니라 각 교통시설이 저마다 가지고 있는 특성을 발휘하고 상호간에 서로 보완하며 유기적 연대를 도모하고, 결과적으로 전체가 하나의 교통시스템으로서 기능할 수 있도록 구성하는 것이다. 이 같은 계획의 시점이 종합교통체계의 확립으로 불리는 것이며, 그 종합성에는 다음의 3가지가 포함된다.

① 각 교통수단의 적정 분담의 실현

② 다른 교통수단간의 연속성의 확보

③ 토지이용(지역개발)계획과 교통계획과의 조정

적정한 분담 관계를 실현하기 위한 직접 · 간접의 수단은 자동차의 편이성에 대응할 수 있는 공공교통수단의 정비나, 운용 · 관리 등 여러 분야에 이른다. 특

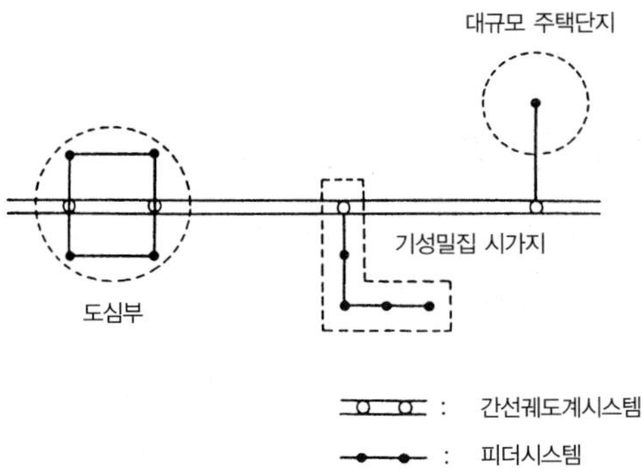

[그림 7.15] 궤도계공공교통기관의 기본적 구성

히 중요한 것은 기간이 되는 교통수단의 선택일 것이다. 이것에는 노선버스에서 신교통시스템, 모노레일, 도시고속철도까지 다양한 수단을 생각할 수 있지만, 일반적으로는 운송력이 큰 교통시스템일수록 그 건설 코스트도 높다. 따라서 각 도시의 규모나 기대할 수 있는 수요밀도에 적합한 기간교통수단을 선택할 필요가 있다. 도시규모와 기간교통수단과의 관계를 일반적으로 나타낸 것이 표 7.4이다. 그러나 도시지형조건에 따라서는 이 관계가 성립하지 않는 경우도 있다. 이 같은 경우에는 표 7.4를 참고로 하며, 지형이나 기존의 교통시설 등의 도시특성과 장래 교통수요를 고려하여 계획대체안을 작성할 필요가 있다.

7.4.2 공공교통망계획

(1) 궤도계시스템의 계획

궤도계공공교통망은 이전에는 네트워크패턴의 검토가 이루어졌다. 그러나 궤도계시스템의 네트워크화가 필요하고 또한 가능한 도시는 몇 개 안되는 거대도시만으로, 현재는 일반도시의 교통계획에 있어, 대체적으로 간선시스템과 지선시스템의 구성에 관한 공공교통망의 패턴검토가 이루어지는 경우가 많아졌다.

그림 7.15에 나타나듯이 대량의 여객을 정리하여 고속으로 운송하는 지하철 등의 간선과 여객의 발생지에서 간선으로 여객을 수송하는 지선(피더, feeder)과의 최적의 조합에 관한 검토 등이 대상이 된다. 이 피더운송수단으로는 신교통시스템 외 버스도 대상이 된다.

(2) 버스교통망

모터리제이션의 진전은 교통지체에 의한 버스의 정시성의 저하 등 버스의 서비스 수준의 저하로 버스이용 저조현상이 발생하여 버스사업의 경영을 압박하고 있다. 이러한 악순환이 도시교통의 버스교통의 최대 문제이다. 이 문제에 대처하기 위해서는 도로정비의 추진에 의한 버스의 주행환경 개선이 중요하다.

도시버스의 계통은 복잡하고 일상적으로 이용하고 있는 사람 이외는 알기 어려워 이용하기 어려운 면이 있다. 이 때문에 위에서 서술한 주행환경 개선책과 아울러, 이용하기 쉬운 버스노선망의 편성을 검토해 가는 것이 불가결하다.

7.4.3 도로망계획

도로망은 개개의 노선집합체가 아니고, 하나의 유기적 시스템이며, 전체로서 기능하는 면을 갖는다. 따라서, 도로망의 구조를 충분히 파악함과 동시에 개개의 노선계획에 있어서는 그 노선이 네트워크 전체적으로 감당해야 할 기능과 역할을 충분히 인식하고 계획해야 한다.

(1) 도로의 기능

도로의 기능을 대별하면, 교통기능과 공간기능으로 나누어지고, 더욱이 교통기능은 트래픽기능과 접근기능으로 나뉘어진다. 양자는 트레이드오프의 관계이지만 규격이 높은 도로에서는 트래픽기능이 중시되고, 하위도로에서는 트래픽기능보다도 접근기능이 중시된다. 공간기능은 공공공간의 한정된 도시 내에서 특히 중요한 역할을 가지고 있다(표 7.5).

(2) 도시도로의 분류

도로망을 형성하는 각각의 도시도로는 그 교통기능에 따라 표 7.6과 같이 6종류로 분류된다.

(3) 도로망계획

a) 도시도로망의 골격

도시도로망의 골격으로 생각해야 할 도로의 종류는 주로 대상이 되는 도시 내에 발생 집중하는 교통수요(內內, 內外교통)를 분담하는 간선도로와 그 도시를 통과하는 교통(外外교통)을 주로 처리하기 위해 배치되는 주요 간선도로이다.

b) 도로의 단계 구성

도로망을 구성할 경우에는 도로의 단계 구성에 배려하지 않으면 안된다. 즉 도시고속도로 등의 자동차전용도로, 주요간선도로, 간선도로, 보조간선도로, 구획도로의 순서로 단계적으로 연결되는 것이 원칙이며, 랭크가 크게 다른 도로를

<table>
<tr><th colspan="3">도로 기능</th><th>효과 등</th></tr>
<tr><td rowspan="2">교통기능</td><td>트래픽 기능</td><td>자동차, 자전거, 보행자 등의 통행서비스</td><td>도로교통의 안전 확보
시간 거리의 단축
교통 혼잡의 완화, 수송비의 저감
교통공해의 경감, 에너지절약</td></tr>
<tr><td>엑서스 기능</td><td>연도의 토지건물, 시설 등으로의 출입 서비스</td><td>지역개발의 기반 정비
생활 기반의 확충
토지이용의 촉진</td></tr>
<tr><td colspan="2">공간기능</td><td>공공공익시설의 수용
양호한 주거환경의 형성
방재 기능의 강화</td><td>전기, 전화, 가스, 상하수도, 지하철 등의 수용
도시의 골격 형성, 녹화, 통풍, 채광
피난로, 소방 활동, 연소 방지</td></tr>
</table>

[표 7.5] 도로의 기능

종류	정의
자동차 전용도로	비교적 긴 트립의 교통을 처리하기 위하여 설계속도를 높게 설정하여, 차량의 출입 제한을 하고 자동차 전용으로 하는 도로
주요 간선도로	도시간 교통이나 통과 교통 등의 비교적 긴 트립의 교통을 대량으로 처리하기 위하여 높은 규격, 많은 교통량을 갖는 도로
간선도로	주요 간선도로 및 주요 교통 발생원 등을 유기적으로 연결하여 도시 전체의 도로망의 골격이나 근린주구를 형성한다. 비교적 높은 규격
보조 간선도로	근린주구와 간선도로를 연결하는 집산로 이며, 근린주구 내에서는 간선으로서 기능한다.
구획도로	연도 택지로의 서비스를 목적으로 하며, 밀집하여 배치되는 도로
특수도로	오직 보행자 · 자전거 등, 자동차 이외의 교통용으로 제공되는 도로

[표 7.6] 도시도로의 분류

직접 연락하는 것은 특별히 피하지 않으면 안된다.

c) 도로망의 배치

계획에 있어서는 다음 항목에 대한 검토가 필요하다.

① 교통량 수요량과의 정합 : 분포교통량을 지역지도에 도시하여 작성한 희망노선도(desire map)에 의해 교통수요의 양과 방향을 전체적으로 파악하여, 도시도로망의 개략배치를 하기위해 참고로 하는 것이 기본이다. 특히, 도시 내 교통수요와 통과교통수요를 식별하여, 통과교통이 도시의 중심부에 유입하지 않도록 도로망을 배치하는 것이 중요하다.

② 광역도시계획, 해당 도시의 도시계획과의 조정 : 도시도로망은 광역도시계획 또는 해당 도시의 도시계획 근간을 이루는 것이지만, 이러한 계획의 일환으로서, 토지이용이나 도시시설 등의 도시계획요소와 조정하는 것이 필요하다.

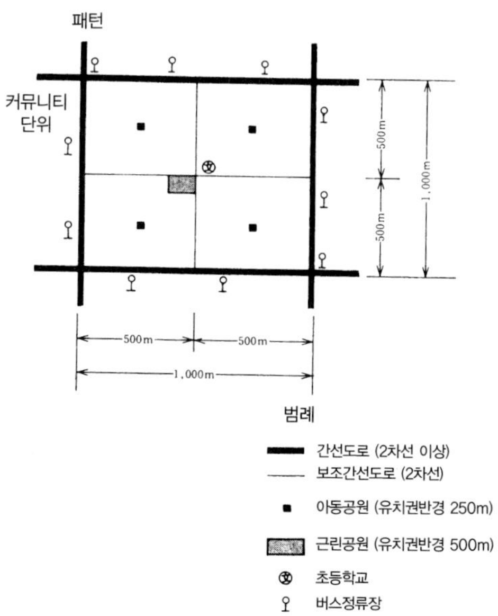

[그림 7.16] 주거계지역에서의 간선도로 및 보조간선도로의 네트워크 개념도

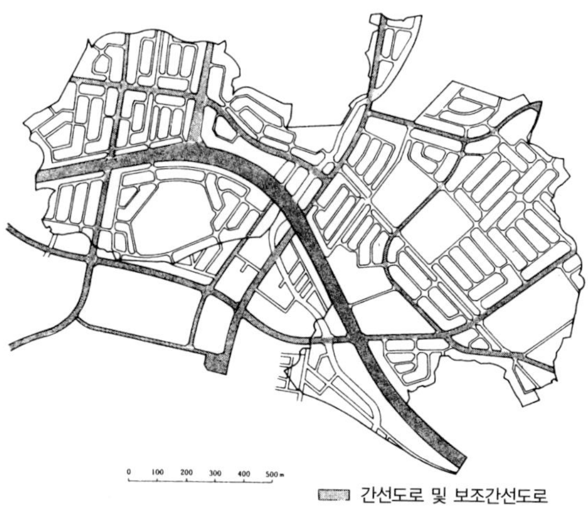

[그림 7.17] 주택지의 예

7.4.4 계획의 평가

계획은 계획과제(계획목표)에 계획안이 어느 정도로 일치하고 있는가를 판단하는 것으로, 계획절차 안에서도 가장 중요한 단계의 하나이다.

일반적으로, 계획대체안의 실시는 복수의 이해 관계자에게 여러 효과를 미치고, 동시에 각 이해 주체로부터 다른 평가를 받는다. 따라서 평가 주체마다 평가항목을 분류 · 정리하여 종합평가하는 것이 중요하다. 평가 주체의 분류는 교통망계획의 경우, 이용자, 운영자, 지역사회로 나눌 수 있다. 평가 주체별의 평가항목을 표 7.7에 나타내었다.

그 외, 평상시의 기능뿐만 아니라, 교통망, 특히 도로망의 리던던시(대체성) 등, 재해시의 교통망 기능에 대해서도 충분히 검토해야 한다.

평가 주체	주요 평가 항목
사업자 (관리운영자)	• 사업의 수익성 • 사업의 추진 난이도(기술면, 용지 취득면 등) • 사회 경제환경의 변화에 대한 탄력성 등
이용자	• 신속성, 저렴성, 확실성 • 안전성, 쾌적성, 편리성 등
주변 주민	• 환경성–소음, 진동, 대기오염, 일조 • 사회성–커뮤니티 분석, 생활권 확대 • 경제성–자산가치 증대, 집객력 확대 등
사회 전체	• 고용 기회의 증대, 산업 진흥, 세수입 증가 • 방재 공간과 도시경관의 형성 • 도시환경, 자원 절약 등

[표 7.7] 교통계획의 평가 주체와 평가 항목

7.5 교통연결점의 계획

버스나 철도 등의 교통수단은 다른 교통수단과 조합하여 비로소 교통을 완결할 수가 있다. 자가용차를 이용하는 경우에도 주차장에 차를 세우고, 목적지까지 도보로 가는 경우가 많다.

도시권의 확대로서 사람들의 교통이 원거리화 되고, 출발지와 목적지의 조합이 다양화되면, 필연적으로 복수의 교통수단을 이용하는 기회가 많아진다. 이와 같이 다른 교통수단의 연결 장소가 교통연결점이다. 이것이 적절히 배치되지 않으면, 교통의 연속성의 확보는 불가능하고, 이용하기 쉬운 교통망을 형성할 수 없다.

여기서는 주된 교통연결점으로서, 자동차터미널, 역전광장, 주차장에 대하여 말하고자 한다.

7.5.1 자동차터미널

자동차터미널은 「여객의 승강 또는 화물을 싣고 내리기 위하여 자동차 운송사업의 사업용 자동차를 동시에 2대 이상 정류시키는 것을 목적으로 설치한 시설」이며, 승객과 화물 중 어느 쪽을 대상으로 하는가에 따라 「버스터미널」과 「트럭터미널」로 분류된다.

(1) 버스터미널

일반적으로 도시부의 버스계통은 상당히 세분화되어 이용자에게는 알기 어려운 구조로 되어 있다. 이러한 다수계통의 대부분이 집중하는 장소가 되는 곳이 버스터미널이다.

터미널배치를 계획할 때 특히 중요한 조건은 도시규모이다. 도시규모가 그 정도로 크지 않은 경우에는 가능한 한 주요 역의 근방에서, 간선도로로의 접근에 뛰어난 장소로 버스터미널의 위치를 생각할 필요가 있다. 특히 수요규모가 작은 중소도시에서는 역전광장을 버스터미널로 활용하는 곳이 많다. 한편, 대도시에서는 시가지가 평면적으로 확대되어지므로 복수의 터미널이 필요해지는 경우가 많다. 따라서 도시 중심역 부근으로의 노선의 집

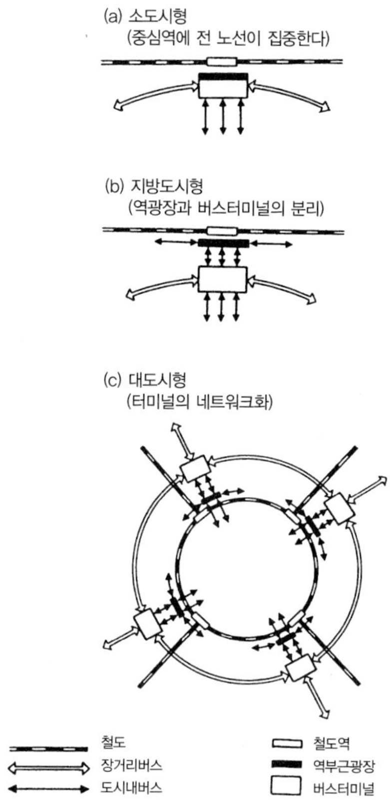

[그림 7.18] 버스터미널의 배치

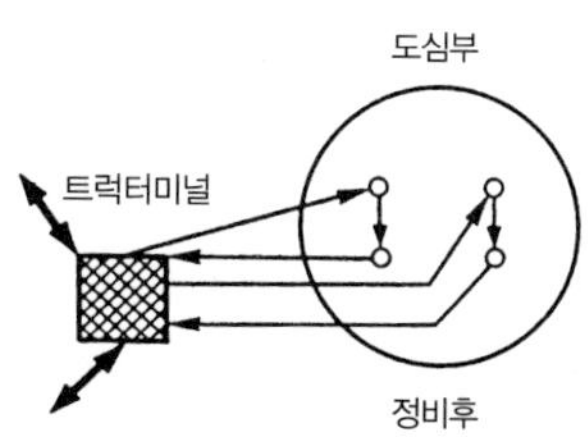

[그림 7.19] 간선계와 단말계에 의한 화물운송시스템

중을 피해 교외부의 주요역에 버스터미널을 고리형으로 배치하는 등의 계획안을 생각할 수 있다(그림 7.18).

(2) 트럭터미널

산업구조의 변화와 함께 수송수요가 소량화되고, 빈도가 많아지며, 도시 내의 도로교통의 정체나 교통공해가 심각화 되어지는 가운데 대형 화물차의 도심부로의 진입이 곤란해지는 상황에서 간선계통은 대형 화물차로 한번에 수송하고, 도심부에서 집배를 하는 단말계통은 혼합 탑재하며 차량은 소형화하는 경향이 있다(그림 7.19).

7.5.2 역전광장

역전광장은 철도와 다른 교통수단을 유기적으로 연결하는 안전, 쾌적, 원활한 교통처리를 도모함을 목적으로 철도역에 접하여 배치하는 교통광장이다. 이 역전광장은 실로 다양한 교통수단에 의한 교통이 일시적으로 대량으로 발생 · 집중하는 특징이 있다.

(1) 역전광장의 계획

역전광장의 계획은 대략적으로 ① 역전광장의 정비에 관한 방침의 설정, ② 역전광장의 계획에 관련된 각종 지표의 장래 예측과 역전광장의 면적의 산정, ③ 각 시설의 배치계획의 책정과 세부설계의 순서로 이루어진다. 역전광장의 산정방식에는 피크시의 승강객 수를 바탕으로 버스, 택시, 자가용차별로 승차장이나 주차장의 필요량을 구하여 더하는 가산법이 널리 이용되고 있다.

(2) 광장의 배치계획

역전광장을 구성하는 주된 시설로는 다양한 교통을 처리하는 기본 시설로서 보도, 차도, 버스 승강장, 택시 승강장, 주차장이 있다. 이들 기본 시설의 기능 보완 또는 역전광장의 공공성의 관점에서 단체광장, 교통유도시설, 공공시설, 녹지, 배수시설, 조명시설 등도 필요하다. 이들 시설의 배치에 있어서는 산정한 필요 면적을 기준으로 역사와 접속 가로의 상황이나 토지이용 등을 고려하여 역전광장의 형태를 결정한다. 이 때 보행자, 버스, 택시나 자가용, 각각의 동선이 간단, 명료하고 상호 교차가 발생하지 않도록 배치한다.

7.5.3 주차장

(1) 주차장의 분류

주차를 위한 시설은 보관 장소와 주차장으로 대별된다. 보관 장소의 결정은 「차고법」에 의한다. 주차장은 「주차장법」의 규정에 의하여 노외주차장과 노상주차장 등으로 구분된다.

노외주차장이란 도로의 노면 외에 설치되는 자동차 주차를 위한 시설로서 일반 공공을 위한 시설이다. 노외주차장은 주차장법의 규정에 의하여 도시계획 주차장, 신고주차장, 구조 등 제한적용 주차장, 부속 설치의무 주차장으로 분류된다.

노상주차장이란 주차장정비지구 내의 도로의 노면에 일정한 구획을 정하여 설치되는 자가용차 주차를 위한 시설로서 일반 공공을 위한 것이다.

노상주차장은 노외주차장에서 채우지 못한 자동차의 주차수요를 위하여, 필요한 노외주차장이 정비되기까지 잠정조치로서 도로의 노면을 사용하는 형식으로 설치된다. 또한 노상에 제공되는 주차공간의 하나로서 도로교통법에서 규정하는 「시간제한주차구획」이 있으며 파킹미터나 파킹티켓 발급시설을 설치할 수 있다.

(2) 주차장 계획

주차장 계획에서는 우선, 주차장정비지구를 설정한 후, 그 지구의 장래의 주차 수요량을 추계한다. 이어서 대상 지구의 주차 실태, 주차 용량에 관한 실태조사를 하여, 장래에 부족하게 될 주차 공간을 산출하여, 이를 도시계획 주차장으로 정비한다. 이 때 부속 설치의무 주차장 조례를 제정하여, 지구에서 발생하는 주차 수요를 건축물에서 흡수하도록 유도할 수 있다.

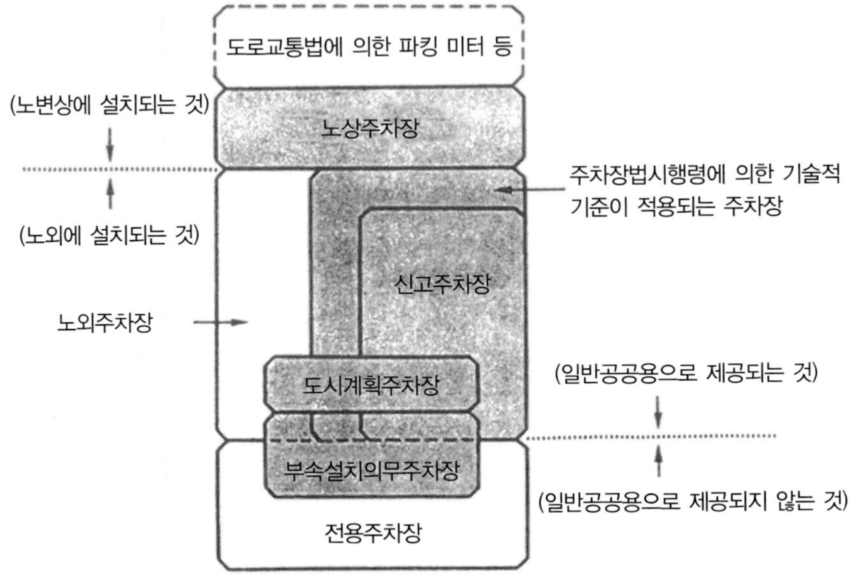

[그림 7.20] 주차장의 분류

7.6 교통수요관리

최근, 자동차 교통수요가 시설정비를 상회하는 속도로 증가하여, 자동차가 갖고 있는 모빌리티를 충분히 발휘하지 못할 뿐만 아니라, 교통정체, 교통사고, 환경오염 등의 많은 문제를 심각하게 하고 있다. 이러한 상황에 이르러 교통수요에 대응하는 교통시설의 정비라는 지금까지의 입장에서 공공교통기관의 이용을 촉진함과 함께 자동차의 보유와 이용을 관리 · 억제하여, 적절한 자동차의 이용을 유도한다는 교통수용관리의 입장으로의 교통정책이 바뀌어 가고 있다.

파크아일랜드(P&R)시스템은 교통수요관리의 방책으로 대표적인 것이다. 이는 자동차 이용자가 도심부 등의 교통혼잡지구로 갈 때, 혼잡지구 직전에서 철도나 버스로 환승하는 것을 말한다. 파크아일랜드가 성공하기 위한 기본적 조건으로서 자가용차로부터 공공교통기관으로 갈아타는 것이 시간적으로, 또는 비용적으로 충분히 이익인지, 또는 통근 등과 같이 파크아일랜드용의 주차장에 장시간 주차해야 할 경우에는 이를 위한 시설정비에 소요되는 비용과 효과의 균형 등을 미리 검토해야 할 필요가 있다.

기타 도심으로 자가용차를 가지고 들어오는 것을 억제하는 방책으로서 도심부의 주차장의 배치에 의한 방법, 주차장의 용량을 제한하는 방법도 생각할 수 있다.

표 7.8은 교통수요관리를 위한 각종 수법을 정리한 것으로, 크게 도로이용의 제한, 자동차의 주행 제한, 차량의 이용 제한, 차량의 보유 제한으로 나뉘어진다. 이 가운데에는 도로구조의 변경을 수반하는 것으로부터 교통규제를 주체로 하는 것, 세금 부과에 의한 것까지 여러 가지이며, 상황에 따라 적당히 나누어 적용할 필요가 있다.

<table>
<tr><th colspan="4">자동차 수요 관리 · 억제책</th><th rowspan="2">대표적 사례</th></tr>
<tr><th colspan="2">관리의 대상과 목적</th><th>방책</th><th>수법</th></tr>
<tr><td rowspan="12">도로이용의 제한 및 자동차의 주행 제한</td><td rowspan="7">교통 용량 · 속도의 제한</td><td rowspan="2">도로 공간의 재 배분</td><td>버스 전용화</td><td></td></tr>
<tr><td>이륜차 전용화</td><td></td></tr>
<tr><td rowspan="2">교통 정온화</td><td>보행자 전용화</td><td></td></tr>
<tr><td>보 · 차 공존화</td><td>본엘프(네델란드 · 라이즈바이크 등)</td></tr>
<tr><td rowspan="3">교통 관제/규제</td><td>존 규제</td><td>생활 존 규제(大阪, 東京 등)</td></tr>
<tr><td>존 시스템</td><td>트래픽셀(에테보리)</td></tr>
<tr><td>신호 제어</td><td>존&컬러 계획(노팅검)</td></tr>
<tr><td>특정 도로의 이용 제한</td><td>교통 규제</td><td>도로 이용 대상 한정</td><td>대형차 통행 금지
이용 대상의 전용화</td></tr>
<tr><td rowspan="4">지역 내 도로의 이용 제한</td><td rowspan="3">입역 제한</td><td>통행 허가</td><td>허가증에 의한 계층적 제한(보로니아)</td></tr>
<tr><td>입역 부과금 제도</td><td>에리어 라이센스 스킴(싱가폴)</td></tr>
<tr><td>번호판 방식</td><td>번호판에 의한 입역 허가(아테네)</td></tr>
<tr><td>혼잡 부담</td><td>로드프라이싱</td><td>일렉트릭 로드프라이싱(홍콩)
톨링시스템(오슬로 등)</td></tr>
<tr><td colspan="2" rowspan="4">차량의 이용 제한</td><td rowspan="2">이용 가능차의 제한</td><td>번호판 방식</td><td>지정 번호 이용 허가(멕시코시티, 서울)</td></tr>
<tr><td>용도방식</td><td>노마이카데이(大阪), 운수사업차(東京)</td></tr>
<tr><td>원인 부담에 의한 제한</td><td>연료세</td><td>Gas Guzzler Tax(스웨덴, 미국)</td></tr>
<tr><td>주차 장소에 의한 제한</td><td>주차 스페이스 제한</td><td>예를 들어 부속 설치 의무의 강화와 지구 주차 스페이스의 제한(런던)</td></tr>
<tr><td colspan="2" rowspan="3">차량의 보유 제한</td><td>보관 의무에 의한 제한</td><td>차고 규제</td><td>차고법의 강화(東京, 大阪)</td></tr>
<tr><td>세 부담에 의한 제한</td><td>구입 · 등록 · 보유세</td><td>관세의 강화(싱가폴, 인도 등)</td></tr>
<tr><td>보유 제한</td><td>세대 보유대수 제한</td><td></td></tr>
</table>

[표 7.8] 자동차 교통수요 억제책의 동향

〉〉〉 문헌

1) 樗木 武 · 井上信昭 : 交通計劃學, 共立出版, 1993.

2) 石井一郎 : 最新交通工學, 森北出版, 1979.

3) 北部九州圈都市交通計劃協議會 : 第3回北部九州圈パーソントリップ調査1~2, 1994.

4) 同3~5, 1995.

5) 土木學會編 : 交通需要予測ハンドブック, pp.63~110, 1981.

6) 土木學會編 : 土木工學ハンドブック, p.1461, 1989.

7) 交通工學研究會編 : 交通工學ハンドブック, p.366, p.664, 1984.

8) 土木學會編 : 交通整備制度, p.282, 1999.

9) 土木學會編 : 地区交通計劃, p.54, 1992.

Chapter 8

보행자공간과 도시

도시의 가로를 통행하는 보행자, 광장에서 휴식을 취하는 사람들, 활기넘치는 보행자공간을 갖는 도시야말로 인간에게 매력적인 도시라 할 수 있다.

도시의 보행자공간은 단순한 교통공간이 아니다. 보행자공간은 사람들의 커뮤니케이션과 축제의 장소, 그리고 사람들이 공유하는 도시경관의 시점이기도 하다. 다시 말하면, 도시의 보행자공간은 다양한 도시문화를 키우는 장치이다. 본 장에서는 도시에서의 보행자공간의 역사와 현황, 앞으로의 전망에 대하여 배우기로 한다.

8.1 도시의 근대화와 보행자공간

18세기 중반에 영국에서 시작된 산업혁명은 생산활동을 위한 공업도시를 만들어 냈다. 중세도시에서의 가로와 건축과의 친밀한 관계는 상실되었다. 공장과 노동자주택, 그리고 철도선로로 구성된 직선적이며, 따분한 거리가 출현하였다.

20세기에 들어와 자동차가 주역이 된 도시공간이 구축되어 보행자공간은 뒤로 밀려나게 되었다. 그러나, 현대의 도시에서도 보행자 교통은 여전히 중요하다. 자동차에서 철도, 버스 등의 대중교통으로 바꿔 타고, 근린이나 중심부의 상업지로의 쇼핑 등은 보행자 교통에 의한다.

환경문제의 시점으로부터는 도시 내의 자동차 교통을 줄이고, 보행자 교통의 비율을 높여야한다. 산책을 위한 보행자공간은 시민의 레크리에이션의 장소로서 중요하다. 즉, 아무리 교통기관이 발달하여도 보행자공간은 도시에 있어서 본질적인 공간이다.

8.2 근대 이전의 보행자공간

원래 도시는 보행자공간으로 형성되어 왔다. 근세 이전의 대표적인 보행자를 위한 도시로서 유럽의 중세도시, 이슬람도시, 일본의 성시(城市) 등이 있다.

8.2.1 중세의 성곽도시

(1) 유럽의 중세도시

5세기말의 서로마제국의 붕괴 이후, 유럽은 전란상태에 돌입하여, 도시는 방

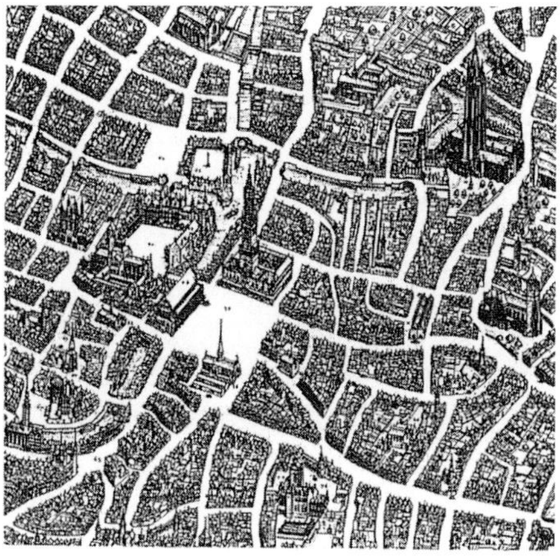

[그림 8.1] 중세도시 부르쥬

[그림 8.2] 중세도시 피렌체의 가로망과 공공시설

어의 필요성으로 성벽으로 둘러싸여 소규모화 되었다.

도시의 내부에는 보행을 전제로 불규칙적으로 구불구불한 도로망이 형성되었다. 완만하게 구부러진 가로는 보행자의 이동과 함께 변화하는 경관을 만들고 인간적인 공간을 출현시켰다.

도로망의 중심에는 교회나 시장을 위한 광장이 있고, 가로는 도시의 복도로서 건축과 건축을 긴밀하게 연결하고 있다. 중세도시 부르쥬는 이러한 중세도시의 공간상황을 말해주고 있다(그림 8.1).

중세도시의 시역은 직경 1마일 정도로, 가로망은 중심부에서 방사상으로 뻗은 가로와 이를 동심원으로 연결하는 도로로 거미줄처럼 구성되어 있다. 도로의 교차점은 3차로를 중심으로 이루어져 있다. 이러한 가로망은 중심부의 교회, 시장, 시청사 등의 공공시설로의 접근을 용이하게 하는 한편, 주위의 주택의 프라이버시를 지키는 기능을 하고 있다.

중세도시 피렌체의 가로망 네트워크(그림 8.2)에서는 주변부의 주택지로부터 중심부의 공공시설로 갈수록 도로밀도가 증가하고, 시설배치와 가로망의 정합성이 보여진다.

(2) 이탈리아의 도시들

이탈리아의 도시는 더욱 고도의 보행자공간을 발전시켰다. 보로니아에서는 태양이나 비를 막아주는 포르티코가 발달하였다. 이는 건물에서 건물로 보행자

[그림 8.3] 보로니아의 포르티코

를 유도하는 복도로서 높이와 깊이를 갖는 것으로 면으로서의 가로에서 입체로서의 가로의 변화를 보여주고 있다(그림 8.3).

베니스에서는 많은 섬들을 감싸고 있는 운하가 주요한 교통기능을 하고 있기 때문에 가로망은 순수하게 보행자를 위해서만 기능을 하고 있었다. 폭이 좁고 미로와 같이 되어 있는 가로망은 광장이나 다리를 만날 때마다 생각하지 못한 광경을 펼쳐 보여준다. 운하와 가로의 이중의 교통공간 시스템은 현대도시에 있어 시사하는 바가 크다(그림 8.4).

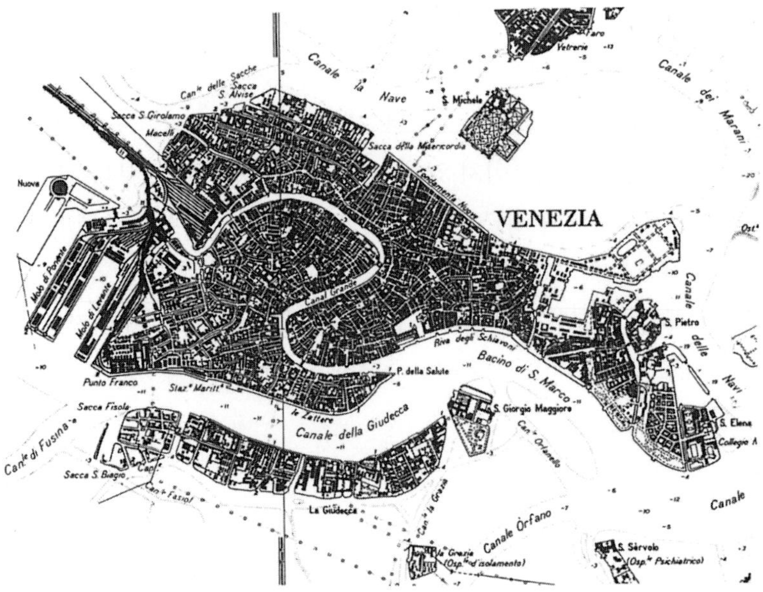

[그림 8.4] 베네치아의 가로망과 운하

[그림 8.5] 버스광장

[그림 8.6] 밀라노의 갈레리아

8.2.2 도시광장과 근세도시

르네상스 이후, 유럽의 도시의 광장은 점점 대규모화 되어 간다. 베니스의 산 마르코광장이나 로마의 산피에트로광장, 스페인계단, 칸피오드리오광장은 중세도시에는 없는 다이나믹한 공간이다. 이는 보행에 따르는 연속적인 시점이나 군중들에게 변화하는 경관이나 거대한 스케일, 타원이나 역투시도 등의 착시 효과를 노린 것이다. 보행자 개개인을 위한 작은 스케일보다는 대규모이며 축제적인 공간의 효과를 기대할 수 있다. 프랑스의 베르사이유 궁전의 정원은 멀리까지 볼 수 있는 축선이나 방사상의 가로망에 의해 보행자가 외포심(畏怖心)을 느낄 정도의 공간효과를 갖고 있다.

대륙에서의 그랜드매너의 공간에 대하여 영국에서는 픽쳐레스크 미학에 근거한 정원이나 공원이 만들어졌다. 산책하는 보행자를 의식하여 우드 부자(John Wood, 1704~1754, John Wood the younger, 1728~1781)는 버스에서 로얄 크레센트를 시작으로 하는 획지적인 도시공간을 건설하였다. 통일된 파사드의 반복에 의하여 둘러싸인 커먼스페이스는 통행하는 보행자에게 리드미컬한 경관과 풍부한 녹지를 제공하였다(그림 8.5).

8.2.3 아케이드와 근대도시

18세기 후반의 산업혁명 후, 근대건축의 주요 3소재, 철, 유리, 콘크리트의 대량생산이 가능해졌다. J. 팩스턴(Joseph Paxton, 1803~1865)의 크리스탈 팰레스로 대표되는 철과 유리의 거대구축물조영기술은 보행자공간에도 영향을 끼쳤다. 19세기에 들어 밀라노의 갈레리아에서 볼 수 있는 유리의 지붕(아케이드)으로 덮인 보행자공간이 출현하였다(그림 8.6). 천장의 높이가 최고 48m에 달하는 거대한 아케이드공간은 보행자공간의 새로운 기축(機軸)이었다.

한편, 파리에서는 소로에 유리지붕을 걸친 파사쥬가 탄생하여 파리의 매력이 되었다. 그 후, 파리에서는 오스만(Georges Eugene Haussman, 1809~1891)에 의하여 마차나 군대의 행진에 적당한 직선적인 대로가 정비되었으나, 대로와 대로의 사이에는 파사쥬가 남아 있었다. 자동차교통 이전부터 점차, 가로는 가구(街區)와 가구(街區)의 매개체가 아닌 가구를 분단하게 되었다.

8.2.4 이슬람도시와 가로망

(1) 이슬람도시의 발생

7세기에 중동의 메카에 시작된 이슬람은 13세기에는 중동, 소아시아, 북아프리카, 스페인까지 세력권을 넓혔다. 카이로, 이스파한, 다마스커스 등의 대규모의 교역도시나 많은 상인들을 위한 도시가 건설되었다. 스쿠(시장)나 자미모스크(각 도시 최대의 이슬람사원)를 중심으로 하는 도시에는 막다른 골목길이 많고 통과 도로는 적었으며, 이들은 Y자로에 의해 연결되어, 세밀한 가로망을 구성하고 있었다.

이슬람도시는 유럽의 중세도시에 비하여 도시시설의 개방성과 주택시설의 폐쇄성은 보다 철저하였다. 이슬람도시는 주거를 비롯하여 시장, 대상(隊商)숙소, 모스크 등의 벽에 둘러싸인 중정형 건축으로 채워져, 독특한 도시공간을 탄생시켰다(그림 8.7).

(2) 가로망

이슬람도시의 주된 가로는 돔이나 목재, 갈대로 만든 발로 덮여 일사가 차단된 쾌적한 반 옥외공간을 보행자에게 제공하였다. 가로망은 막다른 골목을 주체로 한 가지형으로 줄기가 되는 가로의 접근은 극히 높은 반면, 가지가 되는 막다른 골목길은 접근성이 떨어진다. 줄기가 되는 가로에는 상업시설이, 가지가 되

[그림 8.7] 튀니지의 공중사진

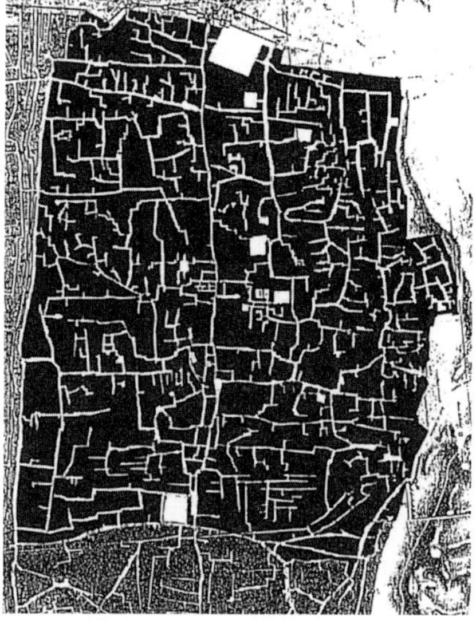

[그림 8.8] 카이로 구시가 가로망

는 막다른 골목길에는 주택시설이 분포되어 있다(그림 8.8).

이러한 가로망 네트워크가 존재하는 한편에 이슬람도시에는 하라(가구)가 형성되었다. 하라는 종교와 혈연, 지연에 의해 나뉘어 사는 공동체로서, 도시사회의 기반이었다. 도시 내부의 교통은 하라에 설치된 문을 시간대에 따라 개폐하여 제어되고, 하라의 안전이 보장되었다. 중심부의 스쿠에는 주거는 없고, 상인은 주변의 주택지구로부터 각자의 스쿠에 통근하였다.

스쿠는 취급하는 품목에 따라 장소가 정해져, 중심부로 갈수록 용량이 작고 가치가 높은 물건이 놓여 있었다. 가로는 낙타에 의하여 짐을 운반할 수 있도록 되어 있고, 도로 폭은 1.7~3.5m 정도로 좁고 구불구불한 미로 형태로 구성되어 있었다.

도시 내의 보행자는 시문(市門)→통과도로(아케이드)→막다른 골목길→중정→이완(지붕이 있는 중정)→실내로 이어지는 길을 지나게 된다. 뜨거운 일사, 열, 바람, 비로부터 보호된 인공적 반 옥외공간이 보행자의 왕래를 용이하게 했다. 각 세대는 세대가 면해 있는 도로상의 사용권을 갖고 있어 가로상에 건물의 일부를 돌출시키거나 짐 등으로 가로를 일시적으로 점거하는 것이 인정되었다.

(3) 공간 · 시설배치

유럽의 도시가 교회와 광장을 중심으로 구심적 공간구조를 취하여 르네상스 이후 기념비적인 도시환경을 지향하는 것에 비하여, 이슬람의 도시는 모스크의 첨탑을 제외하고 지배적인 경관을 갖지 않고 분산적인 공간구조인 것도 큰 특징이다.

이슬람의 도시에서는 하루에 다섯 번의 예배가 의무화되어 있기 때문에 거의 150m의 도보권 내에 하나의 지역의 모스크가 입지하고 있어, 도시의 어디에서든지 수분 내에 모스크에 도착할 수 있었다. 목욕탕, 카페, 공중 화장실, 공중 우물의 시설도 보행자 교통을 전제로 도시 내부에 점재해 있었다.

이슬람의 도시는 유럽이나 일본의 중세도시에 비하여 외래의 상인 등의 보행자에게 쾌적하고 편리하였다. 중정으로부터 빛과 공기를 도입하는 건축과 막다른 골목길에 의한 도시 시스템은 토지이용의 면에서는 높은 인구밀도와 낮은 도로율을 실현시켰다. 즉, 도시 자체가 상업이나 주택, 종교, 교육 등의 시설을 포함하는 하나의 거대한 건축물이었다고 할 수 있다.

특히 국제적인 교역활동과 주민의 사적인 생활을 제한된 구역 내에서 양립시킨 가로망 시스템은 매우 흥미 있다.

8.2.5 일본의 보행자공간의 역사

(1) 중세의 京都

일본의 도시는 독자적인 발전양상을 보이고 있다. 8세기에 중국의 長安을 모방한 平安京(京都)은 그 후에도 수도로서 기능을 하여, 19세기에 이르기까지 다양한 변화를 해 왔다. 처음에 동시(東市), 서시(西市)로서 배치된 관설시장은 20丈(약 60m) 사방의 가구를 중심으로 하였다.

그러나 14세기의 室町幕府의 성립 이후 상업지의 중심은 室町 도로로 이동하였다. 다채로운 도시활동의 무대는 면으로서의 가구에서 선으로서의 도로로 옮겨졌다(그림 8.9). 가판대에서의 판매를 비롯하여 의자, 진열대 등의 가설 점포에 면한 보행자도로가 형성되었다.

이 시대 퍼블릭 스페이스의 개념은 도로공간을 중심으로 강변, 다리공간에까지 이르렀으나, 도로주변의 사유화도 발생하였다. 보행자공간의 가설성은 당시의 제례, 연중행사시에 큰 도로에 설치된 관객석에서도 볼 수 있다. 그 후, 점차적으로 항구적인 집들이 건설되었으나, 지붕밑 공간은 그 후에도 公(교통공간)과 私(건축공간)의 완충공간이었다.

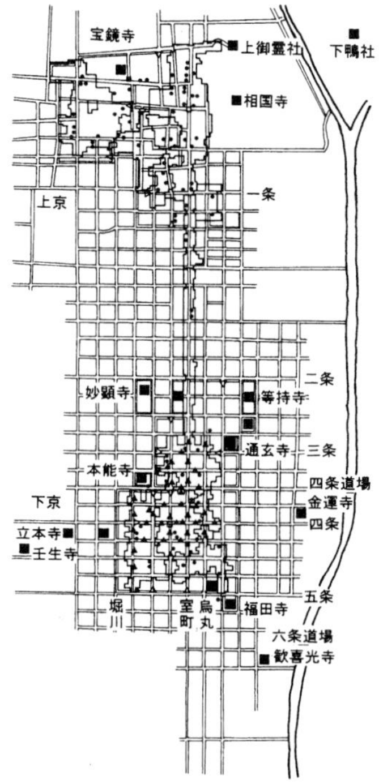

[그림 8.9] 전국시대의 京都

(2) 근세의 성곽도시(城下町)

중세에서 근세에 걸쳐 도시로서 자유도시 堺, 사찰 내 마을 石山, 사찰 문전 마을 善光寺 등이 있는데, 그 후 일본의 각지에 전개된 것은 성곽도시(城下町)였다.

16세기에 織田信長가 쌓은 安土에는 성곽뿐만 아니라 그 주변에 마을이 형성되었다. 그 후 江戸시대에 이르러 전국에 많은 성곽도시(城下町)가 형성되어, 오늘날의 지방도시의 원형이 되었다.

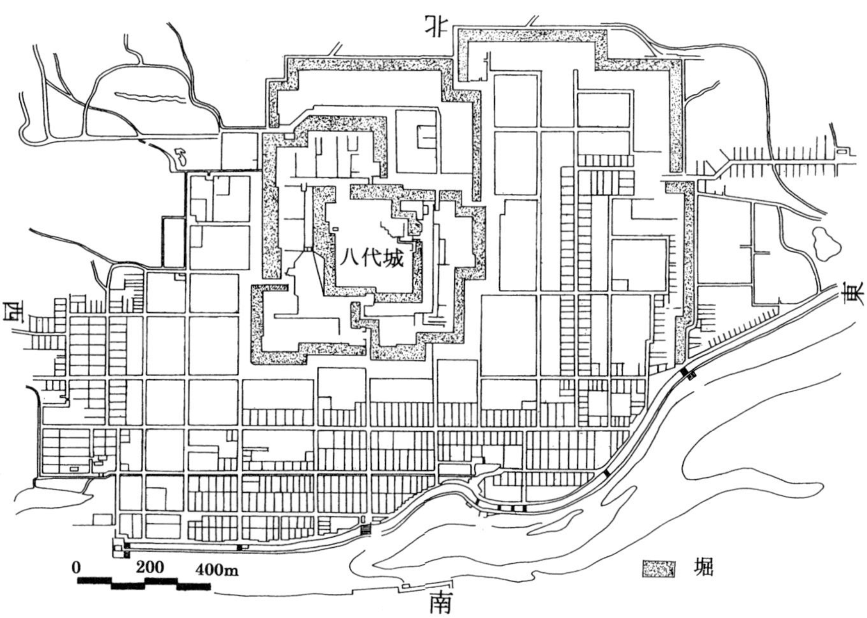

[그림 8.10] 근세 성곽도시 入代의 가로망

일본의 성곽도시의 가로망은 3차로가 많은 유럽의 중세도시와 비교하여 4차로가 많고, 기본적으로는 격자상의 가로망이다. 또한, 광장의 대신에 가로의 교차점이나 도로에 경계가 애매모호한 공간이 형성되었다. 해자로 둘러싸여 방어적인 형태의 성곽이나 무사의 집은 도시의 중심이 되지 않고 시민들의 거주지로의 접근을 중심으로 보행자 가로망이 형성되었다(그림 8.10).

일본의 보행자공간은 기본적으로 교통공간이며, 선형의 도로공간에 접하는 가설공간, 건축공간에 의하여 형성되었다.

이에 대하여 유럽의 보행자공간은 광장, 폴티코, 아케이드 등이며, 보행자의 왕래뿐만 아니라 보행자가 체류하는 도시의 사교공간으로 형성되었다.

8.3 주택지구와 보행자공간

8.3.1 미국과 유럽 여러 도시의 주택지구

(1) 햄스테드 전원교외

레이몬드 · 언윈(Sir Raymond Unwin, 1863~1940)은 1906년에 런던 교외의 햄스테드에 전원교외라 불리는 고급 주택지구를 설계하였다. 언윈은 중세의 영국의 빌리지나 독일의 칼스루에의 공간구성을 참고로 하여 주택지구에 쾌적한 보행자공간과 아름다운 경관을 실현하였다.

곡선적인 가로, 빌리지 그린을 모방한 녹지, 정돈된 주거 배치, 중정을 중심으로 한 둘러싸기 수법, 진행방향에 대하여 건물의 각도를 틀어 시각적으로 둘러싸는 수법, 낮은 세대 밀도(12세대/에이커) 등으로 질 높은 보행자공간을 갖는 주택지구를 실현했다. 이것은 중세유럽 도시의 가로와 건축이 만들어내는 불규칙한 보행자공간을 모범으로 한 것이다.

[그림 8.11] 햄스테드 전원교외

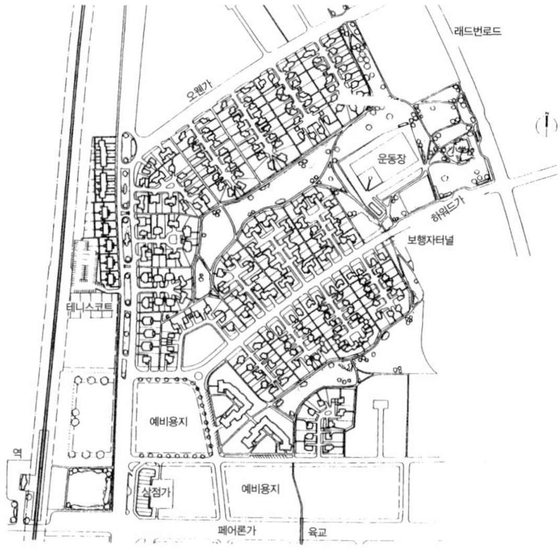

[그림 8.12] 래드번 주택지구

(2) 래드번 시스템

20세기에 들어서서 세계에서 가장 빨리 자동차가 보급된 것은 미국이었다. 주택지의 보행자와 자동차의 분리를 본격적으로 도입한 도시계획은 미국에서 시작되었다.

클라렌스 · 페리가 주장한 근린주구이론을 도입하여 클라렌스 · 스타인과 헨리 · 라이트는 1928년에 뉴저지주의 래드번에 래드번 주택지구를 설계하였다.

여기에서는 쿨드삭(cul de sac)과 외주도로에 의하여 평면적인 보차분리를 실현하였다(그림 8.12). 이는 래드번 시스템이라 불렸다. 래드번 시스템에 의한 보차분리의 주택지구는 건강하고, 안전하며, 쾌적한 반면, 도시가 복잡해졌다.

(3) 거주환경지구

1963년에 발표된 영국의 부케넌 리포트(Buchanan Report)는 자동차 교통의 한계를 보여주었으며, 자동차의 통과 교통을 배제한 거주환경지역(Environmental Area)을 만들 것을 제안하였다. 이는 도시의 방이라 불리며, 이 구역 내에서는 안전한 보행자공간이 형성된다.

거주환경지역은 기본적으로 주택지구를 염두에 두고 있으나, 면적은 지역의 자동차 교통밀도에 따라 결정해야 한다고 말하고 있다.

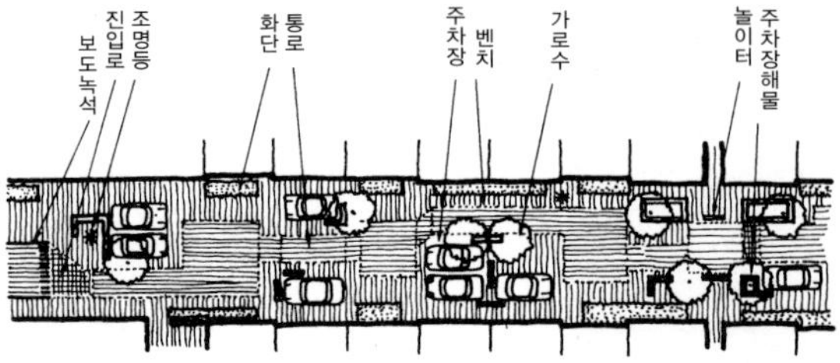

[그림 8.13] 본에르프 계획

(4) 본에르프

네덜란드의 델프트는 17세기에 건설된 역사적인 도시이다. 가로와 운하의 네트워크를 살려 자동차 교통을 통제하기 위한 래드번 시스템 이외의 방법이 필요하였다.

본에르프(woonerf)라 불리는 보차 혼재도로가 이 도시에서 시작되었다. 이 도로는 인터로킹 블록 등으로 포장되어 굴곡진 평면이나 험프에 의한 바닥의 요철로 자동차의 속도는 현저히 감속된다. 본에르프에는 주택의 마당 앞 도로로서 다양한 기능, 보도, 차도, 주차, 오픈 스페이스의 기능이 존재하고 있다(그림 8.13).

8.3.2 아시아의 도시의 주택지구

(1) 인도네시아의 칸폰

아시아의 개발도상국에서는 급격한 근대화가 이루어져 왔다. 도시에서는 근대적인 빌딩이 늘어서는 한편, 불법점거지구가 형성되었다. 인도네시아의 대도시에서는 지방으로부터 유입된 사람들이 거주하는 칸폰이라 불리는 가구가 형성되어 있다.

앞 도로에서 칸폰에 한 발 들어서면 전통적인 농촌 마을과 같은 공간이 형성되어 있다. 주택과 인프라에 많은 과제가 남겨져 있으나, 자동차로부터 해방된 가구 내는 농촌과 같은 자연을 갖고 있는 안전한 공간으로 되어 있다. 한편, 앞 도로는 자동차, 오토바이, 벤챠, 자전거, 보행자, 마차가 섞여 있어 교통사고가 일어나기 쉬운 상황이다(그림 8.14).

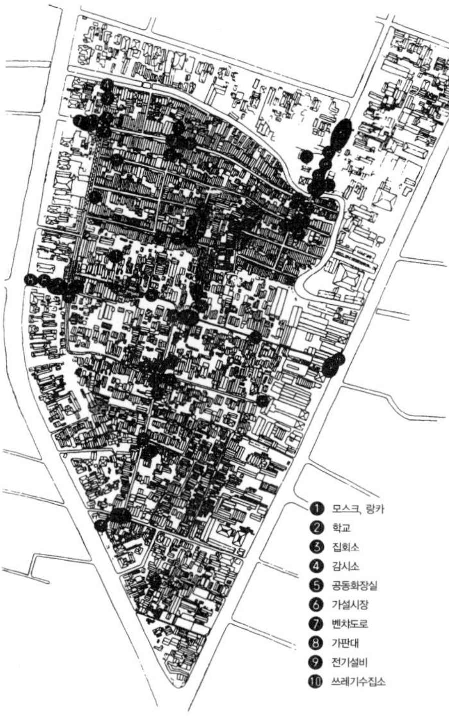

[그림 8.14] 스라바야시의 칸폰

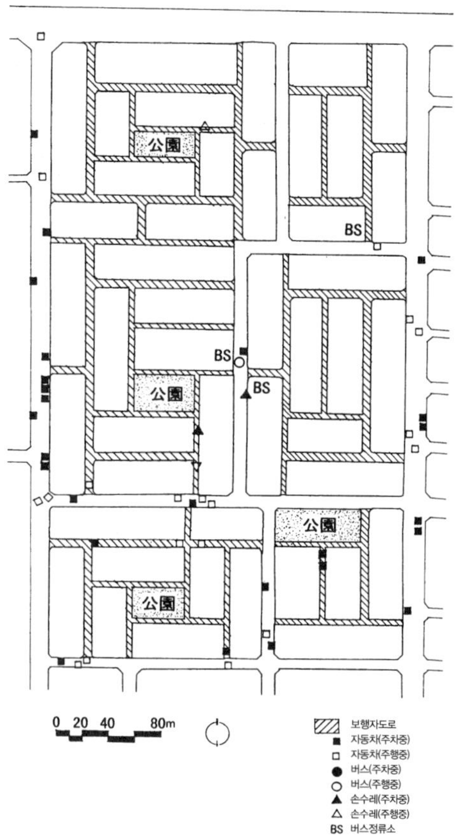

[그림 8.15] 목표시 삼학 IBRD 주택지구

(2) 한국의 주택지구

한국의 전통적인 주택지에서는 가로의 폭이 좁고, 처마 높이가 낮은 주택이 이어져 있다. 이 가로에는 자전거나 오토바이, 손수레의 진입이 가능한 반면, 자동차의 진입은 불가능하다. 앞으로 자동차의 보급률이 증대함에 따라 주차장의 설치나 가로를 확대해야 하는 것이 과제이다.

그림 8.15는 목포시의 삼학 IBRD 주택단지의 가로망이다. T자형을 주체로 보행자를 우선으로 한 가로망이 되어 있기 때문에 자동차의 통과가 배제되어 있다.

버스 정류장이 주택지구 내에 있으며, 놀이터가 설치되어 있다. 자동차의 보급률이 낮은 과도기에 계획되어 진 것으로 생각되는데 장래를 위하여 공동의 주차장을 정비하여 안전한 가구로서의 재정비가 기대된다.

(3) 앞으로의 전망

인도네시아나 한국의 과도기적 주택지구는 자동차 교통을 위한 가로망에 의하여 개선되어 가고 있으나, 모두 일률적으로 자동차용 가로로서 개조하는 것이 아니고, 각각의 가구가 갖고 있는 특징을 살려 자동차와 보행자가 공존할 수 있는 정비가 필요할 것이다.

8.3.3 일본의 도시의 주택지구

(1) 뉴타운의 보행자공간

전후 일본에서도 본격적인 뉴타운과 주택지구가 정비되기 시작하였다. 1961년의 千里뉴타운 계획은 영국의 하로우(harlow)의 근린주구 계획이론에 근거한 주구 구성과 래드번 방식의 보차분리가 참고가 되었다. 1964년의 泉北뉴타운에서는 3개의 개발지역이 철도로 연결되어 역에 있는 지구 센터에서 이어지는 보행자공간으로서의 녹지도로가 지구 내의 주요 시설과 주거를 연결하고 있다(그림 8.16).

1974년의 坂出인구토지계획에서는 보행자와 자동차의 레벨을 완전히 입체분리하고 있다. 1981년의 高藏寺뉴타운에서는 투르쥬 르 미레유나 칸바노르드의 뉴타운의 영향을 받아 포크 형태의 다이나믹한 페데스트리안 덱크(pedestrian deck)가 계획되어 근린주구의 주구 구성이 아닌 도시축에 의한 일체적인 주구 구성이 시도되었으나 실시단계에서 계획은 큰 폭으로 변경되었다.

1965년부터 시작된 多摩뉴타운에서는 래드번 시스템과 본에르프를 도입한 거대한 주택계획이 이루어졌다. 1989에 개발된 多摩뉴타운 南大澤 제15지구에서는 부지의 지형을 살려 경관구성을 하였으며, 커먼 스페이스는 녹지도로로 연결되어 쾌적한 보행자공간을 형성하고 있다.

새로운 시도로서 1992년 熊本아트폴리스사업 현영 保田窪 제1단지에서는 완전히 커먼 스페이스를 둘러싸 보행자 전용으로 하고 있다(그림 8.17). 또한, 도심거주에서는 惠比壽 가든플레이스의 상업시설과 주거시설의 결합을 시도하였다.

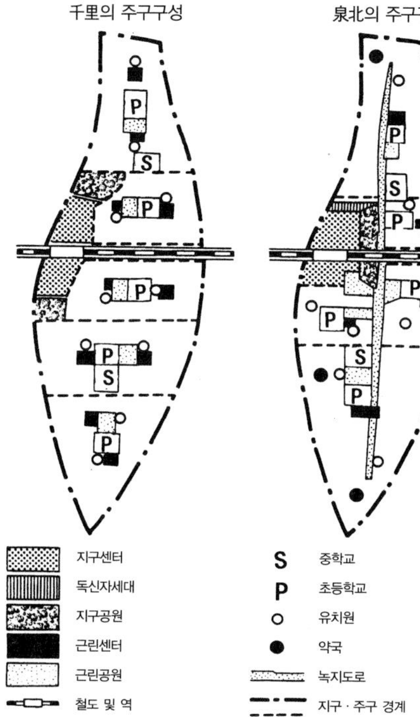

[그림 8.16] 泉北뉴타운의 구성

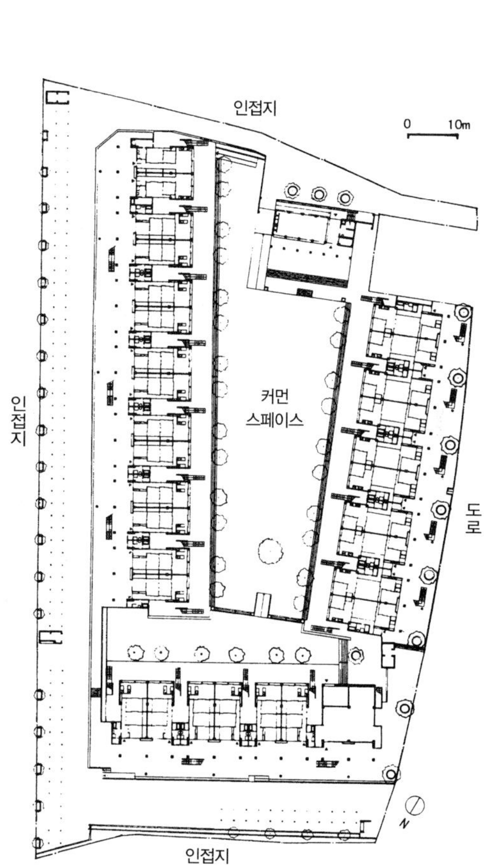

[그림 8.17] 熊本현영 保田窪 제1단지

(2) 주택지구의 문제점

일본의 일반적인 분양 아파트와 단독주택 주택지구에서는 도로와 주택은 각각 계획된다. 그 결과 보행자와 자동차의 관계는 디자인되지 않고, 생활도로는 보행자에게 있어 무미건조하게 여겨진다. 도로는 전신주, 가드레일, 보도의 단차, 보행자와 자전거의 혼재 등 문제가 있으며, 노인이나 장애자, 어린이에 대한 배려가 적다.

도시계획적 측면에서 거시적으로 보면 어반 스프롤에 의한 택지화가 진행되고, 각각의 주택에서 초등학교 등의 공공시설에 접근함에 있어 거리가 멀어지거나, 간선도로에 의하여 주택지가 분단되어가고 있다. 자동차 보유율이 높아지고 토지의 소유가 소규모화 되어지며 문제의 해결이 어려워지고 있다.

8.4 상업지구와 보행자공간

8.4.1 유럽과 미국의 도시들의 상업지구

부케넌 리포트에서 보는 바와 같이 도시교통의 전부를 자동차로 해결하려 하면, 미국의 로스엔젤리스와 같이 스모그와 광대하고 무기적(無機的)인 시가지가 되어 버린다. 미국에서는 이러한 자동차 사회로부터 보행자공간을 다시 확보하는 시도가 도심의 상업지구에서 이루어지고 있다. 한편, 유럽의 도시의 도심부에는 역사적인 거리의 모습을 살린 보행자우선지역이 형성되어 있다.

(1) 몰

몰은 원래 "나무 그늘이 있는 산책로"라는 의미이다. 그러나 1958에 네덜란드의 로테르담의 라인반에 세계에서 첫 번째로 보행자를 위한 쇼핑몰이 완성된 이래, 몰이란 쾌적하고 매력적인 보행자공간을 갖는 쇼핑몰을 가리키게 되었다. 몰은 차량교통의 배제 정도에 따라 풀몰(차량을 완전히 배제하여 보행자 전용공간화한 것), 세미몰(차량을 제한하고 보도를 넓힌 것)로 나뉜다.

유럽에서는 중세 · 근세도시의 원형을 보존하며 중심 부분부터 자동차 출입을 제한하는 케이스를 많이 볼 수 있다. 독일의 뮌헨에서는 제2차 세계대전 후 바로 도심의 보행자공간계획에 착수하여, 1972년 올림픽에 맞춰 실현시켰다. 쾌적한 보행자공간을 창조하기 위하여 구 시가지를 둘러싸는 순환도로, 주차장의 건설, 자동차의 교통규칙, 역사적 건축물의 복구, 스트리트 퍼니처의 디자인이 종합적으로 실시되었다(그림 8.18). 하이델베르크에서는 도심의 입구에 주차장을 확보하여 도심지구 전역으로의 자동차 출입을 제한하고, 주위의 녹지에 산책이 가능한 보행로를 만들었다. 브레멘에서는 교통셀이 제안되었다. 이것은 도심의 환상도로의 안쪽에 보행자 전용의 쇼핑몰에 의해 구분하여, 구역 내의 통과교통을 완전히 배제시킨 것이다(그림 8.19). 이러한 도심으로의 자동차의 출입제한은 환경문제의 시점에서 유익한 시도라 할 수 있다.

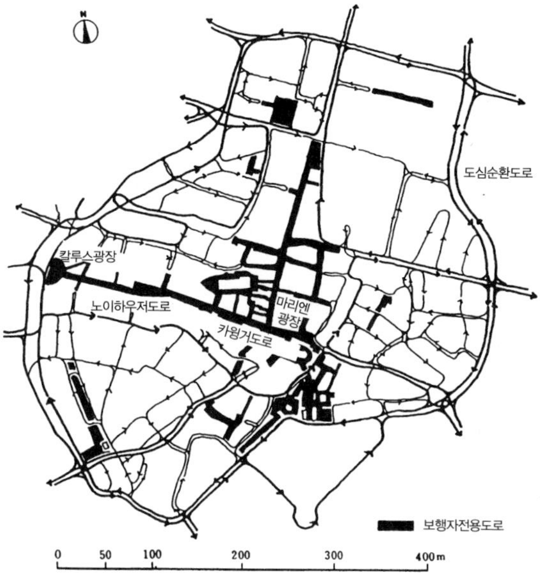

[그림 8.18] 뮌헨 몰

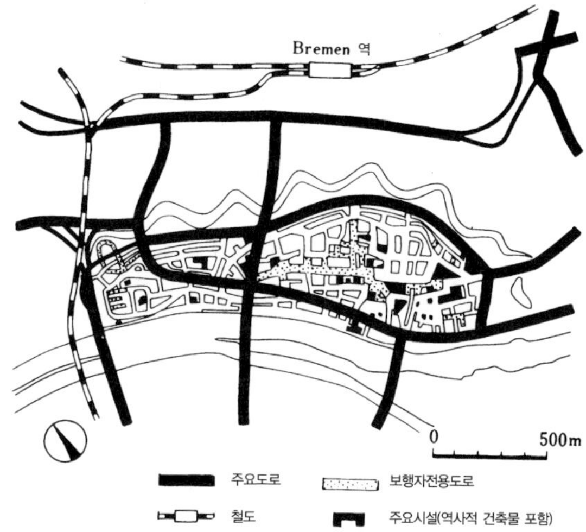

[그림 8.19] 브레멘의 교통셀

(2) 트랜짓 몰

세미몰의 한 종류로서 트랜짓 몰이 있다. 트랜짓 몰이란 도로로부터 자동차 교통을 제한하여, 공공교통(노면전차, 버스 등)과 보도교통만으로 한 경우이다. 미네아폴리스에 Lawrence Halprin에 의해 설계된 Nicollet Mall(그림 8.20)은 간선도로를 개조하여 세계에서는 처음으로 실현시킨 보행자와 버스를 위한 트랜짓 몰이다. 그 후 유럽과 미국의 많은 도시에 트랜짓 몰이 나타나고 있다. 미국에서는 필라델피아와 덴버 등의 도시에 버스에 의한 트랜짓 몰이, 또한 유럽의 취리히, 암스테르담, 뮌헨, 칼스루에 등에 노면전차에 의한 트랜짓 몰이 실현되었다.

(3) 보행자 데크 및 스카이웨이

미네아폴리스에서는 혹독한 추위의 겨울철의 보행자공간으로서 건물과 건물을 공중데크로 연결하여 스카이웨이 네트워크를 만들어냈다. 또한 런던의 바비칸에서는 2층 높이의 보행자 데크에 의해 쾌적한 보행자공간을 만들어 냈다.

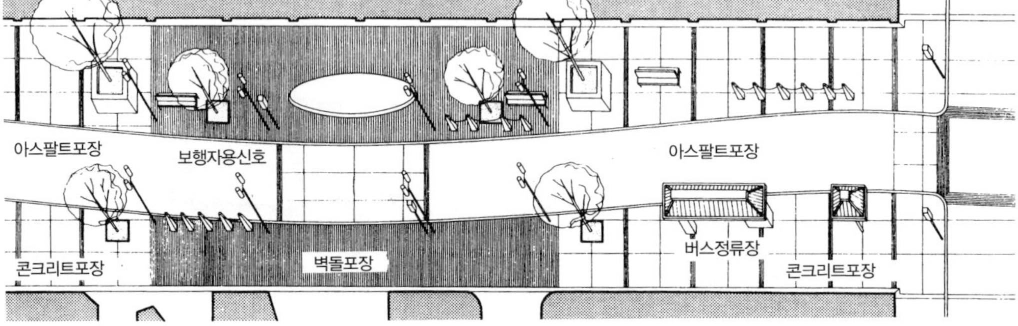

[그림 8.20] 니콜렛 몰

(4) 보행자를 위한 소광장

샌프란시스코에서는 철거공장 부지를 이용하여 지라르델리 스퀘어와 캐너리 스퀘어 등의 보행자를 위한 소광장이 만들어졌다. 프랑스 파리의 퐁피두센터 앞의 광장은 1층 높이만큼 파내려가 보행자공간을 만들었으며, 길거리 공연 광장으로 성공하고 있다.

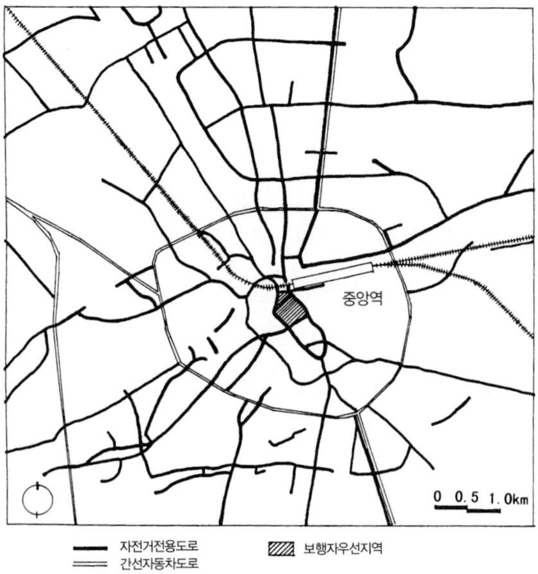

[그림 8.21] 아인트호벤시의 자전거전용도로망

(5) 자전거 전용도로

네덜란드의 도시에서는 중요한 교통수단으로서 자전거가 주목을 받아, 보도, 차도 외에 자전거도로가 정비되어 도시 내의 자전거 전용도로의 네트워크가 구성되어 있다(그림 8.21).

8.4.2 아시아의 도시의 상업지구

(1) 인도네시아의 가판대

인도네시아의 도시에서는 파사르라고 불리는 시장과 가로변의 아케이드 공간, 보도의 가판대가 있다. 이러한 아시아의 도시의 보행자공간은 유럽과 미국에 비하여 좁고, 도로상에 가설물이 놓여 있어 보도의 유효 폭이 극히 좁다.

그러나 화려한 색채, 음식물에서 발생되는 냄새, 물건을 팔고 살 때의 목소리, 오토바이의 엔진음, 인력거, 마차 등의 혼재는 독특한 분위기를 만들어내고 있다(그림 8.22).

(2) 한국의 시장

일본보다 늦게 근대화가 시작된 한국에서는 시장이라는 보행자공간이 있다. 중심상업지의 가로는 가판대가 점거하여, 실질적인 보행자공간이 출현한다. 빽빽하게 늘어선 상품과 보행자들의 소란스러움은 아시아의 힘을 대표하는 보행자공간이라 하겠다(그림 8.23).

[그림 8.22] 우중판당시 중심가

[그림 8.23] 인천시 신포동 시장

8.4.3 일본의 도시의 상업지구

(1) 아케이드와 몰

일본의 도시의 중심상업지구의 보행자공간으로서는 아케이드街가 있다. 기존의 상점가에 철골의 지붕을 걸쳐 유리나 톱라이트를 설치한 것이다. 밀라노의 갈레리아 정도의 높이나 파리의 파사쥬 정도의 친밀한 스케일은 아니다.

그러나 1년 동안 비가 오는 날이 많은 일본의 보행자공간으로서 독자적인 기능을 발휘해 왔다. 1969년에는 최초의 보행자 몰인 旭川쇼핑공원이 생겼다. 1980년대에는 요코하마의 伊勢佐木町과 센다이 등에서 아케이드가를 대신하는 몰이 건설되었다. 미네아폴리스의 니콜렛 몰을 표본으로 한 몰은 사계절의 변화를 느끼게 하는 방식으로 정착되어 왔다.

(2) 지하가(地下街)

일본의 독특한 상업지의 보행자공간으로서 지하가가 있다. 오래된 것은 東京 新宿驛 서쪽출구의 주변, 大阪 梅田阪急 지하가, 최근에는 福岡 天神 지하가 등이 있다. 자동차의 교통과 완전히 분리시킨 지하 공간은 비, 바람, 햇볕의 영향을 받지 않고 인공적이기는 하지만 안정된 보행자공간을 제공하고 있다.

이러한 지하가는 지하 레벨에서 주변 건물의 지하층이나 지하철역에 연결되므로써 지하 공간의 네트워크를 구성하고 있다.

(3) 앞으로의 전망

도심의 자동차에 의한 교통정체는 심각하나, 도심으로의 자동차 출입제한 등의 유효한 대책은 실시되고 있지 않다. 그러나 최근 도심에 보행자공간을 만드는 시도가 조금씩 보이고 있다. 예를 들어 도심 부분의 철거공장 부지를 재개발한 福岡의 캐널시티에는 건축물군에 둘러싸인 매력적인 보행자공간의 연출을 볼 수 있다.

한편, 자동차 사회의 진전에 의하여 지방의 중소도시의 교외에 진출하는 대규모 쇼핑센터는 전통적인 중심상가의 공동화와 간선도로의 정체, 광고판으로 뒤덮인 경관을 만들어내고 있다. 전통적인 거리의 풍경이나 성시의 가로망을 살린 매력적인 보행자공간을 갖는 도심상업지를 재생시킬 필요가 있다.

〉〉〉 문헌

1) レオナルド・ベネボーロ, 佐野敬彦・林 寛治 譯：圖說都市世界史2, 中世, 相模書房, 1983.
2) ルイス・マンフォード, 生田 勉 譯：歷史の都市　明日の都市, 新潮社, 1969.
3) B. ルドフスキー, 平良敬一岡・野一字 譯：人間のための街路, 鹿島出版會, 1974.
4) ベシーム・S・ハキーム, 佐藤次高 監譯：イスラム都市, 第三書館, 1990.
5) 高橋康夫・吉田伸之 他 編：圖集日本都市史, 東京大學出版會, 1993.
6) 松本壽三郎 編：八代市史, 近世資料編1, 八代市教育委員會, 1989.
7) 西山康雄：アンウィンの住宅地計劃を讀む, 彰國社, 1992.
8) 日本建築學會編：建築資料集成9, 地域 丸善, 1983.
9) C. D. ブキャナン, 八十島義之助・井上 孝 譯：都市の自動車交通, 鹿島出版會, 1965.
10) 今野 博：まちづくりと步行空間, 鹿島出版會, 1982.
11) 布野修司：カンポンの世界/ジャワの庶民生活史, PARCO出版, 1991.
12) 都市計劃教育研究會 編：都市計劃教科書, 彰國社, 1990.

Chapter 9

도시의 환경계획

본 장에서는 수공간이나 녹지 등 도시 환경을 구성하는 다양한 요소가 가지고 있는 문제점과 적정한 보전·정비를 위한 계획의 방식 및 계획에 임하여 필요한 요소의 계측·평가에 관하여 살펴보고자 한다.

9.1 환경계획의 기본 개념

9.1.1 도시계획과 환경 문제

(1) 사회환경의 변화와 환경책

먼저, 일본의 환경 문제와 도시와의 관계에 대해서, 사회적 · 경제적 배경을 통해서 개괄해 보자.

표 9.1은 제 2 차 대전 이후 연대별로 사회 · 경제의 움직임과 환경 문제와의 관계를 나타낸 것이다. 이 표에서 일본의 과거 반세기에 걸친 도시 환경 문제는 경제 · 사회 정세의 변화에 따라 어지러운 전개를 보였던 것을 알 수 있고, 이에 대한 다양한 환경 정책이 적용되었던 것을 알 수 있다. 60년대의 공해문제부터 90년대의 지구 환경 문제까지 환경에 대한 사회의 인식이나 평가에 큰 변화를 볼 수 있다. 보다 본질적, 포괄적으로 대응하는 환경시책이 요구되었다.

연대	경제 · 사회	환경문제	환경시책
1950	경제 · 산업부흥 도시화	자연재해	
1960	고도성장, 자동차보급	산업공해, 자연파괴	공해방지조례
1970	석유파동 도너츠현상	생활환경문제	자연환경보전조례 환경영향평가
1980	정보화, 에너지절약	어메니티의 추구	환경관리계획
1990	환경조화 고령화	지구환경문제	환경기본법 환경기본계획

[표 9.1] 환경 문제와 배경

(2) 환경 문제의 종류

한편, 도시의 환경 문제는 인간뿐만 아니라 동식물에도 큰 영향을 미쳐, 급격한 도시화에 의해서 생태계가 파괴되고, 도시의 자연은 현저하게 쇠퇴했다. 도쿄의 포유동물의 퇴행을 나타내는 그림 9.1은 개발에 의해서 많은 동물의 서식지가 쫓겨가는 모습을 보여주고 있다.

이와 같이 환경 문제는 광범위한 영역에 걸쳐, 다양한 양태로 나타난다. 이를 자연환경으로 보여지는 문제와 인공환경으로 보여지는 문제로 구분하면 그림 9.2와 같이 분류할 수 있다. 이 중 자연환경에 있어서의 환경 문제는 도시 주민의 인체에 영향을 준다거나 주변의 동식물의 파괴를 가져오는 것으로서 심각한 것이다. 또 인공환경에 있어서의 문제에서도 폐기물 처리와 같이 긴급한 해결이 요구되는 과제도 많다.

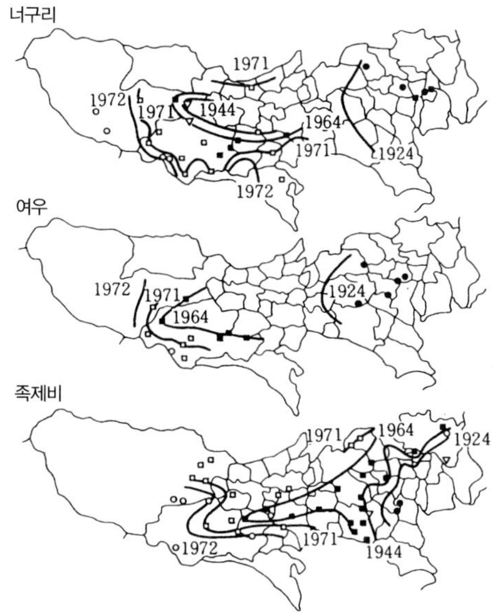

[그림 9.1] 도쿄의 포유동물 퇴행을 보여주는 그림(셈바, 1973)

(3) 도시계획과 환경계획

지금까지 도시계획은 도시민이 안전하고, 쾌적하며, 효율적으로 경제사회 활동을 할 수 있도록 도시의 물적 환경을 계획하고 정비하는 기술이라고 인식되어 왔다. 이와 같은 경제성과 효율 우선의 계획은 대규모 개발을 낳았으며, 각종 환경 문제가 발생하게 되었다. 때문에, 각지에서는「개발이냐 보전이냐」라는 논란이 발생하게 되었다.

- 도시의 환경문제
  - 자연적 환경
    - 대기관련
      - 대기오염, 악취, 소음
      - 일조장해, 빛장해, 방사능장해
      - 전자파장해, 전파장해
    - 물관련
      - 수질오염, 방사능오염
      - 홍수
    - 토양관련
      - 토양오염
      - 지반침하, 토사유출
    - 생물관련
      - 동식물자원파괴
  - 인공적 환경
    - 도시시설
      - 도로정비부족, 상하수도정비부족
      - 커뮤니티 시설 정비 부족
    - 폐기물
      - 폐기물처리, 자원소비
    - 시가지환경
      - 과밀시가지, 도심지구공동화

[그림 9.2] 도시의 환경 문제 구분

또한 지구환경 문제가 제기되어, 개발에 의한 자연환경의 각종 영향이 밝혀짐에 따라 인류의 미래에 대한 불안이나 위기의식이 높아져, 다음 세대에 이어지는 환경보전이 매우 강조되기에 이르렀다. 즉, 모든 개발행위는 〈지속 가능한 개발〉 (sustainable development)로 이루어질 것이 요구되기 시작하였다.

대부분의 환경 문제라는 것이 도시에서 발생한다. 때문에 지구환경 문제의 관점에서 도시계획은 자연환경과의 조화가 매우 강조되고 있다. 즉, 앞으로 도시계획의 한 방향으로서, 시민의 쾌적한 환경 조성을 위한 도시계획과 풍부한 자연이 지속적으로 영위가능한 환경계획이라는 두 가지 관점에서의 평가에 근거하는 계획이 요구된다.

9.1.2 도시 환경의 방식

(1) 르 · 꼬르뷰제의 도시 환경

도시생활에서 자연의 중요성은 에도시대의 서민생활을 그린 「에도 명소 화집」 등에서도 볼 수 있다. 사람들은 자연을 찾아 주변의 야산에 놀러가거나(遊山), 분재를 만들어 가까이 하고자 하였다.

건축가 르 · 꼬르뷰제는 「빛나는 도시」에서 「가장 본질적인 형태로서 자연은 주거기능에 포함되어 있으며(태양, 공간, 녹지), 업무기능에도 존재한다(녹지와 하늘). 또한 휴식의 기능에서도 중요한 역할을 하고(조망과 풍경), 교통도 수반한다(조망와 풍경).」라고 하였다. 이처럼 주거, 업무, 휴식, 교통의 도시 4대기능에 자연이 깊게 관련되어 있음을 보여주고 있다.

(2) 환경계획의 지표

환경계획에서는 목표 설정이 매우 중요하다. 일반적으로 환경목표로서는 ① 안전성, ② 보건성(위생), ③ 편리성, ④ 쾌적성, 그리고 공공경제와 관련되는 ⑤ 경제성을 들 수 있지만, 생활환경의 기반이 되는 자연과의 ⑥ 공존성 (coexistence)도 부가되어야 할 것이다.

계획에서는 이러한 목표를 달성하기 위해, 수공간과 녹지 등의 자연조건, 도로나 공원 등의 물적 환경조건, 거기에 지가나 제도 등의 사회 · 경제적 조건을 제어해 바람직한 수준의 환경을 조성하는 것이 필요하다.

9.1.3 환경공생도시

(1) 환경과 토지이용

바람직한 도시 환경을 만들기 위해서는 적정한 토지이용이 필요하다. 적정한 토지이용은 지형이나 지질 등 자연적 조건에 의해서도 규정된다(표 9.2).

이언 · 마크하크는 생태계획(ecological planning)을 제시하였다. 이는 한 지역이 지금까지 어떠한 경과로 어떻게 발전해 왔는지를 파악함으로써 앞으로 어떠한 현상이 일어날 지를 예측할 수 있으므로, 자연조건과 사회조건의 시간적 과정을 파악하고, 이를 기초로 적정한 토지이용을 계획하는 것이다. 그리고 계획결정시는 지역주민이 생각하는 현재 및 장래에 대한 욕구 등이 중요한 가치판단기준이 되지만, 최소비용으로 최대효과를 도모하기 위해서는, 자연조건을 고려하여 환경 파괴가 적은 대안을 선택하는 것이 효과적이라고 주장하고 있다.

(2) 환경공생도시 만들기

동물이나 식물은 주어진 환경에 강하게 적응하면서도 생태계(ecosystem)안에서 주어진 역할을 담당하면서 종의 유지를 꾀하고 있다. 생태계 구성요소 중에 문제가 발생하면, 생태계 전체가 파괴될 수도 있는 것이다. 도시가 이러한 자연환경과 조화를 도모하기 위해서는, 자연생태계 시스템을 담고 있는 도시, 즉 환경공생도시(에코폴리스)를 목표로 해야 할 것이다.

이미 세계 각지에서 환경공생도시를 조성하기 위한 시도가 보여진다. 하천을 개수하여 콘크리트에 갇혀있던 지천들을, 다자연형 하천공법으로 다시 소생하게 하는 시도, 사무소건물의 중정에 연못을 조성하여, 곤충이나 식물이 서식할 수 있는 비오톱을 조성하는 등의 예가 보여진다.

<table>
<tr><th>자연지역
유형</th><th>자연지리적
토지구분</th><th>자연지의
내용</th><th>자연의
작용</th><th>적정토지이용</th><th>불허
토지이용</th></tr>
<tr><td>s-w</td><td>지표수
빈수지</td><td>지표수와 수변지</td><td>-자정작용
-토양운반작용
-대수층에의 지표수함양</td><td>-옥외레크리에이션
-야생생물, 습지식물군락의 보호
-농업
-어업</td><td>-수질을 오염하는 폐기물 배출
-물과 직접 관련되지 않는 산업</td></tr>
<tr><td>b-1</td><td rowspan="2">삼각주
범람평야
(대수층하부)</td><td>삼각주
범람평야의
농경지</td><td rowspan="2">-유수저수작용
-저위대수층에의 지하수함양</td><td rowspan="2">-농업
-옥외레크리에이션
-저밀도주택지
-농업취락</td><td rowspan="2">-지하수의 과잉양수
-중량구조물의 설치
-홍수방지시설이 없는 시가지 형성</td></tr>
<tr><td>c-1</td><td>삼각주
범람평야의
수림지</td></tr>
<tr><td>b-2</td><td rowspan="2">곡저평야
선상지
(대수층하부)</td><td>선상지
곡저평야의
농경지</td><td rowspan="2">-유수작용
-표면투수작용</td><td rowspan="2">-농업
-옥외레크리에이션
-저밀도주택지
-농업취락</td><td rowspan="2">-지하수의 과잉양수
-시가지형성</td></tr>
<tr><td>c-2</td><td>선상지
곡저평야의
수림지</td></tr>
<tr><td>b-3</td><td rowspan="2">저위대지
(대수층중부)</td><td>저위대지의
농경지</td><td rowspan="2">-표면투수작용
-수림지와의 일체로 된 토양침식조절작용</td><td rowspan="2">-농업
-옥외레크리에이션
-주택지
-공업</td><td rowspan="2">-오염물질의 지표면투하처리</td></tr>
<tr><td>c-3</td><td>저위대지의
수림지</td></tr>
<tr><td>b-4</td><td rowspan="2">대지, 계단식구릉
(대수층상부)
(지하수함양지역)</td><td>대지, 계단식
구릉의 농경지</td><td rowspan="2">-지하수함양작용
-수림지와 일체로된 토양침식조절작용
-보수작용</td><td rowspan="2">-시가지
-옥외레크리에이션
-농업
-공업</td><td rowspan="2">-대지, 계단경사면의 인공시설화
-오염물질의 지표면투하처리</td></tr>
<tr><td>c-4</td><td>대지, 계단식
구릉의 수림지</td></tr>
<tr><td>b-5</td><td rowspan="2">구릉, 산지
(수원함양지)</td><td>구릉, 산지의
농경지</td><td rowspan="2">-수림지와 일체로된 토양침식조절작용
-보수작용</td><td rowspan="2">-임업
-옥외레크리에이션</td><td rowspan="2">-수림의 개벌
-대규모 토지조성</td></tr>
<tr><td>c-5</td><td>구릉, 산지의
수림지</td></tr>
</table>

[표 9.2] 자연지역 유형별 적정토지이용(전답장수)

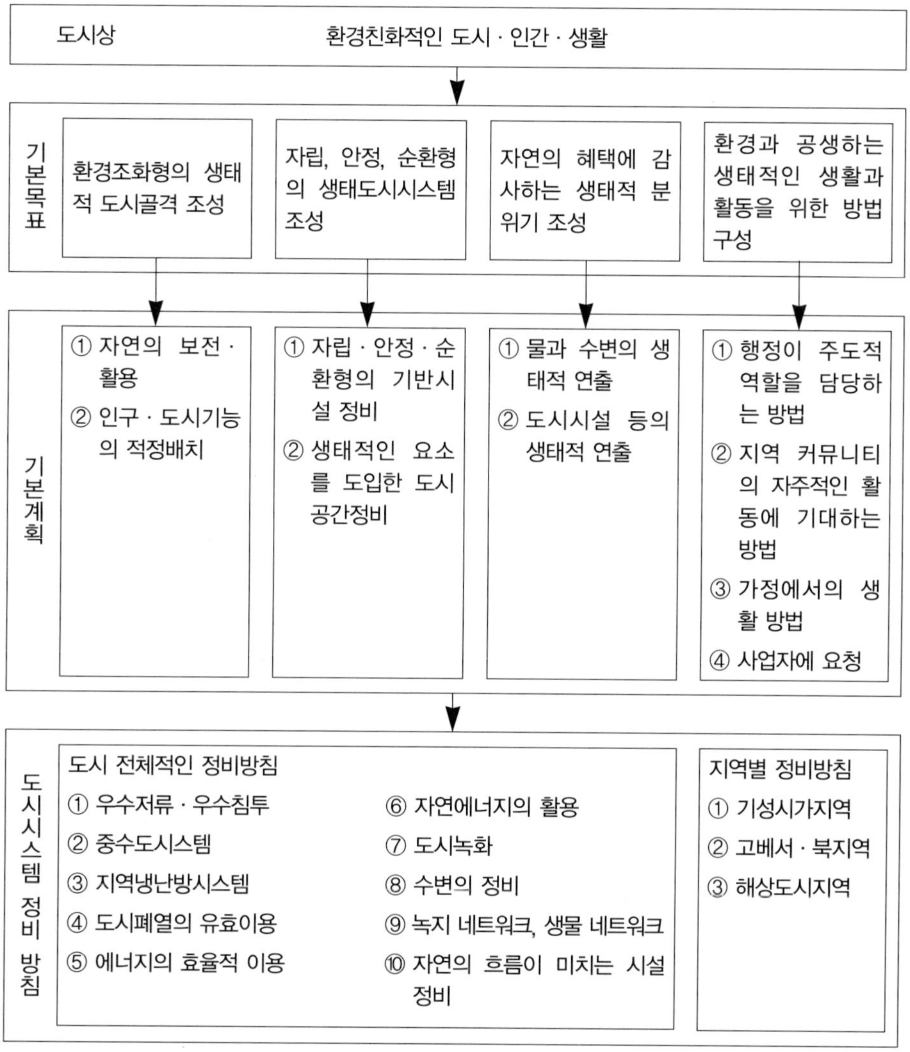

[그림 9.3] 에코폴리스계획의 구성(코베시 환경국, 1990)

(3) 환경공생도시의 목표

일본에서도 1990년대에 들어서면서 환경공생도시 조성을 위한 시도가 있었으며, 코베시의 에코폴리스계획(그림 9.3)에서는, ① 생태적 도시 골격 조성, ② 자립, 안정, 순환형의 도시 시스템 조성, ③ 자연의 은혜에 감사하는 분위기 조성, ④ 환경공생의 생활과 활동을 목표로 하는 구조 조성 등의 4가지 기본목표와 이에 따른 정비방침을 제시하고 있다.

이와 같이 환경공생도시 조성에서는 계획목표로서 ① 환경부하가 적은 도시

구조, 컴팩트한 도시, ② 자립, 순환, 절약형의 에너지이용이 가능한 도시 시스템, ③ 자연과의 공생을 실감할 수 있는 도시 경관, 그리고 ④ 시민의 생활이나 생산 활동에서도 자원의 이용이나 리사이클을 고려한 생태학적인 라이프스타일의 실현을 목표로 하고 있다.

9.1.4 환경계획의 추진

(1) 환경기본법의 성립

최근 환경 문제의 확대는 지구적 규모로 급속도로 확산됨에 따라 "Think globally, Act locally" 의 관점에서 지구의 전역이 환경 문제를 진지하게 다룰 것이 요구되고 있다. 또한 인간성 회복이나 건전한 도시사회에 대한 희구는 이기적인 쾌적성의 추구에서 에콜로지 추구형과 환경공생계획으로의 수정이 요구된다.

따라서 일본 건설성에서는 1994년, 환경정책의 기본적인 방향을 정리한 환경정책대강을 발표하였다. 환경은 대기, 물, 토양, 생물 등의 자연환경과 공공시설, 주택 등의 인공환경으로 구성된 것으로, 인간은 이러한 환경을 기반으로 모든 활동을 전개한다고 보고 있다.

한편 일본 환경청에서는 1993년 당시까지의 공해대책기본법과 자연환경보전법을 통합, 포괄적인 환경정책을 추진하고자 환경기본법을 발표했다. 그 후 동법의 규정에 의거, 1994년 일본 환경행정의 핵심을 담당하는 환경기본계획을 제정해 통합적이며 체계적인 시책의 전개를 도모하였다.

(2) 지방자치단체에 있어서의 환경계획

환경기본계획의 4가지 기본방침은, ① 사회경제 활동 전반에 걸쳐, 환경에의 부하가 적은 시스템조성(표 9.3), ② 건전한 생태계를 유지하고 회복하여, 자연과 인간과의 공생을 확보, ③ 국가와 지자체, 그리고 국민과 사업자의 공평한 역할분담에 의한 환경보전활동에의 참가, ④ 지구환경을 양호한 상태로 유지하기 위한 국제 조직의 추진이다.

이 목표를 실현하기 위해, 지방자치단체에서는 각각 구체적인 계획이 규정된 지역환경계획을 책정하여, 이의 추진을 도모한다.

대상항목	구체적 시책	참고가 되는 목표예
대기환경의 보전	–지구온난화대책 –오존층 보호대책 –산성비에의 대책 –광과학옥시던트 대책 –질소산호물대책 –부유입자상 물질 대책 –소음, 진동 대책 –악취대책	–환경기준치설정 –이산화탄소배출량은 2000년 이후 1990년의 배출량으로 제어 –특정프론 등의 생산규제 –자동차배출질소산화물삭감계획, 저공해차보급대수 목표설정
수환경의 보전	–건전한 수환경 –수환경에의 부하 저감 –폐쇄성수역의 수환경 보전 –해양환경의 보전	–환경기준치 설정
토양환경 및 지반환경 보전	–토양환경의 안전성 확보 –지반환경의 보전	–환경기준치 설정
폐기물 및 리사이클 대책	–폐기물의 발생제어 –적정한 리사이클 추진 –폐기물의 적정한 처리	–폐지이용률 55%(1994년) –알루미늄캔재자원화율 60%(1994년)
특성에 따른 자연과 인간의 공생	–뛰어난 자연 보전 –삼림, 농지 등의 환경유지 –도시의 자연환경 확보 –다양한 자연의 유기적 연계	
생물다양성 확보	–서식환경의 정비 –각종사업실시에서 고려할 것	
윤택하고 풍부한 환경의 확보	–쾌적환경의 확보 –자연환경의 건전한 이용	

[표 9.3] 환경기본계획의 구체적 시책(제3부, 1–2장)

(3) 지역환경계획에의 추진

쿠마모토시의 경우, 환경기본조례에 의거해 1993년 환경종합계획을 책정하였다. 종합계획은 다음과 같은 구성이 되었다.

제1장 기본 구상

제2장 환경과 조화를 이룬 도시 조성

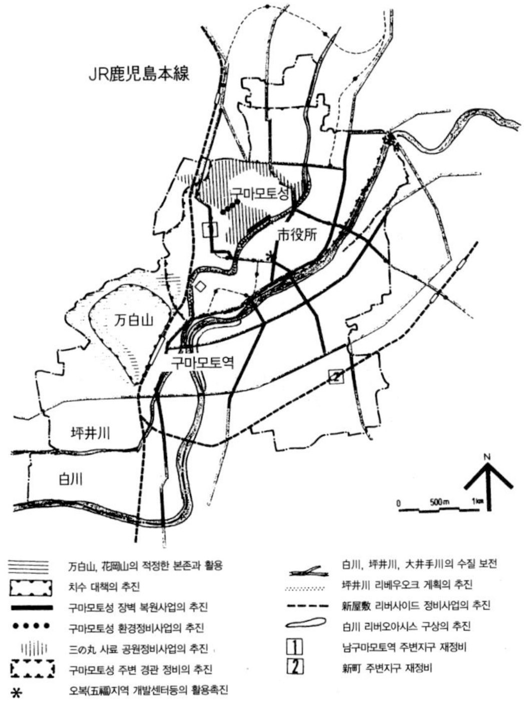

[그림 9.4] 쿠마모토시 도심의 환경기본계획

제3장 지역의 양호한 환경 조성

제4장 계획의 추진

이 중, 제1장에서는 생활환경이나 자연환경, 역사문화적 환경을 대상으로, 도시 활동을 종합적으로 파악하는 종합계획에 대해 설명하였다. 그리고 ① 안전하고 쾌적한 생활환경, ② 생태계가 숨쉬는 자연환경, ③ 개성적이며 매력있는 역사문화 환경, ④ 환경적인 사회시스템, ⑤ 환경을 고려하는 생활 양식의 5가지 환경조성의 목표를 설정하였다. 제3장에서는 구체적인 기본계획을 제시하였다(그림 9.4).

9.2 도시의 오픈 스페이스

9.2.1 오픈 스페이스의 종류와 기능

(1) 오픈 스페이스의 종류

오픈 스페이스(open space)란 녹지나 수면, 그리고 비건폐지를 말하는 것으로 환경보전이나 레크리에이션을 주목적으로 하는 장소라고 생각되어진다. 일본에서는 일반적으로 오픈 스페이스를 녹지로 번역하고 있지만, 도시계획법에서는 도시시설로서의 공원과 조영물녹지를 간단히 녹지로 불러 광의의 의미와 협의의 의미 두 가지로 사용하고 있다.

광의의 녹지, 즉 오픈 스페이스를 소유형태로 구별하면, 그림 9.5에서 보는 바와 같이, 공공 오픈 스페이스로서의 공원, 녹지, 운동장 등이 있다. 준공공으로는 학교 운동장, 사찰 경내 등이 있으며, 사유 오픈 스페이스에는 개인정원이나 민영 운동장, 농지, 산림 등이 포함된다.

(2) 오픈 스페이스의 기능

오픈 스페이스는 토지이용의 목적에 따라 그 기능이 결정되지만, 구성요소인 수목의 기능(그림 9.6)이나 토지나 물의 기능 등 그 외에도 많은 기능을 지니고 있다. 그림 9.7은 이러한 오픈 스페이스가 가지는 기능을 유형별로 분류한 것이다.

a) 방재 기능

도시가 고층 · 고밀도화에 따라 재해의 위험도도 높아짐에 따라, 피해를 최소화하기 위해, 오픈 스페이스의 계획적 배치가 매우 중요하다.

b) 환경보전 기능

대도시 중심에서는 여름철 폐열이 열섬현상을 일으켜 교외지역과의 기온격차가 발생되어 문제가 되고 있다. 이때, 지형이나 토지이용 등을 고려하여, 오픈 스페이스를 배치함으로써 계획적인 공기의 흐름 등을 조성하여 도시 내의 대기의 정화나 기온 조절, 에너지 소비의 억제 등에 기여할 수 있다.

c) 레크리에이션 기능

일반적으로 인공환경에서 생활하는 도시민에게 있어서, 주변의 오픈 스페이스는 놀이나 휴식의 장소임과 동시에 평온함이나 감동을 받는 장소, 자연을 배울 수 있는 유일한 장소이다.

d) 경관구성의 기능

마을 풍경을 그린 명화에서 수목이나 수면이 중요한 요소인 예는 수없이 많다. 수목이나 수면은 도시 경관에 변화를 가져옴으로써 경관에 강한 인상을 준다. 또 연속된 오픈 스페이스는 경관구조를 규정하여 도시 형태를 인식하는데 중요한 역할을 한다.

e) 경제적 기능

자원으로서 오픈 스페이스는 생산, 유통, 서비스 등의 역할을 한다. 이러한 의

- 도시의 토지
  - 1. 건축부지 및 건축개발예정지 — 주택, 점포, 그 외 공공건축물. 모든 건축물의 건축부지 및 예정지.
  - 2. 비건축 부지
    - 1) 교통용지
      - 도로용지(주차장)
      - 수로항만 등에서 운반 및 하역장 창고용지
      - 철도, 궤도용지
      - 비행장
    - 2) 오픈스페이스 (도시의 공지체계)
      - ① 공공오픈스페이스 (공공공지)
        - a. 공원 — 각종 공원
        - b. 녹지
          - a) 시설녹지(완충녹지, 근교녹지, 해안 등)
          - b) 공용녹지(하천부 녹지, 제방, 가로정원, 공공도로, 녹도)
          - c) 제한녹지(보암림, 풍치지구, 근교녹지)
        - c. 공영운동장
        - d. 광장
        - e. 묘지공원
        - f. 공원도로
        - g. 공영분구원
      - ② 준공공오픈스페이스
        - a. 학교운동장
        - b. 공개정원 – 관공청사, 학교, 병원 등 공공공영 시설의 정원)
        - c. 사찰 경내 및 묘지 등의 부속 정원
        - d. 수로, 수면
      - ③ 사유 오픈스페이스
        - a. 개인정원(주택정원, 건물의 비건축지)
        - b. 민영운동장 – 야구, 정구, 골프 등
        - c. 유원지
        - d. 경마, 경륜장
        - e. 민영분구원
        - f. 농지 — 방목지, 과수원을 포함
        - g. 산림
        - h. 양축장
        - I. 사유수면 – 낚시터 등

[그림 9.5] 오픈 스페이스의 분류(사토 쇼우)

미에서 도시 내의 생산녹지는 여러 기능이 중복되는 많은 기능을 담당하고 있다고 볼 수 있다.

(3) 오픈 스페이스에의 기대

지금까지 도시의 오픈 스페이스에 대한 기능적 평가가 부족하여, 도시계획상 적정한 위치설정이 이루어지지 않은 채 이용되어 왔다. 도시 내에 남겨진 나무나 농지, 산림, 수변공간 등은 앞으로도 개발의 물결에 노출되어 있는 실정으로 시급한 대응이 요구된다.

오늘날의 도시 오픈 스페이스는 친밀한 자연의 공간으로서, 인간과 자연과의 관계를 더욱 깊이 이해할 수 있도록 하는 기능이 요구되어, 환경 교육이라는 중요한 역할도 담당하고 있다. 도시화 시대의 쾌적한 환경 만들기와 함께, 환경공생도시조성을 추진하는 힘이 될 것을 기대한다.

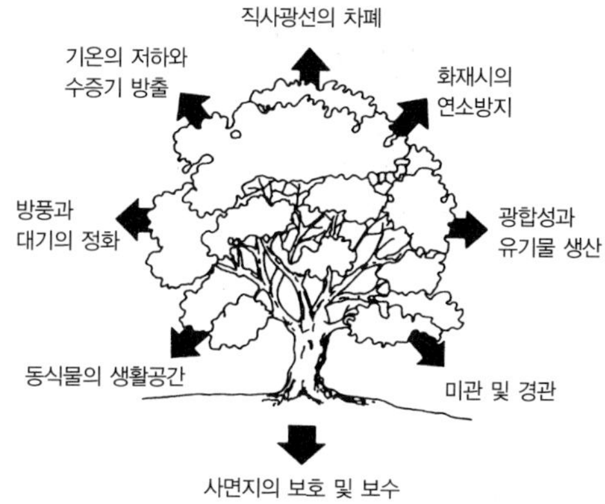

[그림 9.6] 수목의 기능

- 오픈 스페이스의 기능
  - 1. 방재기능
    - 방재, 피난거점
    - 홍수조절
    - 경사지보전
    - 연소방지
  - 2. 환경보전기능
    - 생태계보전
    - 방음, 방풍, 방진(防塵)
    - 기온조절
    - 대기정화
    - 도시형태규제
  - 3. 레크리에이션기능
    - 소음완화
    - 운동, 유희공간
    - 휴양, 위락
  - 4. 경관구성의 기능
    - 감상, 관찰
    - 수경
    - 도시형태인식
  - 5. 경제적 기능
    - 농산물생산
    - 수운
    - 에너지 공급
    - 상업오락시설

[그림 9.7] 오픈 스페이스의 기능

9.2.2 녹지기본계획

(1) 도시화와 녹지의 쇠퇴

일반적으로 도시화가 진전됨에 따라 도시 내의 녹지가 줄어든다. 최근 충실한 도시녹화 정책으로 공공시설이나 가로의 녹화가 비약적으로 확대되었지만, 도시녹지의 대부분을 차지하는 민유지의 녹지는 여전히 감소가 지속되고 있다.

시가지의 녹지는 왜, 어떻게 줄어들고 있는 것일까? 그림 9.8은 후쿠오카시의 시가화 구역의 녹지 분포에 대한 실태조사 및 해석을 한 것으로 약 500m의 메쉬 면적에 차지하는 수림이나 농지, 초원 등을 전체 면적의 비율(녹지율)로 나타낸 것이다. 이 그림에서 시가지 중심지의 경우 녹지율이 저조하고, 시가화조정구역에 인접하는 지구에서는 높은 것을 알 수 있다.

다음으로 같은 메쉬에 대해 인구밀도와 녹지율과의 관계를 살펴보면, 그림 9.9에서 보는 바와 같이, 인구밀도와 녹지율에는 높은 상관관계가 있음을 알 수 있다. 또한, 이러한 녹지율이 변함에 따라 높은 상관을 나타내는 항목을 구하기 위해서, 지리적 조건이나 토지이용 등의 항목과 녹지율로 다변량 해석을 실시한 결과, 녹지율의 변화에 대해서는 인구, 도시시설 면적, 상업용지 면적 등이 높은 상관관계에 있다는 것이 밝혀졌다.

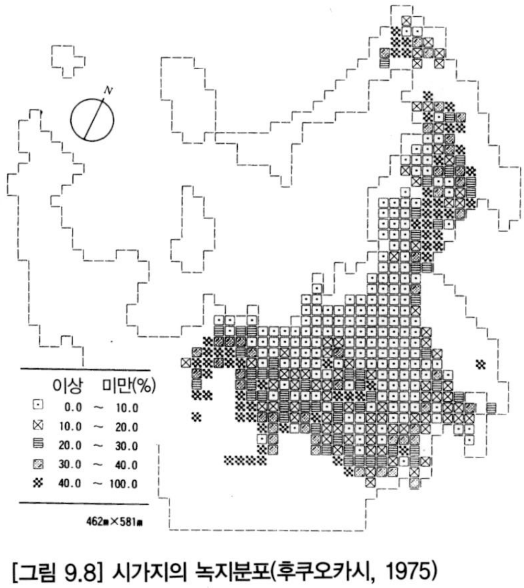

[그림 9.8] 시가지의 녹지분포(후쿠오카시, 1975)

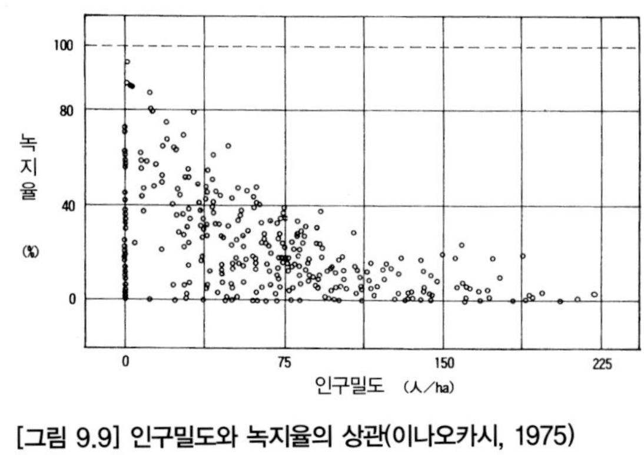

[그림 9.9] 인구밀도와 녹지율의 상관(이나오카시, 1975)

(2) 녹지기본계획의 제정

지금까지 도시가 확대됨에 따라 녹지가 없어지는 현상에 대해, 다양한 녹지 보전 · 정비를 위한 시책이 있었다. 그러나 도시와 환경전문가나 시민참가를 고려한 조직이 요구되며, 도시녹화 정책은 종합적이고 체계적이어야 한다. 또한 시군구가 각 지역의 녹지의 미래상을 규정하고, 이를 위해 녹지의 보전과 창출을 위한 창의적인 시책이 요구된다.

이러한 배경으로 건설성에서는 1994년 도시녹지보전법의 개정으로 기존의 「녹지마스터플랜」 및 「도시녹화 추진계획」을 통합하는 형태로 「녹지의 보전 및 녹화의 추진에 관한 기본계획(녹지기본계획)」을 발표하였다.

「녹지기본계획」은 시군구의 녹지와 오픈 스페이스에 관한 종합적인 계획이며, 그 내용으로서, ① 녹지 보전 및 녹화의 목표, ② 녹지 보전 및 녹화 추진 시책, ③ 녹지 배치의 방침, ④ 녹지 보전지구에 관한 사항, ⑤ 녹화 추진 중점지구에 관한 사항을 정한다.

(3) 녹지 보전 · 창출의 시책

녹지기본계획에서는 「녹지 배치의 방침」으로 녹지를 계통적으로 배치할 것을 권장하고 있다. 환경보전, recreation, 방재, 경관 구성이라는 녹지 기능이 효과적으로 발휘될 수 있도록 배치하도록 한다.

현재, 녹지의 보전 · 창출을 위한 시책 그림 9.10은 대상이 되는 녹지를 공유지와 민유지로 구분해 각각의 보전 · 창출을 위한 시책을 보여주고 있다. 우선 공유지에서는 도시공원법에 근거하는 공원의 정비와 하천, 도로 등의 공공공익시설의 녹화를 제시하고 있으며, 민유지에서는 보전시책으로서 풍치 지구의 지정이나 보전수, 보전수림을 지정하는 시책을 제시하고 있다. 또 창출의 시책에서는 도시녹지보전법에 근거하는 녹지협정 제도나 시민 농원의 정비 등을 제시하고 있다. 또한 이러한 시책을 추진하기 위해서, 주민의 보급계발 활동, 관련연구나 사업에 관한 시책 등도 보여 주고 있다 .

일본 정부는 21세기를 향한 녹지가 풍부한 생활환경 형성을 목표로 「녹지의 정책 대강」을 책정해, 30% 이상의 시가지 녹지율을 21세기초에 달성할 것을 목표로 하고 있다.

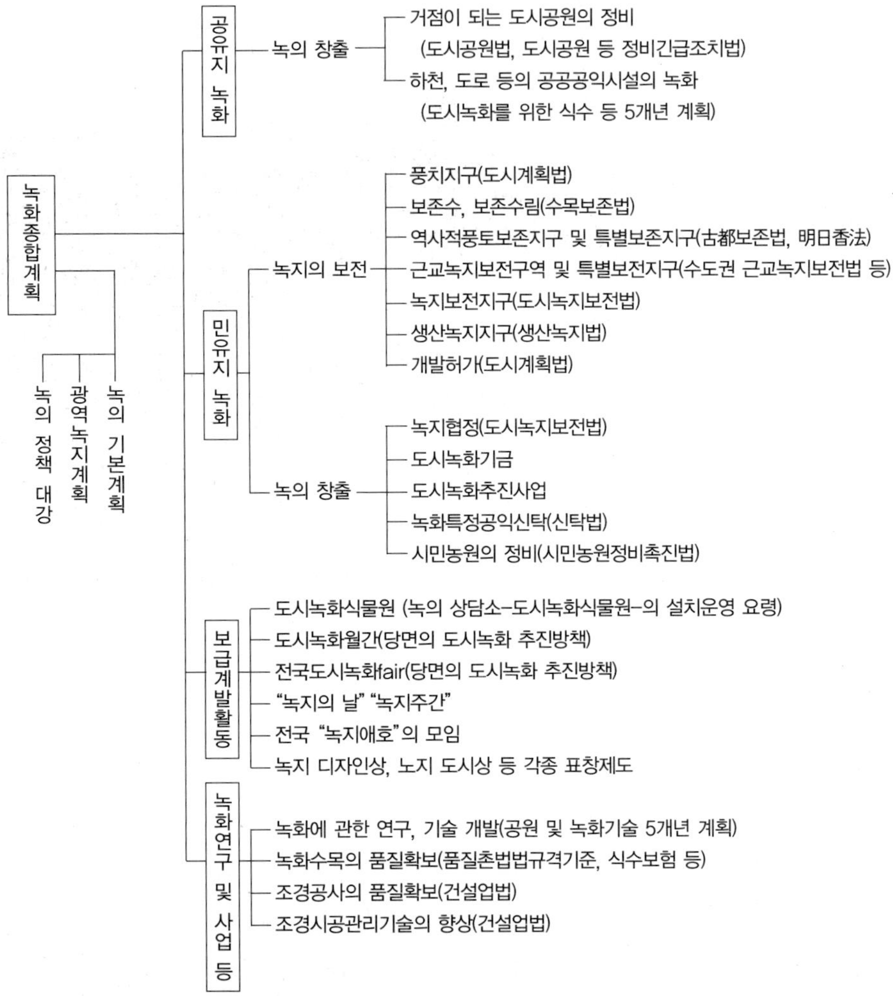

[그림 9.10] 녹지 보전 · 창출을 위한 시책 체계(오오누키 세이지)

(4) 녹지기본계획의 사례

센다이시 녹지기본계획에는 주요 녹지구조와 5개의 녹지계획축이 제시되어 있다. 센다이시의 녹지는 도시 내의 산림이나 공원 등의 녹지로 인한 2개의 녹지 띠와 奧羽산맥으로부터 뻗은 5개의 구릉으로 조성되는 녹지의 손으로 구성되어 있다. 이를 보전하고 정비함으로써 도시 녹지의 골격을 만드는 것을 목표로 하고 있다(그림 9.11, 그림 9.12). 또, 종합적인 녹지시책인 녹지계획축에서는 ① 골격이 되는 녹지의 형성, ② 공원 녹지의 계통 정비와 지역 녹지 보전, ③ 안전

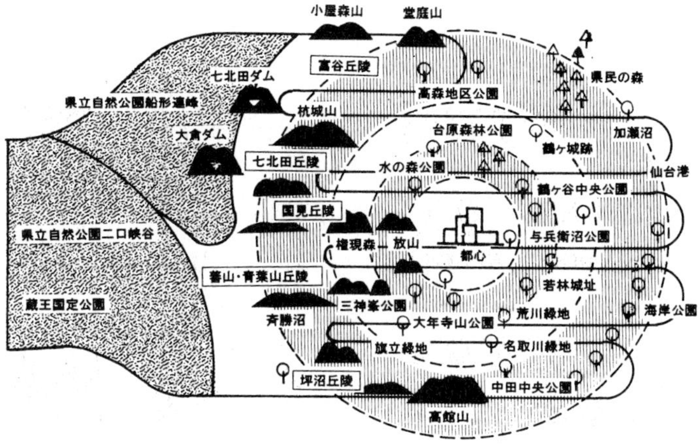

[그림 9.11] 센다이시가 지향하는 녹지 구조

[그림 9.12] 종합적인 녹지 배치 방침(센다이시)

[그림 9.13] 크라이카르텐
1구획 300평방미터, 25년 계약의「작은 뜰」

한 마을 조성을 위한 위한 녹지 정비, ④ 뛰어난 자연 환경과 농지의 보전, ⑤ 역사적 경관 및 양호한 도시 경관의 보전 · 육성을 들고 있다.

(5) 앞으로의 도시 내 녹지

도시의 어메니티를 향상시키고 환경공생도시 조성을 위한 계획에서는 가능한 많은 녹지량을 확보하고, 그 질이나 위치를 검토하여 주어진 토지의 조건에 맞는 보전 수법을 제시하여야 한다.

그럼 앞으로의 도시 녹지에는 무엇이 요구되고 있는 것일까? 급속한 근대 과학과 비교해 보면, 자연의 흐름이란 완만하면서 밸런스를 유지하는 포괄적인 것이다. 독일의 시민 농원으로 유명한 크라인카르텐(그림 9.13)은 야채나 꽃을 재배하는 것 이상으로 자연과의 접촉을 통해 건강하고, 풍족한 생활을 향유하는 것도 중요시된다. 또 단지 중정에 비오톱을 조성함으로써 생태적인 자연을 주변에 두어 주민이 자연의 부드러움과 기쁨을 향수할 수 있도록 한다. 일본에서도 최근 환경과 조화를 이룬 도시 조성을 위해 자연생태관찰원(어번 · 에코로지파크)사업 등 시민이 자연과 접촉할 수 있는 시책이 적극적으로 추진되고 있다.

9.2.3 공원 · 녹지계획

(1) 공원의 기원

영국에서의 공원의 기원을 보면, 중세 귀족의 수렵원에서 기원한 파크(park), 일반 주민이 방목이나 숯을 채취하기 위한 장소로 쓰여졌던 코몬(common)이 레크리에이션의 목적으로 변화한 것 등 다양한 형태가 있다. 19세기 중반까지는 런던의 하이드 파크나 센트 제임스 파크 등이 일반에게 개방되었다. 일본에서도 거의 같은 시기에 코이시카와 코라쿠엔과 같이 장군이나 지방 영주가 서민을 위해서 개방 정원이나 초기부터 서민을 위해서 개설한 공원 등이 나타나기 시작하였다.

[그림 9.14] 센츄럴 파크 조감도(Cameron, R.:Above New York에서)

미국에서는 유럽 제국의 공원 · 녹지의 정비에 자극되어 공원 설치에 대한 요구가 점차 높아져, 19세기 중반 뉴욕 시장 킹스 랜드는 340ha의 용지를 사들여 센츄럴 파크의 개설에 전력을 투구했다. 공원설계는 오룸스텟드(F.L. Olmstead)가 설계경기에서 당선되어, 자연의 지형을 살려 도시안에 전원 풍경을 만들어내는 것에 주력하였다(그림

종류	이용목적	표준규모 (ha)	최저규모 (ha)	유치거리 (m)	대상인구 (인)	수준 (m²/인)
주구기간공원						
가구공원	주로 가구에 거주하는 사람이 이용	0.25	0.1	250	2500	1
근린공원	주로 근린에 거주하는 사람이 이용	2.0	1.0	500	10000	2
지구공원	주로 보도권 내에 거주하는 사람이 이용	4.0	(4.0)	1000	40000	1
도시기간공원						
종합공원	휴식, 관람, 산보, 유희, 운동 등 종합이용	10.0이상	(10.0)	30분이상	25만미만	1
운동공원	주로 운동을 목적으로 하는 이용	15.0이상	(15.0)	(상동)	50만미만	1.5
그 외 공원 등						
특수공원	풍치공원, 동식물공원, 역사공원, 묘지공원 등의 특수 용도					
광역공원	시군구의 구역을 넘는 광역레크리에이션 목적에 이용	50.0이상	(50.0)	1시간 이내	100분미만	2
국영공원	도도현의 구역을 넘는 광역 이용과 국가적 기념사업으로서의 공원	300이상	(300)	200km	500분미만	
완충녹지	공해와 kombinat지대의 재해의 측정을 목적으로 하는 공원					
도시녹지	도시의 자연환경 보전이나 도시경관 향상을 목적으로 하는 공원	0.1이상	0.05이상			
도시림	주로 동식물의 서식지인 수림지의 보호를 목적으로 하는 공원					
녹도	재해시 피난로의 확보 또는 생활 안전성과 쾌적성 확보를 목적으로 하는 공원	폭원 10~20m				
광장공원	주로 상업, 업무계의 지역에서 경관향상과 휴식을 목적으로 하는 공원					

[표 9.4] 도시공원의 종류

9.14). 센츄럴 파크의 성공은 도시공원 건설 운동을 일으켜, 19세기 후반 미국의 모든 도시에 대규모 도시공원이 정비되게 되었다.

(2) 일본의 공원 · 녹지 행정

일본의 최초 공원제도는 1873년의 태정관포들에 근거하는 것으로, 「대도시에 있어 옛부터 명승이 되고 있는 공유지를 시민의 공원으로 한다」취지의 통지가 각 지방에 전달되었다. 그 후 각지에 도시공원의 정비가 진행되어, 1903년에는 히비야공원이 개원, 1919년의 도시계획법 제정으로 공원이 도시시설로서 명확하게 자리를 잡았다. 제2차 대전 후, 사찰 경내 공원의 농지화 등 공원의 소멸이나 관리 문제 등을 고려하여, 1956년 도시공원법이 발표되면서 1인당 도시공원 면적을 6m² 이상으로 정했다(표 9.4).

건설성은 1998년 제5차 도시공원등 정비 5개년 계획을 책정하여 공원 정비의 목표로서, 21세기 초두에 1인당 약 20m² 를 확보하는 것을 목표로 하고 있다. 또, 공원 정비의 방향으로서는, ① 방재 공원의 정비나 방재 기능의 강화에 의한 안전성에의 대응, ② 공원 네트워크의 형성이나 복지 시설과의 일체적 정비에 의한 장수 · 복지사회에의 대응, ③ 자연 지형과 식생을 살려 환경 학습의 거점이 되는 공원 조성으로 자연과의 공생에의 대응, ④ 스포츠 · 문화 활동의 거점이 되는 공원 조성으로 개성과 활력있는 지역 만들기에 힘쓰고 있다.

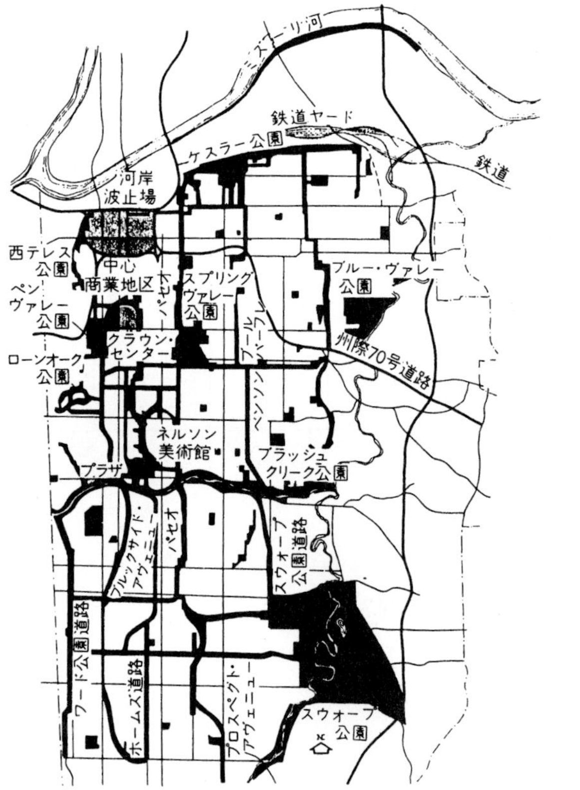

[그림 9.15] 캔자스시티의 공원시스템(오가스트 · 헤큐샤 : 오픈스페이스에서)

(3) 공원녹지시스템

도시공원을 배치할 때는 모든 시민이 이용할 수 있도록 고려함과 동시에 이용도를 높이기 위해서는 이용 내용의 다양화를 도모하여 이러한 공원들을 서로 점에서 선으로 전개시켜, 공원녹지시스템(park system)을 구성하는 것이 효과적이다. 19세기 후반 미국에서는 케스라 등에 의해 공원녹지시스템 계획이 추진되어, 보스턴이나 캔자스시티(그림 9.15) 등에서 그 뛰어난 실례를 볼 수 있다. 또 공원녹지시스템과 그 외의 녹지 및 각종 공공 시설 등을 유기적으로 연계함으로써 공원 이용을 비약적으로 높이는 것 외에도 작은 새나 작은 동물의 서식을 돕는 생태학적인 자연환경 조성도 기대할 수 있다.

9.2.4 수환경계획

(1) 수환경과의 관계

오래된 역사를 가진 많은 도시는 도시를 흐르는 물에 의해 성장하고 물과 관련되는 무수한 이야기와 함께 숨쉬고 있다. 도시 내에는 하천이나 용수로, 호수와 늪, 깊은 연못 등의 수면이나 해변 등이 가까이에 분포하여, 이러한 수면을 포함한 주변 환경, 즉 도시의 수환경은 일상 생활과 깊은 관련을 가지고 있다.

지금까지 도시 생활과 수환경과의 관계는 일반적으로 자연의 위협에 대비한 「치수」와 자연의 은혜를 입는 「이수」(표 9.5)의 측면으로 강하게 인식되어 왔지만, 최근에는 환경에 대한 인식의 고조와 함께, 수환경의 환경보전 기능이나 자연과의 접촉을 요구하는 친수기능이 중시되기에 이르렀다(그림 9.16).

(2) 수환경의 문제와 대응책

오늘날 많은 지자체에서는 급속한 도시화와 함께 도시 내 하천문제에서 벗어날 수 없다. 이러한 ① 우수가 일시적으로 하천으로 집중됨으로 인한 홍수의 증대, ② 하천의 평상 수량의 고갈, ③ 하천 수질의 악화, ④ 하천에의 쓰레기 투기, ⑤ 악취 발생, ⑥ 친수기능의 저하를 들 수 있다. 따라서 시가지 내에서는 방수로나 유수지의 설치, 하천 개수, 투수성 포장 등을 권장함과 동시에 교외에서는 보수림, 보수 농지의 보전 시책에 힘을 쏟고 있다.

종별	환경문제
1. 신앙	물의 신(이수, 치수, 수난, 수운)
2. 생업	관개, 세정, 수산, 저수, 종이만들기, 사리, 수운, 관광
3. 생활	상수, 세탁, 수방
4. 창작	문학, 회화, 무용
5. 교육	환경, 이과, 지리
6. 레크리에이션	물에서 노는 것, 낚시, 수영, 보트, 산보
7. 그외	방위

[표 9.5] 물과 생활

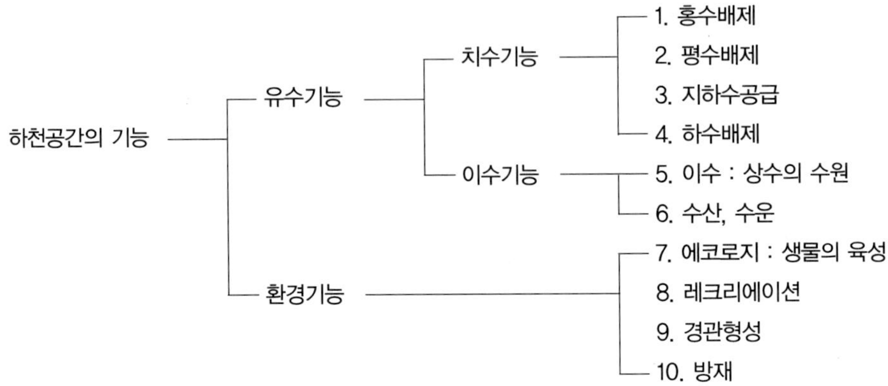

[그림 9.16] 하천의 기능

(3) 수환경 계획

이러한 상황에서 도시의 수환경 정비에 요구되는 요건으로는 도시 생활과 관련되는 수환경의 매력을 높이면서, 수변이 지닌 자연 조건을 적정화시키는 등 하천공간은 도시의 오픈 스페이스 네트워크를 구성하는 프레임으로서 중요한 의의를 가지고 있다.

수환경을 계획할 때에는 일반적으로 다음의 항목조사를 실시하고 있다. ① 수환경과 도시 생활과의 역사적 관계, ② 수환경의 이용 · 역할, ③ 경관조사, ④ 하안 · 강바닥 등의 물적 조건, ⑤ 생물조사, ⑥ 수질 · 수량 등에 관한 조사 등이다.

(4) 수변과의 공생

물의 고향으로서 알려진 야나가와시는 아리아케해를 바라보는 치쿠고 평야에 위치, 시가지에 연장 약 60km의 수로가 조성되어 있다. 수로는 지반 조성으로서의 기능외에도 지하수 함양, 용수, 홍수 조절, 양어, 레크리에이션, 경관 형성 등 지역의 생활에 깊이 관련되어 있다. 그러나 최근, 수질이 악화되어 수로를 매립할 것이 계획되었다.

이에 대해 시의 직원을 중심으로 하는 수질 정화 작전이 전개, 수로기능을 재검토하고, 시민의 이해와 협력을 얻어, 이전의 깨끗한 상태를 되찾아, 현재는 강물 놀이나 물가의 산책길로 관광객의 인기를 끌고 있다(그림 9.17, 그림 9.18).

야나가와시 하천정비 사업의 주된 내용은 다음과 같다.

[그림 9.17] 야나가와시의 수환경

[그림 9.18] 야나가와의 거리와 수환경(환경 문화, 56호)

① 하천의 정비 : 준설, 유수의 확보, 녹화 · 산책길화 · 공원화

② 오수의 유입 억제 : 사업소 등의 폐수 처리의 철저, 가정폐수의 수질 개선, 분뇨 정화조의 방류수의 수질 개선

③ 유지 관리 : 유지 관리 체제의 확립, 전통 미관 보전 지구의 확대, 분뇨 정화조 관리 전문업자의 설치, 모두 강을 아름답게 하는 운동 추진, 강을 지키는 회의 결성, 홍보 계몽, 정기적 준설

9.3 환경의 계측과 평가

9.3.1 환경 자원과 정보 시스템

(1) 환경 자원이란

1972년 스톡홀름에서 개최된 「국제연합인간환경회의」에서 범지구적으로 환경 문제를 다루어야 하는 것이 인류 공통의 과제로 인식되면서, 「유한한 자원」으로서 환경을 보전하고, 활용, 창조해 가는 것이 더욱 더 중요하게 되었다.

환경 자원이란 인간의 모든 면에서 유익한 모든 환경 요소를 가르킨다. 환경 자원은 일반적으로 「자연 환경 자원」과 「인공 쾌적 환경 자원」으로 대별된다. 표 9.6 은 「환경 관리계획의 기본 모델의 책정에 관한 조사 연구」 (환경청 위탁, 1981)에 나타난 환경 프레임의 예이다. 여기에 따르면 자연 환경 자원은 자연·생태 자원 항목이라고 하는 플러스 요인과 공해 항목이라고 하는 마이너스 요인으로 나눌 수 있다. 그리고 인공 쾌적 환경 자원은 공간 구성·심미 자원, 역사적·문화적 자원이라고 하는 인간 생활에 플러스로 작용하는 항목과 근린 공해, 재해라고 하는 마이너스로 작용하는 항목으로 나눌 수 있다.

9.1절에서 본 환경공생도시 조성에서 환경 자원은 인간에게 있어서 질적으로

공해항목(전형7공해)	쾌적환경자원항목
– 대기오염	– 근린공해
– 수질오염	일영
– 소음	통풍장해
– 진동	전파장해
– 악취	명도
– 지반침하	국지풍
– 토양오염	– 공간구성 · 심미자원
자연 · 생태자원항목	경관 · 조망
	랜드마크
– 땅	녹지
지형	오픈스페이스
지질	수변
토양	– 역사적 · 문화적 자원
지상	문화재
– 공기	역사적 건조물
기상	유적
– 물	– 서비스
수상	커뮤니티시설
底質	레크리에이션
– 생물	퍼블릭스페이스
육상생물(식물, 동물)	로케이션
수생생물	– 재해
– 지역 에너지	홍수 · 침수
– 자연경관	지진 · 화재

[표 9.6] 자원으로서의 환경구성요소의 예[14)]

유익한 자원이며, 장래 인간의 공유재산이다. 그러나 한편으로 이는 유한한 것임을 제대로 인식하여, 보전, 활용, 창조해 나갈 필요가 있다.

(2) 환경정보시스템

환경 자원을 보전하고 활용하려면, 우선 인간을 둘러싸고 있는 환경 현상을 정확히 파악하고 평가, 그리고 앞으로를 예측하는 것이 필요하다. 자원으로서의 환경요소는 매우 다양하고 그 양 또한 방대하다. 또한 그 정보는 각종 지도 · 통계 자료를 비롯하여 현지조사 데이터 등 다양한 형태로 나타난다. 이와 같이 내용과 형태가 다양한 대량의 환경정보를 처리하여, 해석 · 예측하고 평가를 실시한 후 환경계획을 입안할 수 있도록 하기위해 컴퓨터는 빼놓을 수 없는 수단이 된다.

현재, 일반적으로 환경정보시스템은 지리적 공간정보의 처리, 해석이 가능한 지리 정보 시스템(GIS, Geographic Information System)를 기초로 다음의 기본 기능으로 구성된다.

a) 환경정보 데이터베이스

이는 자연 환경, 공해, 쾌적환경 및 사회경제의 환경과 관련된 다양한 정보를 일원적으로 관리하는 기능을 말한다. 데이타베이스의 내용은 지형, 토양, 식생, 토지이용 등 지리적 정보에서 대기오염이나 수질현황 등의 측정 데이터, 랜드새트 위성데이터 등 환경 모니터링 데이터, 그리고 거주자의 환경 의식 조사의 결과도 포함된다.

b) 해석 · 예측 시스템

환경정보 데이타베이스를 기초로 하여 환경 자원의 현상과 문제를 파악하기 위한 데이터 분석 방법에는 여러 가지 통계적 해석수법과 예측 모델이 있다.

c) 평가시스템

각각의 환경 자원을 나름대로의 척도에서 평가하는 것이다. 예를 들어 하천이나 산업 폐수 등 물의 오염도를 나타내는 BOD(Biochemical Oxygen Demand)나 COD(Chemical Oxygen Demand)같은 환경기준에 기초로 하는 수질 평가를 비롯하여, 토양, 지질, 지형 조건 등에 의한 토지이용적성평가, 거주자 의식 조사에 근거하는 쾌적 환경의 종합 평가 등이 있다.

d) 정보처리 가공시스템 및 검색 · 표시시스템

이 시스템은 상기 3가지 기능을 서로 연결시켜 이용자와의 인터페이스 역할을 한다.

또한, 앞의 4가지 기능과 별도로 대기, 수질, 소음, 진동 등 환경오염의 현황을 감시 · 측정하여, 그 데이터를 일괄적으로 관리하는 환경 모니터링시스템의 정비도 필요하다.

그림 9.19는 환경정보시스템의 한 예로서 오사카부의 내용을 개념적으로 나타낸 것이다.

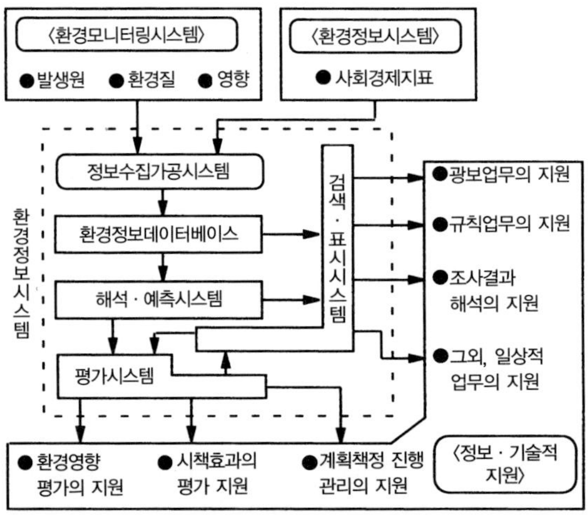

[그림 9.19] 오사카부의 환경정보시스템 개념도

이 그림에서 볼 수 있듯이, 환경정보시스템은 환경특성의 정량적 파악은 물론, 지자체가 환경계획을 입안하거나 환경영향평가 또는 일상적인 환경관리업무도 지원한다.

9.3.2 환경의 측정과 파악

본 절에서는 환경 자원의 각 요소를 계측하고 파악하는 방법에 대해서 살펴보고자 한다.

(1) 공해항목의 측정

전형적인 7가지 공해의 현황은 발생원 정보와 오염의 현황치, 그리고 인간에게 미치는 신체적, 심리적, 정신적 영향이나 동식물에의 영향 등을 측정하여, 이를 기초로 종합적으로 파악할 필요가 있다. 발생원 정보에는 오염원을 배출하는 공장의 지리적 분포를 비롯하여, 자동차 교통량, 그리고 이것들로부터 발생하는 NOx, SOx, 매연, 분진 등의 오염 배출량 등이 있다. 또 오염 농도의 측정점별 관측치에서 공간적 분포나 시간적 변화도 파악되어야 한다.

그리고 이를 통합화한 데이타베이스를 기초로 오염의 발생 메카니즘, 오염물질의 확산 · 전파 메카니즘이 밝혀짐과 동시에, 그 결과를 모델화하여 장래 예측을 한다.

(2) 메쉬 데이터를 이용한 환경 파악

환경요소 중에서도 특히 지형, 토양, 지질, 식생 또는 토지이용정보는 일반적으로 지도의 형태로 얻어지며, 이 분석으로부터 다양한 환경 특성을 파악한다.

일본의 경우, 지도정보 데이타베이스의 디지털화가 건설성 국토지리원에 추진된 것으로 수치지도정보라고 한다. 수치지도정보는 지표면을 메쉬 데이터 형식으로 작성되어 있다. 일본의 경우, 세밀수치정보와 국토수치 정보의 2종류가 있다.

세밀수치정보는 수도권, 킨키권, 중부권을 대상으로 주로 토지이용의 동향을 파악할 목적으로 매 5년마다 작성된다. 이는 10m 메쉬 데이터로 한개의 메쉬를 1개의 토지이용으로 분류하였다.

한편 국토수치정보는 전국을 대상으로 1km 메쉬(표준 지역 메쉬라고 부른다)로 표 9.7과 같은 환경관련정보가 수록되어 있다.

이러한 메쉬 데이터를 활용함으로써,

① 지형, 지질, 토양 등 환경요소의 분포 특성 파악

② 각 요소간 상호 관련 분석

③ 여러 요소를 바탕으로 자연환경의 유형화

④ 자연환경 보전지역으로서 토지적성평가 등을 실시할 수 있다.

(3) 원격탐사 데이터를 활용한 환경 파악

원격탐사란 일반적으로 항공기나 인공위성 등에 탑재된 센서를 이용, 지표의 대상물로부터 반사되는 전자파로부터 데이터를 수집하여, 대상물이나 현상에

데이터의 종류 · 내용				데이터 형식
자연조건적 데이터	지형		표고, 기복량, 경사도, 곡밀도	메쉬
	토지분류		표층지질, 지형분류, 토양분류	메쉬
	호소		호안선위치, 호소면적	메쉬, 좌표(선)
	섬		섬면적 등	메쉬
	해안선		해안선위치, 해안선연장	좌표(선)
	유역		하천유로, 유역등 위치	메쉬, 좌표(선)
	기후		적설	좌표(점), 메쉬
			강수량	메쉬
			기온	메쉬
국토골격 데이터	행정계			좌표
	도로철도	위치노선	노선종별, 입체교차점, 다리, 터널, 역, 명칭 등	좌표(점, 선)
		도로밀도		메쉬
		도로연장		메쉬
특정지역 데이터	일반		過疎지역, 공업재배치유도지역, 신산업도시 등	메쉬
	대도시권		기성시가지, 도시개발구역, 근교정비지역, 보존구역 등	메쉬
	진흥지역		산촌, 이도, 어업진흥구역	메쉬, 좌표(선)
	도시계획구역		시가화구역, 시가화정비구역, 그 외 구역	〃
	자연공원		국립, 국정, 도도부현립공원	〃
	자연환경보전지역		원생자연환경보전구역 등	〃
	조수보호구			〃
	5지역		토지이용기본계획의 5지역	〃
	지방생활권, 광역시정촌권			메쉬
	재해위험지역			메쉬, 좌표(선)
	땅 미끄럼 방지지역			〃
	사방지정지			매쉬
각종시설등 데이터	문화재		사적, 천연기념물, 문화재	메쉬, 좌표(점,선)
	공공시설		청사, 교육문화, 체육 · 의료시설, 공공공지 등	좌표(점)
토지관련 데이터	토지이용		15분류토지이용	메쉬
	지가공시		표준지가, 형상, 이용현황 등	좌표(점)
	도도부현지가조사		표준지가, 형상, 이용현황 등	〃
	감시구역		지정범위, 신고대상구역의 현황	좌표(선)

[표 9.7] 국토수치정보의 주요내용

관한 정보를 얻는 기술이다. 지구차원에서 환경 문제가 논의됨에 따라 원격탐사 기술은 환경 자원과 관련된 폭넓은 정보를 얻기 위해 관련되는 다양한 분야에서 관심을 갖고 있으며, 응용 연구가 요구되고 있다.

본 절에서는 미국의 지구관측위성 LANDSAT 4호, 5호에 탑재된 센서 TM(Thematic Mapper)으로부터 수집되는 화상데이터를 활용한 식생 지표(NVI)와 토지 피복 분류에 대해 소개하고자 한다.

TM은 7가지의 서로 다른 스펙트럼 밴드로 동시에 지상을 관측한다. 순간시야는 30m×30m(밴드 6은 120m)이다. 각 밴드의 스펙트럼 반사특성을 이용해 지표면의 토지 피복이나 식생 분포의 파악 등 고정밀의 해석이 가능하다.

NVI(Normalized Vegetation Index)는 식생이 가시역에 대해서 근적외선역으로 비교적 강한 반사를 나타내는 것을 이용한 지수로서 식생활성도를 말한다.

TM데이터의 경우는 근적외선역의 밴드 4로 가시역 밴드 3을 이용해 다음과 같은 식으로 구해진다.

$$NVI = \frac{BAND4 - BAND3}{BAND4 + BAND3}$$

그림 9.20은 아이치현 토요하시시의 NVI 분포도이다. NVI는 이론적으로 -1.0~+1.0의 범위이지만, 실제로는 -1.0~0.7의 범위에 주로 분포, 식생의 양이 늘어남에 따라 수치가 높아진다. 그림에서 거뭇한 지역만큼 식생량도 많아, 식생활성도가 높다는 것을 의미한다.

다음으로 토지 피복 분류란 주로 각 밴드의 화소마다 스펙트럼 특성에 차이가 있다는 점을 활용하여 시가지, 전, 수공간, 삼림, 초원 등을 식별하여 분류하는 방법으로 패턴 분류기법을 응용한 것이다. 구체적인 분류수법으로는 최우법(最尤法)이라고 하는 통계수법이 주로 이용되며, 최근에는 뇌신경의 뉴런작용을 모방한 뉴럴 네트워크(neural network)로 불리는 기법을 이용한 고도의 패턴 분류법도 개발되었다. 그림 9.21은 한국의 서남단에 위치하는 목포시를 대상으로 최우법을 이용해 토지 피복 분류를 시도한 결과이다.

원격탐사 데이터를 이용하면, 폭넓은 정보를 얻을 수 있고, 토지이용 데이터가 완비되지 않은 국가나 지역에서도 대체 데이터로서 유용하게 이용가능하다. 식생지표나 토지 피복 분류결과를 이용해 녹지 분포나 시가지 형태의 국제 비교

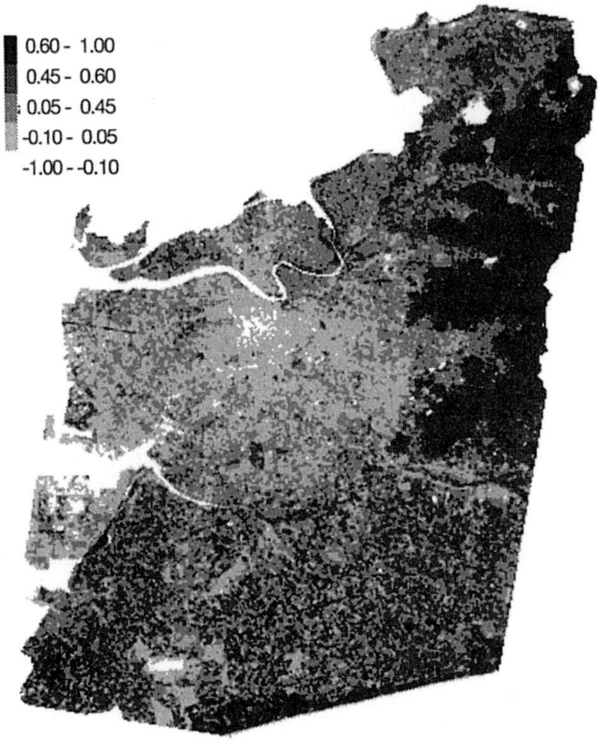

[그림 9.20] 토요하시시의 NVI 분포(1988)

도 가능하다. 따라서 원격탐사 데이터는 특히 개발도상국에서 환경계획의 입안이나 개발계획의 환경영향평가 등에 유익한 정보를 제공하는 역할을 한다.

(4) 주민의식에 근거한 쾌적환경평가지표

환경계획에서는 공해방지나 자연환경의 보전 · 활용은 물론 최근에는 쾌적환경(어메니티)의 창조가 요구되고 있다. 쾌적환경조성을 위한 시책을 위해, 환경에 대한 주민의 만족도를 조사하여, 쾌적성을 객관적으로 평가하는 지표의 개발이 필요하다. 쾌적환경평가지표란 이러한 환경의 현상을 종합적으로 평가하는 「척도」로서 체계화한 것이다.

쾌적환경지표는 현재 도쿄도를 시작으로 많은 지자체에서 작성되고 있다. 이 중 가장 먼저 개발된 곳이 키타큐슈시다.

그림 9.22는 키타큐슈시의 쾌적환경평가지표의 체계이다. 여기서는 쾌적환경

을 ① 거리의 시원함과 조용함, ② 자연과의 접촉, ③ 거리의 아름다움과 여유라는 3개의 평가체계를 이루고 있으며, 여기서 ①과 ②는 4항목으로 세분화되어 있다.

[그림 9.21] 한국 목포시의 토지 피복 분류 결과(1986)

환경평가지표의 산정식은 시민을 대상으로 설문조사를 실시한 100곳의 지점에서 공해, 생활환경, 자연환경 및 사회환경과 관계되는 각종의 환경 관련 메쉬 데이터와 시민의 만족 의식 데이터를 이용해, 통계학적 분석을 통해 얻어진다. 또, 이 예에서는 쾌적환경평가지표와 편리성 환경평가지표를 통합하여, 종합 환경평가지표도 제시하고 있다.

쾌적환경평가지표를 이용하여 물적 환경의 정비와 보전이라는 행위가, 주민의 환경평가에게 주는 영향을 객관적으로 측정할 수 있으며, 구체적인 환경 정비 · 보전 시책의 의사결정에 유익한 정보로 이용 가능하다.

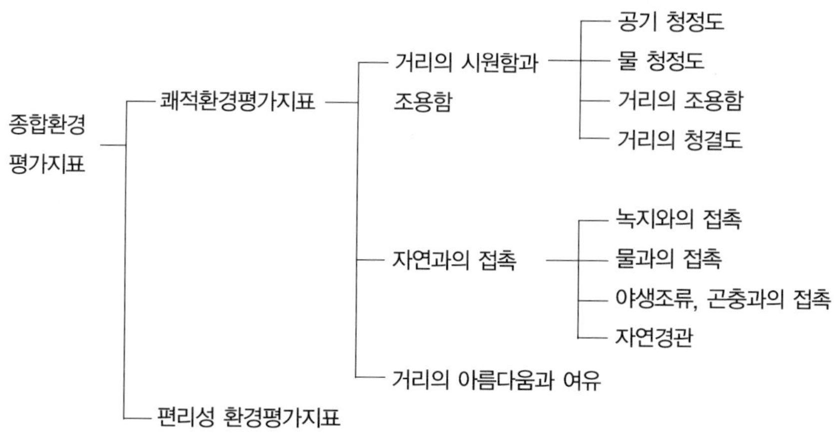

[그림 9.22] 키타큐슈시 쾌적환경평가지표의 체계

9.3.3 환경영향평가

개발행위가 환경에 미치는 영향을 사전에 예측, 평가하는 것을 환경영향평가(environmental impact assessment)라고 한다. 환경 파괴를 미연에 방지하기 위해서는 평가결과에 근거해 가장 적절한 행동이나 정책을 선택할 필요가 있으며, 선진국 뿐만 아니라 개발도상국에서도 환경영향평가의 제도화가 진행되고 있다.

환경영향평가의 제도화는 미국의 기술평가(technology assessment)에 기원을 두고 있다. 1969년 국가환경정책법(national environmental policy act)이 제정,

영향요인		영향항목	자연환경		생활환경																						사회경제			
					공해항목								안전성				편리성			쾌적성					문화성					
			기상	식생변화	대기오염	수질오염	토양오염	소음	진동	악취	전파장애	폐기물	범죄의 발생	교통사고	풍해	지반	지역분단	의료서비스	보행자서비스	일조	경관	녹지의 상실	지역의 도덕질서(풍기)	야외레크리에이션	매장문화재	지역커뮤니티	인구	업	도심공동화	지면
공사중	자재의 운반	자동차교통량의 증가			●			●	●					●																
	삼림의 벌채	중기의 가동			●			●	●																					
		벌채목의 연소			●																									
		벌채목 등 폐기물 발생										●																		
	절성토공사	중기의 가동			●			●	●																					
		토양의 이동					●																							
		지형의 변화	●													●					●			●						
		잔토, 건설폐재의 발생										●																		
		토사의 유출				●																								
	콘크리트 공사	중기의 가동			●			●	●																					
		콘크리트의 오수 발생				●																								
개최시	존재	존재																					●			●		●		●
	사업시설	토지이용의 변형	●	●													●				●	●		●						
		건축물의 출현									●				●					●	●									
		무거운 건축물의 출현														●														
		회복녹지의 출현		●																	●									
		시설이용				●				●		●																		
		열원의 가동	●		●			●																						
	관객의 집적	관객의 집적						●					●					●					●							
		자동차교통량 증가			●			●	●					●																
		보행교통량 증가																	●											
		철도의 증편						●	●																					
		주차장 설치			●			●	●																					

[표 9.8] 이벤트 개최에 따르는 환경 매트릭스의 예

환경영향평가를 연방정부에 의무화한 것으로 시작하였다. 일본의 경우, 1998년에야 환경영향평가법이 제정되었다. 그때까지는 구체적인 절차나 내용을 각 지방자치단체가 맡고 있었던 것으로, 환경영향평가의 본래 기능이 충분히 발휘되어 왔다고는 보기 어려우며, 앞으로의 운용을 기대한다.

환경영향평가의 기법으로서는 표 9.8에서 보는 바와 같이, 개발사업의 구체적인 행위(원인)와 그것이 영향을 미치는 환경요소(결과)를 매트릭스 형태로 정리, 파악하는 수법이 주로 이용된다. 이러한 방법으로 넓은 관점에서 체계적으로 환경 요소를 밝혀, 개발행위와 환경요소간의 복잡한 인과관계를 잘 정리할 수 있다.

〉〉〉 문헌

1) ル・コルビュジエ, 坂倉準三 譯：輝く都市, SD選書33, 鹿島出版會, 1975.
2) 田畑貞壽：都市のグリーンマトリックス, 鹿島出版會, 1979.
3) エコロジカル・プランニング, 建築文化, 1975.
4) 沼田 眞：都市の生態學, 岩波書店, 1987.
5) リチャード・レジスター：エコシティ, 工作舍, 1993.
6) 內山正雄 編：都市緑地の計畫と設計, 彰國社, 1987.
7) 末石富太郎・環境計畫研究會：環境計畫論, 森北出版, 1993.
8) 環境廳企畫調整局地域環境政策研究會：地域環境計畫實務必携, ぎょうせい, 1997.
9) 日本造園學會編：環境を創造する, 日本放送出版協會, 1985.
10) 建設省都市局都市計畫課・公園緑地課：緑の基本計畫ハンドブック, 日本公園緑地協會, 1997.
11) いきものまちづくり研究會：エコロジカル・デザイン, ぎょうせい, 1993.
12) 大山陽生・養茂壽太郎 他：緑空間の計畫技法, 彰國社, 1984.
13) 吉村元男, 芝原幸夫：水邊の計畫と設計, 鹿島出版會, 1985.
14) 阿部孝夫：地域環境管理計劃策定の理論と手法, ぎょうせい, 1986.
15) 國土廳計劃・調整局：國土情報のあらまし, 1992.
16) 田村秀行 監修：コンピュータ畵像處理入門, 總研出版, 1985.
17) 武內和彦, 恒川篤史 編：環境資源と情報システム, 古今書院, 1994.
18) J. A. Richards : Remote Sensing Digital Image Analysis, An Introduction, 2nd edition, Springer Verlag, 1993.
19) 北九州市：北九州市環境管理計劃, 1986.

Chapter 10

경관평가와 계획

현재, 도시기반시설에 대해서 기능과 효율을 중요시하는 관점에서 질적, 정신적 충족성을 중요시하는 관점으로 변하고 있다. 지구 환경 문제가 대두되면서, 다양한 환경 요소가 종합적으로 조화를 이룬 개성적인 도시의 모습으로서 경관에 대한 인식이 더욱 더 강조되고 있다.

10.1 경관이란

景觀이라 함은 風景 또는 景致가 1차적인 개념이지만, 2차적으로 자연과 인간의 교섭에 의해서 형성되는 가시적 事象의 모두, 즉 시각적 환경을 말한다(그림 10.1).

경관의 원어인 Landscape, Landschaft는 1920년대 경관지리학에서 사용하기 시작했다고 한다. 일본에서도 식물학이나 지리학의 분야에서 사용되고 있었다.

오늘날에는 지형, 녹지, 수계 등 자연계 요소를 風景 · 景致로 일컫는 것에 비해, 景觀은 이러한 자연요소와 더불어, 도로, 건축물, 다리 등의 공작물, 자동차나 선박 등의 인공요소로 구성되는 것을 의미한다. 경관은 다이나믹한 도시의 모습이다. 시각, 청각, 후각, 촉각, 미각의 오감과 심리적인 작용을 통해 경관은 파악되고, 바라보는 사람에 의해서, 또 그 장소에서 이루어지는 사람들의 활동(activity)에 의해 그것을 바라보는 시각이나 평가가 달라진다.

10.2 경관계획을 위한 조작지표

경관을 정량적으로 분석하고 인식하거나 평가하기 위해서는 경관 평가의 폭이나 공통되는 평가기준으로서, 경관을 측정하는 공통의 「잣대」를 준비할 필요가 있다. 경관을 구성하는 거리, 보는 각도, 구성요소 등의 시각적 요소를 정량화, 즉 수치화해 객관적으로 파악할 수 있도록 하기 위한 잣대는, 경관의 구도를 평가하는 도구이며, 디자이너가 경관 설계를 할 때 조작하는 지표이다. 이 공통의 잣대를 「조작지표」라고 부른다.

(1) 보이는 대상(視對象) · 경관구성요소

보이는 대상의 설정이 경관을 생각하는 기본이 된다. 눈앞에 펼쳐진 요소 각각이 보이는 대상이며, 그 조합으로 경관이 구성된다(그림 10.1).

(2) 보이는 것(可視) · 보이지 않는 것(不可視)

이는 임의의 視點으로부터 어디가 보이고 어디가 안보이는지를 나타내는 지표이다. 현지조사, 모형, 공중사진, 컴퓨터 시뮬레이션 등의 방법에 의해 보이는 것과 안보이는 것을 판별한다.

(3) 거리, 거리景

임의의 지점에서 보이는 대상까지의 직선거리는 대상의 보이는 크기와 관련되는 조작지표이다. 덧붙이면, 근경, 중경, 원경이라고 하는 지표가 있다. 풍경을 그리거나 촬영할 때에 평면상에 입체감을 주기 위한 구도적 기법임과 동시에, 풍경을 파악하기 위한 대별법(大別法)이다. 직선거리는 연속 척도로 나타나지만, 이것을 거리경이라고 하는 순서 척도로 치환함으로써 경관을 보다 쉽게 파악할 수 있다. 거리경은 무엇을 보이는 대상으로 하는가에 따라서 그 취급방법이 달라진다.

보이는 대상이 사람인 경우, 근경은 0~300m 정도, 중경 300~1,000m 정도, 원경 1.000m 더 먼 곳을 기준으로 한다.

- 시각적 事象(경관)
  - 자연계요소(풍경, 경치)
    - 지형(평지, 구릉, 산 등)
    - 녹지(수목, 가로수, 전답, 초원, 임, 산림 등)
    - 물(하천, 수변, 호수, 바다 등)
    - 기상(하늘, 구름, 비 등)
  - 인공계요소
    - 도로(평단길, 언덕길, 광장 등)
    - 건축물(개별건축, 거리풍경 등)
    - 공작물(다리, 철탑 등)
    - 자동차, 선박 등

[그림 10.1] 보이는 대상 · 경관구성요소

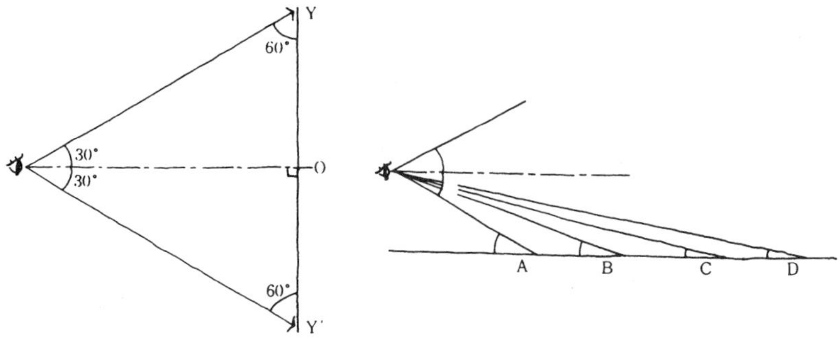

[그림 10.2] 시선입사각

(4) 시선입사각

보이는 대상은 보는 각도에 따라 달리 보인다. 시선입사각이란 보이는 대상을 면의 집합체로 볼 경우, 각각의 가상 면과 시선이 이루는 각도를 말한다(그림 10.2).

(5) 앙각 · 부각

시점에 수평선을 그어, 이를 0도로 설정하였을 경우, 보이는 대상이 몇 도 정도 위로 보이는가, 아래로 보이는가를 각도로 나타내는 것이다. 위로 올려보는 경우를 앙각, 아래로 내려다보는 경우를 부각이라고 한다(그림 10.3, 그림 10.4).

(6) 보이지 않는 거리

보이지 않는 영역이 어느 정도 안보이는지를 나타낸다. 보이는 대상물 앞의 장애물을 없앤 후, 임의의 지점에서 보이지 않는 대상까지 수선을 내려, 시선에서 대상까지의 거리나 깊이를 측정한다(그림 10.5).

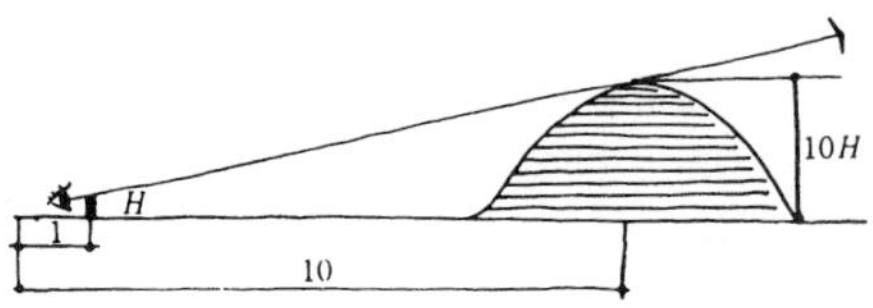

[그림 10.3] 앙각

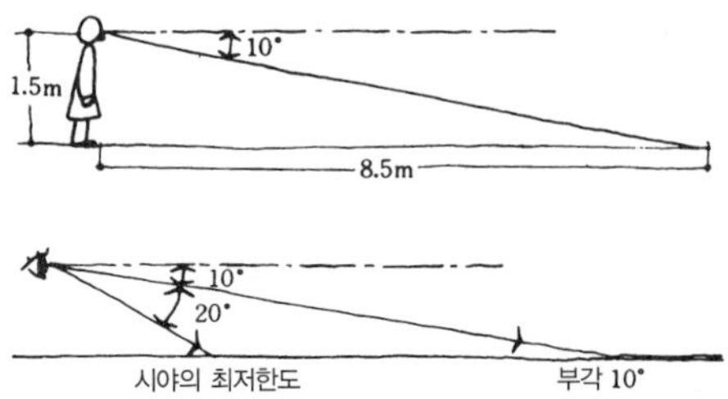

[그림 10.4] 부각

(7) 안길이, 보이는 대상의 연속성

근경으로부터 중경 또는 원경으로 같은 경관 요소가 2 이상의 거리경에 걸쳐 존재하는지로 판단한다.

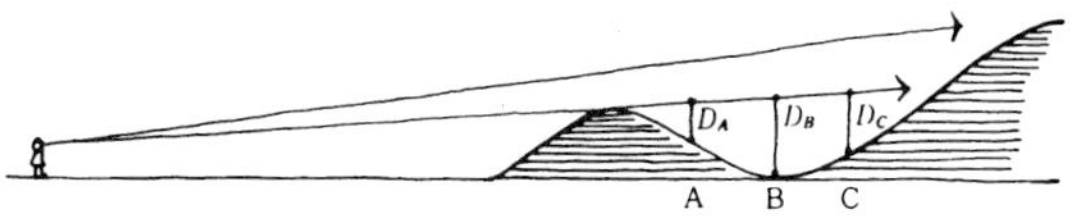

[그림 10.5] 불가시 심도

(8) 보이는 대상이 보이는 비율

인간이 보는 범위를 100%로 했을 경우, 보이는 대상이 어느 정도 보일까를 비율(%)로 나타낸 것이다. 보는 범위의 설정을 2차원의 화면에 투영하는 경우, 반구면으로 하는 경우의 방법이 있다. 반구면에서 하늘이 보이는 비율을 천공율, 구성요소가 하늘을 차단하는 비율을 천공차폐율이라고 한다(그림 10.6).

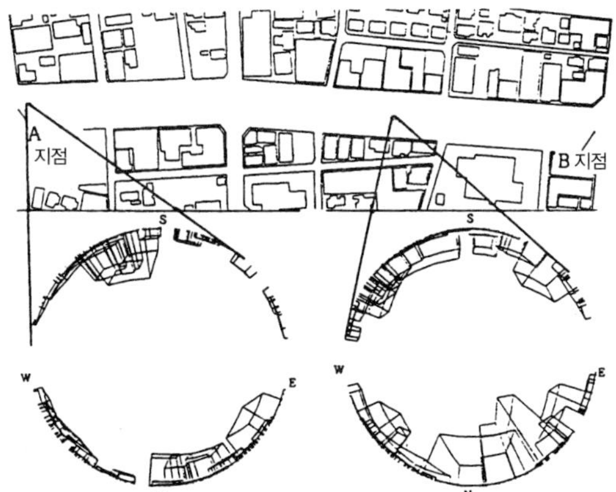

천공차폐율 최소치 지점 (25.705%)　　천공차폐율 최대치 지점 (42.766%)

[그림 10.6] 천공차폐율

(9) 시점의 위치, 높이

경관을 보는 장소가 어디에 인가, 그곳에 섰을 때 눈높이와 보이는 대상과의 표고차이도 조작지표가 된다. 사람의 접근이 용이한 곳이 보는 장소가 되는 것은 당연한 이치이다.

(10) 공간의 규모와 비율

보이는 대상인 경관구성요소에 의해서 둘러싸인 오픈 스페이스의 규모와 비율도 중요한 조작지표이다. 여기에는 도로폭 D(엄밀하게 말하면, 길 양쪽에 있는 건물의 벽면간 거리), 건물높이 H, 도로의 길이 L, 이들의 비 D/H, D/L, 시선이 멈추는 지점간 거리 A_i(도로의 진행 방향으로 존재하는 아이스톱(eye stop)으로부터 다음의 아이스톱(eye stop)까지의 거리) 등이 있다(그림 10.7).

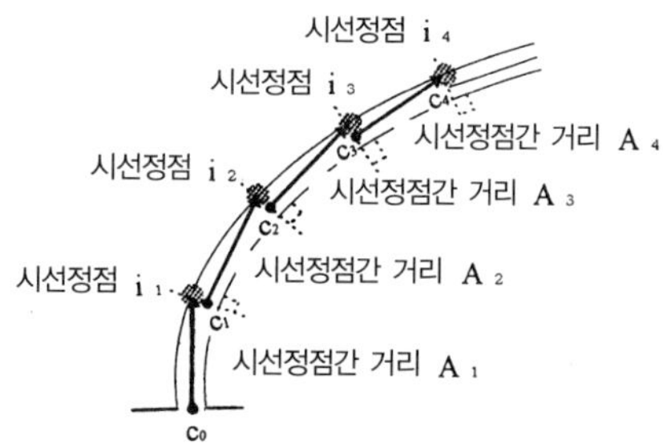

[그림 10.7] 시선이 멈추는 지점 거리

10.3 경관 마스터플랜

시민의 공유재산인 도시 경관의 이상형을 설정하고, 이를 실현시키기 위한 약속을 만들어 경관을 컨트롤함으로써 아름답고, 알기 쉽고, 친근감 있고, 개성이 풍부한 거리를 실현시킬 수 있다. 경관 마스터플랜이란, 경관 컨트롤의 목표와 시책체계 등을 나타낸 것으로서 경관의 형성을 종합적이며 계획적으로 진행시키는 것을 목적으로 해 책정되는 마스터플랜을 말한다.

10.3.1 경관 마스터플랜의 요소

경관 마스터플랜이 다루는 요소 중 도로공간은 공공부문이 계획 · 관리하기 때문에 경관 컨트롤이 비교적으로 용이하지만, 주로 민간부분에서 설치하는 옥외 광고물과 건축물은 도시 경관의 좋고 나쁨을 좌우하는 중요한 요소이며, 적절한 규제와 유도가 요구되는 부분이다.

(1) 토지이용의 유도

도시 경관 형성의 중요한 기반요소인 오픈 스페이스를 고려한 토지이용을 생각할 필요가 있다.

미관지구, 풍치지구, 지구단위계획, 건축협정, 특정가구, 전통도시(古都)보존제도, 전통적 건조물군 보존지구 등이 양호한 경관의 형성과 직접적으로 관련되는 제도로서, 각각 적절한 지침을 정할 필요가 있다.

(2) 옥외 광고물의 적정화

옥외 광고물은 필요한 정보를 제공하는 측면에서 사회에서의 역할이 크다. 도시 경관 구성요소와의 조화, 지역의 개성과 특성을 살리는 것, 민간 활동과 행정과의 제휴를 기본으로 옥외 광고물의 종류에 응한 치밀한 규제 등에 관한 사회적인 합의 형성을 도모할 필요가 있다.

(3) 야간 경관 형성

생활에 여유가 생김에 따라 낮의 경관뿐만 아니라 야간 경관도 중요한 의미를 가진다. 야간 경관으로서 무질서하고 자극적인 조명이 범람하는 것을 방지하고, 중심 시가지의 일체성이나 방범도 고려할 필요가 있다. 모델지구에서 lighting up 등도 도시 경관의 매력을 높이는 중요한 요소이다.

10.3.2 경관 마스터플랜의 결과

경관 마스터플랜에서는 행정당국과 시민이 공유하는 경관 형성의 장기적 목표인 장래상 설정, 구체적이고 실현성을 높이는 수단의 제시 등 유연한 운용이 필요하다. 경관 마스터플랜에는 현황도, 과제도, 계획방침도, 중점지구도 등이 있다.

(1) 현황도

우선, 지역에 있어서의 경관 자원의 현황과 특성을 파악할 필요가 있다. 이를 표현한 것이 「현황도」이다. 「현황도」에서는 지역에 존재하는 산, 구릉지, 바다, 하천, 역사적인 마을경관, 시가지 경관 등의 경관 요소가 어떻게 분포되어 있는지를 표시하여, 지역 경관의 골격과 경관 특성을 설명한다. 다방면의 경관요소를 표현하기 위해, 「자연경관요소의 현황도」, 「역사 · 문화적 요소의 현황도」등을 여러 장 작성하는 경우가 많다. 이러한 현황도로부터 경관계획에 사용할 수 있는 요소를 추출한다(그림 10.8).

(2) 정비과제도

지역 경관의 현황을 파악한 후에는 경관 형성의 방향성을 나타내기 위한 「과제도」를 작성한다. 여기서는 경관계획에 무엇을 기재해야 할 것인가에 대해 검토한다. 시설의 점적인 정비, 가로등의 선적인 정비, 지역 등 넓은 지역의 면적 정비 등이 있다(그림 10.9).

(3) 계획방침도

정비과제도를 바탕으로 앞으로의 바람직한 경관의 미래상을 제시한 「계획방

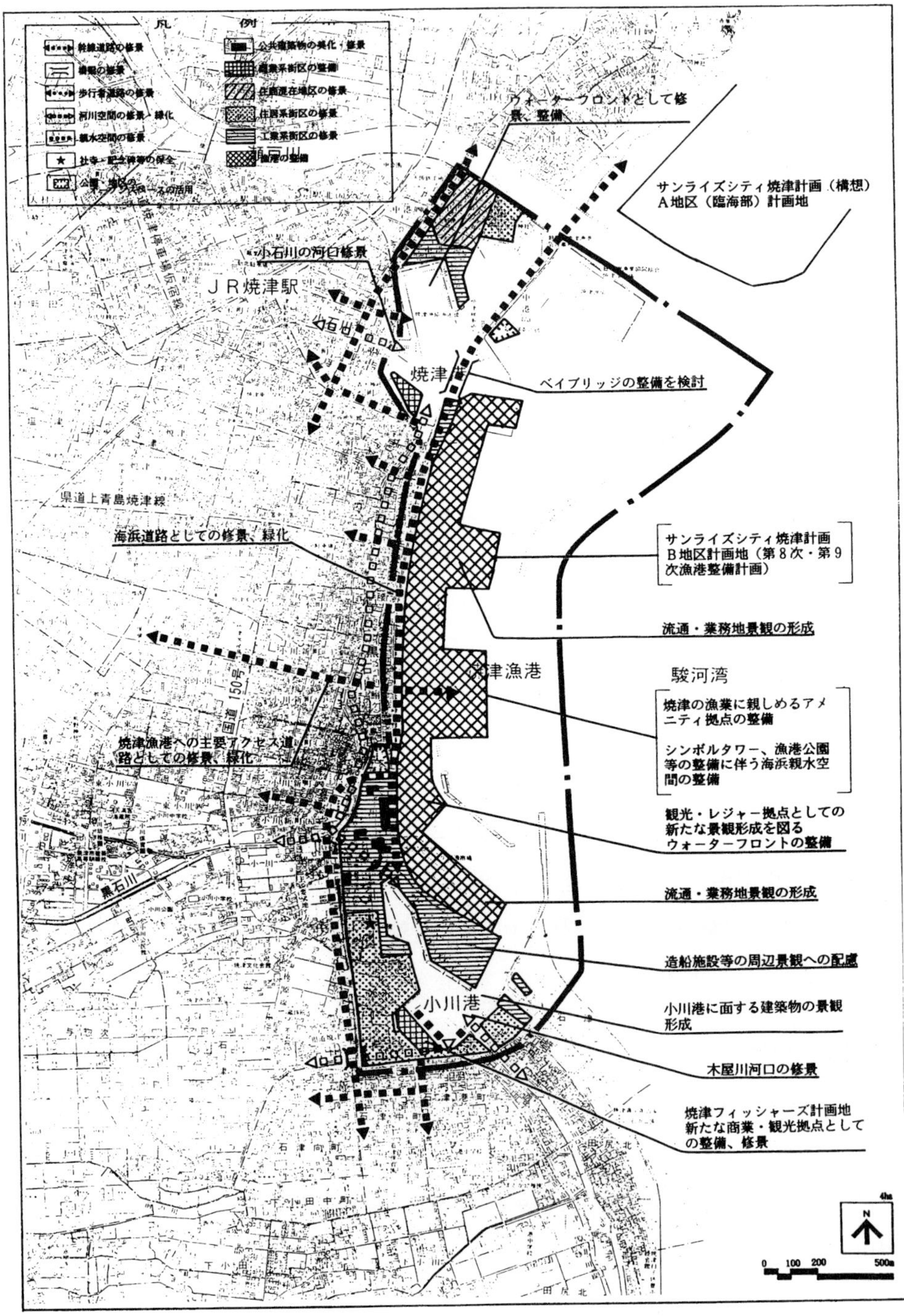

[그림 10.8] 경관 마스터 플랜 「현황도」의 예(燒津시, 자연적 특성)

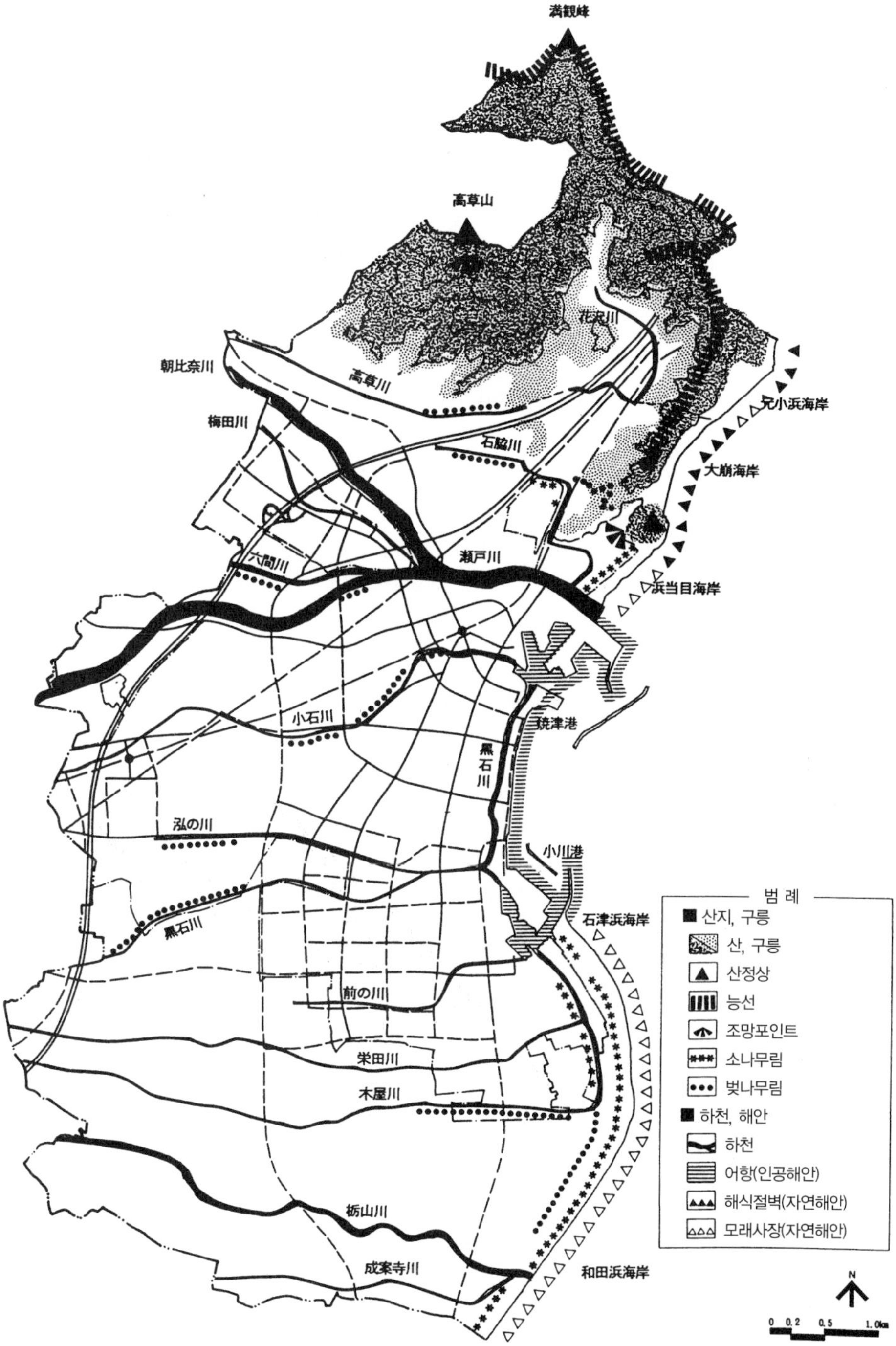

[그림 10.9] 경관 마스터플랜 「현황도」의 예(燒津시, 자연적 특성)

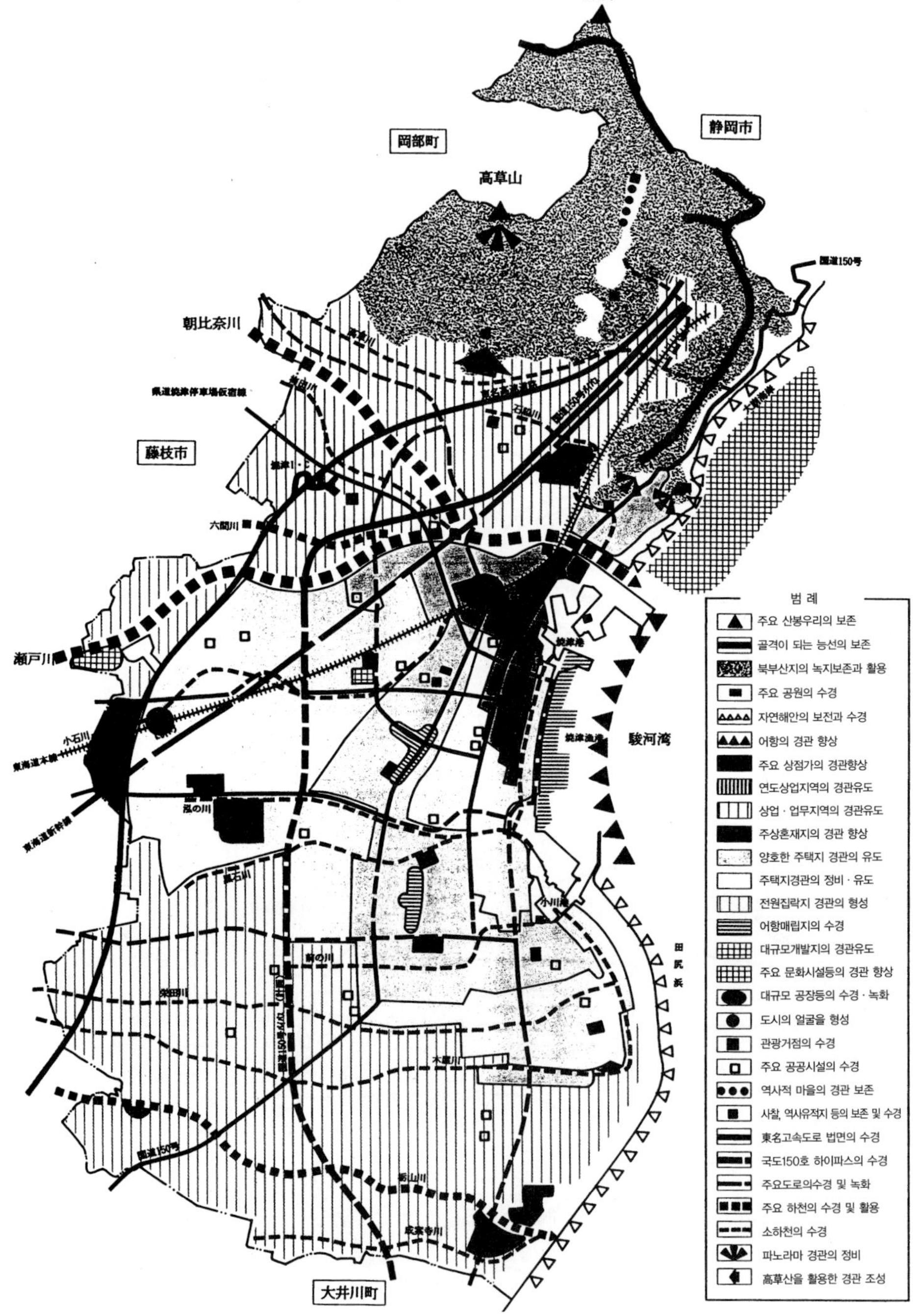

[그림 10.10] 경관 마스터 플랜 「중점지구도」의 예(燒津시 燒津어항지구)

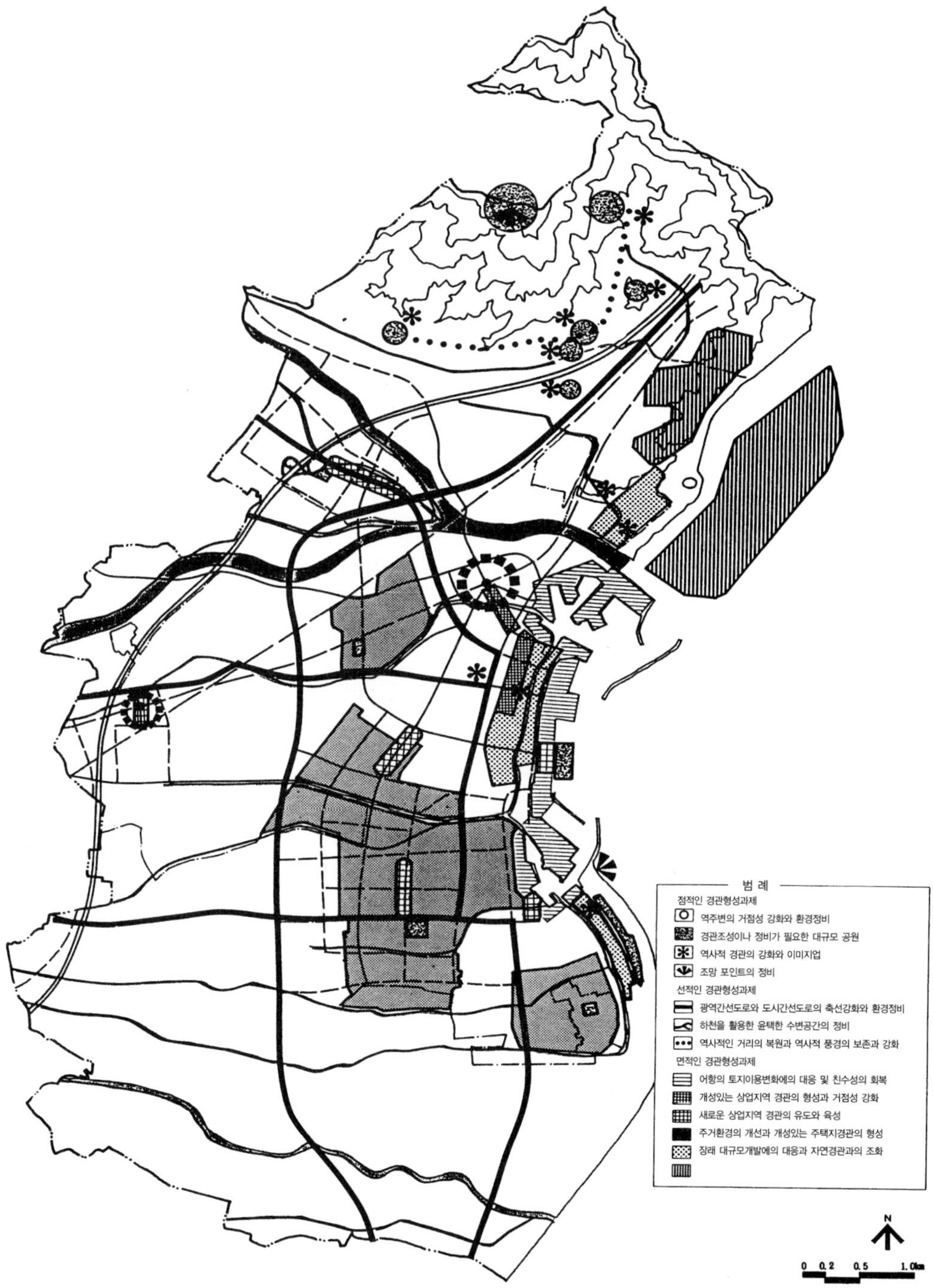

[그림 10.11] 경관 마스터플랜 「정비과제도」의 예(燒津시)

침도」를 작성할 필요가 있다. 계획방침도는 자연이나 도시시설 등의 계획방침을 표시한 것으로 랜드마크나 도로변을 따라 주요 보는 장소의 설정, 하천변의 보행자도로, 가로수의 축경, 보는 사람의 시선의 움직임에 따른 경관의 정비 등을 나타낸다(그림 10.10).

(4) 중점지구도

「계획방침도」 중 특히 중요한 지구에 대해, 예를 들어 역사적 환경의 보존이 요구되는 지구, 창조적인 정비가 요구되는 지구, 일체적 경관 형성을 도모해야 할 지구 등을 경관 정비 「중점 지구」로 추출한다. 그리고 그 지구의 현상을 파악해 과제를 정리하고 경관 형성 이미지나 하천, 도로, 광장, 녹지, 공공시설, 보행자 공간 등에 관한 경관내용을 나타낸 「중점지구도」를 작성한다(그림 10.11).

10.3.3 텍스트 경관을 이용한 경관 평가

경관 마스터플랜의 입안에 앞서, 경관의 현황 평가가 필요하다. 여기에서는 지역의 경관 평가를 위한 텍스트 경관 연구의 성과를 이용한 일례를 나타낸다.

(1) 텍스트 경관

풍경이나 경관을 소재로 한 문학 작품, 시, 뛰어난 풍경화 등이 인류의 재산으로서 남아 있다. 이러한 것을 텍스트로 한 경관 연구가 광범위하게 행해지고 있다. 이러한 텍스트 경관 중 인상파 풍경화나 강호시대의 풍속화 풍경화같은 경우는, 보는 장소, 경관 구조의 분류, 경관의 구성요소의 관점에서 분석평가에 이용할 수 있다.

(2) 조작지표의 체크리스트

텍스트 경관에 관한 문헌과 풍경화 분석 결과를 정리하여, 경관과 시점의 평가 기준을 설정한 대조표를 작성하여, 우수한 경관과 그 시점을 찾아내는 지침으로 활용한다. 여기서 이용한 평가 기준은 이하의 4 항목이다.

① 경관을 바라보는 장소인 시점장의 위치

② 거기로부터 보이는 경관의 구성

③ 앙각, 부각

④ 경관을 구성하는 하천, 수목 등의 구성요소

어느 시점에서 보이는 경관이 체크리스트의 항목을 모두 채울 수 있다면, 그곳은 「그림처럼 보이는 경관」을 얻을 수 있는 시점이 될 수 있다(표 10.1).

(3) 체크리스트를 사용한 현지조사

체크리스트를 기초로 후쿠오카시 서부의 이토시마 반도의 경관시점을 찾기 위해 현지조사가 수행되었다. 조사결과 경관의 시점은 도로의 폭이 좁은 다리의 위, 폭이 좁은 도로 위의 버스정류장, 해변, 산길의 視界가 열리는 곳이었다. 경관 형성 마스터플랜에서 이들을 시점 네트워크로서 위치를 설정하고, 시점으로

			평야에 하천이 있는 경관	평야에 길이 있는 경관	해변경관	수면을 내려다보는 경관
시점 (보는 장소)			1. 초지, 전답, 광장 등의 오픈 스페이스 2. 하천부지	1. 초지, 전답, 광장 등의 오픈 스페이스 2. 도로의 위	1. 해변의 길, 광장 등의 오픈 스페이스	1. 해변의 산, 언덕의 중간
경관구성			1. 평면의 하천과 도로를 퍼시펙피브하게 봄. 2. 평지에 있는 하천을 건너편에서 바라봄.	1. 연속적인 도로를 퍼시펙티브하게 봄. 2. 도로에서 건너편 개방된 평지를 봄.	1. 바다를 테두리로 하는 도로, 산이 배치된다. 2. 바다를 가운데 두고 원경에 산이 보인다.	1. 수면을 내려다보고, 원경의 산을 조망한다.
보는 각도	앙각		–	–	–	8-10도 부근에 수면이 있다.
	부각		9도 부근에 원경의 산이 있다.	9도 부근에 원경의 산이 있다.	9도 부근에 원경의 산이 있다.	–
구성요소	길	근경	하천변의 길	꼬불꼬불한 길	해변길	–
		중경	하천변의 길	꼬불꼬불한 길	–	–
		원경	–	–	–	–
	물	근경	하천	–	바다	–
		중경	하천	–	바다	바다
		원경	–	–	바다	바다
	건축물	근경	–	–	–	–
		중경	건축군	건축군	–	건축군
		원경	–	–	–	–
	녹지	근경	–	가로수, 전답, 초지	수목	수목
		중경	–	가로수, 전답, 초지	–	삼림
		원경	산	산	산	산

[표 10.1] 시점 탐색을 위한 체크리스트

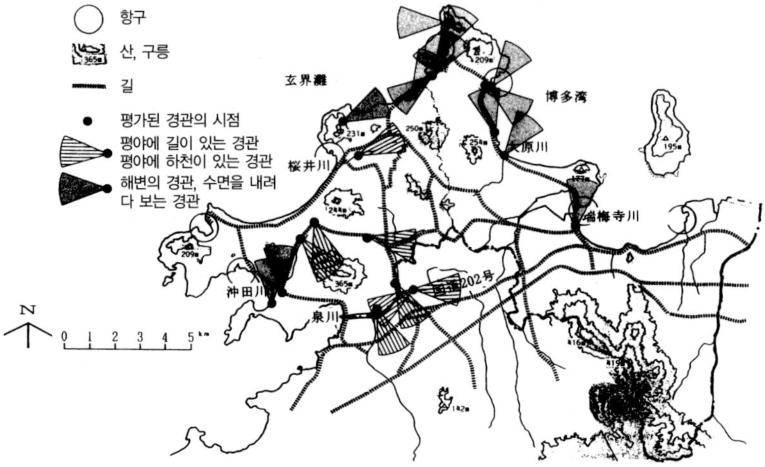

[그림 10.12] 체크리스트를 사용해 평가한 경관의 예

부터 얻을 수 있는 경관을 정비, 보전해 나가면, 한층 더 풍부한 일상생활을 보낼 수 있게 된다(그림 10.12).

10.3.4 경관 마스터플랜의 운용

도시 경관이 시민의 공유재산이라는 사실로부터, 경관 마스터플랜의 책정과정 자체가 합의를 통해 이루어져야 하며, 실현 가능한 플랜이 유연하게 운영될 필요가 있다.

(1) 시민이 공유할 수 있는 것을

경관 마스터플랜은 행정에 종사하는 사람 뿐만이 아니라 시민이 이해하기 쉽게 공유할 수 있는 장기적인 목표, 즉 장래상을 나타낼 필요가 있다.

(2) 실현 가능한 것을

경관 마스터플랜은 단지 그 이상형을 나타내는 것이 아니라 실현 가능한 추진 프로그램을 작성하여야 한다.

(3) 유연한 대응을

경관은 많은 주체의 관계 속에서 형성되는 것이다. 경관 마스터플랜은 신중하게 다루어져야 하며, 유연하게 대응할 수 있어야 한다.

>>> 문헌

1) 志賀重昂：日本風景論, 政教社, 1894.
2) 萩島 哲：風景畵と都市景觀, 理工圖書, 1996.
3) 樋口忠彦：景觀の構造, 技報堂, 1975.
4) 有馬隆文：都市景觀シミュレーションと景觀評價に關する研究, 九州大學學位論文, 1996.
5) 坂井 猛 他 ： 浮世繪風景畵に描かれた宿場の景觀構成に關する考察, 日本建築學會計劃系論文集, No.509, p. 155, 1998.
6) 都市景觀研究會：都市の景觀を考える, 大成出版社, 1988.
7) 坂井 猛：繪になる景觀の構圖と視点場探索手法に關する研究, 九州大學學位論文, 1995.
8) 中村良夫：都市景觀の文脈と修辭, 新都市, 1984.
9) 西村幸夫：環境保全と景觀創造, 鹿島出版會, 1998.

Chapter 11

도시 조사와 도시 현상의 모델화

도시계획을 위한 인구, 토지이용, 교통을 비롯하여 많은 데이터를 수집하기 위해서 다양한 도시 조사가 실시된다. 본 장에서는 도시계획에 필요한 데이터의 종류와 도시 조사의 방법, 그리고 데이터를 바탕으로 도시 현상을 모델화하는 방법에 대해 살펴보고자 한다.

11.1 도시 조사의 의의

도시계획에서 조사의 중요성을 최초로 주창한 사람은 패트릭 · 게데스(Patrick Geddes, 1854-1932)이다. 게데스는 1915년, 그의 저서 「진화하는 도시(Cities in Evolution)」에서, 물적 계획(Physical plan)을 하기 전에 객관적인 조사자료에 근거해 각 도시의 사회적 개성을 도출할 것을 주장하면서 다음과 같이 말했다.

「즉, 도시계획을 준비하기 전, 현황, 역사적 발전, 교통, 공업과 상업, 인구, 도시의 상태와 필요 조건 등을 보여주는 지도, 계획, 모델, 도면, 문서, 통계 등을 수집하고 공시하여 예비지역 조사를 실시하는 것이 바람직하다.」

게데스는 다음과 같은 도시 조사 항목을 제안하였다.

① 위치, 지형, 자연의 이점

② 교통 수단, 수상과 육상

③ 산업, 제조업, 상업

④ 인구

⑤ 도시 상태

⑥ 도시계획, 제안과 디자인

게데스는 이러한 항목에 대한 조사를 통해 도시의 공간적, 역사적 특성을 도출할 것을 주장하였다.

현대 도시에서도 표준적인 도시 조사만이 아니라, 각각의 도시는 독자적인 관점에 입각한 도시 조사를 실시, 특성을 도출하여야 할 것이다.

11.2 도시 조사의 특성

11.2.1 공간 · 시간 · 인간의 활동

도시의 현상은 복잡하지만, 공간, 시간, 그리고 인간의 활동이라는 3개의 차원으로 구성된다고 볼 수 있다.

먼저, 공간에서 보면, 지도를 통해 한 시점의 건축물이나 도로를 시작으로 하는 물적 공간 배치의 정보를 얻을 수 있다.

다음으로 시간에서 보면, 여러 시점의 지도를 비교함으로써 물적인 공간 배치의 역사적인 변화를 살펴볼 수 있다.

마지막으로 인간의 활동에서 보면, 시민들의 하루 생활시간을 조사함으로써 시민의 활동을 파악할 수 있다(그림 11.1).

도시 조사에 의해서 얻을 수 있는 각각의 데이터는 3가지 차원에 속하는 도시 현상의 한 단면이다.

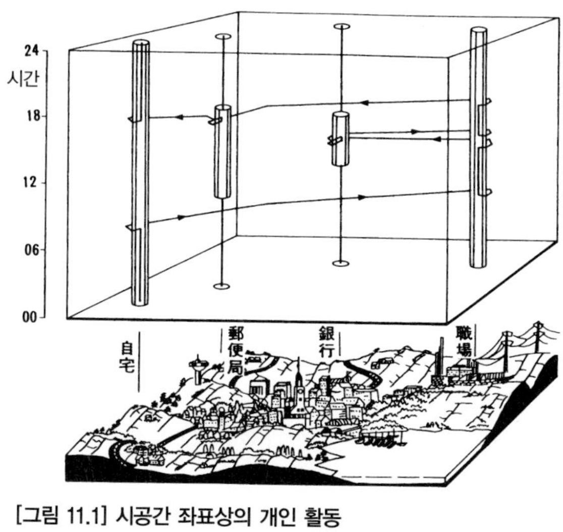

[그림 11.1] 시공간 좌표상의 개인 활동

11.2.2 공간에 근거하는 데이터

도시 조사로부터 얻을 수 있는 데이터는 반드시 어떠한 공간(지리적 범위)에 위치하고 있다. 예를 들어 250m 메쉬 데이터(mesh data)는 250m×250m의 메쉬라는 공간마다 데이터를 나타낸 것이다. 그리고 도시 인구나 면적 등은 시역이라고 하는 공간별 데이터이다.

매쉬 데이터와는 달리, 시역(행정구계)과 같이 불규칙한 형태의 공간에 근거하는 데이터를 다각형 데이터(polygon data)라고 부른다. 강조하면, 도시 조사에서 다루는 데이터는 공간을 기초로 하는 특성을 지니고 있다.

11.3 도시 조사의 방법

11.3.1 도시 조사 항목

도시계획을 작성하려면 도시 현황과 동향을 파악하여야 하기 때문에 계획목적에 따른 도시 조사가 중요하다.

도시계획법에 도시계획조사가 규정되어 있다. 도시계획 조사는 기초 조사와 특수 조사로 구별된다. 도시계획법에 의하면 5년마다 기초 조사를 실시하여 도시계획의 결정이나 변경을 재검토하는 것이 의무화되어 있다. 도시계획 조사체계는 그림 11.2, 도시 조사 항목은 표 11.1과 같다.

1992년 도시계획법의 개정에 의해서 각 지자체는 「도시계획의 기본방침」을 작성하도록 되었다. 「도시계획의 기본방침」은 각 지자체가 직접 지역의 바람직한 도시상, 즉 마스터플랜을 말하는 것으로 이로 인해 도시 조사는 지금 이상으로 중요하게 되었다.

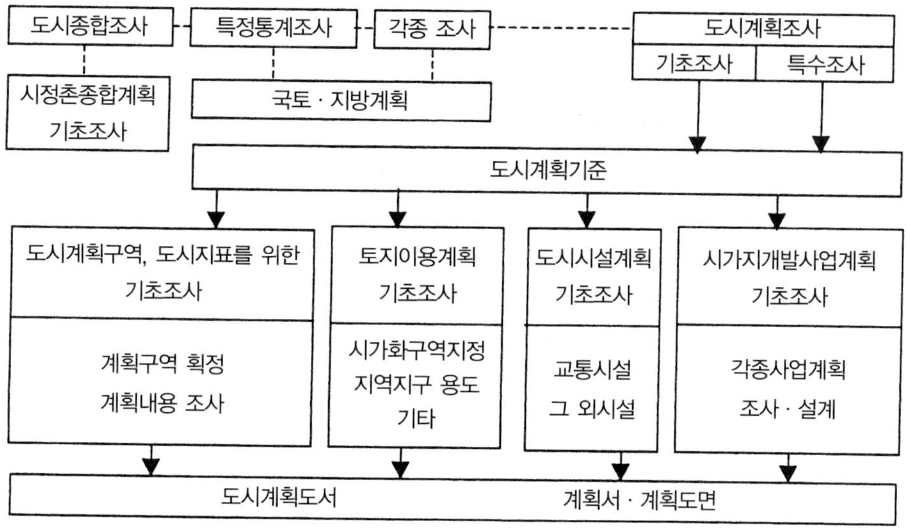

[그림 11.2] 도시계획법에 따르는 조사의 체계

11.3.2 조사의 방법

도시 조사 방법에는 다음과 같은 것이 있다.

① 통계 자료의 이용

② 설문 조사의 실시

③ 히어링 및 인터뷰 조사의 실시

④ 지도 · 항공사진의 이용

⑤ 수치지도 · 국토수치정보의 이용

⑥ 원격탐사 데이터의 사용

⑦ 현장 조사의 실시

⑧ 문헌 조사의 실시

이같은 데이터의 수집에는 모든 데이터(전수)를 조사하는 全數 조사와 일부(표본)를 대상으로 조사하는 표본 조사로 나뉘어진다.

예를 들어, 국세 조사의 경우에는 인구, 세대수의 전수를 파악하는 것에 의미가 있으므로 전수 조사를 실시한다. 한편, 어느 집단 전체의 의식, 성향을 파악하고자 하는 경우에는 집단의 일정한 비율에 의한 표본 조사로 집단 전체의 의식이나 성향을 파악할 수 있다.

조사 대항목	조사 중항목	조사 소항목	도표의 구별
인구	인구규모	인구총수 및 증가수	표
		인구증감의 내역	표
		인구 장래 예측	표
		세대 장래 예측	표
	인구분포	시가지 구분별 인구	표
		지구별 인구	표
		지구별 인구밀도 현황	지도(1/2,500)
		지구별 인구밀도 증감	지도(1/2,500)
	인구구성	연령 · 성별인구	표
		산업 대분류별 인구	표
		직업 대분류별 인구	표
		전출 · 전입별 인구	표
산업	산업 대분류별	사무소 개수 및 종업원수	표
	산업 중분류별	공업출하액	표
		상업판매액	표
주택	소유관계별	세대수	표
		세대인원	표
		세대당 다다미수	표
	건축방식별	세대수	표
		세대인원	표
		세대당 다다미수	표
		1인당 다다미수	표
	세대인원별	보통세대수	표
	다다미수별	보통세대수	표
도시의 역사와 경관	도시형성 연혁	도시형성사	표
		도시계획 · 도시개발 연표	표 · 도면(1/10,000)
	경관 · 문화재 등의 분포	양호한 경관요소의 분포	도면(1/10,000)
		문화재 등의 분포	표 · 도면(1/10,000)
토지이용 및 토지이용조건	지형조건	지형 및 수계	도면(1/10,000)
	토지이용현황	토지이용현황도	도면(1/10,000)
		시가지의 진전 상황	표 · 도면(1/10,000)
		농지 · 산지 현황	표 · 도면(1/10,000)
		국공유지 현황	표 · 도면(1/10,000)
	재해 및 공해	旣往재해의 분포	표 · 도면(1/10,000)
		공해 현황	도면(1/10,000)
	택지개발 등의 현황	택지개발 현황	표 · 도면(1/10,000)
		면정비 실적	표
		농지전용 현황	표 · 도면(1/10,000)
	법적용 현황	법적용 현황	표 · 도면(1/10,000)
		도시계획사업의집행 상황	표 · 도면(1/10,000)
지가		지가분포	도면(1/10,000)
건물	건물용도별 현황	건물용도별 현황	도면(1/2,500)
		특정용도건물의 분포	도면(1/10,000)
	건물신축 현황	지구별 신축 현황	표 · 도면(1/10,000)
도시시설	주요도시시설의 위치	주요도시시설의 위치	도면(1/10,000)
		도로망	도면(1/10,000)
교통량		존별자동차교통량	표 · 도면
		주요도로단면교통량	표 · 도면

[표 11.1] 도시 조사 항목

(1) 통계 자료

기존의 통계 자료에는 관공청에 의한 관청통계와 민간 단체 · 기업 등에 의한 민간통계가 있다. 관청통계는 중요도에 따라 지정통계, 승인통계, 신고통계로 다시 세분된다. 민간통계의 예로는, 국민의 경제활동에 관한 것, 신문사에 의한 여론 조사, NHK에 의한 「국민 생활 시간 조사」 등이 있다.

통계 자료를 다른 관점으로부터 보면, 인구, 세대수 등과 같이 어떤 시점의 순간적인 상태를 나타내는 정적인 통계와 연간 출생 · 사망 · 주택 착공 건수 등과 같이 일정기간 내 상태를 나타내는 동적통계가 있다. 주된 통계조사를 주면 표 11.2와 같이 된다.

통계 자료는 도시의 장래를 예측할 때 특히 중요하다. 도시 인구를 예측하기 위해서는 국세 조사부터 도시 인구, 세대수, 세대당 인구 등의 데이터를 수집한다. 또, 도시의 토지이용의 장래를 예측하려면 상업관련 통계로부터 상업판매액, 상업 취업자수, 공업관련 통계로부터 공업제품출하액, 공업 취업자수 등의 데이터가 필요하다. 장래 필요한 도시의 상업용지, 공업용지는 이러한 과거의 데이터의 경향으로부터 산정할 수 있다.

통계	내용	주관	주기
국세조사	인구 · 세대수 등	총무청	5년
인구동태조사	출생, 사망, 혼인, 이혼 신고	후생성	매월
주택통계조사	주택 및 세대의 거주 현황	총무청	5년
주택수요실태조사	일반세대의 주택, 주환경에 대한 의식조사	건설성	5년
사업소통계	사업소에 관한 산업분류, 종업자형태, 창업년도	총무청	5년
항만조사	항만의 현황, 이용 현황	운륜성	매월
공업통계조사	공업사업소에 관한 종업원수, 공업출하액 등	통산성	매년
학교기본조사	학교수, 학급수, 아동, 학생수, 교원, 직원수 등	문무성	매년
상업통계	도매업, 소매업 종업원수, 판매액 등	통산성	2년
가계조사	비농림어업자 세대의 수입과 소비	총무청	매월
농업센서스	농업세대, 사업체 현황	농림성	5년
어업센서스	어업세대, 사업체 현황	농림성	5년
건축착공통계	건축물 착공신고	건설성	매월
건설공사통계	건축물수, 호수, 공사건수, 부지면적 등	건설성	4분기별
건축물 멸실 통계조사	除却, 재해 등에 의해 멸실된 건축물 신고	건설성	매월
도로교통정보조사	각 도시권에서의 사람의 움직임	건설성	3년
전국도로 · 가로교통 정세조사	각 구역 경계의 도로를 횡단하는 1일 전차량, 전차종의 사용자 행동	건설성	3년
전국화물유동조사	사업소를 대상으로 화물의 유동 실태	운륜성	5년
자동차운송통계	운송용 자동차 활동 상황	운륜성	매월

[표 11.2] 주요 통계 조사

(2) 히어링 및 인터뷰 조사

인간의 의향이나 태도 등을 파악하기 위해서는 직접 그 사람한테 질문하여 답을 얻는 것이 좋다. 이러한 조사는 설문지를 사용하지 않는 인터뷰 조사와 설문지를 사용하는 설문(앙케이트) 조사로 나눌 수 있다.

히어링 조사는 특정 사람 또는 특정 기관의 의견 · 의향을 파악하는데 이용되며, 인터뷰 조사는 사람들의 동기나 태도를 조사할 때에 이용된다. 둘다 설문지 없이 면접을 통해 이루어진다. 원칙적으로 연구자가 조사원이 되어 대상자 특성에 따라 자유로운 형태로 질문을 진행한다. 계획대상을 입체적으로 파악하기는 쉬우나 통계 처리가 어렵고 객관성이 부족한 단점이 있다.

(3) 앙케이트 조사

설문지를 이용해 실시하는 조사이다. 조사원이 조사 대상자를 방문해 답안지 작성을 의뢰하고, 며칠 후 설문지를 체크하여 회수하는 배표 조사, 조사 대상자가 한 곳에 모여, 그 자리에서 설문지를 배포하고, 조사자가 설문방법을 설명한 후 회답을 받는 집합 조사, 설문지를 조사 대상자에게 우송해, 회답을 기입한 다음 반송받는 우편 조사 등이 있다.

히어링이나 인터뷰 조사와 비교해 집계가 용이하고 객관적인 분석이 가능한 반면, 질문이나 답안의 예시 등이 설문결과에 영향을 미칠 가능성이 있다.

(4) 지도 · 항공사진

도시 조사에서 가장 기본적인 데이터가 지도이다. 국토지리원이 작성하여 배포되고 있는 지도 및 항공사진은 다음과 같다(표 11.3).

도시계획에서 중요한 지도는 지형도 1/10,000과 국토기본도 1/5,000, 1/2,500이다. 지구단위계획을 실시하려면 더 자세한 축척 1/1,000 또는 1/500의 지도가 바람직하다. 항공사진은 토지이용계획의 현황을 파악하는데 유용하다.

(5) 수치지도 · 국토수치정보

아날로그 데이터를 디지털 데이터로 변환시킨 지도가 수치지도로 컴퓨터로 이용할 수 있다. 이것은 지리정보시스템(GIS: geographic information system)에 있어서 필수 데이터이다.

지도명칭	축척
국토기본도	1/2500
국토기본도	1/5000
지형도	1/10,000
지형도	1/25,000
지형도	1/50,000
지세도	1/200,000
지방도	1/500,000
일본	1/1,000,000
일본과 그 주변 각종 집성도	1/3,000,000
지형조건도	1/25,000
지형이용도	1/25,000
지형이용도	1/50,000
지형이용도	1/200,000
연안해역 지형도	1/25,000
연안해역 토지조건도	1/25,000
호소도	1/10,000
항공사진	

[표 11.3] 지도 · 항공사진(국토지리원, 1996)

명칭	축척
수치지도 10000 종합	1/10,000
수치지도 25000 해안선 행정구계	1/25,000
수치지도 50m 메쉬 표고	1/25,000
수치지도 250m 메쉬 표고	1/25,000
수치지도 1km 메쉬 표고	1/25,000
수치지도 25000 지도화상	1/25,000
수치지도 2500 공간데이터 기반	1/2,500

[표 11.4] 수치지도(국토지리원, 1996)

위성명칭	고도	센서	분해능
JERS-1	568km	VNIR	18m
MOS-1	909km	MESSR	50m
LANDSAT	705km	MSS	80m
LANDSAT	705km	TMM	30m
SPOT	832km	HRV-XS	20m
SPOT	832km	HRV-P	10m
ERS-1	777km	AMI-SAR	30m

[표 11.5] 원격탐사 데이터

주) 고도 : 인공위성 관측지점의 지표면에서의 높이
센서 : 전자파를 감지하는 장치의 명칭
분해능 : 지상에서 센서가 식별 가능한 거리

일본의 경우, 수치지도(표 11.4)는 국토지리원에서, 국토수치정보(표 9.7)는 국토청에서 배포하고 있다. 이러한 데이터들은 다양한 소프트웨어와 조합되어, 경관 분석, 토지이용 분석 등 다방면의 도시 해석에 매우 유용하게 이용된다.

(6) 원격탐사 데이터

원격탐사란 넓은 의미로 대상물과 접촉하지 않고 원격으로 감지하는 과학기술을 총칭한다. 좁은 의미로는 인공위성이나 항공기에 탑재된 센서로 지상의 물체가 반사 또는 방사한 전자파의 분광 강도를 관측하여 분광 특성을 이용해 대상물 상태나 성질을 간접적으로 식별하는 기술을 말하는 것으로 여기서는 후자를 가리킨다.

도시계획 분야에서 주로 응용되는 원격탐사 데이터에는 MSS(multi-spectral scanner) 데이터와 TM(Thematic Mapper) 데이터가 있다. 모두 지표면의 전자파 정보이지만, 지상 분해능, 관측파장대역에서 차이가 있다. 또, 항공기, 인공위성의 관측 고도에 따라 관측 범위에도 차이가 있다. 이러한 데이터는 원격탐사 기술센터를 통해 배포된다(표 11.5).

원격탐사 데이터를 토지이용계획에 응용하는 것이 진행되고 있지만, 넓은 범위에 걸친 일시적인 토지 피복의 정기적이고 물리적인 정보로서는 유용하지만, 토지이용용도의 판별(예를 들어 상업용지나 주택용지인가)은 불가능하고, 계절에 따른 토지 피복 상태의 변화(예를 들어 논답은 계절에 따라 수면 또는 나지로 변한다)에도 영향을 받는 등의 단점이 있다.

(7) 현장 조사

통계자료, 지도, 항공사진, 수치지도, 원격탐사 데이터 등에서 얻을 수 없는 상세한 정보를 얻기 위해서는 현장에서 직접 조사하여야 한다. 이것을 현장 조사라고 부른다.

현장 조사는 그 목적에 따라서 방법이 다르지만, 일반적으로는 사진, 비디오에 의한 촬영, 스케치, 줄자 등에 의한 실측, 카운터 등 계기에 의한 측정 등의 방법이 있다. 모두 미리 지도를 준비하여 현장 조사 지점을 확인하고 면밀한 계획에 근거하고 작업을 실시하여야 한다. 도로의 단면 교통량 조사도 현장 조사의 한 예이다.

도형 데이터베이스		
데이터베이스 명칭	입력도면	적요
베이스맵	항공사진 (1/2,500)	건물, 도로, 철도, 하천, 해안선, 연못, 호수, 방파제 등
용도지역	용도지역도 (1/2,500)	시가화구역, 시가화조정구역, 용도지역계, 용적률지정, 건폐율지정
동, 가구	동 · 가구안내도 (1/1,000~1/3,000)	동계, 가구계
토지이용형상데이터	토지이용현황도 (1/2,500)	토지이용용도계

속성 데이터베이스	
데이터베이스 명칭	적요
건물속성데이터	용도지역, 법정용적률, 법정건폐율, 건물용도, 건축면적, 연면적, 건물구조, 건물층수
토지이용속성데이터	동코드, 가구번호, 메쉬코드, 토지이용용도, 면적
가구데이터베이스	동코드, 가구번호, 가구면적, 용도지역, 용적률, 건폐율, 토지이용면적
동, 가구데이터베이스	동코드, 동면적, 용도지역, 용적률, 건폐율, 건물, 토지이용면적
메쉬(인구, 세대수)	메쉬코드, 메쉬면적, 행정구, 도시계획구분, 지역구분, 총인구, 세대수, 인구밀도, 택지면적
메쉬(사무소통계)	메쉬코드, 메쉬면적, 행정구, 도시계획구분, 지역구분, 사업소수, 종업원수
메쉬(상업통계)	메쉬코드, 메쉬면적, 행정구, 도시계획구분, 지역구분, 도매업, 소매업, 음식업

[표 11.6] 도시 데이터베이스의 실례

(8) 문헌 조사

계획대상지역의 역사나 풍토에 대한 문헌, 계획대상지역과 유사한 지역의 보고서 등 문헌을 조사하는 것도 중요하다. 현지의 교육위원회, 박물관, 향토자료관과 공동으로 문헌 조사함으로써 효율적으로 문헌을 수집할 수 있다. 또, 조사 목적에 따라서는 인터넷이나 온라인 데이터베이스를 이용할 수도 있다.

11.4 도시 데이터베이스의 작성과 관리

(1) 지방자치단체의 도시 데이터베이스

지방자치단체에서는 지역의 치밀한 도시 데이터베이스의 작성과 그 이용을 위한 도시계획 지원시스템이 진행되고 있다. 후쿠오카시에서는 표 11.6, 그림 11.3과 같은 시스템이 운용되고 있으며, 여기서는 다음의 2가지 데이터베이스가 작성되고 있다.

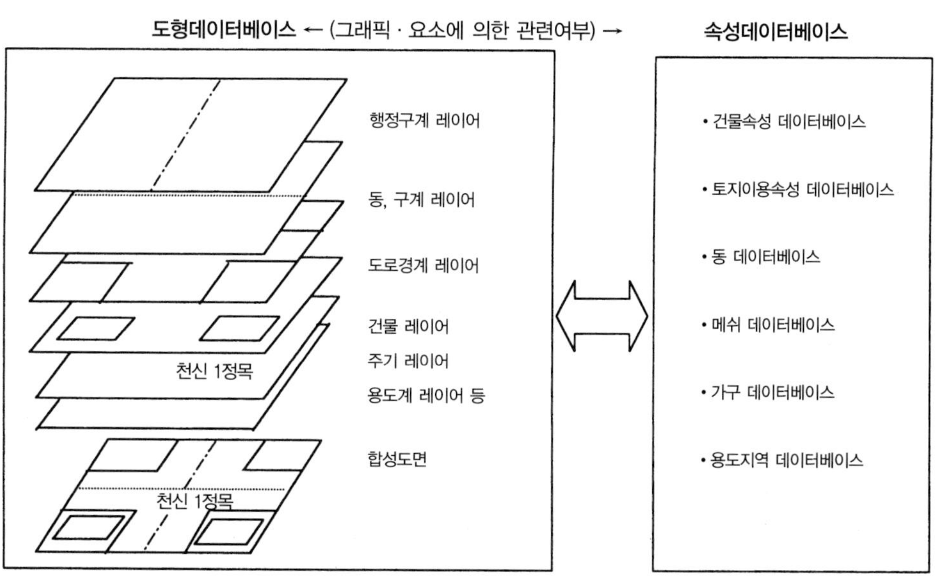

[그림 11.3] 도시 데이터베이스의 구조(「도시계획 지원시스템」 후쿠오카시, 1997)

① 도형 데이터베이스 : 행정구계, 가구계를 비롯한 도형을 데이터베이스화한 것.

② 속성 데이터베이스 : 각종 통계 데이터를 메쉬나 가로, 가구 등의 도형마다 데이터베이스화한 것.

①과 ②의 데이터베이스는 도시계획 지원시스템으로 조작되어, 다양하게 출력이 가능하다.

(2) 도시정보 관리시스템

앞으로 지방자치단체의 도시 데이터베이스는 도시계획 지원시스템에서 고도의 도시정보 관리시스템으로 발전할 것으로 보여진다.

도시정보 관리시스템은 ① 실시간 시스템, ② 일상업무 시스템, ③ 계획지원 시스템의 3가지 시스템을 통합하여 구성된다.

①의 실시간 시스템은 교통 관제, 재해 정보, 긴급 통보 시스템 등 실시간에 응답하는 시스템을 말한다.

②의 일상업무 시스템은 주민 등록, 건축 확인 신청, 확정신고 등의 창구 업무나 가스 · 전력의 공급 시설 등 일상적인 데이터를 관리하는 시스템이다.

③의 계획지원 시스템은 현재 가동하고 있는 비일상적인 도시계획 지원시스템이다.

이들 3개의 시스템을 통합함으로써, 보다 상세하고 최신의 도시 정보를 종합적으로 다룰 수 있다.

11.5 도시현상의 모델화와 시뮬레이션

11.5.1 도시현상의 모델화

수집한 데이터는 장래의 도시상을 예측하기 위해서 중요하다. 도시 데이터는 그대로 표나 그래프로 표현화됨으로써 도시의 상황을 파악하는데 이용할 수 있다. 한편, 도시 현상을 모델화하고 그 모델에 데이터를 입력시켜 도시현상을 시뮬레이션할 수도 있다.

도시 현상을 인과관계의 연쇄로서 풀어, 컴퓨터 시뮬레이션을 실시할 수 있도록 프로그램화한 것을 일반적으로 도시 모델이라고 부른다.

11.5.2 보행자 유동 모델과 데이터

교통 모델의 한 가지인 한 도시 내의 소지구에서의 보행자 유동 모델을 예로서, ① 모델의 목적, ② 현상의 모델화, ③ 구역의 설정, ④ 데이터의 수집, ⑤ 가공, ⑥ 결과에 대해서 살펴보고자 한다.

(1) 모델의 목적

도시에의 보행자 교통은 대중교통과 함께 중요한 교통수단이다. 또 지구단위 계획의 관점에서 지구 내부의 보행자 유동을 파악하는 것은 시설 배치 등의 공간계획에서 중요하다.

현장 조사의 한 가지인 보행자 단면 교통량 조사에 의해 주요 가로상의 교통량계측이 가능하다. 그러나 지구 전체의 보행자 흐름을 파악하려면 보행자 유동 모델을 구축해 지구 전체의 가로망 네트워크상에서 시뮬레이션 하여야 한다.

이 모델은 도시의 소지구 내에서 쇼핑을 목적으로 하는 보행자 여정을 대상으로 하여, 모든 가로상의 보행자 1일 단면 교통량을 공간 상호작용 타입의 모델로 추정하는 것이 목적이다.

(2) 현상의 모델화

도시의 소지구의 i와 j의 결절점 사이에서 발생하는 보행자 분포 교통량인 T_{ij}는 발생량 제약형의 공간 상호작용에 의해 모델화가 가능하다. 즉,

$$T_{ij} = A_i P_i W_j \exp(-\beta C_{ij})$$

이 때, P_i는 i 결절점에서 발생하는 보행자량, W_j 는 j결절점의 매력, C_{ij}는 i, j결절점 사이의 최단거리, A_i는 $(\Sigma W_i \exp(1\beta C_{ij})$-1, β(은)는 파라미터이다.

도시 조사로 P_i, W_j값이 도출되고, C_{ij}값은 도시 조사와 최단경로 계산으로 β값은 초기치를 가정해서 결정한 후, 보행자 단면 교통량의 실제 합한 값과 추정값의 차이를 최소로 하는 등의 기준으로 수정될 수 있다. 그리고 도출된 보행자

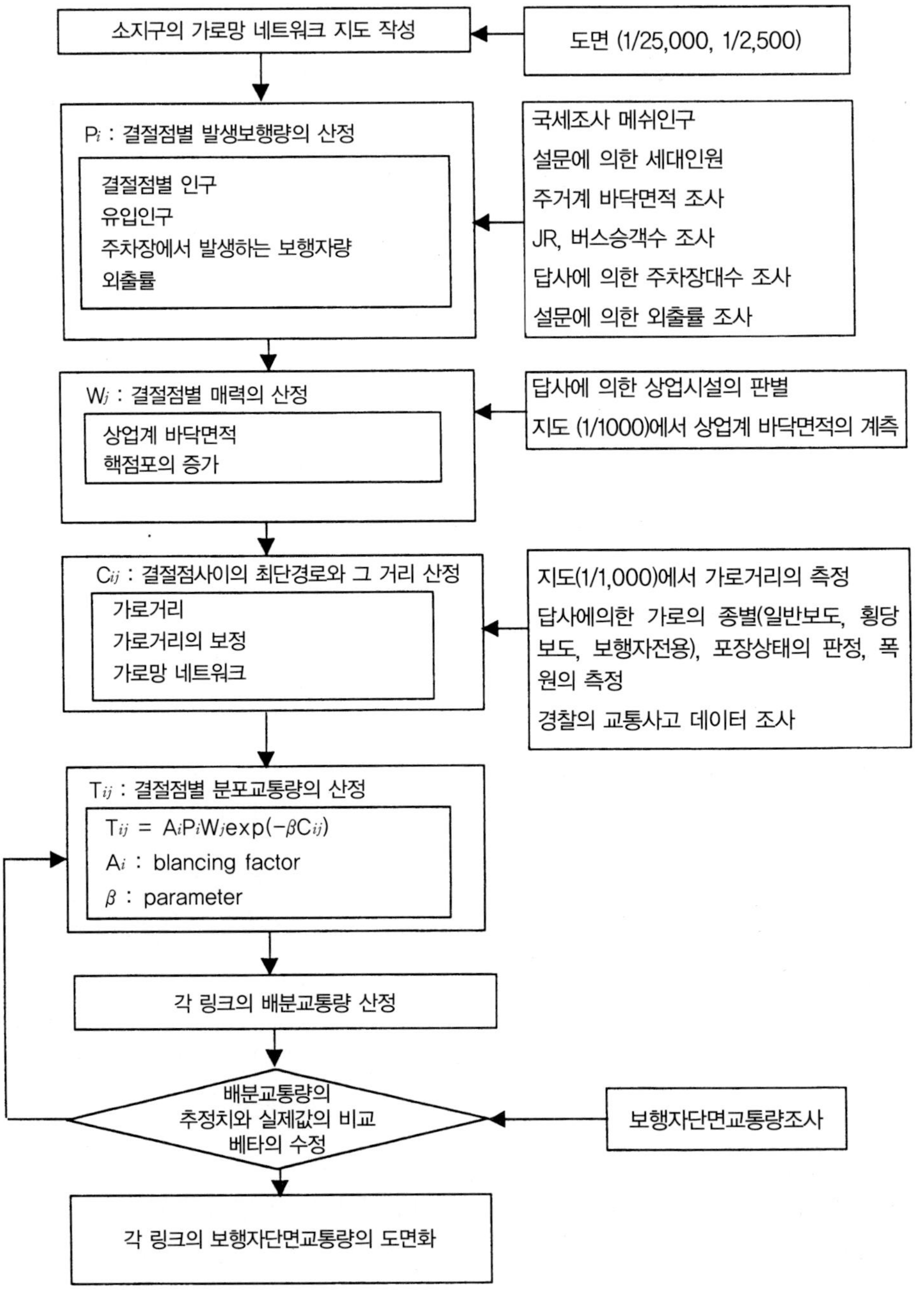

[그림 11.4] 모델의 플로우챠트

분포교통량을 최단 경로에 배분함으로써 각 링크의 보행자 단면 교통량을 추정할 수 있다. 흐름도는 그림 11.4와 같다.

(3) 구역의 설정

도시 내 소지구를 보행자 유동이 이루어지는 구역으로 설정한다. 도시의 보행자 유동은 주택지구의 경우, 주택이나 터미널을 기점으로 정하고, 상점을 종점으로 하는 여정, 상점에서 상점으로 이동하는 여정, 상점에서 주택이나 터미널로 향하는 여정의 3 종류가 있다. 일부의 유출입 여정을 제외하고, 이러한 여정은 강, 바다, 언덕 등의 자연적인 장애물, 선로, 간선도로와 같은 인공적인 장애물의 내부에서 이루어져, 일정구역을 형성한다(그림 11.5).

(4) 데이터의 수집

설정한 구역 내를 대상으로 데이터를 수집한다. 모델화에 필요한 데이터 및 데이터 수집의 방법은 표 11.7과 같다. 또 추정치의 타당성을 판단하여, 파라미터의 값을 결정하기 위해서 주요 지점의 보행자 단면 교통량의 실제값을 조사한다.

[그림 11.5] 구역의 설정

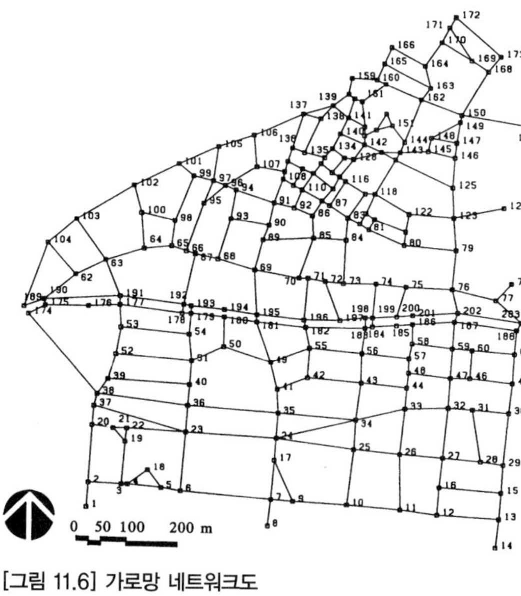

[그림 11.6] 가로망 네트워크도

작성데이터	원데이터, 조사	원데이터의 수집, 가공방법
가로망 네트워크	지도(1/25,000, 1/2,500) 답사	지도 및 답사에 의해 보도, 횡단보도, 생활도로를 구별해 보행자교통의 링크를 결정한다.
결절점별 인구	국세조사 메쉬별 집계치, 생활환경조사(세대인원수, 주거계바닥면적)	국세조사 메쉬데이터로 당해 메쉬데이터를 도출한다. 결절점별 주거계 바닥면적에 대해 메쉬인구를 배분한다. 생활환경조사를 수행하여 세대인원수를 파악한다. 2개의 값을 비교 조정한다.
철도 승강객수	JR승강객수 조사	1일승강객수를 보행자단면교통량 조사시간(9시간)으로 환산한다.
버스의 승강객수	버스의 승강객수 조사	보행자단면교통량조사의 일환으로서 조사한다.
주차장의 주차대수	가구조건 조사	가구조건조사를 실시하여 가구별로 주차대수를 파악한다.
인접지구로부터의 유입인구	보행자단면교통량 조사	주요 유입하는 장소의 유입량을 보행자단면교통량의 일환으로 조사한다.
외출률	외출률조사 person trip 조사	설문조사를 실시하여 파악한다. 북부큐슈권 trip 조사값을 발췌한다.
결절점별 상업계 바닥면적	지도(1/1000) 건물조건조사	건물조건조사를 실시하여 상업시설을 판정한다. 지도상에서 바닥면적을 디지타이저로 계측한다.
가로거리	지도(1/1000)	지도상에서 디지타이저하여 가로거리를 계측한다.
가로의 교통조건	가로조건조사	답사에 의해 보행자전용, 일반보도, 횡단보도를 구별한다.
도로의 포장상태	가로조건조사	답사에 의해 포장, 비포장을 구분한다.
도로의 특성	가로조건조사	경찰의 교통사고 데이터에서 사고다발지점을 조사한다. 답사에 의해 공사중인 가로를 구별하고, 가로폭원을 측정한다.
보행자단면교통량 실제값	보행자단면교통량 조사	보행자단면교통량조사(평일, 휴일의 2일간 10:00~19:00, 중학생 이상을 대상으로)

[표 11.7] 데이터의 수집과 가공 방법

(5) 데이터의 가공

수집한 데이터를 그대로는 사용할 수 없다. 구역 내의 가로망 네트워크에 대해서는 지도를 기초로 답사에 의해 보행자의 통행로를 판별해, 결절점과 링크의 네트워크지도(그림 11.6)로 작성한다. 또, 결절점별 인구를 구하려면, 국세조사 메쉬 데이터로부터 얻을 수 있는 메쉬별 인구를 결절점별 주거계 바닥면적에 따라 각 결절점에 배분할 필요가 있다.

(6) 아웃풋의 표현

모델에 의해서 추정된 보행자 단면 교통량을 그래픽화 한다. 이 경우, 보행자 단면 교통량을 링크상의 띠의 폭으로 표현하고 있다(그림 11. 7).

도시 현상은 다양하고 모델화 수법도 다양하다. 중요한 것은 모델의 목적을

[그림 11.7] 보행자 단면 교통량의 추정치

명확히 하여 필요한 데이터를 지도, 현장 조사, 앙케이트 조사, 통계 조사, 교통량 조사 등에 의해 효율적으로 수집하는 것이다. 또한 모델화에 해당해 수집한 데이터를 모델의 목적에 맞추어 적절히 가공하는 것이 중요하다.

〉〉〉 문헌

1) P. ゲデス, 西村一郎 他 譯 : 進化する都市, 鹿島出版會, 1982.
2) 山田 學 · 川瀨光一 他 : 現代都市計劃事典, 彰國社, 1992.
3) 荒井良雄 · 岡本耕平 他 : 都市の空間と時間, 古今書院, 1996.
4) 都市計劃敎育硏究會 編 : 都市計劃敎科書, 彰國社, 1990.
5) 日本建築學會 編 : 建築 · 都市計劃のための調査 · 分析方法, 井上書院, 1987.
6) 土井幸平 · 川上秀光 他 : 新建築學大系16 : 都市計劃, 彰國社, 1981.
7) 日笠 端 : 都市計劃第3版, 共立出版, 1993.
8) 萩島 哲 · 黑瀨重幸 · 光吉健次 : Estimation of pedestrian shopping trips in a neighborhood by using a spatial interaction model, Environment and Planning a, Vol. 19, 1987.

Chapter 12

도시의 파악과 예측

도시의 제 현상을 정확하게 파악하고, 장래의 동향을 예측하는 것은 도시계획에서 가장 기초적이고 중요한 작업이다. 앞장에서는 다양한 도시 정보의 수집 · 가공에 대해서 살펴보았다. 본 장에서는 수집 · 가공된 다양한 데이터를 기초로 어떻게 도시 현상을 파악할까, 주로 통계학적 해석 수법 및 예측 수법에 대해 살펴본다.

12.1 도시 정보의 선택과 파악 수법

12.1.1 도시 정보의 선택

도시 정보란 도시를 구성하는 모든 물적 요소와 관계되는 정보(예를 들어, 지형, 토지이용, 건물 등)로부터 도시에서 영위되는 사회적 · 경제적 활동과 관계되는 정보(인구, 종업원, 생산액, 주거환경 만족도나 평가 등)까지를 포함한다.

이러한 정보의 획득은 앞장에서 살펴본 것처럼 지도(지형도, 토양분포도, 인구분포도, 용도지역도 등의 각종 주제도), 통계자료, 설문 조사, 히어링 조사, 현장 답사 등 다양한 방법으로 이루어진다. 이로써 얻을 수 있는 정보는 무한하다. 그러나 도시계획은 어떠한 목표를 달성하기 위해 현상을 정확하게 파악하여 보다 바람직하고 적절한 계획을 입안하고, 그것을 실현해 가는 프로세스이다. 따라서 이를 위해서는 무한한 정보 중에서 적절한 정보의 선택이 매우 중요하다.

그림 12.1은 정보 선택에 대한 관점을 개념적으로 나타낸 것이다. 정보 선택에 있어서, 우선 다음의 사항을 정확하게 규명하여야 한다.

① 계획의 대상은 무엇인가?

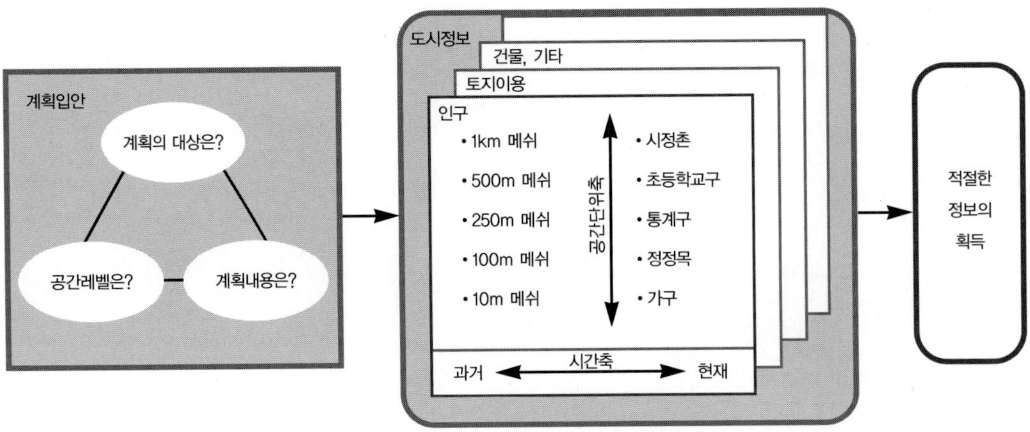

[그림 12.1] 정보 선택의 관점

② 공간 레벨은 어느 정도인가?

③ 계획에 요구되고 있는 내용은 무엇인가?

①은 토지이용계획, 시설배치계획, 혹은 녹지계획, 환경계획 등 각 계획이 대상으로 하는 영역을 말한다. ②는 지구 레벨이냐 도시 레벨이냐, 또는 광역 레벨이냐 등 계획대상이 되는 공간의 레벨에 관한 문제이다. ③은 구체적으로 작성될 계획의 내용을 말한다. 이상의 ①, ②, ③은 일반적으로 서로 밀접하게 관련되어 있다.

이상의 것을 정확히 규명함으로써, 계획할 대상의 특성을 파악하기 위해 필요한 정보가 무엇인지를 알 수 있다. 이때 가장 중요한 점은 도시 정보가 가지는 고유의 특성을 고려해야 한다는 점이다. 이는 「공간 단위축」과 「시간축」을 의미한다.

도시계획은 하나의 공간계획이며 지도를 바탕으로 한 도면과 문장으로 표현된다. 따라서 계획대상의 특성 파악에도 지도상에서 공간분포의 특성을 파악하는 것이 필수적이다. 공간 단위축이란 시읍면, 초등학교구, 통계구, 동구, 가구, 혹은 메쉬 등 수집해야 할 정보의 공간 단위 또는 그 속성에 관한 것이다. 이들 공간 단위나 속성의 선택은 앞에서 언급한 계획 공간의 레벨과 내용에 따라 달라지기 때문에, 상황에 따라 적절히 선택하여야 한다. 물론 공간 단위를 고려하지 않아도 되는 정보도 있다.

한편 계획의 목적이나 대상에 따라서는 필요한 정보가 현시점의 것만으로도 충분한 경우도 있으며, 과거부터 현재까지의 정보가 요구되는 경우도 있다. 시간축이란 이같은 시계열의 정보 필요성을 말한다. 장래의 동향을 파악하는 경우는 특히 과거의 동향을 읽어낼 필요가 있다.

시간, 비용, 노력을 무한히 사용할 수 있다면 어떠한 도시 정보도 수집이 가능할 것이다. 그러나 현실적으로 계획입안은 한정된 시간과 재정 안에서 행해지기 때문에, 이러한 제약 내에서 계획이나 분석의 목적에 일치하는 적절한 정보를 어느 정도 수집할 수 있는지가 매우 중요하다. 반대로 말하면, 한정된 정보로부터 유효한 계획을 입안할 수 있도록 하는 것이 관건이라고 하겠다.

12.1.2 도시 데이터의 분류

수학적 데이터 처리라는 관점에서 보면, 도시 정보는 「정량적 데이터」와 「정성적 데이터」로 구분된다(표 12.1). 일반적으로 자연과학분야에서 다루는 데이터는 대부분이 정량적 데이터(변량)지만 자연과학과 사회과학의 중간 영역에 있는 도시계획에서는 정량적 데이터와 함께 정성적 데이터의 처리도 필요하다.

분류		예
정성적 데이터	명의척도	직업, 업종 등
	순서척도	의식조사결과
정량적 데이터	간격척도	인구, 면적 등
	비율척도	구성비, 지수

[표 12.1] 도시 데이터의 분류

일반적으로 정성적 데이터는 명의척도(nominal scale)와 순서척도(ordinal scale)로 나누어진다. 전자는 예를 들어 직업, 성별, 업종 등 개인이나 기업 등의 속성을 나타내는 데이터를 말하며, 일반적으로 「속성 데이터」라고도 불린다. 명의척도에는 카테고리가 있어, 카테고리에는 일반적으로 정수가 부여되어(예를 들어, 성별의 경우 1은 남자, 2는 여자), 수학적 처리가 행해진다.

카테고리에는 크고 작음에 관한 내용이나 순서에 관한 내용도 없는 모두 동등한 관계의 내용이다. 따라서 카테고리에 부여된 숫자 그 자체에는 의미가 없다. 한편, 순서척도는 설문조사를 바탕으로 거주자의 주거환경평가(예를 들면, 1. 만족, 2. 약간 만족, 3. 약간 불만, 4. 불만)와 같이 카테고리에 부여한 숫자가 동등 관계뿐만 아니라 순서 관계도 데이터이다.

정량적 데이터에는 간격척도(interval scale)와 비율척도(ratio scale)가 있다. 간격척도는 수치 자체가 크고 작음을 나타냄과 동시에 거리(간격)로 순서가 정의되는 척도이다. 인구, 토지이용면적 등이 여기에 해당되며, 간격을 고려해 부여된 점수(평가치) 등도 포함된다. 비율척도는 간격척도를 어떤 기준치를 기준으로 비율로 변환한 척도이다. 예를 들어, 토지이용면적의 구성비나 인구의 경년적 변화를 나타낸 인구 지수 등이 여기에 해당한다.

이러한 4개 유형의 변량을 어떻게 조합하여 이용할 지에 따라 적용하는 해석 수법이 달라진다.

12.1.3 도시 현상의 파악

계획에 있어서 다양한 대상을 객관적이고 과학적으로 파악하기 위한 방법으로서 도시의 현상을 파악하고, 평가 · 예측하는 수법 역시 발전해 왔다. 이러한 수법들이 어떤 체계를 갖추지는 못하고 있으나, 계량적 수법에만 한정하여 구분해 보면 다음과 같다. 이러한 수법들은 서로 배타적이지 않고 서로 보완되면서 이용된다.

(1) 통계학적 수법에 따르는 방법

어떤 현상과 관련되는 몇 개의 요소(인자), 혹은 그 요소간의 상호 관계를 통계학적으로 분석하여 현상을 설명하는 것이다. 이 방법은 설문 등에 의한 표본조사(sampling survey)로부터 얻은 데이터를 분석하는 경우, 모집단(population)의 특성을 과학적이고 객관적으로 추정하기 위해서 빠뜨릴 수 없는 수법이다.

또한 지금까지 다양한 도시 현상을 파악하는데 적용되어, 계획의 실무에 가장 일반적으로 이용되는 수법이기도 하다. 간단한 記述 통계로부터 상관 분석, 겹회귀 분석 등 다변량 해석까지 다양한 수법이 있다. 분석수법을 적용할 경우에는 분석목적에 가장 적합한 수법을 선택하는 것이 현상을 가장 정확히 파악할 수 있는 방법이 된다.

(2) 이론 모델에 의한 방법

계획 대상에 관련되는 모든 요소들의 관계를 특정 이론을 이용함으로써 모델화하여, 그 모델로 대상을 평가 또는 예측하는 방법을 말한다. 여기에는 도시계획의 주변 분야인 경제지리학이나 도시경제학의 성과를 응용하는 경우와 물리학 등 자연과학계 학문의 성과를 응용하는 경우가 있다. 전자는 웨버(A. Weber)나 아론조(W. Alonso)로 대표되는 입지론(location theory)에 바탕을 두는 토지이용메카니즘이 대표적인 예이다. 후자의 예로서는 만유인력의 법칙에서 유추된 중력 모델(gravity model)이나 열역학의 엔트로비 이론으로부터 도출된 공간상호작용 모델(spatial interaction model) 등이 있다. 또 최근에는 뉴럴 네트워크(neural network)나 유전적 알고리즘, 퍼지 이론 등 새로운 자연과학 분야의 성과를 응용한 공간 해석 모델의 개발도 진행되고 있다. 이러한 이론과 도시계획에의 응용에 관해서는 문헌 1), 2), 3) 등을 참조하길 바란다.

(3) 시뮬레이션 · 모델에 의한 방법

시스템을 구성하는 제 요소의 관계를 수식 등으로 표현된 모델(모형)을 구축하고, 그 모델을 조작함으로써 대상을 해석하고, 평가, 예측하는 것을 말한다. 도시를 대상으로 한 시뮬레이션 · 모델의 대표적인 예로서는 로리(I. S. Lowry)에 의해서 개발된 미국의 피츠버그 도시권을 대상으로 한 토지이용 모델(로리 모델)이나 메사추세츠 공과대학의 포레스터(J. W. Forrester) 교수에 의해서 개발된 아반타이나미크스 모델이 있다. 구체적 내용은 문헌 4), 5)를 참고하길 바란다.

(4) 평가지표(원단위를 포함한다)에 의한 방법

도시의 모든 현상은 다양한 요인이 복잡하게 얽힌 상호작용의 결과로서 나타난다고 볼 수 있다. 위의 3가지 방법은 이 복잡한 요인의 상호관계를 해명함으로써 현상을 파악하려고 하는 접근방법이다. 즉, 요인 상호간의 복잡한 관계를 모르는 상황에서, 어떤 단순한 지표에 의해 어떤 현상이나 계획대상을 객관적으로 평가하고 예측이 가능하다면, 계획 입안 작업에서 매우 간편하고, 알기 쉬우며, 사용하기 편한 도구가 된다. 대표적인 예로서 용지원단위(예를 들어, 인구 1인당의 주택용지면적)이나 환경평가지표 등이 있다. 또 최근에는 토지이용의 혼합도나 集塊성을 정보엔트로피이론 등을 이용해 지표화하는 시도도 적극적으로 행해지고 있다.

이러한 계량적 수법을 이용한 도시 현상의 파악에 컴퓨터의 이용은 빠뜨릴 수 없다. 그러나 사용하기 편리하다는 특성때문에 수법을 적용하는 본래의 의미나 목적이 소홀하게 되는 위험성도 있다. 계량적 수법을 적용할 경우에는 그 이론의 충분한 이해를 바탕으로 한 적절한 응용이 중요하다.

또 지도정보를 베이스로 여러 지리적, 공간적 정보를 관리, 검색, 갱신, 해석하는 지리정보 시스템(GIS)을 도시계획에서 활발하게 응용하고 있다. 도시 현상의 파악은 반드시 지도상에서의 공간 분석을 동반한다. 향후, 컴퓨터기술의 진전과 함께 지리정보시스템을 기초로 한 도시 현상의 파악이 주류가 될 것이다.

12.2 다변량해석을 이용한 도시정보처리

본 절에서는 통계학적 수법 중에서도 도시 현상을 파악하는데 가장 잘 이용되는 다변량해석법에 대해 기본적인 관점과 구체적 사례를 중심으로 살펴본다.

12.2.1 2변수의 관계를 파악

먼저, 다변량해석의 기초로서 1변수(변량)의 분포 특성과 2변수의 관계를 파악하는 방법을 보도록 한다.

(1) 분포의 특성 파악(평균과 분산)

일반적으로 어떤 현상을 파악하는 가장 기초적인 방법은 현상과 관계되는 모든 요소 각각의 특성을 파악하는 것이다. 예를 들어, 어느 도시의 인구 분포 특징을 알고 싶을 때, 현재, 통계구(i=1, 2, ⋯, n)마다 인구 p_i, 면적 a_i, 도심에서 통계구까지의 거리 d_i 가 데이터로서 주어져 있다고 가정하자.

먼저, 누구라도 생각할 수 있는 것이 통계구별 인구의 평균치다. 이는 분포 특성을 나타내는 가장 일반적인 대표치이다. 다음으로 인구 분포의 차이가 어떤 상태인지 알고 싶다면, 분산이나 표준 편차를 구하면 좋다. 인구 p_i 의 산술 평균과 분산(표준편차)을 식으로 나타내면, 다음과 같다.

(12.1) $$\bar{p}=\frac{1}{n}\sum_{i=1}^{n}p_i$$

(12.2) $$V_p=\sigma_p{}^2=\frac{1}{n-1}\sum_{i=1}^{n}(p_i-\bar{p})^2$$

또 분포형상의 특성을 보여주는 것으로는 왜도(歪度)와 첨도(尖度)가 있다. 왜도는 데이터가 어느 정도 뒤틀려 분포되어 있는 지를 나타내며, 첨도는 분포가 집중된 정도를 나타내는 값이다.

(2) 회귀분석과 상관계수

다음으로 2개 변수(요소)간의 관계에 관한 분석이다. 예를 들면, 인구밀도와 도심까지의 거리사이에는 어떠한 관계가 있을 것이다. 이 두 변수의 상관관계를 직감적이고 시각적으로 파악하는 방법으로는 2변수의 값을 2차원 평면상에 플롯하여, 산포도(상관도)를 작성하는 방법이 있다.

그림 12.2는 표 12.2에 표시된 도심 거리 d_i와 순수인구밀도 p_i (i =1, 2,⋯, 14)의 값을 각각 자연수로 변환하여 플롯한 산포도이다. 이보다 순수인구밀도는 도심으로부터 멀어짐에 따라 감소하여, 2개의 변수사이에는 직선적인 관계가 있음을 알 수 있다.

한편, 이 관계를 정량적으로 표현하기 위해서는 어떻게 하면 좋을까. 주로 이용되는 것이 회귀분석이다.

지금, 2개 변수의 관측치(x_i, y_i)에 대해 다음의 직선 회귀 모델(linear regression model)을 상정한다.

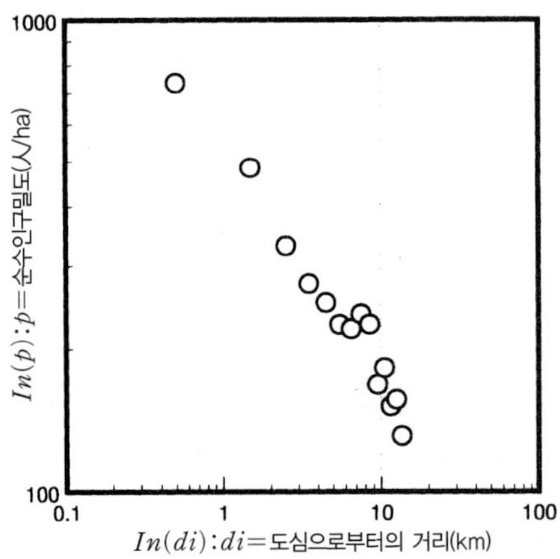

[그림 12.2] 순수인구밀도와 도시거리의 산포도(자연수에 변환시킨 값을 사용)

d :	도심거리 (km)	0.5	1.5	2.5	3.5	4.5	5.5	6.5	7.5	8.5	9.5	10.5	11.5	12.5	13.5
ρ :	순수인구밀도 (人/ha)	735.2	485.4	330.8	275.5	251.4	225.9	221.3	237.6	226.2	168.4	182.6	151.5	156.5	131.2

[표 12.2] 네트인구밀도와 도심거리의 분포도(자연대수의 변환치를 사용)

(12.3) $y_i = a_0 + a_1 x_i + \varepsilon_i$

ε_i는 관측치 y_i와 예측치 Y_i와의 차이를 나타내며, 예측오차 또는 잔차라고 부른다. 다음으로, 구하여야 하는 직선회귀식을 다음과 같이 쓴다.

(12.4) $Y_i = \hat{a}_0 + \hat{a}_1 x_i$

여기서 최소이승법을 이용해, 잔차의 제곱화

(12.5) $\sum_{i=1}^{n} \varepsilon_i^2 = \sum_{i=1}^{n} \{y_i - (a_0 + a_1 x_i)\}^2$

가 최소로 되는 계수 a_0, a_1을 구한다. 즉, (12.5) 식의 우변을 a_0, a_1에 붙어 각각 편미분 하고 0으로 해서, 연립 방정식을 풀면,

(12.6) $\hat{a}_1 = S_{xy}/S_{xx}, \quad \hat{a}_0 = \bar{y} - S_{xy}/S_{xx}\bar{x},$

(12.7) $S_{xx} = \sum_i (x_i - \bar{x})^2,$

(12.8) $S_{xy} = \sum_i (x_i - \bar{x})(y_i - \bar{y})$

을 얻을 수 있다. (12.6) 식의 계수를 회귀계수라고 부른다. 또 S_{xx}, S_{xy}는 편차평방(제곱)화, 편차적화로 불리는 기본통계량이다. 실제의 수치계산에서는 x와 y에 관한 평균치와 편차평방화, 편차적화를 산정하여 쉽게 회귀계수를 구할 수 있다.

그러면, 실제 표 12.2의 데이터를 이용하여 회귀계수를 구해 본다. x_i를 도심거리 d_i의 대수 변환치로, y_i를 순수인구밀도 p_i의 대수변환치로 하면,

$S_{xy} = 11.335, \ S_{xy} = -5.570,$

$a_1 = -0.491, \ a_0 = 6.298$

가 되어, 직선회귀식은,

$Y_i = 6.928 - 0.491 x_i$

과 같다. 이를 원래의 도심 거리 d_i와 인구밀도 p_i를 이용한 식으로 고치면, 다음과 같은 식을 얻을 수 있다.

$p_i = e^{6.298} d_i^{-0.491} = 543.5 d_i^{-0.491}$

그림 12.3이 이 식에 의한 회귀 곡선이다.

한편, 지금 구한 회귀식에 의한 예측값이 실제의 관측값을 얼마나 정확히 설명하고 있는 것일까? 이처럼 예측의 정밀도를 나타내는 지표로서 상관계수(correlation coefficient)가 이용된다. 일반적으로 두 변수 x_i, y_i의 상관계수 r_{xy}는 각각의 분산 · 공분산 또는 편차평방화 (S_{xx}, S_{yy})와 편차적화(S_{xy})

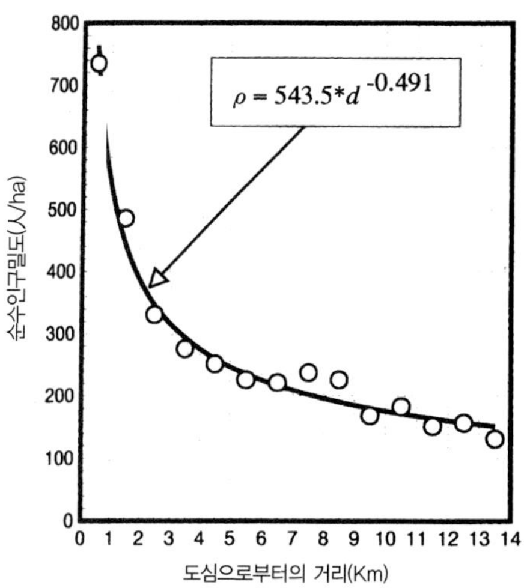

[그림 12.3] 순수인구밀도와 도심 거리의 관계

를 이용해 다음과 같은 식에서 구해진다.

$$r_{xy}=\frac{\sigma_{xy}}{\sigma_{xx}\cdot\sigma_{yy}}=\frac{S_{xy}}{\sqrt{S_{xx}\cdot S_{yy}}} \tag{12.9}$$

상관계수는 -1.0~1.0 사이로 1.0에 가까울수록 正의 관계가 강하고, -1.0에 가까울 정도 負의 관계가 강하다. 앞의 데이터를 이용하면, y에 관한 편차평방화 $S_{yy}=2.847$이 되어, 상관계수는 다음과 같다.

$r_{xy}=-5.570/\sqrt{11.335\times2.847}=-0.981$

이같이 회귀분석을 적용하는 것으로 두 변수의 관계를 정량적으로 파악할 수 있고, 또 이 회귀식을 이용하여 예측하는 것도 가능하다. 그러나 이러한 통계방법을 적용할 경우에는 회귀분석의 이론과 그 의미를 충분히 이해한 후에 이용하는 것이 중요함을 명심하여야 한다.

12.2.2 다변량해석이란

전항에서는 2개 변수사이의 관계만을 살펴보았는데, 도시를 포함해 평가나 예측을 실시하는 대상은 모두 다면적이다. 예를 들면, 도시 내 각 지구마다의 인구집적량은 도심으로부터의 거리로 어느 정도 설명이 가능하지만, 지형이나 교통의 조건에도 영향받는다. 또 지구의 주거환경에 대한 평가는 안전성이나 편리성, 혹은 쾌적성이라고 하는 여러 요인에 의해 좌우된다.

즉, 어떠한 경우라도 그 특성을 파악하기 위해서는 일반적으로 여러 종류(다변량)의 데이터가 필요한 것이다. 따라서 그 중 하나의 변량 또는 2개의 변량을 선택하여 조사한다 해도, 그것은 어디까지나 대상의 한 측면을 보고 있는 것에 지나지 않는다. 또한 인간은 기껏해야 세 변량까지의 관계라면, 2차원 또는 3차원 공간상에서 직감적으로 파악할 수 있지만, 그 이상이 되면, 일반적으로 이해하기 어려워진다. 어떤 대상의 특징을 이루는 여러 데이터들 사이에 상관관계가 전혀 없다면, 개별 데이터 특성을 각각 조사함으로써, 그 대상의 특징을 파악할 수 있지만, 일반적으로는 어떤 상관관계는 존재하기 마련이다. 따라서 분석 대상의 다면적인 특성을 종합적으로 파악하는 수법이 필요하다.

다변량해석이란 이같이 다변량의 데이터 특성을 요약해, 분석의 목적에 따라 종합하기 위한 수법이며, 크게 다음과 같이 2가지로 나누어진다.

① 예측에 이용하는 수법

② 종합 특성치를 구하기 위한 수법

①의 대표적 수법으로 겹회귀분석이 있다. ②에는 주성분분석이나 클러스터 분석이 대표적인 예이다.

12.2.3 예측한다

계획 입안에 대해 장래의 인구나 토지이용을 예측하거나 그것에 영향을 미치는 여러 요인에 대해 조사하고 싶은 경우가 있다. 이같은 예측이나 평가 수법 중, 가장 대표적이고 기본적인 방법이 겹회귀분석이다. 이하에는 이 분석기법에 대한 기본적 사항을 살펴보고, 구체적인 수치계산의 예시를 보여준다.

겹회귀분석(multiple regression analysis)에서는, 어떤 변량 y (목적변수)와 복수의 변량 x_1, x_2, … , x_p (설명 변수)의 사이에, (12.10) 식과 같은 선형 일차식(선형겹회귀 모델)을 상정한다.

(12.10) $y_i = a_0 + a_1 x_{1i} + a_2 x_{2i} + \cdots + a_p x_{pi} + \varepsilon_i$
$(i=1, 2, \cdots, n)$

여기서, ε_i 는 잔차(예측 오차)이다. 다음에는 구하고자 하는 선형겹회귀식을 다음과 같이 쓴다.

(12.11) $Y_i = \hat{a}_0 + \hat{a}_1 x_{1i} + \hat{a}_2 x_{2i} + \cdots + \hat{a}_p x_{pi}$

여기서 Y_i는 원래의 데이터 (x_1, x_2, … , x_p)에 대한 y의 예측치이다.

이 예측치 Y_i와 원래의 관측치 y_i의 상관계수를 겹상관계수 R(multiple correlation coefficient)라고 부른다.

(12.12) $R = \dfrac{\sum_{i=1}^{n}(y_i - \bar{y})(Y_i - \bar{Y})}{\sqrt{\sum_{i=1}^{n}(y_i - \bar{y})^2 \sum_{i=1}^{n}(Y_i - \bar{Y})^2}}$

이 값은 관측치 y_i와 설명 변수의 조 (x_1, x_2, … , x_p)와의 상관계수이기도 하며, 설명 변수 전체가 목적 변수를 어느 정도 잘 설명하고 있는지를 나타낸다. 또한 R의 제곱을 결정계수 또는 기여율이라고 부른다.

여기서 회귀분석과 마찬가지로 관측치 y_i와 예측치 Y_i의 차이인 잔차의 제곱화를 최소로 하는 계수 a_0, a_1, … a_p(편회귀계수라고 부른다)를 구해보자.

(12.13) $\sum_{i=1}^{n}\varepsilon_i^2 = \sum_{i=1}^{n}\{y_i - (a_0 + a_1 x_{1i} + a_2 x_{2i} + \cdots + a_p x_{pi})\}^2$

의 우변을 $a_0, a_1, \cdots a_p$에 대해 편미분하고 0으로 하면, 다음 식을 얻을 수 있다.

(12.14) $a_0 = \overline{y} - a_1\overline{x}_1 - a_2\overline{x}_2 - \cdots - a_p\overline{x}_p$

(12.15)
$$\left.\begin{array}{l} a_1S_{11} + a_2S_{12} + \cdots + a_pS_{1p} = S_{y1} \\ a_1S_{21} + a_2S_{22} + \cdots + a_pS_{2p} = S_{y2} \\ \cdots\cdots\cdots\cdots\cdots \\ a_1S_{p1} + a_2S_{p2} + \cdots + a_pS_{pp} = S_{yp} \end{array}\right\}$$

여기서, 예를 들어 S_{11}는 x_1의 편차평방화를 나타내고, S_{y1}는 y와 x_1의 편차적화를 나타낸다.

따라서 편회귀계수를 구하려면, 각 변수에 관한 편차평방화와 편차적화를 계산하고, (12.15) 식의 연립방정식을 풀어, 계수 a_1, a_2, $\cdots$, a_p를 구한다. 그리고 마지막으로 (12.14) 식에서 a_0를 구한다.

그렇다면, 구체적인 수치계산 예시를 살펴보도록 한다. 표 12.3의 후쿠오카 도시권에서의 27 시구읍면마다의 데이터를 이용하고, 1인당 주택용지면적 y_i (주택용지원단위)를 평균택지 가격 x_{1i}, 농용지율 x_{2i}, 삼림율 x_{3i}의 3개 설명변수로 예측하는 선형겹회귀식을 구하자. 우선, 4개 변수의 평균치는

$\overline{y}=79.5$, $\overline{x}_1=57.1$, $\overline{x}_2=17.6$, $\overline{x}_3=36.5$

y_i, x_{1i}, x_{2i}, x_{3i}에 관한 편차평방화 S_{yy}, S_{11}, S_{22}, S_{33}와 편차적화 S_{y1}, S_{y2}, S_{y3}, S_{12}, S_{13}, S_{23}를 계산하면, (12.15) 식에서 다음의 연립 방정식을 얻을 수 있다.

$23634.82a_1 - 5713.03a_2 - 8142.67a_3 = -19277.61$

$-5713.03a_1 + 3281.552a_2 - 393.83a_3 = 5484.42$

$-8142.67a_1 - 393.83a_2 + 13309.27a_3 = 7704.74$

이것을 쿠라멜의 공식 혹은 역행렬을 이용해 풀면,

$a_1 = -0.5328$, $a_2 = 0.7768$, $a_3 = 0.2759$

이러한 값과 평균치를 이용해 (12.14) 식에서 $a_0 = 86.141$

따라서, 구하는 겹회귀식은 다음과 같이 된다.

$Y_i = 86.141 - 0.533x_{1i} + 0.777x_{2i} + 0.276x_{3i}$

이 식에 표 12.3의 평균택지가격, 농용지율, 삼림율의 값을 대입하면, 각 시구 도시와 시골의 예측값을 구할 수 있다. 예측값과 관측치를 이용해 겹상관계수를

계산하면 $R=0.898$이 된다. 그 제곱인 결정계수는 0.806이다. 이것은 3개의 설명 변수에 의해서 원래 데이터 정보의 약 81%가 겹회귀식에 의해서 설명될 수 있음을 의미한다.

또 위의 편회귀계수의 부호를 보면, 택지가격의 상승이 주택용지원단위를 감소시키고, 반대로 농용지율과 삼림율의 저하가 원단위를 감소시키는 방향으로 작용하고 있음을 알 수 있다.

그러나 편회귀계수의 값 자체는 설명변수의 측정 단위의 차이에 영향을 받기 때문에, 목적 변수에게 주는 영향의 정도를 측정하는 지표로는 사용할 수 없다. 이러한 목적 변수에 대한 영향의 정도를 보는 지표로는 편상관계수와 표준편회귀계수가 있다. 여기서는 표준편회귀계수에 대해 살펴보자.

표준편회귀계수란 각 변수를 평균 0, 분산 1이 되도록 기준화한 값을 이용해 얻을 수 있는 회귀계수를 말한다. 원래의 편회귀계수 a_j와 표준편회귀계수 a'_j의 사이에는 다음과 같은 관계가 있다.

$$a'_j = a_j \frac{\sigma_j}{\sigma_y} = a_j \sqrt{\frac{S_{jj}}{S_{yy}}} \quad (j=1,\ 2,\ \cdots,\ p) \tag{12.16}$$

이 식을 사용하면 앞에서 구한 편회귀계수의 경우, 표준편회귀계수는 편차평방화 S_{yy}, S_{11}, S_{22}, S_{33}에서,

$$a'_1 = -0.5328\sqrt{23634.82/20667.28} = -0.570$$
$$a'_2 = 0.7768\sqrt{3281.55/20667.28} = 0.310$$
$$a'_3 = 0.2759\sqrt{13309.27/20667.28} = 0.221$$

로 계산된다. 이 결과로부터 각 설명 변수가 목적 변수인 주택용지원단위의 대소에게 미치는 영향의 정도를 알 수 있다. 이 경우, 평균 택지가격이 가장 큰 영향을 주는 요인이다.

그런데 앞의 겹회귀식을 이용하면, 장래의 택지가격 변화나 택지화 진행에 따르는 주택용지원단위를 시구읍면 단위로 예측할 수 있다.

그러나 여기서 사용한 3개의 요인(설명 변수)으로 100% 예측할 수 있는 것은 아니다. 결정계수가 81%라고 하는 것은 불확정인 요인을 19% 포함하는 것을 의미한다. 또 분석은 과거의 어느 한 시점에서의 현상을 모델화한 것이다. 따라서 장래의 예측치는 어디까지나 과거의 현상이 장래에도 변함없이 계속될 경우를 가정했을 경우의 것이다.

이와 같이 다변량해석은 도시의 현상을 파악하거나 예측하는 유효한 도구일 뿐 그것이 만능이 아니라는 사실에 유의하면서 활용하는 것이 중요하다.

12.2.4 요약 · 유형화한다

12.2.2 항에서 언급한 것처럼 인간이 어떤 대상의 특징을 파악하는 경우, 겨우 3차원적인 공간상에서의 파악이 한계다. 그러나 도시계획에서 서로 상관관계를 가진 다양한 데이터로부터 대상을 종합적으로 파악하는 것은 매우 중요한 작업이다. 여기서는 다변량 데이터를 요약하여 종합특성값을 구하는 주성분분석과 유형화 수법의 대표인 클러스터분석에 대해 살펴보고자 한다.

주성분분석(principal component analysis)이란 서로 상관관계를 지닌 다변량 데이터의 정보를 몇 개의 종합특성값(주성분)으로 요약하는 방법이다. 여기서 정보의 요약이란 원래의 다변량 데이터가 가지는 정보의 로스를 최소로 하는 것을 말한다.

시정정촌	1인당주택용지면적(m²)	지가(천엔)	농용지율(%)	삼림율(%)
東区	50.6	78.2	10.3	19.0
博多区	33.3	97.2	6.6	5.7
中央区	32.4	144.0	0.1	2.3
南区	47.8	103.0	5.4	12.9
西区	65.5	74.9	25.5	39.4
城南区	47.6	96.8	4.3	17.4
早良区	49.7	85.9	9.8	65.2
筑紫野市	91.4	51.8	14.4	54.3
春日市	51.2	69.6	7.4	8.3
大野城市	57.8	68.8	8.9	45.9
太宰府市	88.0	64.1	11.1	44.9
那珂川町	75.2	62.5	7.5	75.8
宇美町	67.9	42.4	6.9	65.3
篠栗町	84.1	44.9	9.2	70.3
志免町	71.7	51.3	18.7	1.6
須恵町	86.1	36.0	16.1	42.2
新宮町	83.6	42.3	31.9	26.8
古賀町	79.2	42.4	25.8	33.8
久山町	125.5	15.0	11.3	69.7
粕屋町	75.5	51.7	36.4	4.3
宗像市	111.5	36.6	26.5	39.8
福間町	85.0	42.9	29.1	23.3
津屋崎町	109.8	22.0	35.7	32.0
玄海町	113.9	13.2	28.0	46.5
前原市	111.6	52.4	31.4	46.5
二丈町	115.6	29.5	22.5	57.6
志摩町	134.0	23.1	35.0	35.1

[표 12.3] 후쿠오카 도시권의 시구읍면별의 주택용지면적, 지가, 농용지율 및 삼림율

지금 p개의 특성(변량)을 가지는 n치의 샘플(대상)에 대해 다음과 같이 p개의 특성치의 계수평균으로 간주할 수 있는 m개의 종합특성값을 고려해 보고자 한다.

$$z_k = a_{k1}x_1 + a_{k2}x_2 + \cdots + a_{kp}x_p \quad (k=1,\ 2,\ \cdots,\ m) \tag{12.17}$$

$$\sum_{j=1}^{p} a_{kj}^{\ 2} = 1 \tag{12.18}$$

z_k는 제k 주성분점수, x_j는 변량 j의 값, a_{kj}는 제k 주성분의 변량 j의 계수를 나타낸다.

제1 주성분 z_1의 계수는 (12.18) 식의 조건을 기초로 z_1의 분산이 최대가 되도록 한다. 제2 주성분 이후의 계수는 (12.18) 식을 만족하고, 한편 z_k가 z_1, z_2, …, z_{k-1}와 상관이 없다는 조건에서, z_k의 분산이 최대가 되도록 정한다. 여기서 분산이 최대가 된다는 것은 원래의 데이터를 가장 잘 대표하는 것이 된다. 즉

정보의 로스를 최소로 하는 것을 의미한다. 이 방법을 분산 · 공분산 행렬에 의한 주성분의 도출이라고 한다.

실제로 각 계수의 산정은 라그란쥬의 미정승수법을 이용하여, 얻어지는 고유 방정식을 풀어 구한다. 그리고 최대 고유치에 대응하는 고유 벡터를 제1 주성분의 계수로 정하고, 계속해서 고유치가 큰 순서로 거기에 대응하는 고유 벡터를 제2 주성분 이후의 계수로 정한다. 이 외에 기준화된 변량을 이용한 상관 행렬에 의한 도출법도 있다. 구체적인 방법은 전문서를 참고하길 바란다.

표 12.4는 한국의 42개 도시의 특성 파악을 목적으로, 11개의 변량을 이용해, 상관 행렬에 의한 도출법으로 주성분분석을 실시한 결과이다.

각 주성분의 기여율이란 그 주성분의 분산의 총분산에 대한 비율이며, 그 주성분이 원래 데이터의 정보를 얼마나 설명하고 있는지를 나타낸다.

인자부하량이란 그 주성분과 각 변량과의 상관계수이며 이 값으로 그 주성분의 특성을 알 수 있다. 예를 들어, 표 12.4의 제1 주성분은 인구밀도, 금융기관밀도, 시장 바닥면적밀도의 각 변량과 강한 正의 상관을 보여주고, 負의 상관에서는 농어업 종사자율이 큰 값을 보여주고 있다. 이로부터, 제1 주성분

사용변량	기여율	인자부하량		
		제1주성분	제2주성분	제3주성분
1. 인구밀도	0.879	0.931	−0.064	0.087
2. 금융기관/시면적	0.836	0.866	−0.146	0.255
3. 시장바닥면적/시면적	0.863	0.928	−0.034	0.028
4. 농어업종사자/인구	0.402	−0.622	−0.019	0.098
5. 제조업종사아/인구	0.833	−0.009	0.875	−0.260
6. 공업단지출하액/인구	0.711	−0.152	0.821	−0.118
7. 공업단지종사자/인구	0.888	−0.202	0.909	−0.143
8. 지방세율	0.678	0.369	0.643	−0.358
9. 상업종사자/인구	0.677	0.006	−0.190	0.801
10. 도매판매액	0.620	0.448	−0.298	0.575
11. 소매판매액	0.858	0.017	−0.204	0.904
고유치		4.196	2.867	1.184
기여율(%)		38.1	26.1	10.8
누적기여율(%)		38.1	64.2	75.0

[표 12.4] 한국도시의 주성분 분석 결과

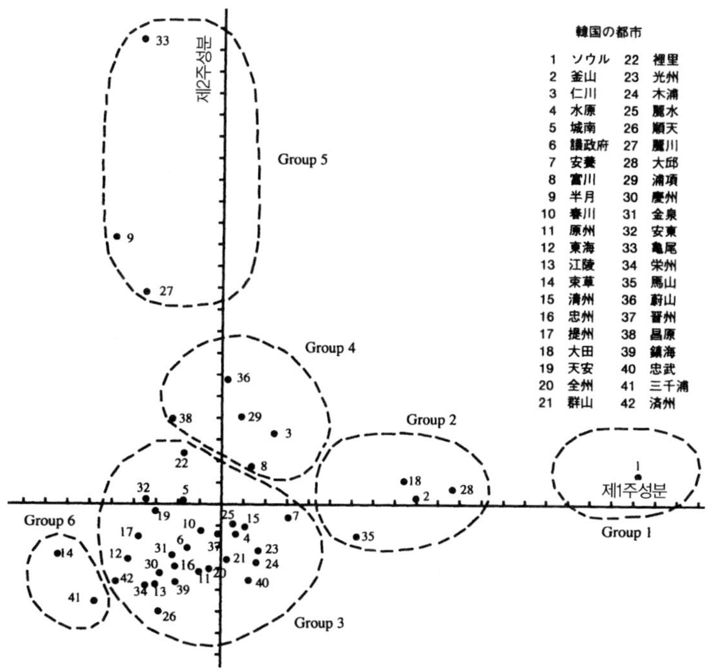

[그림 12.4] 주성분 득점의 산포도

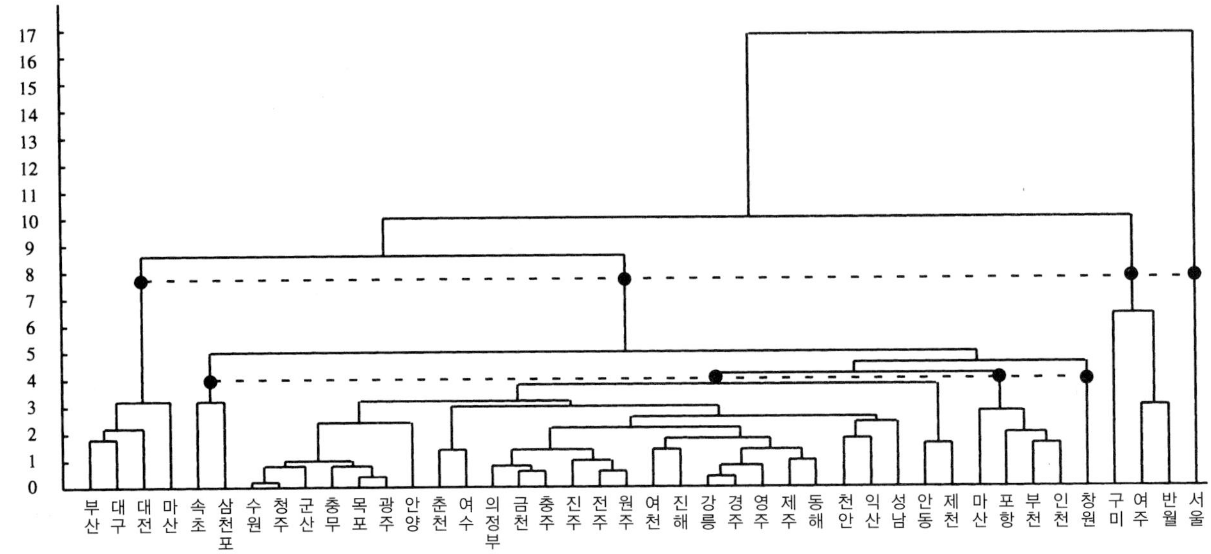

[그림 12.5] 클러스터 분석 결과의 수장도

은 도시화도를 나타내는 지표라고 해석할 수 있으며, 이같은 방법으로, 제2 주성분은 공업화도, 제3 주성분은 상업화도를 나타내는 지표라고 해석할 수 있다.

이 예에서는 제3 주성분까지를 채택하였지만 일반적으로 몇 개의 주성분을 채택할 지가 중요하게 된다. 이에 대해, 명확한 기준은 없으나, 일반적으로 누적 기여율, 고유치, 주성분의 축의 해석 가능성 등을 고려해 결정된다.

또 각 변량의 기여율이란 m개의 주성분과 원래 변량의 결정계수로서, 각 변량이 얻어진 m개의 주성분에 얼마나 기여하고 있는지를 나타낸다.

그림 12.4의 산포도는 제1, 제2 주성분의 고유 벡터를 이용해, 각 샘플(도시)의 주성분 값(주성분득점)을 구해, 이것을 플롯한 그림이다. 이 그림에서 도시화도와 공업화도의 2가지 측면에서 각 도시의 특징과 도시 상호의 관계를 파악할 수 있다.

다음으로 이러한 도시를 같은 특징을 지닌 도시군으로 유형화하는 것을 고려해 보자. 지금 주성분분석 결과로부터, 도시 마다 3개의 주성분 즉, 「도시화도」「공업화도」「상업화도」의 득점이 새로운 종합특성치로 나타났다. 여기서 이러한 값의 편성이 유사한 경우, 같은 성격의 도시로 볼 수 있다. 이처럼 여럿의 특성치가 유사한 것들은 같은 종류로 묶어 대상을 몇 개의 클러스터로 분류하는 방법을 클러스터분석(cluster analysis)이라고 한다.

이 기법의 자세한 설명은 전문서적을 참고하길 바라고, 간단히 설명하자면,

기본적으로 대상이 지닌 특성값에 의해서, 상호간의 크기(거리) 또는 유사한 정도(유사도)를 수량적으로 정의하고, 이에 근거해 차례차례 그루핑해 가는 수법이다.

그림 12.5는 앞의 제3 주성분까지의 주성분 득점을 이용해 한국 제 도시의 유형화를 실시한 결과로, 이러한 그림을 樹狀도라고 한다.

12.3 도시의 속성정보해석과 수량화 이론

앞 절에서는 정량적 데이터를 이용한 해석 방법에 대해 살펴보았다. 그러나 도시계획의 분석에는 명의척도나 순서척도와 같은 속성정보(정성적 데이터)로 설명되는 경우도 많다. 본 절에서는 속성 데이터의 상호 관계를 정량적으로 파악하거나 여러 속성 데이터로부터 평가 또는 예측하는 수법에 대해 살펴보고자 한다.

12.3.1 2개의 속성의 관계를 본다

일반적으로 한 개 속성의 특징을 파악하는 경우, 도수분포(또는 구성비)를 이용한다. 예를 들면, 어느 도시의 산업구조를 조사하면 1차, 2차, 3차 산업취업자의 도수분포나 구성비로 그 특성을 살펴볼 수 있다. 더 나아가 취업자의 구성과 연령 관계를 조사하고자 하는 경우는 연령을 몇 개의 계층으로 분류해 연령층마다 취업자수(구성비)를 구해, 이것을 표형식으로 표현하는 작업을 주로 사용한다.

일반적으로 이와 같은 표를 만드는 작업을 크로스 집계(cross tabulation)라고 한다. 작성된 표는 크로스표(cross table)라고 불리며, 이것은 정량적 데이터의 산포도에 해당한다.

그러면, 크로스표로 표현된 2개의 속성사이의 관계는 어떻게 나타내면 좋을까? 속성간 관계의 정도를 수치적으로 나타내는 지표로는 속성상관계수가 있다.

	B_1	B_2		B_j		B_l	Total
A_1	f_{11}	f_{12}	· · ·	f_{1j}	· · ·	f_{1l}	$n_{1\cdot}$
A_2	f_{21}	f_{22}	· · ·	f_{2j}	· · ·	f_{2l}	$n_{2\cdot}$
⋮	⋮	⋮		⋮		⋮	⋮
A_i	f_{i1}	f_{i2}	· · ·	f_{ij}	· · ·	f_{il}	$n_{i\cdot}$
⋮	⋮	⋮		⋮		⋮	⋮
A_k	f_{k1}	f_{k2}	· · ·	f_{kj}	· · ·	f_{kl}	$n_{k\cdot}$
Total	$n_{\cdot 1}$	$n_{\cdot 2}$	· · ·	$n_{\cdot j}$	· · ·	$n_{\cdot l}$	n

[표 12.5] 속성 A와 B의 크러스표

여기서는 x_2계통의 속성상관계수에 대한 기본적인 사항과 수치계산 예시를 살펴보고자 한다.

표 12.5의 속성 A와 B(카테고리수는 각각 k, l)의 크로스표를 보자. f_{ij}는 속성 A의 카테고리 i와 속성 B의 카테고리 j에 반응하는 샘플수를 말한다. 샘플 총수는 n이며, 속성 A, B의 카테고리 반응수는 각 $n_{i\cdot}$, $n_{\cdot j}$로 표시한다.

우선, 상호 관련되는 정도를 살펴보기 위해 속성 A와 B가 전혀 상관없는(독립적인) 상태라고 가정한다. 여기서 다음의 (12.19) 식이 모든 $i(i=1,\ 2,\ \cdots,\ k)$, $j(j=1,\ 2,\ \cdots,\ l)$에 대해서 성립하면, 속성 A와 B는 서로 독립이라고 정의할 수 있다. 그렇다면, 관련되는 정도라 함은 독립 상태로부터 어느 정도 떨어져 있는가를 의미할 수 있으므로, (12.20)식의 δ_{ij}가 관련의 정도를 측정하는 척도의 1개가 된다.

(12.19) $f_{ij}=n_{i\cdot}\cdot n_{\cdot j}/n$

(12.20) $\delta_{ij}=f_{ij}-F_{ij}$
$F_{ij}=n_{i\cdot}\cdot n_{\cdot j}/n$

여기서 δ_{ij}의 제곱을 F_{ij}로 나눈 값의 i, j에 대한 합계를 구하면, 다음 식이 얻어진다.

(12.21) $\chi^2=n\left[\sum_{i=1}^{k}\sum_{j=1}^{l}f_{ij}{}^2/n_{i\cdot}n_{\cdot j}-1\right]$

일반적으로 이 값을 x^2값이라고 부르고, 이를 기초로, 다음과 같은 ϕ 계수, 피어슨의 컨틴젠시(contingency) 계수 C, 쿠라마의 컨틴젠시(contingency) 계수 C_r가 정의된다. 이들을 x^2계통의 속성 상관계수라고 부른다.

(12.22) $\phi=\sqrt{\chi^2/n}$

(12.23) $C=\sqrt{\phi^2/(1+\phi^2)}$

(12.24) $C_r=\sqrt{\phi^2/(l-1)}, \quad k>l$

	임대	자택	계
30세 미만	69	12	81
30~49세	72	53	125
50세 이상	24	70	94
계	165	135	300

[표 12.6] 연령 계층별 세대주와 주택 소유형태의 관계

그러면 표 12.6에 나타내는 연령층별 세대주와 주택소유형태

에 관한 크로스표를 이용해 각 계수를 구해 보자. 우선 χ^2치를 계산한다(12.21). 식의 괄호 안의 값은,

$$\sum_{i=1}^{3}\sum_{j=1}^{2} f_{ij}^2/n_{i\cdot}n_{\cdot j} = \frac{69^2}{81\times165}+\frac{12^2}{81\times135}+\frac{72^2}{125\times165}$$
$$+\frac{53^2}{125\times135}+\frac{24^2}{94\times165}+\frac{70^2}{94\times135}=1.2105$$

의해서, $\chi^2=300\times(1.2105-1)=63.15$

로 된다. 따라서, 각 계수는 다음과 같다.

$$\phi=\sqrt{63.15/300}=0.459$$
$$C=\sqrt{0.2105/(1+0.2105)}=0.417$$
$$C_r=\sqrt{0.2105/(2-1)}=0.459$$

이 값을 이용해 주택소유형태와 세대주의 연령층과의 관련정도를 알 수 있다. χ^2은 속성 A와 B의 독립성검정 (χ^2 검정)에 이용하며, 속성사이의 관련 유무를 통계적으로 검증하는 경우에 사용된다.

12.3.2 수량화이론이란

수량화이론(quantification theory)이란, 하야시 토시키부에 의해서 개발된 이론으로, 정성적인 속성 데이터의 카테고리에 적당한 값을 부여하여, 정량적 변수의 경우와 마찬가지로 다변량해석을 하는 이론이다. 특히, 도시계획 분야에서는 정성적인 속성으로 사회 현상을 파악하는 경우가 많아 자주 이용되는 수법이다.

수량화이론은 크게 나누면 외적 기준이 있는 경우와 외적 기준이 없는 경우로 나눌 수 있다. 외적 기준이란 예측하고 싶은 변수, 또는 거기에 판별하고 싶은 것으로 겹회귀분석 등의 목적 변수에 해당한다. 여러 속성 데이터를 이용해 있는 정량적 변수의 값을 예측하는 방법이 수량화 I이며, 어떤 복수의 그룹으로 판별하는 방법이 수량화 II이다. 이때 예측이나 판별에 이용하는 속성 데이터를 내적 기준으로 부른다. 분석 내용으로 볼 때, 수량화 I은 앞절의 겹회귀 분석에 대응한다.

이에 비해, 외적 기준이 없는 경우란 대상으로 하는 속성 상호간의 관계를 어떠한 기준을 기초로 수량화하고, 속성 또는 샘플을 요약하거나 유형화하는 방법으로, 수량화 III과 IV가 있다. 이 방법들은 각각 주성분분석과 클러스터분석에 대응하는 수법이다.

12.3.3 다속성 데이터로 예측한다

도시명	환경에 대한 종합평가 득점	편리성 평가	안전성 평가
(a)	40	B	B
(b)	27	C	C
(c)	26	C	C
(d)	38	C	C
(e)	53	B	B
(f)	39	C	C
(g)	40	C	C
(h)	73	B	B
(i)	41	B	C
(j)	46	B	C
(k)	70	B	B
(l)	60	B	C
(m)	54	A	C
(n)	67	A	C
(o)	57	B	B
(p)	69	A	B
(q)	67	A	A
(r)	63	A	B
(s)	98	A	B
(t)	60	B	A
(u)	89	A	A
(v)	68	A	A
(w)	88	A	A
(x)	91	A	A
(y)	89	B	A
(z)	92	A	B

[표 12.7] 도시별 환경종합평가득점과 편리성, 안정성의 평가

주) 편리성 평가와 안정성 평가의 카테고리는 다양함
A: 양호 B: 보통 C: 불량

여기에서는 수량화 I의 수법을 구체적인 수치계산 예시를 보면서 살펴보도록 한다.

현재, 표 12.7과 같이 도시별로 환경에 대한 종합 평가점수(100점 만점), 그리고 편리성과 안전성의 평가가 카테고리 데이터의 형태로 주어지고 있다고 하자. 이때, 환경종합평가득점을 2개의 속성 데이터(각각 3개의 카테고리 A, B, C로 구성 된다)로 예측하는 것을 고려해 본다.

샘플 i가 속성 j의 카테고리 k에 어떻게 반응함에 따라, 0에서 1까지 변수로 부여한다.

(12.25)

$$\delta_i(jk)=\begin{cases}1 & \text{샘플 } i_{rk} \text{ 속성 } j\text{의 카테고리 } k\text{에 반응할 경우}\\ 0 & \text{그 외의 경우}\end{cases}$$

예를 들면 도시(a)의 경우, $\delta(11)=0$, $\delta(12)=1$, $\delta(13)=0$, $\delta(21)=0$, $\delta(22)=1$, $\delta(23)=0$ 이다. 그리고 R개의 각각이, c_j개의 각각에 대해서, a_{ik}로 되는 수치를 부여할 때, 샘플 i에 대한 새로운 변수 Y_i를 다음과 같이 정의한다.

$$(12.26)\quad Y_i=\sum_{j=1}^{R}\sum_{k=1}^{c_j}a_{jk}\delta_i(jk)$$

표 12.7에서 보면, 편리성평가가 A라면 a_{11}, B라면 a_{12}, C라면 a_{13}, 안전성 평가가 A라면 a_{21}, B라면 a_{22}, C라면 a_{23}와 같은 수량을 부여하여, 도시마다 대응하는 수량을 더해, 이에 따라 환경종합평가득점을 예측하는 것이다.

여기서 외적 기준인 y_i(예에서는 환경종합평가득점)를 가장 잘 예측하는 수량 a_{jk}를 구하는 것이 목적이기 때문에, 겹회귀분석의 경우와 같게 최소 이승법의 방법을 도입한다.

$$(12.27)\quad \sum_{i=1}^{n}(y_i-Y_i)^2=\sum_{i=1}^{n}\left\{y_i-\sum_{j=1}^{R}\sum_{k=1}^{c_j}a_{jk}\delta_i(jk)\right\}^2$$

(을)를 각 a_{uv}로 편미분하고 0으로 하면, 연립방정식

$$(12.28)\quad \sum_{j=1}^{R}\sum_{k=1}^{c_j} f(uv,\ jk)a_{jk}=\sum_{i=1}^{n} y_i\delta_i(uv),$$
$$v=1\ 2,\ \cdots,\ c_u,\quad u=1,\ 2,\ \cdots,\ R$$

(을)를 얻는다. 여기서 $f(uv,\ jk)$는 속성 j의 카테고리 k에 반응하여 인가 속성 u의 카테고리 v에 반응한 샘플의 수를 나타낸다. 따라서 (12.28) 식의 좌변의 계수는 각 속성문의 크로스표로부터 구할 수 있다. 실제로 표 12.7에서 크로스표를 작성하면, 표 12.8이 된다. 또 (12.28) 식의 우변의 값은 속성 u의 카테고리 v에 반응하는 ($\delta(uv)$ =1) 샘플의 외적 기준 y_i의 합이므로, 편리성 평가에 대해 나타내면, 표 12.7로부터 다음과 같이 된다.

$$\sum_{i=1}^{26} y_i\delta_i(11)=54+67+69+\cdots+92=846$$
$$\sum_{i=1}^{26} y_i\delta_i(12)=40+53+73+\cdots+89=589$$
$$\sum_{i=1}^{26} y_i\delta_i(13)=27+26+38+\cdots+40=170$$

		편리성 평가			안전성 평가		
		A	B	C	A	B	C
편리성 평가	A	11			(対称)		
	B	0	10				
	C	0	0	5			
안전성 평가	A	5	2	0	7		
	B	4	5	0	0	9	
	C	2	3	5	0	0	10

[표 12.8] 속성상호간의 크로스 표

따라서, 다음과 같은 연립 방정식을 얻을 수 있다.

$$\begin{aligned}
&11a_{11} &&+5a_{21}+4a_{22}+2a_{23}=846 \quad ①\\
&10a_{12} &&+2a_{21}+5a_{22}+3a_{23}=589 \quad ②\\
&5a_{13} &&+5a_{23}=170 \quad ③\\
&5a_{11}+2a_{12} &&+7a_{21}=552 \quad ④\\
&4a_{11}+5a_{12} &&+9a_{22}=615 \quad ⑤\\
&2a_{11}+3a_{12}+5a_{13} &&+10a_{23}=438 \quad ⑥
\end{aligned}$$

그런데 위의 연립방정식에는 ① + ② + ③ = ④ + ⑤ + ⑥이라는 관계가 성립하여, 답은 하나로 정해진 것이 아니다. 여기서 $a_{21}=0$으로 두면,

$a_{11}=83.05,\quad a_{12}=68.38,\quad a_{13}=54.65,$
$a_{22}=-6.56,\quad a_{23}=-20.65$

된다.

여기서, 카테고리에 부여되는 수량을 해석하는데 편리하도록 각 속성 내의 수량의 평균이 0이 되도록 표준화한다. 이것을 수식으로 나타내면,

$$(12.29)\quad a_{jk}{}^{*}=a_{jk}-\frac{1}{n}\sum_{k=1}^{c_j} n_{jk}a_{jk}$$

그리고 n_{jk}는 속성 j의 카테고리 k에 반응하는 샘플수이다. 또, (12.26) 식을 a_{jk}^* 로 표시하면

(12.30) $Y_i=\sum_{j=1}^{R}\sum_{k=1}^{C_j} a_{jk}^*\delta_i(jk)+\frac{1}{n}\sum_{j=1}^{R}\sum_{k=1}^{C_j} n_{jk}a_{jk}$

된다.

(12.29) 식의 우변 제2항을 $j=1$, 2에 대해 계산하면,

$\frac{1}{26}(11\times83.05+10\times68.38+5\times54.65)=71.946$

$\frac{1}{26}\{9\times(-6.56)+10\times(-20.65)\}=-10.213$

되어, 표 12.9에 나타내는 카테고리 수량 a_{jk}^* 및 (12.30) 식의 우변 제2항의 값(예측치의 평균)을 얻을 수 있다.

속성	카테고리	반응수	카테고리 모양	렌지 (기여율)
편리성 평가	A	11	11.11	28.41
	B	10	-3.57	(57.9)
	C	5	-17.30	
안전성 평가	A	7	10.21	20.64
	B	9	3.65	(42.1)
	C	10	-10.43	
예측치의 평균(정수항)			61.73	
중상관계수			0.836	

[표 12.9] 표 12.7의 데이터에 의한 수량화 I류의 결과

결국 예측치 Y_i와 관측치 y_i와의 상관계수는 $R=0.836$(결정계수$=0.699$)된다. 이는 2개의 속성 즉, 편리성과 안전성 평가로 외적 기준인 환경종합평가 득점을 약 70% 설명(예측)할 수 있다는 것을 의미한다.

표 12.9의 범위라는 것은 각 속성 내 카테고리 수량의 최대값과 최소값의 차를 말하는 것으로 범위가 큰 속성일수록 어떤 카테고리에 반응하는가에 따라 예측값이 크게 변하므로, 외적 기준에 미치는 영향 또한 크다는 것을 알 수 있다. 그리고 이는 기여율이라는 것은 각 속성 범위의 총합에 대한 각 범위의 비율을 말한다.

표 12.9의 분석 결과의 범위(기여율)에서 안전성 평가보다는 편리성 평가가 환경종합평가에 더 많은 영향을 미친다는 사실, 그리고 카테고리 수량에서는, 예를 들어 편리성 평가가 높을 수록 종합평가도 높아진다라는 것을 알 수 있다.

또한 이러한 분석을 통해, 도시의 장래의 환경에 대한 종합평가의 변화를 예측도 가능하다.

12.4 도시 인구의 예측

장래 도시의 인구를 예측하는 것은 계획 입안에 있어서의 가장 기초적이면서 가장 중요한 작업이다. 본 절에서는 도시 인구 예측모델의 기초적인 관점과 시뮬레이션 · 모델에 의한 인구 예측의 구체적인 예를 소개한다.

12.4.1 계획에 있어서의 인구 예측

도시기본계획의 책정에서는 우선 목표 연차의 계획 인구(종업원을 포함한 경우도 있다)의 설정이 요구된다. 계획 인구는 인구프레임으로도 불리는 것으로 도시 전역의 토지이용계획, 주택지계획, 공공시설배치계획 등의 대전제가 된다.

인구프레임의 설정은 대상 도시의 장래 인구를 예측하여 행해지는 것이 일반적이다.

예측은 도시 내부의 각 입지주체들의 경제적, 사회적 활동은 블랙박스로 하고 그 집계량으로 도시 전역의 인구 추이를, 이를 규정하는 소수의 요인으로 파악해 모델화한다. 이른바 경제사회활동계획의 매크로한 관점이다.

구체적인 예측 방법으로는 다음 항에서 기술할 트랜드 모델, 코호트 모델, 혹은 계량경제 모델이 잘 이용된다. 이러한 방법으로 구하여지는 예측치에서 인구프레임을 설정하고, 이를 컨트롤 토탈로 각 지구에 배분, 예를 들면 토지이용계획에서는 장래 토지이용의 배치, 밀도, 신규 개발량을 계획한다.

그런데, 이 매크로 어프로치에 의한 예측은 경제사회적인 총량을 프레임으로 하지만, 여기에는 도시 내 경제활동이나 사회활동의 분포, 혹은 공공시설의 배치라고 하는 공간적 개념이 없다. 따라서 이 총량이, 도시 내 공간적 제약 안에서 안전하고 쾌적한 도시 생활을 영위하면서 수용할 수 있는 것인지 아닌지에 대한 검토는 없다.

매크로 어프로치 도시인구예측을 보완하는 방법으로 미크로인 공간 레벨로 입지가능성과 토지의 제약을 고려하면서 추계 인구를 고려하는 어프로치가 중요하다. 일반적으로 미크로 어프로치의 접근방식은 토지이용모델에 이용된다.

토지이용모델에서는 일반적으로 인구프레임을 컨트롤 토탈로 하여 이를 공간적으로 배분한다. 그러나 위와 같은(미크로어프로치) 접근방식도 채택하기 때문에 인구프레임의 체크 기능도 있다고 할 수 있다. 이러한 의미로 토지이용모델은 도시 인구의 예측에 도움이 된다.

12.4.2 인구예측모델의 종류

여기서는 매크로 어프로치에 의한 인구예측모델을 개략적으로 설명한다.

인구예측모델의 목적은 과거부터 현재까지의 인구추이를 기술해, 앞으로의 상태를 추정하는 것이다. 따라서, 어떠한 의미로 현실의 경제적, 사회적 구조가 장래에도 계속 안정적으로 진행됨을 전제로 한다. 가정법에 따라 트랜드형 모델과 구조형 모델의 2가지로 분류된다.

(1) 트랜드형 모델

트랜드형 모델은 장래 인구 예측에 가장 잘 이용되는 것으로 사회 변화의 추세의 안정성에 완전히 의존한 모델이다. 그림 12.6는 대표적인 트랜드 모델을 나타내는 것이다. 이들은 모두 과거의 여러 시점의 데이터를 기초로 회귀분석하

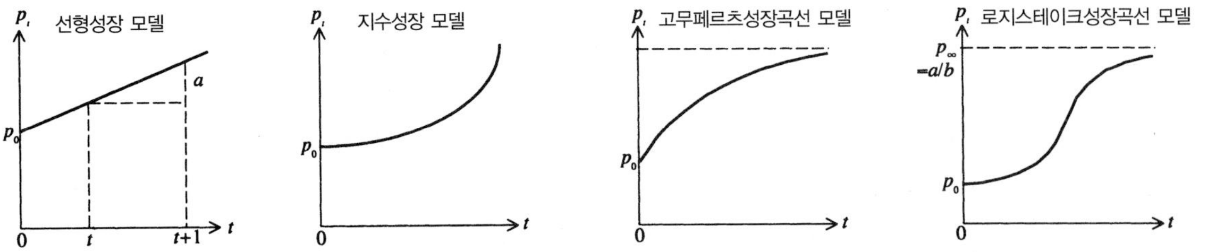

$p_t = p_0 + a \cdot t$

$p_t = (1+r)^t \cdot p_0$

$p_t = p_\infty \cdot a^{b^t}$
$a = p_0 / p_\infty, \quad b<1$

$p_t = 1/\left\{\left(\frac{1}{p_0} - \frac{b}{a}\right)e^{-at} + \frac{b}{a}\right\}$

[그림 12.6] 대표적 트랜드 모델

여, 그 파라미터를 추정하는 것으로 얻어진다.

(2) 구조형 모델

트랜드형 모델은 인구 변화의 추세만 다루기때문에, 왜 그러한 변화가 일어날까는 논의대상이 아니다. 이에 비해 구조형 모델은 변화가 일어나는 요인 또는 구조에 주목하여, 그 안정성에 의거한 모델이다. 구조형 인구예측모델의 대표적인 예로서는 코호트 생존 모델과 시스템 다이내믹스 모델이 있다.

코호트 생존 모델(cohort survival model)은 도시의 인구 변화의 요인을 출생과 사망에 의한 자연 증감과 도시간 인구 이동에 의한 사회 증감으로부터 파악해, 어느 연도의 도시 인구를 연령별로 추정하는 모델이다. 여기서는 출생률, 사망률, 전출 · 전입율이 앞으로도 크게 변하지 않는다고 가정한다. 따라서 비교적 단기의 예측에서는 꽤 정확하게 예측할 수 있다. 자세한 해설은 문헌 14) 등의 전문서를 참고하길 바란다.

시스템 다이내믹스 모델(SD 모델)은 MIT의 포레스터 교수가 중심이 되어 개발한 시뮬레이션모델이다. SD는 도시를 포함한 사회시스템의 인과관계를 복잡한 정보의 피드 백 루프 구조로 모델화하여, 그 동적 움직임을 보는 것이다.

그림 12.7에서 볼 수 있듯이, SD 모델에서의 피드 백 루프 구조는, 사회경제적인 의미로의 스톡을 나타내는 레벨 변수, 그 플로우를 조정하는 레이트 변수, 거기에 보조 변수, 파라미터 등으로 표현된다. 그리고 각 변수는 정보의 피드 백 루프로 묶을 수 있다. 레벨 변수가 제어되는 구조가 되고 있다.

이 모델의 특징은 도시 · 사회시스템 구성요소간의 복잡한 인과관계를 명시적으로 기술하고, 그 비선형적인 움직임을 파악 가능하게 하고 있다는 점이다.

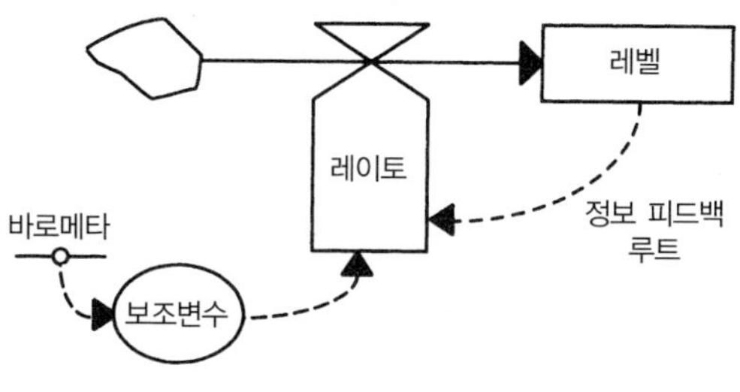

[그림 12.7] SD 모델의 기본구조

12.4.3 시스템 다이내믹스 모델에 의한 인구 예측

여기서는 SD 모델에 의한 인구 예측의 사례로서, 후쿠오카시의 국토이용계획 책정 지원 시스템으로서 개발된 매크로 SD 모델을 소개한다.

이 모델은, 주변 시읍면을 포함한 후쿠오카 도시권을 10 지구로 분할해, 도시권 내부에서의 지구간의 상호작용을 다이나믹하게 파악하는 모델 구조를 채용하고 있다.

10 지구는 크게, 도심(2 지구), 교외(5 지구), 주변 시읍면(3 지구)으로 구성되어, 각각의 지구는 하부조직으로, 각각 인구, 종업원, 토지 이용의 3개의 섹터로 구성된다. 그리고 각 섹터는 지구 내 및 지구 상호의 정보의 피드 백 루프에 의해서 묶을 수 있다.

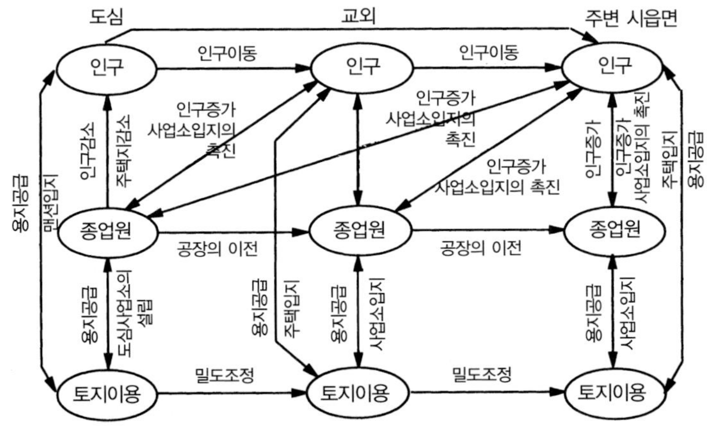

[그림 12.8] 각 섹터 상호간의 주요한 인과 루프

그림 12.8은 주요한 인과 루프를 보여준다. 시스템 전체적으로는 사업소 입지에 따라 고용 기회가 증대되어, 그 결과 인구의 유입 및 증가가 진행된다. 그리고 이 인구증가에 따라 노동력도 증가해, 사업소 입지가 한층 더 촉진된다고 하는 기초적인 도시 성장 루프를 기초로 하고, 인과관계에 지구간의 상호작용을 가미한 구조를 취하고 있다. 예를 들면, 도심 지구에서의 사업소 입지에 의한 종업원 증가 또는 교외나 주변 시읍면의 인구증가를 유도하고, 이에 따라 각 지구의 사업소 입지가 촉진된다는 루프, 또는 도심 지구에서의 사업소 입지에 의해서 토지이용 전환이 진행되어, 주택지 감소와 동시에 타지구에 이전되어, 교외나 주변지역에서는 인구가 더욱 더 증가한다는 루프 등이다.

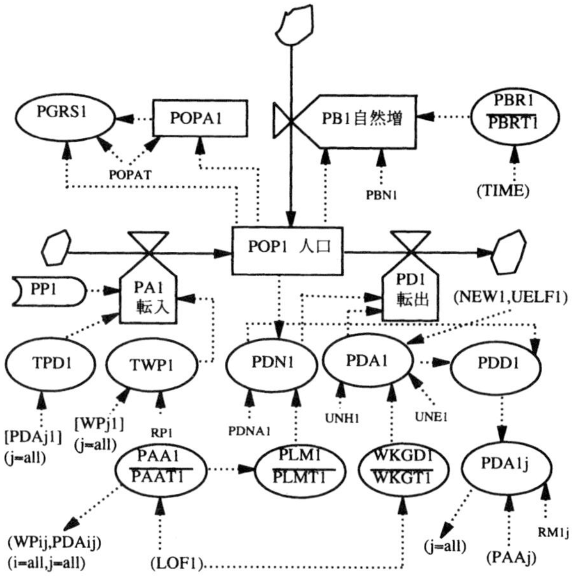

[그림 12.9] 도심지구의 인구 섹터 구성

다음에 인구 섹터가 어떻게 구성되어 있을까를 살펴보자. 그림 12.9는 도심 지구의 인구 섹터의 구조를 나타내고 있다.

레벨 변수인 도심 인구(POP 1)는 자연 동태(PB 1)와 사회 동태를 나타내는 전입(PA 1), 전출(PD 1)의 3개의 레이트 변수로 조정된다. 전입 인구는 각 지구 종업원의 증가에 의한 영향(TWP 1)과 각 지구로부터의 이전에 의한 유입(TPDl)으로 조정된다. 전출 입구는 도심 지구에서 주택 용지가 사업소 용지로 전환(PDA 1)하는 것과 그 이외의 요인(PDN 1)으로 조정된다.

각각의 보조 변수는 각 지구로부터의 정보에 기초로 조정되어, 최종적으로 당해 기간의 인구는 다음 식으로 결정된다.

$$\text{POP } 1.0 = \text{POP } 1.1 + \text{DELT}(\text{PB } 1.1 + \text{P A } 1.1 - \text{PD } 1.1)$$

여기서, DELT는 시뮬레이션 간격, 첨자는 시간을 표시하고, 0은 현재(당해 기간)를, 1은 과거(1기전)이다.

시뮬레이션에서는 1975년을 초기치로 하여, 2005년까지 30년간을 예측하고 있다. 모델에 필요한 파라미터는 각종의 통계 자료 등을 기초로 설정되어 있다.

12.4.4 메쉬 단위 인구예측모델

마지막으로 미크로 어프로치에 의한 인구예측모델의 사례를 소개한다. 이 모델은 앞 절의 SD에 의한 매크로 모델과 함께 개발된 250m 메쉬 단위의 토지이용 예측 모델이다. 여기에서는 이 모델의 인구 추계의 부분을 중심으로 기본적인 내용을 해설한다.

메쉬 단위와 같은 소지구별로 인구 예측을 실시하는 경우, 소지구마다 인구나 토지이용의 움직임을 중시한 모델 구조가 중요하다. 매크로 모델의 예측치를 컨트롤 토탈로, 소지구별로 입지가능성만으로 배분하는 기존의 방법에서는, 현실적인 인구 동향과는 거리가 먼 결과가 나오는 일이 자주 있다. 여기서 소개하는 모델은 각 메쉬의 입지가능성은 물론이고, 각각의 인구 동향과 토지이용의 실적 혹은 과거의 거동을 추계의 기본으로 하고 있다.

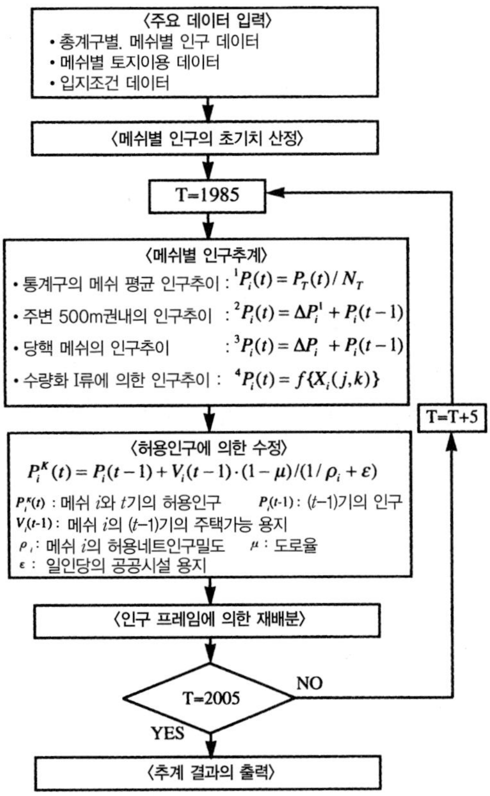

[그림 12.8] 메쉬단위 인구예측 모델의 산정수순

기본적인 관점은 다음과 같다.

① 메쉬 단위의 트랜드 추계를 기초로 메쉬마다 택지가능용지에 의한 허용인구를 제약 조건으로 하여 추계를 실시한다.

② 이때 단순한 1 메쉬마다의 트랜드 추계가 아니고, 인접하는 주변 메쉬의 동향 및 수량화 I에 의한 입지 요인 분석으로부터 얻을 수 있는 입지가능성을 고려한다.

여기서, 허용 인구란 메쉬 내에 존재하는 택지가능용지가 모두 택지화된 상태에서의 인구를 말한다.

이는 현황 분석에 근거하는 용도지역이나 도심거리마다의 순수인구밀도나 개발에 따르는 도로 등의 관련 용지를 부가하여 산정된다. 또 수량화 I에 의한 입지가능성 함수를 이용하여, 장래 용도지역의 변경, 철도역의 신설, 도로 정비 등에 수반하는 인구동향에의 영향을 반영할 수 있도록 고안되어 있다. 이러한 추계 방법으로 소지구의 토지이용거동을 반영한 모델 구조를 갖추고있다.

그림 12.10은 인구추계부분의 산정 순서를 나타낸 것이다. 시뮬레이션은 1985년을 초기치로서, 5년마다 2005년까지 4 기분의 메쉬 단위의 인구 추계치가 출력된다. 또 필요에 따라 인구프레임에 의한 배분도 가능하다.

이같은 미크로 어프로치에 의한 인구 예측치를 매트로 모델의 결과와 비교함으로써 보다 적절한 인구프레임의 설정이 가능해진다.

〉〉〉 문헌

1) 日本建築學會編：建築 · 都市計劃のための調査 · 分析方法, 井上書院, 1987.
2) 日本建築學會編：建築 · 都市計劃のためのモデル分析の手法, 井上書院, 1992.
3) 谷村秀彦 · 梶 秀樹 他：都市計劃數理, 朝倉書店, 1986.
4) 江澤讓爾 · 金子敬生 編：地域政策の政策の計劃と適用, 勁草書房, 1974.
5) フォレスター, J.W., 小玉陽一 譯：アーバンダイナミクス, 日本經營出版會, 1970.
6) 玉川英則 編：都市をとらえる, 東京都立大學都市研究所, 1996.
7) 奧野忠一 · 久米 均 他：多變量解釋法, 日科技連, 1971.
8) 福岡市都市整備局：國土利用計劃策定支援システムの開發に關する調査報告書, 1992.
9) 光吉健次 · 萩島 哲 他：韓國における諸都市の類型化に關する研究, 都市計劃, No. 134, pp. 11 0-118, 1984.
10) 安田三郎 · 海野道郎：社會統計學, 丸善, 1984.
11) 福岡市：福岡市將來フレーム豫測調査, 1995.
12) Kilbridge, M. D., O'Block, R. P. and Teplitz, P.V. : Urban Analysis, Harvard Univ., 1970
13) 天野光三 編：計量都市計劃, 丸善, 1982.
14) 山口喜一 編著：人口推計入門, 古今書院, 1990.
15) Kim,j.Y., Hagishima, S. and Ohgai, A. : Development of a Land-use Forecast Mod el by Mesh Data, An Application to Fukuoka City, 2nd Int Conf. Computer in Urban Planning and Urban Managem, Oxford Polytechnic, 1991.

Chapter 13

도시계획과 멀티미디어

도시계획 분야에서의 정보화는 컴퓨터 보급으로 인해 1965년경부터 도시계획 정보를 컴퓨터로 처리하는 것부터 시작되어 최근에는 멀티미디어화가 주요한 테마로 되고 있다. 멀티미디어화는 화상이나 음성, 문자 등 다양한 정보와 그 전달을 포괄적으로 나타내는 개념이다. 최근 컴퓨터 네트워크의 폭발적인 보급으로 화상이나 음성, 문자 정보의 일원적인 정보 교환이 가능해, 도시계획 정보를 인터넷을 통해 불특정 다수에게 제공하는 등 매우 혁신적인 양상이 보여지고 있다. 여기서는 멀티미디어를 구성하는 다양한 기술이 도시계획 분야에서 어떻게 사용되고 있는지, 또 이에 따라 도시계획, 도시계획 연구가 어떻게 전개될 가능성을 지니는지에 대해 살펴보고자 한다. 또한, 멀티미디어의 세계는 변화가 매우 심해 이렇게 교과서로 기술했던 것이 금새 진부화해 버리는 위험이 있다. 따라서 언제나 멀티미디어의 동향에 민감히 대처할 필요성이 있다.

13.1 도시계획과 컴퓨터그래픽스

13.1.1 컴퓨터그래픽스란

컴퓨터그래픽스라고 하는 것은 도형을 컴퓨터 화면상에 표시하는 기술의 총칭이다. 점이나 선 또는 면을 컴퓨터 화면에 표시하기 위해서는 여러 컴퓨터 프로그래밍 언어를 습득할 필요가 있다. 기본적인 것으로는 FORTRAN이나 BASIC, C언어 등이 있는데, 모두 도형 처리가 가능하다.

과학기술 분야에서는 실제는 눈에 보이지 않는 현상을 마치 현실 세계에 있는 것처럼 컴퓨터 화면상에 나타내는 기술이 발달하여, 가시화 기술로서 최근 큰 주목을 끌고 있다. 도시계획 분야에서 컴퓨터그래픽스도 이 기술의 응용이라 볼 수 있다.

13.1.2 컴퓨터그래픽스로 다루는 도형

컴퓨터그래픽스에서 다룰 수 있는 도형은 단색으로 표현하는 흑백 도형, 다색으로 표현하는 칼라 도형 등 색채로 구별하는 도형, 평면상에 표현되는 2차원 도형(X, Y의 2차원 데이터)이나 3차원 공간에 표현되는 3차원 도형(X, Y, Z의 3 차원 데이터)으로 분류된다. 또, 표현 방법에 따라 직선이나 곡선 표현인 와이어 프레임 모형, 물체의 표면에 색을 발라 표현되는 surface 모형, 물체 내부를 메워 버린 솔리드 모형으로 나눌 수 있다.

또, 더욱 더 현실감이 있는 표현 방법으로 조명으로 명암을 준 쉐이딩 모델이 있다. 이 쉐이딩 모델 중에는 광선추적법(레이트래싱)에 의한 모델은 특히 현실감이 있는 모델로서, 지금도 다양한 프로그램 기술의 개발이 활발하다.

13.1.3 도시 공간 데이터의 표현

도시계획은 공간계획으로 조사에서 계획에 이를 때까지의 데이터를 비롯하여, 분석 프로세스, 분석 결과, 계획 내용이 모두 공간을 표현한다는 점이 사회계획이나 경제계획 등 다른 계획과 가장 다른 점이다. 따라서, 이전에 연필이나 마커로 표현하던 것을 컴퓨터 화면상에 표현하고 싶다고 하는 욕구는 도시계획에 종사하는 많은 사람들의 공통이기도 하다. 최근 컴퓨터의 하드웨어나 소프트웨어의 발달이 이를 가능하게 하였다.

그런데, 도시계획과 관련된 데이터는 수치로 표현되는 데이터 또는 토지이용 등 평면적인 데이터(2차원 데이터), 또 건물이나 지형 등 3차원 데이터로 다양하다. 컴퓨터그래픽스도 크게 나누면, 2차원과 3차원으로 나눌 수 있다. 즉 평면상에 도형을 그리는 경우와 3차원 공간 안에 그리는 이미지이다.

(1) 2차원 데이터의 표현

그림 13.1은 토지이용현황을 계측하고 해석하기 위해 국토지리원의 토지이용도를 컬러스캐너로 스캔하여 데이터화 한 것이다. 2차원 데이터에는 면을 점 데이터의 집합으로 표현되는 라스터 데이터와 면의 경계가 선의 집합으로서 표현되는 면 데이터 등 2 종류가 있다. 이 두 가지 데이터는 간단한 화상 처리 기법에 따라 서로 변환이 가능하다. 이 사례는 토지이용 데이터를 라스터 데이터로 표현한 것이다.

라스터 데이터가 우수한 점은 지상에 전개되는 토지이용을 극히 미크로적인 단위까지 포착하는 것이 가능하다는 것이다. 1개의 점이 0.5 m^2 나 1 m^2 등으로 표현되기 때문에, 또한 도시의 위치 정보와 조합해 데이터 해석하는 것이 가능

[그림 13.1] 라스터 데이터에 의한 토지이용의 2차원 표현

하기 때문에 도시계획상의 정보를 유용하게 얻을 수 있다. 그러나 데이터 규모가 너무 커지는 것이 단점이 있지만, 최근에는 컴퓨터 처리 속도나 메모리(core memory 또는 hard disk 등의 외부기억장치)의 비용효과가 매우 향상되어 비교적 간단히 실현될 수 있게 되어 있다.

도시계획 데이터는 도시의 2차원 공간상에서 전개되는 도시 활동을 즉지적으로 표현시키는 것이 필요하다. 메쉬 데이터시스템은 데이터의 조작성이나 집계 단위로서 메쉬가 변하지 않기 때문에 도시계획 데이터나 지역 · 국토 통계 데이터의 집계 단위로서 다양하게 이용되어 왔다. 현재 이용하고 있는 컴퓨터그래픽 기술이 보급되지 않았을 때는 조사 해석 결과를 프린터를 사용해 문자로 지도 표현을 하는 것이 일반적이었다. 이 수법은 디지털 매핑으로 불려, 메쉬를 1개 또는 복수의 문자로 표현한다. 넓은 의미로 컴퓨터그래픽이라고 할 수 있을 것이다.

또, 플로터 출력으로 다양한 표현이 가능하다. 디지털 매핑은 즉지성과 메쉬 단위의 데이터를 정확히 해독하지만, 표현된 도시 전체를 대강 파악하기 위해서는 농담 표현이 중요하다. 기존에는 컴퓨터의 라인 프린터를 사용하고 문자를 입력하였지만, 플로터는 이를 한층 더 용이하게 해주었다. 현재는 디스플레이상에 출력해 레이저 프린트 등에 하드 카피를 함으로써 선명한 표현이 가능하다.

[그림 13.2] 오이타시의 중심부의 컴퓨터그래픽의 사례

도시를 구성하는 가장 기본적인 요소인 건축물은 도시의 토지이용을 규정하고 있는 것과 동시에 3차원적인 도시 환경을 형성한다. 최근, 컴퓨터매핑의 기술개발과 뒤에서 설명할 지리정보시스템을 배경으로, 건축과 가구 데이터를 기본구성요소로 한 도시 데이터(지도 데이터라고도 한다. 이하 「도시 데이터」)가 보급되었다. 도시 데이터를 사용한 컴퓨터그래픽도 많은 사례를 볼 수 있다.

그림 13.2는 오이타시 중심부의 건축과 가구를 표현한 컴퓨터 지도의 사례로, 여기에 다

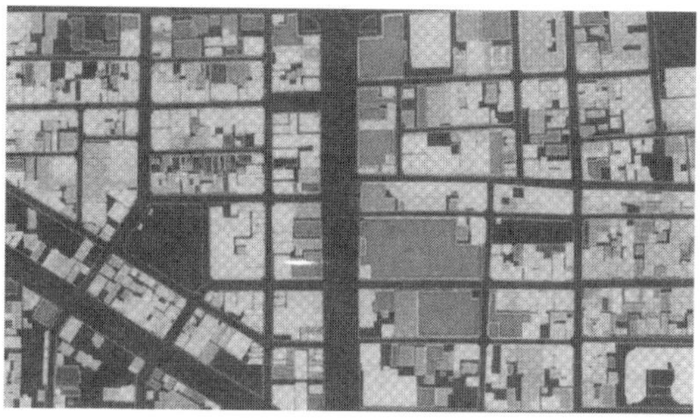

[그림 13.3] 토지이용 데이터 입력의 사례

양한 데이터를 첨가해 데이터베이스화 할 수 있다. 여기서 한 사례를 살펴보기로 하자.

도시 토지이용은 고밀화와 입체화를 진행하고 있다. 이러한 상황을 파악하는 것은 토지이용 연구에서 중요한 과제이다. 그림 13.3은 건물별 이용실태의 조사 결과를 컴퓨터상에서 표현한 것이다. 데이터는 2차원 데이터, 층수를 조합하여 3차원으로 표현가능하다.

(2) 3차원 표현

컴퓨터그래픽을 이용해 도시 공간을 입체적으로 표현하면 도시공간을 더욱 잘 인식할 수 있으며, 해석 결과를 현실감 갖고 이해할 수 있다. 그림 13.4는 그림 13.3의 도시 데이터를 이용해 건물층별로 이용되고 있는 면적을 입체적으로 표현한 것이다. 도시 중심부의 토지이용이 입체적으로 전개되고 있는 것을 알기

[그림 13.4] 층별 바닥이용의 3차원 표현

[그림 13.5] 건축 파사드 형태

쉽다.

도시 데이터에 건축높이의 정보를 부가하면, 간단하고 쉽기는 하지만 입체 표현이 가능해진다.

그림 13.5는 건축의 외관의 형태를 데이터로서 부가해 표현한 것이다.

도시 데이터를 평면적으로 취급하는 것은 아니고, 보다 현실에 가깝게 3차원으로 구축하려고 한다면, 도시 공간이 전개되는 지표면, 즉 지형의 표현이 필수적이다. 현재는 국토지리원의 국토수치지도정보 등 공공 기관에 의한 메쉬로 작성된 표고 데이터가 있다. 그러나 좁은 범위의 지형 데이터나 메쉬의 크기를 목적에 맞게 임의로 설정하고자 한다면, 지도상에 끌어들인 메쉬선과 윤곽으로부터 표고치를 수작업으로 읽어낼 수 있다. 최근에는 대형의 스캐너로 지도의 윤곽을 읽어, 자동적으로 메쉬의 표고치를 알 수 있는 시스템이 개발되어, 데이터 해석이 매우 용이해졌다.

지형 표현에는 와이어 프레임 표현과 보다 고질인 렌더링 표현이 있는데, 도시 데이터와 조합해 표현하는 경우는 렌더링이 적당하다.

또한, 지형 데이터와 도시 데이터를 조합하면, 한층 더 실제와 비슷해진다.

이와 같이, 도시 공간을 컴퓨터그래픽을 통해 가상적으로 표현함으로써 얻어지는 이점으로는 공간을 깊이있게 이해할 수 있다는 것 뿐만 아니라, 도시계획이나 도시설계를 종합적으로 진행시키기 위해서 매우 중요한 의미가 있다.

현대 도시계획에 영향을 준 르・꼬르뷰제나 토니・가르니에는 300만 명의 현대도시, 공업도시를 제안했다. 특히 토니・가르니에는 건축화가로도 불려지는 것처럼, 수많은 투시도와 스케치를 그려가면서 공업도시의 이미지를 전하려고 하였다.

이것은 뒤에서 설명할 경관 시뮬레이션과 유사한 방법이다. 최근 도시계획가나 건축가의 프로젝트를 전체적으로 컴퓨터그래픽으로 표현해 자신들이 의도한 공간을 알리기 위한 작업이 다양하게 이루어지고 있다.

그림 13.6은 르・꼬르뷰제의 300만 명 현대 도시, 그림 13.7은 토니・가르니에의 공업도시를 컴퓨터그래픽화 한 사례이다. 많은 데이터를 입력해야 할 필요가 있지만, 일단 입력이 끝나면, 설계자의 손으로 그려진 투시도 이외의 시점에서도 화상을 묘사할 수 있다. 또한 VR시스템을 활용함으로써 가상적으로 보다 리얼하게 도시 공간을 체험할 수 있다.

[그림 13.6] 르 · 꼬르뷔제의 300만 명의 현대 도시의 CG에 의한 가시화

[그림 13.7] 토니 · 가르니에의 공업도시의 CG에 의한 가시화

13.2 경관 시뮬레이션

경관이란 「자연과 인간계의 사물이 섞여 있는 현실의 상태」(코우지엔)라고 할 수 있다. 따라서 자연계로서의 지각, 수권, 대기권을 구성하는 자연물과 인간의 활동이 만들어내는 인공물이 구성하는 환경, 즉 모든 「보이는 환경」이 경관일 것이다. 따라서 광의의 경관 시뮬레이션에는 이러한 다양한 구성물로 구성되는 가시 환경을 전체 시뮬레이트하는 것이다. 그러나 보통 말하는 경관 시뮬레이션이란 건축이나 토목구조물, 또 조경 등 개발프로젝트와 그 주위를 포함하여 시뮬레이트하면서, 완성 후 시각적인 환경을 미리 평가하기 위한 수법으로 사용된다.

또 경관 시뮬레이션에는 컴퓨터그래픽이나 화상처리기술이 필요하다. 따라서, 경관 시뮬레이션이란 컴퓨터그래픽이나 화상처리의 기술로, 건축물이나 지형, 공작물 등으로 구성되는 경관을 컴퓨터 화면상에 표현하는 수법이라고 할 수 있다.

13.2.1 경관 조사를 위한 시뮬레이션

경관계획의 대상이 되는 도시 · 지역 공간의 제 조건을 정리하여, 경관 특성을 파악하기 위해서는 해당 지역의 현장 관찰이 기본이다. 그러나 지역 공간의 다양한 경관 조건을 현장 관찰로만 파악하는 것은 힘들다. 즉, 경관 조건 평가에서 가장 기본적인 시점장(보는 시점의 위치)을 설정할 때, 해당 영역 전체를 조사하는 경우는 미리 지형을 시뮬레이션 해, 시점장을 검색하는 것이 유용한 방법이다.

13.2.2 설계 단계에서 평가를 위한 경관 시뮬레이션

일정한 공간을 차지하는 건축물이나 토목건축물을 단지 하나의 개체로서 그 형태를 검토하는 것은 부족하다. 주위 경관과의 조화 또는 반대로 주위의 경관과 비교해 두드러지게 하는 효과를 지니고 있는 지 등이 설계 단계에서 평가되어야 할 것이다. 기존의 수법으로는 투시도로 검토하였다. 그러나 다양한 건축물이나 경관 안에서의 계획을 여러 시점장에서 투시도를 그리는 것은 매우 어렵다.

여기서 최근에는 컴퓨터에 의한 시뮬레이션이 이용되게 되었다. 3차원의 입체적으로 데이터를 입력하여 다양한 시점을 설정한 후 시뮬레이션 화상을 작성하는 것이 가능하다.

그림 13.8은 오이타현 벳푸시에 계획된 휴양소를 시뮬레이션한 그림이다. 이 휴양소의 계획은 주민에게 미리 알려진 것이지만, 반대의견이 있어 계획측에서 외벽의 디자인이나 마감재의 대안을 시뮬레이션하여 제시함으로써 이에 대한 의견 일치를 얻어 실행에 옮겨졌다.

13.2.3 계획 프로젝트의 결과를 제시하기 위한 경관 시뮬레이션

시뮬레이션 방법은 설계 단계와 같지만 설계 단계에서의 검토를 거쳐, 건설이 종료한 단계에서 어떠한 경관으로 나타내는지를 보여주기 위한 것으로, 완성 예상도나 완성 모형에 상당한다. 건축물 등이 하나의 개체로서 경관적으로 완결하

[그림 13.8] 휴양소의 시뮬레이션 화상(벳푸시)

[그림 13.9] 오이타현립 병원 철거지 재개발 계획의 시뮬레이션

는 것이 아닌 이상, 주변 경관과의 조화 또는 주변 경관을 어떻게 형성할 것인가는 건축주에게 있어 매우 중요한 관심사이다. 또 개별 건축물의 시뮬레이션보다 주변 환경에 대한 조화나 특성은 건축주 뿐만 아니라 도시 공간을 공유하는 거주자나 시민에 있어서도 중요한 관심사이다.

13.2.4 평가 실험 · 분석과 의지결정을 위한 경관 시뮬레이션

경관형성계획 · 수경계획 등을 하는 경우에는 계획 내용을 미리 시뮬레이트해, 평가함으로써 처음부터 그 계획안을 수용할지 안할지를 판정할 수 있다. 평가방법으로는 크게 2가지가 있다. 한 가지는 경관 그 자체의 특성을 계량적으로 평가하는 방법이고, 다른 한 가지는 경관의 심리적인 평가이다.

계량적인 수법은 경관을 구성하는 이른바 경관 구성요소가 경관 구성에 미치는 영향을 계량적인 지표를 이용해 평가하는 것이다. 또, 심리 평가는 기본적으로 경관 구성요소의 물리량에 지배되는 것으로, 다양한 국면에서 구성요소를 조작시켜 평가한다. 이 경우 대부분이 SD법에 따르는 심리 평가가 주체이다.

13.2.5 유적 · 유구 복원에 의한 경관 시뮬레이션

유적이나 고건축의 복원에 있어서는 그러한 작업이 현재의 도시 공간에 어떠한 의미를 지니는지가 항상 논의되고 있다. 물론 오랜 시간 존재하지 않았던 구조물을 현재의 도시에 소생시키는 것은 경관의 문제 뿐만 아니라, 여러 방면에서 논의가 필요할 것이다. 그러나 논의의 재료를 제공하지 않으면, 각각 개인이 따로 따로 생각하는 이미지로 복원의 문제를 논의하게 된다.

마을의 거리, 성곽, 고분 등 복원의 대상이 많은데, 실제로 구조물을 건설해서 평가할 수는 없는 것이다. 시뮬레이션에 의한 평가밖에 없다.

13.2.6 경관 시뮬레이션의 기술과 방법

앞에서 언급한 다양한 목적이나 사례를 실현하기 위한 경관 시뮬레이션 기술로서는 3차원 CG가 가장 중요한 역할을 한다. 3차원 CG라는 것은 기본적으로는 다각형폴리곤을 3차원 공간에서 연속적으로 그릴 수 있는 데이터 또는 입체 모형을 준비(모델링)하여 묘사함으로써 가능해진다. 경관 시뮬레이션에서는 이 모델링이 경관 구성물군이며, 경관 스케일이다.

현재는 CG 기술이 발달해 렌더링, 라이테닝, 라디오시티, 레이트래싱 등의 기법으로, 상당한 리얼리티가 가능하지만, 실제 경관의 리얼리티를 재현하는 것은 곤란한 경우가 많다. 여기서 많이 이용되는 것은 화상 처리 응용 기술로, 페인트계의 소프트웨어이다. 이는 사진이나 비디오 테잎으로부터 컬러스캐너나 비디오에디터로 얻어진 화상 또는 디지털카메라로 촬영한 화상을 컴퓨터모니터에서 삭제, 부가, 변형 등의 조작으로 시뮬레이션하는 것이다.

[그림 13.10] 후나이성(오이타시) 복원의 경관 시뮬레이션

이상 2가지의 시뮬레이션 기법에는 다음과 같은 장단점이 있다. 3차원 CG에서는 데이터 입력에 막대한 노력이 필요하고, 화상의 현실감이 약간 떨어지지만, 일단 데이터 입력이 끝나면 시점장의 설정이 자유롭고, 다양한 시뮬레이션

의 작성이 가능해진다. 한편, 페인트계의 시뮬레이션에서는 화상의 리얼리티는 우수하지만, 시뮬레이션을 위해 다양한 화상 데이터가 축적되어야 하고, 실제 사진이 베이스이므로 경관 시뮬레이션의 시점장의 자유도가 없다. 현재는 이같은 문제를 극복하기 위해서, 3차원 CG와 실제 경치의 화상을 조합해 보다 리얼리티가 있는 경관 시뮬레이션을 실현하고 있다.

가장 앞서가는 경관 시뮬레이션은 일반적으로 워크 스루로 불리고 있다. 동영상(애니메이션)으로 표현되는 것이다. 공간 내를 걷고 있듯이 시점장을 연속적으로 변화시킨 CG 화상을 비디오 테잎에 수록해, 마치 도시를 걷고 있는 것처럼 느낄 수 있다. 또, 평가자가 가고 싶은 장소에 가서 그 경관장을 리얼타임에 경험할 수 있는 시뮬레이션이 있어 최근에는 간단하고 쉽게 실현될 수 있게 되어 있다.

인터넷을 이용하여 3차원 데이터를 다운로드해 PC에서 가상공간을 체험할 수 있는 VRML가 앞으로 경관 시뮬레이션이나 경관 평가에 넓게 이용될 것으로 보여진다.

13.3 지리정보시스템

지리정보시스템은 GIS(geographic information system)라고 한다. 요즘 이 용어는 일반적으로 보급되어 있다. 지리정보시스템 중 가장 넓게 보급된 것은 매우 정해진 목적을 지닌 카 네비게이션 시스템일 것이다.

도시계획에서 지리정보시스템은 상하수도나 가스, 전화선이나 CATV 등 라이프라인의 유지 관리를 비롯하여 도시계획 정보의 일원적인 관리, 방재 계획, 도로 계획, 그리고 연구에서의 이용과 같은 폭넓게 전개되고 있다. 또한 최근에는 상업 시설의 배치 계획 등 기업 전략의 전개에서도 큰 역할을 하는 등 앞으로의 전개가 주목받고 있다.

지리정보시스템은 공간적인 좌표치로 지리정보를 컴퓨터에 축적하면서, 복수의 정보와 조합하여 표시하거나 계산함으로써, 실무의 과제를 찾아내거나 도시를 보다 깊이 인식하던지 또는 계획작업에 도움을 줄 수 있는 것이다.

13.3.1 지리정보시스템에 입력되는 데이터와 구성

도시계획으로 사용하는 데이터의 기하학적인 성질은 점, 노드, 선, 다각형, 체인 등이 있다. 점에는 면적이 없거나 극히 작은 면적의 공간을 표현한다. 선은 행정계 등 폭을 갖지 않는 대상물을 표현한다. 노드는 선의 끝점이나 선의 교차점 등을 표현하는 특수한 점이다. 다각형은 건물 부지 등 닫은 영역을 나타내는 것으로, 단순 다각형과 복합 다각형으로 나눌 수 있다. 단순 다각형이란 연속된 다각형으로, 그 내부에 다른 대상물은 없고, 복합 다각형이라는 것은 해당 다각형 안에 다른 다각형 등 다른 요소가 포함되어 있는 것이다. 체인이란 표현은 선이지만, 특별한 선으로 다각형의 경계를 표현하는 것이다. 기본적으로는 이러한 기하학적인 특성을 가진 도형의 모임으로, 지리적 공간을 화상에서 표현하여 다

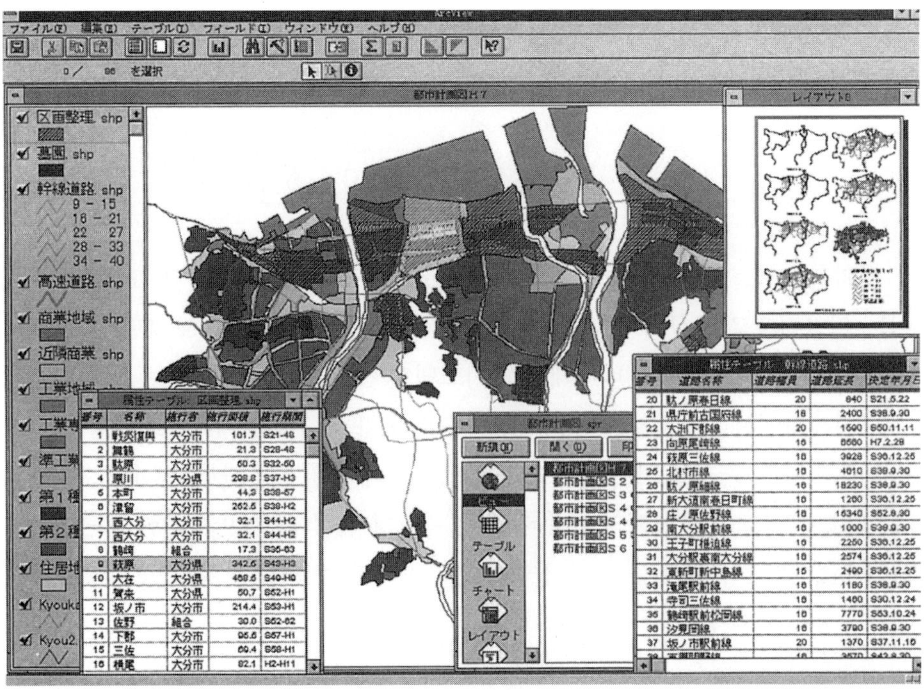

[그림 13.11] GIS 사용의 사례 화상

양한 용도에 대응하는 것이다.

이러한 지리정보는 데이터베이스 구성상, 계층 구조, 즉 레이어를 갖고 있다. 레이어란 정보의 종류를 각각 다른 데이터 구조에 넣음으로써, 데이터 표시나 데이터 갱신을 개별 데이터 종류마다 가능하게 한 것이다. 그림 13.11은 지리정보시스템을 사용한 예를 보여주고 있다.

13.3.2 이제부터의 GIS

지리정보시스템의 기초자료가 되는 국토 전체의 정보를 정비하는 프로젝트가 1995년부터 시작되었다. 국토지리원에서 작성하고 있으며, 공간데이터 기반이라고 불린다. 공간데이터 기반이란 국토, 넓게는 지구상에 존재하는 다양한 공간 대상물의 위치나 속성을 서로 관계 짓기 위한 기초 데이터로서, 앞으로의 지리정보시스템의 근간을 이루는 것이다.

앞으로의 지리정보시스템은 2차원적으로 표현되던 것이 3차원에서 표현됨에 따라, 보다 실제의 지리를 표현하면서, 지리 정보를 제공하게 될 것이다. 이 경우, 토지를 입체적으로 표현한 후, 지리정보를 덧붙여 표현함으로써 표현가능하게 되는 것이다. 국토지리원이 제공하는 국토수치정보가 이 경우의 기초 데이터가 된다. 그림 13.12는 50m 간격의 표고 데이터에 의해서 묘사된 지형의 형상에 랜드새트에서 얻은 식생 상황을 표시하는 화상을 붙인(매핑) 사례이다.

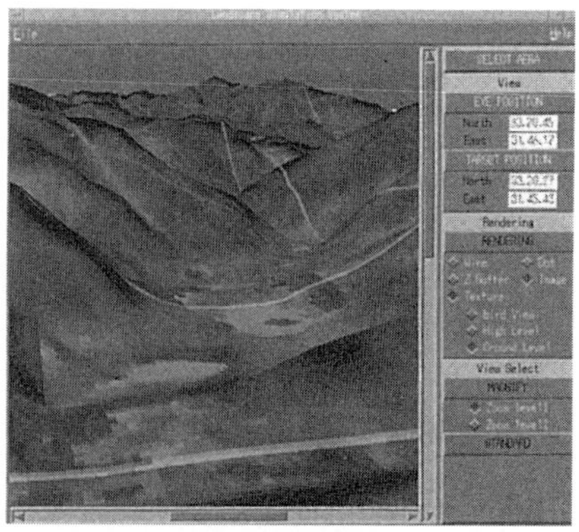

[그림 13.12] 랜드새트의 3차원 표현 사례

13.4 도시계획에서의 인터넷 이용

인터넷이란 네트워크를 서로 묶는다는 의미이며, 개별 LAN이 서로 연결되어, 지구차원에서 네트워크를 구성해 정보를 교환하는 것이다. 기술적으로 홈페이지를 만들기 위한 화상이나 문자, 음성 데이터를 UNIX 컴퓨터상에 입력해 놓으면, 불특정 다수의 사용자가 네트워크로부터 액세스하여, 정보를 다운로드해서 각자의 PC에 정보를 저장하는 것이 가능하다.

인터넷은 1996년에 미국 국방총성 고등연구계획국에서 개발된 것(ARPANET)으로 시작한 기술이며, 초기에는 연구자 사이의 정보 교환에 사용되었지만 현재는 인터넷 홈페이지를 서로 열람하거나 정보를 교환하는 데 이용되고 있다. 인터넷이 우수한 점은 홈페이지를 서로 연결하여 왕래할 수 있는 것이다. 홈페이지를 잇는 것을 「링크를 붙인다」라고 하여, 이 링크가 온 세상을 연결하여 주기 때문에, 인터넷에 의한 정보 네트워크를 world wide web(WWW), 즉 세계에 펼쳐진 거미의 둥지라고 부르고 있다.

현재, 도시계획 분야만이 아니라 모든 분야에서 인터넷을 사용하고 있으며, 거의 2, 3개월만 지나도 그 양상이 크게 바뀔 정도이다. 여기서는 인터넷의 개요와 함께, 도시계획에서의 이용에 대해 살펴보고자 한다.

13.4.1 홈페이지의 기술과 표시

인터넷의 데이터를 사용하여 액세스 하여 표시되는 정보의 화면을 일반적으로 홈페이지라고 부른다. 홈페이지는 네스케이프사의 네스케이프 · 네비게이터나 마이크로소프트사의 인터넷 익스플로러 등 홈페이지 열람 소프트로 볼 수 있다. 홈페이지 작성에는 HTML(hyper text makeup language)로 불리는 특수한 언어가 필요하다. 홈페이지로부터 공급되는 데이터는 문자, 화상, 음성이지만 전자메일 등을 통해 데이터 공급자와 쌍방향 정보 교환이 가능하다. 독자의 분들에게도 자신의 홈페이지를 만들어보는 것을 권하고 싶다.

13.4.2 도시계획 홈페이지의 사례

인터넷이 도시계획에 미치는 효과는 도시계획 연구 분야와 법정 도시계획 분야로 나눌 수 있다. 전자의 경우는 인터넷을 통해 다양한 연구 정보를 수집할 수 있고 연구자의 정보가 인터넷을 통해서 공개되는 등 다양한 연구 네트워크가 가능해진다. 이는 도시계획 연구 분야에만 한정된 것은 아니다.

한편, 법정 도시계획 분야에서는 정보 공개나 주민참가에 큰 전환의 가능성을 기대할 수 있다. 여기에서는 카나가와현의 大和시 사례를 통해 도시계획에의 인터넷 이용에 대해 생각해 보자.

大和시에서는 도시계획 마스터플랜 책정에 임하여, 케이오대학 후지사와 캠퍼스의 협력으로 인터넷에 의한 정보 공개와 시민으로부터의 정보 수집을 실시하였다. 여기서는 마스터플랜 작성의 흐름으로 마스터플랜의 의의나 역할에 대해 시민에게 이해를 얻은 후, 시민의견 수집을 위해 이용되었던 기존의 집회 이외에도 인터넷을 활용하였다. 大和시의 사례는 아직 일본 내에서 보기 힘든 도시계획 책정에서 선진 사례로, 앞으로 인터넷의 보급과 함께, 이러한 사례가 증가할 것으로 보여진다.

大和시의 사례를 보면서, 인터넷에 의한 도시계획의 효과나 과제를 정리해 보자.

① 기존의 정보공개제도에서는 정보로 액세스하는 수단이 한정되어 있다. 따라서, 정보를 받는 측이 극히 지역적, 계층적으로 한정되는데, 大和시의 사례에서는 시민은 물론이거니와 인접하는 마을, 그리고 외국에 거주하고 있는 사람들에게도 공개된 것을 알 수 있다.

② 주민참가에 의한 도시계획의 중요성이 주장되고 있지만, 네트워크로 주민의견을 수집하면, 수집 결과와 계획 작업의 공개 등 원활한 양방향성을 보여주고 있다. 이는 대충하면 형식적으로 끝나기 쉬웠던 주민참가를 효과적으로 운용할 수 있도록 하며, 더 나아가 주민과의 공동 작업도 가능해 진다.

③ 결국, 제도적으로 규정된 계획안의 공청회라는 주민참가 방식이 사실상 별 효과가 없다. 즉, 계획안을 책정하는 프로세스에서 주민의견을 듣는 것이 원래의 취지이나 공청회라는 것은 단지 계획안을 듣기만 하는 상태이다. 실제로 大和시에서는 공술인을 더 이상 응모하지 않았으며, 공청회는 중지되었다.

④ 이에 대한 과제를 살펴보면, 아직 이러한 정보공개가 제도로 확립되지 않고, 현재는 시행 단계이기 때문에, 행정담당자의 자의적인 행위라고 받아질 가능성이 있다. 따라서 네트워크에 의한 정보공개의 제도화가 요구된다.

⑤ 모든 사람이 네트워크에 액세스할 수 있는 것이 아니지만, 이는 앞으로 가까운 장래에 해결될 것이다. 大和시에서는 팩시밀리나 PC 통신, 시민 집회 등 기존의 메디아와 병용하여 이 문제를 해결하였다. 또, 네트워크는 경계없는 것으

로 시민이 아닌 누구나 접근할 수 있다. 따라서 제도화하는 경우는 이 점에 대한 문제점을 정리할 필요가 있다.

13.4.3 인터넷을 이용하기 위해서

정보시스템을 이용하기 위해 검색은 필수적이다. 필요한 정보에 접근하기 위해서 여기저기의 홈페이지에 액세스하는 일이 없이, 키워드를 사용해 얻고자 하는 도시계획 정보를 찾아낼 수 있는 것이 효과적이다. 이는 도시계획에 한정하지 않고 일반적으로 이용을 할 수 있는 홈페이지의 검색 엔진이 많이 제공되고 있다. 그러나, 그러한 검색 엔진은 서비스가 중지가 되거나, 갑자기 URL이 변경되는 경우도 있으므로 주의해야 한다.

또, 검색 엔진에는 각각 특성이 있으므로 어느 엔진을 사용할지가 열쇠이다. 또, 시행 착오를 거치면서 필요한 정보를 겨우 찾는 경우고 있으므로, 여러 개의 검색 엔진을 링크한 페이지도 유용하다. 또, 도시계획이나 도시 경관에 관련한 홈페이지의 리스트를 작성해, 링크해 놓은 홈페이지도 있으므로 이용하는 것이 좋다.

또한, 이러한 URL은 홈페이지 작성자 사정으로 변경되는 것이 많기 때문에 액세스 할 때마다 북마크에 정보를 기록해 두는 것이 중요하다.

당연한 말이지만, 인터넷은 국경을 의식하지 않고 자유롭게 정보 교류를 할 수 있다. 확실히 국경없는 사회의 최첨단을 달리고 있는 것이 인터넷이라고 할 수 있다. 외국의 도시계획 페이지도 자유롭게 열람할 수 있다. 국내 홈페이지로부터 링크하고 있는 것도 많기 때문에 넷 서핑을 즐기면서 외국 페이지에도 액세스해 주었으면 한다.

멀티미디어와 도시계획과의 관계는 가상 현실이나 그룹웨어와 같이 아직은 도시계획과의 관련이 확실하지 않은 것을 포함하여, 앞에서 말한 것 같은 컴퓨터그래픽, 경관 시뮬레이션, 지리정보시스템, 인터넷에 그치지 않고 확대되고 있다. 이 분야는 서로 연계되면서, 오버랩 되고 있는 세계이다.

본서를 읽는 젊은 여러분은 멀티미디어에 흥미를 가져 도시계획을 배우고, 연구하고, 실무에 활용해 가는 세대가 될 것이 틀림없다.

또한, 본장 집필자의 홈페이지 URL를 소개해 두므로, 열람해 주었으면 한다

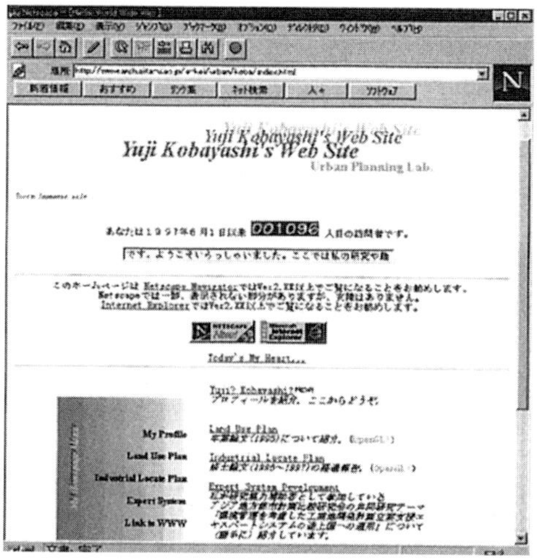

[그림 13.13] 大和시 도시계획 마스터플랜의 홈페이지

(http://www.arch.oita-u.ac.jp/a- kei/urban/). 이 페이지에는 일본을 비롯한 세계의 도시계획 관련 홈페이지가 링크되어 있으므로 참고가 될 것이다.

》》 문헌

1) CG&CAD/CAM 研究會 : Computer Graphics Curriculum 1-10, 日本コンピュータグラフィックス協會, 1998.
2) マップインテグレーション研究會 : 都市と地理情報システム, 講談社, 1992.
3) 都市計劃學會 : 都市計劃における高度情報技術の活用(特輯), 都市計劃, No. 211, 1998.
4) 竹安數博 他 : マルチメディアの衝擊, 日本實業出版社, 1994.

Chapter 14

도시계획의 실현을 향해서

구상되어 계획된 도시계획을 실현하기 위해서는 도시의 건전한 발전 등을 목표로 하는 법 체계의 테두리와 그 운용을 이해하여, 도시계획을 실행하는 조직과 인재를 육성시키지 않으면 안된다. 본 장에서는 도시계획기술자를 교육 · 양성하는 조직, 실현되는 조직을 개관한다. 이는 도시계획 학생들이 앞으로 취업하여 활약할 곳이기도 하다.

14.1 도시계획의 법체계

14.1.1 도시계획을 둘러싼 법체계

도시계획에는 국토를 대상으로 하는 계획에서 일상생활의 범위를 대상으로 하는 계획까지 다양한 수준의 계획이 있다. 토지이용이나 시설의 건설 등 도시 만들기와 관련되는 법률은 200개 정도라고 한다.

먼저, 도시계획법은 도시계획의 내용 및 그 수속, 도시계획 제한, 도시계획사업 그 외의 도시계획에 관계되어 필요한 사항을 정하는 것으로, 도시의 건전한 발전과 질서 있는 정비를 도모하여, 국토의 균형있는 발전과 공공의 복지의 증진에 기여하는 것을 목적으로 하고 있다.

도시계획법에서 지역 지구를 규정하는 근거법에는, 건축기준법, 주차장법, 항만법, 유통업무시가지의 정비에 관한 법률 등이 있고, 촉진지역을 정하는 근거법에 도시재개발법, 대도시 지역에 있어서의 주택지 등의 공급의 촉진에 관한 특별조치법이, 시가지 재개발사업을 정하는 근거법에는 토지구획정리법, 신주택시가지 재개발법, 도시재개발법, 신도시 기반정비법 등이 도시시설을 정하는 근거법에는 도로법, 철도사업법, 궤도법, 주차장법, 자동차터미널법 등이 지구계획 등을 정하는 근거법에는 간선도로변 가로정비에 관한 법률이 있다(그림 14.1, 그림 14.2).

도시계획법보다 비교적 좁은 범위를 취급하는 법령에는 토지수용법, 공유지의 확대의 추진에 관한 법률, 농지법, 농업진흥지역의 정비에 관한 법률, 삼림법, 자연공원법, 자연환경 보전법 등이 있다.

국토계획
➡ 지방계획
➡ 도도부현계획
➡ 시정촌계획
➡ 지구계획
➡ 시설계획

[그림 14.1] 다양한 레벨의 계획

14.1.2 도시계획의 결정수속

도시계획은 시민의 활동과 직접 관련되어 있으며, 공공의 이익을 위해서 사권이 제약되기도 한다. 따라서 시민의 다양한 의견을 충분히 반영하는 것이 필요하며, 시민의 찬성이 필요하다. 도시계획은 작성 단계부터 시민의견을 근거로

도시계획법

(왼쪽)
- 국토종합개발법
- 국토이용계획법
- 수도권정비법
- 긴기권정비법
- 중부권개발정비법
- 산촌진흥법
- 신산업도시건설촉진법
- 농촌지역공업도입촉진법
- 공업재배치촉진법
- 공업정비특별지역정비촉진법
- 공해대책기본법

(오른쪽)
- 토지수용법
- 공유지확대 추진에 관한 법률
- 농지법
- 농업진흥지역 정비에 관한 법률
- 삼림법
- 자연공원법
- 자연환경보존법
- 지방세법
- 조세특별조치법
- 도시개발자금의 부여에 관한 법률
- 특정시가화지역농지의 고정자산의 과세 적정화에 따른 택지화촉진임시조치법
- 히로시마평화기념도시건설법그외 특별도시건설법
- 국제관광문화도시의 정비를 위한 재정 조치 등에 관한 법률
- 수도권의 기성시가지 공장 등의 제한에 관한 법률
- 긴기권의 규제도시구역 공장 등의 제한에 관한 법률

(지역지구)
- 건축기준법
- 주차장법
- 항만법
- 유통업무 시가지 정비에 관한 법률
- 고도의 역사적 풍토의 보존에 관한 특별조치법
- 明日香村에 있어서 역사적 풍토의 보존 및 생활환경의 정비에 관한 특별조치법
- 도시녹지보전법 (수도권근교녹지보전법) (긴기권의 보전구역의 정비에 관한 법률)
- 생산녹지법
- 문화재보호법

(촉진구역)
- 도시재개발법
- 대도시지역에 있어서의 주택지등의 공급촉진에 관한 특별조치법

(시가지재개발법)
- 토지구획정리법
- 신주택시가지개발법
- 도시재개발법
- 신도시기반정비법
- 대도시지역에 있어서의 주택지 등의 공급촉진에 관한 특별조치법
- 수도권의 근교정비지대 및 도시개발구역의 정비에 관한 법률
- 긴기권의 근교정비구역 및 도시개발구역의 정비 및 개발에 관한 법률

(도시시설)
- 도로법
- 지방철도법
- 궤도법
- 주차장법
- 자동차터미널법
- 도시공원법
- 묘지매장 등에 관한 법률
- 하수도법
- 폐기물처리 및 청소에 관한 법률
- 하천법
- 운하법
- 도매시장법
- 특정공항주변항공기소음대책특별조치법
- 도축장법
- 관공처시설의 건설 등에 관한 법률
- 유통업무시가지 정비에 관한 법률

(지구계획 등)
- 간선도로변 가로 정비에 관한 법률

[그림 14.2] 도시계획법 관련 법령 체계

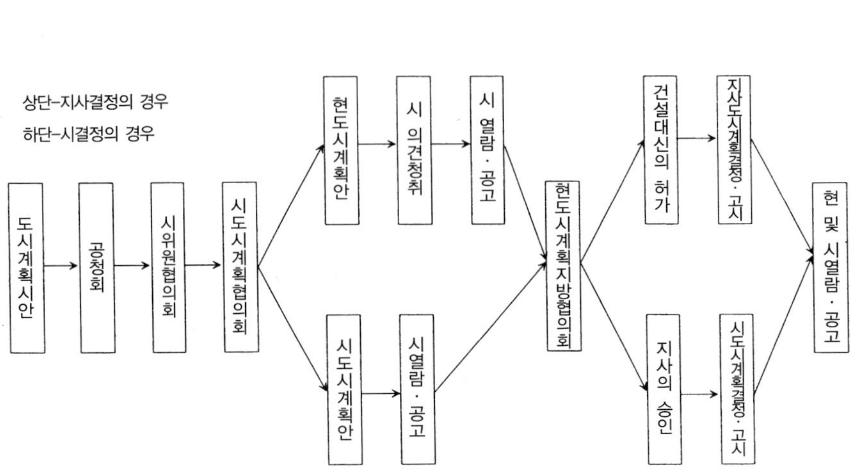

(주) 1. 공청회의 개최 등은 필요에 따라 행해진다.
2. 건설대신 허가는 중요한 도시계획 결정에 필요하다.

[그림 14.3] 도시계획 결정 흐름도

법적 수속 아래에서 결정된다.

도시계획을 결정하는 일반적인 절차는 그림 14.3과 같다. 기본적으로 시안 작성이 주민 공청회, 관련 전문가 심의회 등을 통해 정리된 것을 원안(도시계획안)으로 하여 다시 주민에 대한 열람 및 공고를 실시한다. 여기서 받은 의견서를 지방심의회에는 올려, 더 가다듬은 것을 갖고, 현의 도시계획은 대신이, 시의 도시계획은 지사의 승인을 얻고 도시계획이 결정된다. 이것을 법정도시계획이라고 하며, 이를 고시하여 2주간 열람 및 공고하지만, 고시일부터 효력이 있다.

14.2 도시계획의 연구교육조직과 전문가

14.2.1 대학의 도시계획 교육과 연구

지금까지 도시계획의 기초 교육은 주로 대학의 건축, 토목, 도시공학 관련의 학과에서 이루어졌다. 대학은 도시계획 연구자를 육성해 도시계획 기술을 높여 전문가를 양성하는 사명이 있다. 1993년에 행해진 조사에서는 전국의 대학 중

30% 이상이 도시설계 또는 도시계획강좌를 개설하고 있는 것으로 나타났다.

학부로 개설된 과목은 도시계획의 이념, 수법을 주목적으로 하고, 계획 · 디자인의 기초지식의 습득, 교통계획의 이해 등 폭넓은 지식의 습득을 목적으로 한다.

대학원에서는 도시계획, 도시설계, 도시역사, 경관론 등 고급 과정 외에 근세의 도시와 마을, 지구계획 등 보다 구체적인 테마를 과목의 개설이 많아진다. 주로 방법론의 습득, 깊은 지식의 습득이 목적이며 세미나로 행해진다.

대학원 과정에서는 교육과 더불어 도시계획 및 도시 설계에 관한 연구도 진행되고 있다. 내용은 토지이용, 도시개발, 교통, 녹지 · 환경, 주택 · 토지, 도시계획사, 도시 해석 · 도시 정보, 경관 · 디자인, 지방 · 리조트, 국토정책 · 도시정책, 해외의 도시계획 등 다양하다.

도시설계 · 도시계획을 이수한 학부생의 진로는 설계사무소 등 건설업이 가장 많고, 이어서 공무원, 대학원 진학이 뒤를 잇고 있다. 대학원 졸업자들 중에는 공무원이 가장 많고, 이어서 컨설턴트, 설계사무소, 건설업으로의 취업이 뒤를 잇는다.

같은 도시계획계에서도 토목계에서는 공무원, 디벨롭퍼, 씽크탱크, 공익기업 · 지역기업, 연구기관의 순서에 취업이 이루어진다.

도시 만들기에서의 패러다임(paradigm), 목표, 수법의 변화와 디지털 정보화의 물결을 배경으로, 도시 및 지역공간과 건축과의 접점을 어떻게 계획할까, 도시 및 지역공간과 건축을 통해 무엇을 계획할까, 도시 및 지역 공간 안에서 건축을 어떻게 위치시키는 것이 올바른가에 대해서 목표를 설정하고, 건축계에서의 도시계획교육이 이루어질 필요가 있다. 이것들을 일반 시민들에게 쉬운 언어로 전달될 수 있는 능력이 요구된다. 또, 도시는 인간과 직접 관계되는 환경이기 때문에, 조경학, 사회학, 심리학 등 관련 분야를 적극적으로 거두어들이는 자세가 필요하다.

14.2.2 일본의 도시계획 연구 조직

건설성은 건설 기술에 관한 중요한 연구과제 중 특히 시급하고 대상 범위가 넓은 과제를 종합기술개발프로젝트로 하여 산학관의 제휴로 종합적, 조직적인 연구를 실시하고 있다. 또, 비교적 좁은 대상에서 조기의 성과를 기대하는 연구도 관민연대공동연구로 행해지고 있다. 건설성에는 국토지리원, 토목연구소, 건축연구소가 있다. 이러한 연구기관은 다른 연구기관과 서로 네트워크되어, 분야별 경계 영역이나 종합 영역에 관한 연구도 이루어지지 않으면 안된다.

14.2.3 민간 · 공공의 도시계획 연구 조직

현대 사회가 안고 있는 문제를 학제적으로 연구해 구체적인 해결책과 대체안을 제안하기 위한 연구 조직을 씽크탱크라고 한다. 전문 지식이나 기술을 익혀, 진단, 지도, 지원 등을 직업으로 하는 사람 혹은 조직을 컨설턴트라고 한다. 씽크탱크가 컨설턴트가 되는 경우도 많다. 국내에는 공립, 민간, 제3섹터 등 400 이상의 기관이 있다. 1960년대 본격적인 씽크탱크가 일본에 등장한 이래, 관공서의 정책 입안이나 도시계획, 기업 전략의 책정에 있어서, 정보의 분석이나 우선권을 결정하기 위해 빠뜨릴 수 없는 존재가 되고 있다. 격동하는 사회 정세에서, 씽크탱크가 가지는 정책 제언 능력에의 기대는 높아지고 있다.

(1) 민간 컨설턴트

건축설계사무소나 건축 · 도시계획의 교육 · 연구 · 설계를 실시하는 사람들이 독립해 도시계획을 제언하는 민간차원의 도시계획 컨설턴트가 탄생하여, 여러 가지 도시계획 관련 업무를 하고 있나. 특히 참가형 마을 만들기에 기여하고 있으며, 그 기대도 크다.

은행, 증권 회사, 생명보험 회사계의 종합 연구소는 기업, 정부, 지방자치단체 등이 안고 있는 문제의 해결책이나 전략을 제언하도록, 정치, 경제, 금융, 재정, 산업, 기업, 산업기술, 시장, 도시 개발, 지역 개발 등 폭넓은 영역에 걸친 조사, 연구 개발을 실시하고 있다. 그 한 부문으로 도시계획이 있다. 민간이나 지방자치단체로부터 위탁을 받아 환경 문제, 도시 경영, 기획, 관리 등 컨설턴트를 실시해, 소프트한 면에 관한 기대가 크다.

어쨌든 컨설턴트, 씽크탱크 분야에서는 최근 급격한 사회, 경제, 산업 등의 상황 변화에 대응한 종합적인 시점이나 넓은 시야에서의 조사나 계획 입안이 요구된다.

(2) 지방의 씽크탱크

지방도시에서는 각계 각층의 협력과 제휴하에서 도시 경영의 시점과 장기적 전망에서의 도시 독자적인 정책을 연구하여, 미래의 도시 전략을 생각하여야 한다. 주요 도시에서는 재단법인으로 설립한 산학관의 공동 조직이 있다. 찬조회원이 있으며, 현지 재계나 행정 등 다양한 분야로부터 이사나 평의원을 선출해, 연구소에서 사무국, 특별연구원의 활동을 지원하고 있다. 재단에서는 도시 정책에 관한 조사 연구, 도시 정책에 관한 정보 수집과 제공, 연수와 인재육성 등의 사업을 실시한다.

최근 급격한 국제화, 정보화, 고령화 등의 진전에 따른 새로운 도시문제로 둘러싸인 지방도시에서, 이러한 문제에서 탈출하여 국제적으로도 존재감이 있는 매력으로 가득 찬 도시로서 발전하기 위해서는, 행정, 학술, 경제계 등 폭넓은 영지를 모아, 협동함으로써 새로운 도시 만들기에 몰두하는 것이 요구된다.

14.3 도시계획의 실행 조직

14.3.1 시읍면(市町村)의 실행 조직

도시계획은 지금까지 주로 공공 기관에 의해서 실행되고 있다. 지방 분권이 진행 중인 요즘, 지방자치단체는 지역의 도시계획을 입안해 실행하는 지휘자적 역할을 담당한다. 시읍면의 도시계획을 실행하는 조직의 중요성이 커지고 있고, 시읍면의 도시계획 조직은 보다 지역에 밀착한 실무가 주이다. 시읍면에서는 환경, 경제 진흥, 농림 수산, 도시 정비, 토목, 하수도, 건축 등을 담당하는 많은 부서가 건축 행정 및 도시계획 행정과 관계된다. 시읍면의 장래 목표와 기본이념을 나타내는 「기본 구상」 및 이를 달성하기 위한 장기 계획인 「기본계획」을 책정하고 있어, 도시 기반의 정비, 시민 생활의 충실, 개성있는 문화의 창조 등을 시작으로 하는 시책이 종합적으로 나타나고 있다. 여기에 적합한 형태로 도시계획 사업, 교통 체계의 확립, 지가 대책, 도시 경관의 형성, 시가지 정비, 공원 녹지의 정비 등이 추진되고 있다.

지방자치단체에서는 도시계획 전문지식과 함께 실무 경험을 통하여 다음과 같은 능력을 가진 인재의 육성이 급선무이다.

① 계획과제의 다양화에 대응할 수 있는 종합적 능력

② 행정 스탭으로서 공공 사업의 의의, 집행, 관리 체제를 이해하는 능력

③ 관계 기관이나 주민과의 절충력, 조정력

14.3.2 도도부현(都道府県)의 실행 조직

도도부현은 현재 주요도시 이외의 시읍면의 도시계획에 관해서 일본정부의 기관위임사무를 실시하고 있다. 그곳에서는 시읍면에 걸친 광역적인 관점이 필요하다. 주택, 공원, 하수도 등 생활 관련의 사회간접자본을 정비할 때는 환경, 문화, 복지 등이 다양한 팩터의 사업이나 시책에 포함하는 것이 중요하고, 이를 추진할 때에는 주민 참가를 통해 행정에 반영시킴과 동시에 행정 내부 및 관계 기관의 제휴를 강화해 종합적인 동시에 효율적으로 행정을 추진할 필요가 있다.

도도부현에는 지사 아래에서 기획 진흥, 보건 환경, 상공, 토목, 건축도시 등을 담당하는 부서가 건축 행정 및 도시계획 행정과 관계된다. 안전하고 쾌적한 환경과 매력있는 지역 만들기를 위해서, 개성이 풍부한 지역 만들기의 촉진, 살기 좋은 도시의 정비, 여유와 쾌적함이 있는 거주 환경의 정비, 지역사회의 기반 정비를 지원하는 건설업, 건전한 택지건물거래업 등의 육성, 지역과 조화되는 공공 건축물의 효율적 정비 등의 목표로, 주택 및 사회자본을 정비하고 있다. 도시계획 담당부서는 도시계획법에 근거하는 도시계획 행정의 지정을 받은 시와 촌의 도시계획 결정 및 승인, 도시계획사업의 인가, 도시계획법에 근거하는 개발행위 등의 규제, 토지구획정리법에 근거하는 토지구획정리사업, 도시재개발법에 근거하는 시가지 재개발사업, 조세특별조치법에 근거하는 우량 택지 · 우량 주택의 인정 사무, 도시정책의 종합 기획, 조사, 조정 및 도시 경관에 관한 사무 등의 도시계획 행정과 관계되는 업무를 소관하고 있다.

14.3.3 일본의 실행 조직

국토 전체의 균형 있는 발전을 고려하면서 전국의 도시계획의 지침을 나타내는 나라의 기관의 역할도 크다.

고도 경제성장기를 거쳐 도시지역에 있어서의 과밀, 지방부에 있어서의 과소 등의 문제가 심각해짐에 따라, 이러한 여러 문제를 해결하기 위해서, 국토정책에 관한 기획 및 조정 기능을 가진 행정 기관으로서 국토청이 있다. 국토청에는 수자원, 계획 · 조정, 토지, 대도시권 정비, 지방 진흥, 방재 등을 담당한다.

주택 · 사회자본의 정비 등을 통해 국토의 균형 있는 발전을 촉진해, 활력있는 경제사회와 안전하고 여유와 윤택함이 있는 쾌적한 국민 생활을 실현하기 위한 조직으로 건설성이 있다. 건설성에서는 영선, 건설 경제, 도시, 하천, 도로, 주택 등을 담당하는 부서, 국토지리원, 토목연구소, 건축연구소, 건설대학교, 지방건설국 등이 있다.

공해의 방지, 자연 환경의 보전을 포함해 환경 보전에 관한 행정을 종합적으로 추진하는 것을 목적으로 하는 환경청이 있다. 환경청에는 기획 조정, 자연 보호, 대기 보전, 수질 보전 등을 담당하는 부서, 국립환경연구소, 국립미나마타병종합연구센터 등의 조직이 있다.

이 밖에도 통산성, 운수성, 우정성을 비롯하여 거의 대부분의 정부조직에 도시계획과 관련되는 프로젝트를 담당하는 부서가 있다. 그러한 부서에서도 도시계획의 기초지식이나 관점이 요구된다.

14.3.4 택지조성업자

기존의 도시계획은 공공기관이 주역이 되어 시민이 그것을 향수하는 형태를 취해 왔다. 최근 공적 부담의 억제와 정보화의 흐름은 주민과 민간기업이 주역이 된 21세기의 도시 만들기로 향한다고 생각된다. 도시개발을 전문기업 또는 기업그룹을 디벨로퍼(택지조성업자)라고 한다. 택지조성업자는 비교적 대규모 토지조성, 주택이나 시설의 건설을 각종의 도시 기반과 아울러 선행적, 종합적으로 계획, 공급 및 경영하는 주체이다.

민간기업에서는 상사, 부동산업, 사철, 건설업, 은행 등 대자본이 그 역할을 하고 있으며, 민간 디벨롭퍼로 불린다.

공기업에서는 주택도시정비공단, 지역진흥정비공단, 지방자치단체, 지방주택공급공사 등이 있고, 이들을 별도로 공공 택지조성업자로 부르기도 한다. 도시의 주택정책에서 사업을 평가하여, 각종 사업법이나 공적자금 등에 의한 자금에 의해서 개발사업을 실시한다.

(1) 민간 택지조성업자

은행의 조사부문이 독립하여 개발업무를 실시한다. 지방은행계의 디벨롭퍼에서도 부동산의 매매, 임대, 중개, 관리 및 감정, 주택의 건설, 판매, 임대 및 관리 및 토지의 조성 및 판매, 건설공사의 기획, 설계, 관리 등의 컨설팅 업무 및 청부 등을 업무로서, 호텔이나 스포츠 시설, 주택 등의 리조트 시설을 다루어, 도시의 활성화를 겨냥한 복합 상업 시설을 기획, 실시하고 있다.

종합 건설업자(general contractor)에서도 도시계획 관련사업에 관한 부동산 거래 및 사업의 기획 입안 등 도시 개발을 담당하는 부서가 있어, 기획에서부터 시설의 설계, 시공, 애프터서비스까지 일괄해서 실시할 수 있는 체제도 갖추고 있다.

(2) 공공 택지조성업자

공공 디벨롭퍼에는 시대의 요구로서 보다 나은 사람과 거주지와 도시를 만들기 위해, 다양한 기능의 마을 만들기, 광역적이고 대규모 도시 정비 등을 종합적으로 사업을 전개해, 도시 개발 · 재개발의 추진, 공공 공익 시설의 정비, 도시 공원의 정비, 조사 연구, 기술개발 등을 실시하는 조직이나 균형있는 국토 만들기에 의한 「지방의 시대」를 추진하기 위해 지방 거점 진흥, 지방도시 개발 정비, 공업 재배치, 산업쓰레기지 진흥 등을 실시하는 조직이 있다. 최근 행정개혁의 일환으로, 시대의 변화에 대응한 새로운 이념과 이에 준거한 형태가 모색되고 있다.

디벨롭퍼는 사업 마지막까지 관계하여 사업 실현의 노하우를 축적하고 있는 것이 특징이다. 인재는 실무라는 현장에서 양성되며(on the job training, OJT), 사업화 경험을 쌓는 것이 기본이다.

14.3.5 주민참가형 마을 만들기

근대에 있어서의 도시계획은 공공단체가 사전에 확정적인 계획을 준비하고, 민간이 실시하는 개발과 건축을 기준에 비추어 체크하는 것으로 질서화를 추구해 왔다. 그러나 최근에는 사회 구조가 변하는 가운데, 다음 시대의 도시 만들기 시스템이 요구되었다. 즉, 전체의 기본틀만 공공이 규제하고, 민간에서 개발이나 건축 행위를 제안하여, 주민참가에 의해서 주변 시가지나 주변지역 사회와의 조정을 실시하고, 공공단체와 개발 주체가 교섭하면서 계획 내용을 완성시키는 협의형 마을 만들기가 다양한 모습으로 도시 만들기에 나타난다.

(1) 시민참가의 형태

시민이 참가하는 협의형의 마을 만들기는 시민의 것인지 아닌지에 따라 3가지로 분류할 수 있다.

① 공공단체와 민간 사업자의 파트너십형 : 공공단체와 민간 사업자가 특정 도시개발 프로젝트에 대해 의견을 교환한 후, 일정한 합의를 도모, 공통목적을 기초로 서로 협력하는 타입이다. 교섭 과정을 투명하게 하여, 가능한 밀실화의 해소를 도모하는 것이 중요한 열쇠이다.

② 공공단체와 민간 사업자의 네고시에이션형 : 민간 사업자가 발안한 특정 사업에 대해, 지방자단체가 인허가권을 활용해, 규제의 완화와 민간 개발업자에 의한 사회적 공헌을 거래하는 타입이다. 일본에서는 재개발 지구계획제도 등에서 활용하고 있는데, 주민과의 합의형성은 제도에는 규정되어 있지 않기때문에, 민간 사업자가 공공단체에 제출한 기획을 조정하는 단계에서 자발적으로 주민과 조정하는 구조로 되어 있다. 그 결과, 법적 수속의 앞단계에서 「기획 평가서」의 형태로 공(公)으로 취급된다.

③ 공공단체와 시민, 민간 사업자의 네고시에이션형 : 폭넓은 도시 만들기의 관점으로부터 시민단체가 참가해 개발측에게 사회적 공헌, 공익성을 요구하는 타입이다. 미국에서는 민간 사업자가 실시하는 대규모 개발에 근린 주민 조직이 계획에 관한 요구를 실시하고 있다.

(2) 민간비영리조직(nonprofit organization: NPO)

기성시가지 중심부의 쇠퇴하는 상점가 등에서는 지역 재생을 목적으로, 위험 요소도 각오하면서 가능한 한 많은 주민이 참가하여, 비영리의 마을 만들기 회사를 조직하는 케이스가 있다. 이 회사는 자기 지역에 이익을 환원하는 것을 목적으로 하는 점이 민간 디벨롭퍼와 다르다. 개발 이익의 일부를 사업의 지속 및 확대에 투자하면서, 마을 만들기 엔진의 역할을 하고 있다.

지방분권사회에서는 이러한 마을 만들기를 통해, 조정하는 컨설턴트, 코디네이터의 역할이 한층 더 중요하게 된다.

〉〉〉 문헌

1) 大久保裕文：講義テキスト都市づくり講座, 1997
2) 樗木 武：都市計畫, 森北出版 , 1997.
3) 矢田俊文：21世紀日本の國土のあり方と九州經濟, 九州大學開學記念講演會資料, 1997.
4) 日本建築學會都市計劃小委員會 : 日本の大學における都市設計・都市計劃教育の現狀, 都市計劃教育國際シンポジウム資料集, 1997.
5) 小林英嗣：これからの都市計畫教育, 都市計劃教育國際シンポジウム資料集, 1997.
6) 建設省：建設技術研究開發の概算要求概要, 1997.
7) (財)福岡市都市科學研究所：都市科學, Vol. 31, 1997.
8) 綜合研究開發機構：シンクタンク要覽 1996, 全國官報販賣協同組合, 1996.
9) 鳥栖那智夫：コンサルタントにおけるプランナーの養成と期待, 都市計劃, No. 187, 1994.
10) 坂本 進：企業におけるプランナー養成と活動, 都市計劃, No. 187, 1994.
11) 岡本堯生：行政におけるプランナーの養成と活動, 都市計劃, No. 187, 1994.
12) 國土廳, http://www.nla.go .jp
13) 建設廳, http://www.moc.go.jp
14) 環境廳, http://www eic.or.jp
15) 總務廳九州管區行政監察局 編 : 行政機關等ガイドブック福岡縣平成6年度版, pp. 102-107, 大藏省印刷局, 1994.
16) 建設省九州地方建設局企劃部都市調査課：都市計劃の案內, 1995.
17) 進藤宗幸：人文大學・地方分權を考える, 日本放送出版協會, 1996.
18) 住宅都市整備公團：URBAN LIFE 1996年度住宅・都市整備公團年報, 1996.
19) 地域振興整備公團：豊かな地域社會をめざして, 1997.
20) 小林重敬：協議型まちづくり, 學藝出版社, 1994.
21) 福川裕一 他 : 非營利組織(町づくり會社)による再開發 ; その必要性と條件, 日本建築學會計劃系論文集, Vol. 467, pp. 153-162, 1995.

Chapter 15

도시계획의 장래 전망

이제 독자 여러분에게 앞으로 도시계획은 어떻게 변화할 것인가를 생각하기 위한 문제를 제기하고자 한다. 또, 앞 장에서 다룰 수 없었던 문제에 대해서 지면을 할애하고 있다. 도시계획의 장래 전망이라고 하는 제목이지만, 뚜렷하게 전망을 제시할 수 없는 것도 많이 있다. 앞으로의 연구 성과를 기대한다.

지면 관계상 테마를 줄여서 기술하고자 한다. 사회의 큰 흐름으로서의 정보화, 고령화, 또 일본에서의 수도기능 이전은 21세기 도시계획의 큰 토픽이다. 유동하는 세계 정세나 한 나라의 사회 정세 변화는 지금까지 변화의 연장선상으로 파악되지는 않는다. 즉, 혼돈된 상황이다. 도시계획의 과제도 마찬가지이다. 독자는 독자의 입장에서 공부하는 것이 중요하다. 이 장은 이미 알려진 사실을 전하는 것보다는 문제를 제기하려, 생각할 수 있는 재료를 제시하는 것이 주목적이다.

15.1 세계 구조의 변화와 도시화 · 도시계획

21세기를 목전으로 한 1992년 12월 소련의 붕괴, 이에 앞선 베를린 장벽의 붕괴에 의한 동서냉전 구조의 종결은 세계 정치의 뼈대를 크게 전환시킨 것 뿐만 아니라, 경제, 사회, 문화의 각 방면에서도 커다란 전환점이었다.

사람, 물건, 정보의 교류가 세계 구조의 변화를 현상적으로 보여주고 있음이 명확하게 인식되는 것이다. 또한, 세계 정치의 안정 경향이 가치관을 경제나 문화, 나아가서는 개인의 행복 추구로 변하는 가운데, 도시계획이 완수하는 역할도 큰 전환을 맞이하려 하고 있다. 이 경향으로 사람들의 가치관을 일정한 방향을 유도하는 것이 아니라, 반대로 다양한 가치관을 낳아, 혼돈된 상황 속에 도시계획을 매몰시키는 것은 아닌가라는 걱정도 있다.

세계의 도시화도 급속히 진행하고 있으며, 그 속도는 감속의 기색을 보여주지 않는다. 특히 개발도상국의 인구가 앞으로도 급속히 증가하여, 2025년에는 도상국에서의 도시 인구가 세계 인구의 50%가 되어, 20세기의 도시문제, 도시계획의 과제는 그 양과 질적인 전환이 필수적이라고 예측되어진다.

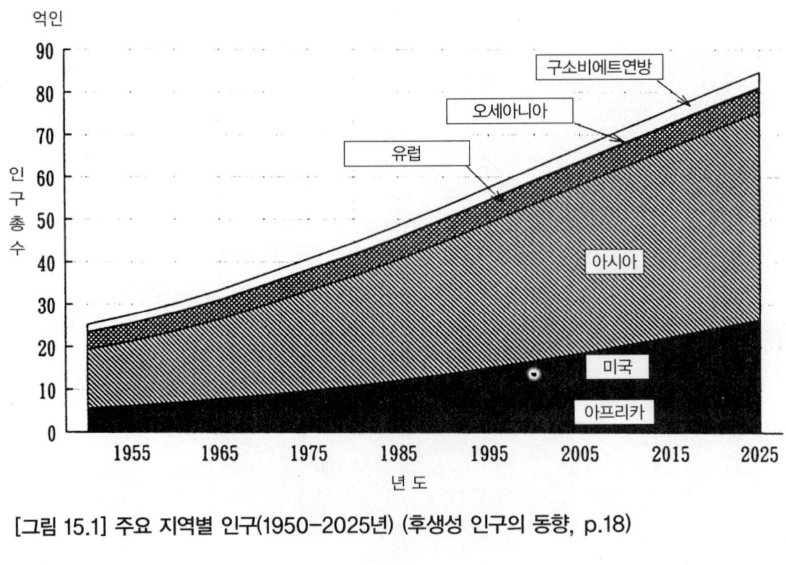

[그림 15.1] 주요 지역별 인구(1950-2025년) (후생성 인구의 동향, p.18)

15.2 아시아 도시계획의 출현과 거기에서 배우는 도시계획

산업혁명에 의해 출현한 공장 노동자의 주택 시가지는 비위생적인 상태에 있었다. 근대 도시계획은 이것을 해결하기 위한 기술이나 행정계획으로서의 역할을 그 출발점으로 했다. 그리고 그 후 대도시의 팽창을 제어하기 위해, 지역설정계획이나 인프라 정비의 기술체계, 또 뉴타운이 출현했다. 로버트 · 오웬의 이상 공업마을, 토니 · 가르니에의 공업도시, 르 · 꼬르뷰제의 300만 명의 현대 도시 등 도시계획의 제안은 그러한 도시계획의 시대 배경을 반영한 도시계획 관점이 결실화된 것이다.

그러나 이러한 도시와는 다른 출발 진행과정을 밟은 비서구 제국, 특히 아시아지역의 도시가 존재한다는 것을 잊어서는 안된다. 앞절에서 말한 것처럼 21세기에는 아시아 도시 인구가 세계 인구의 반수에 미칠 것이 예상되고 있다. 이러한 도시에 서구형 도시계획의 수법을 그대로 적용할 수 없는 것이다.

도시가 산업혁명에 의한 공업화로 노동 인구를 흡인하여 도시의 토지로 농촌 인구가 이탈해 온 영국의 도시화 구조, 도시의 공업화가 인구를 흡인한 일본의 도시, 주로 농촌의 빈곤화로부터 탈출하여 도시 인구를 확대한 도개국의 도시, 이러한 도시 사이에는 100년 내지 백수십년의 시간적인 지연 뿐만 아니라 차이점이 많다. 덧붙여 말하면 국내의 정치정세의 격동에 의한 도시로의 인구 유입은 그 양상이 더욱 더 복잡하다고 할 수 있다.

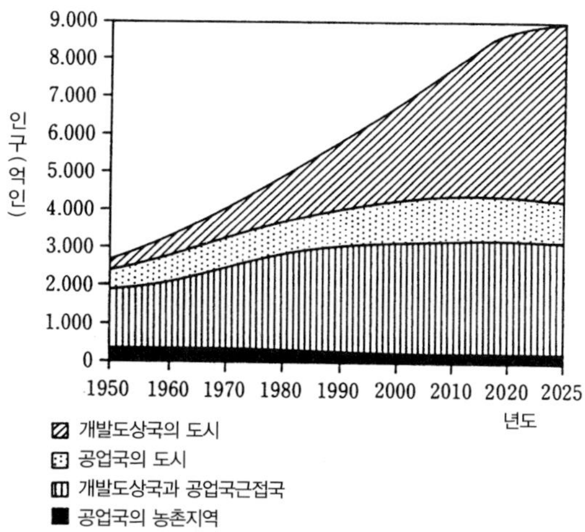

[그림 15.2] 세계 정주지의 추이

도상국 중에는 교외에 대량으로 불량 주택지가 발생하여도, 아직 해결목표조차 설정하지 못한 도시가 많다. 아시아의 도시는 서구의 도시와는 다른 도시계획의 과제를 안고 있는 것이다. 아시아의 도시계획에서는 다음의 과제를 고려해 볼 수 있다.

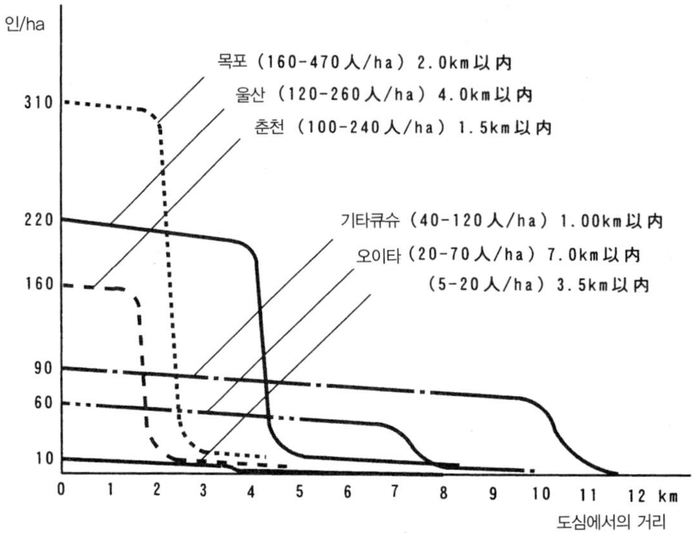

[그림 15.3] 한국도시와 일본도시의 인구밀도(오오가이, 1992)

① 도시의 거주, 특히 집합주거의 시스템을 어떻게 살릴까

② 토지이용의 혼합과 도시 경제 · 사회시스템의 관련을 평가하여, 지속시키는 것

③ 도시, 특히 도심부의 높은 토지이용밀도를 유지하기 위한 인프라 정비

④ 도시의 활력인 도심 거주를 유지하는 것과 동시에 시장을 존속시키는 것

⑤ 교외에 대규모로 발생하는 불량 주택 시가지를 어떻게 재정비할까

인프라 정비의 효율성, 투자 효과를 최대한으로 추구하는 것이 아시아 도시계획의 가장 중요한 과세이다. 이 경우에 현상의 밀도 유지와 이를 실현하는 도시계획 수법을 어떻게 제안할 것인지가 중요한 열쇠이다.

또, 아시아의 도시는 선진국의 도시에 없는 매력을 지니고 있다. 그것은 도심의 활력이다. 미국 도시의 상당수는 상업 기능이 교외로 빠져나가면서 도심부에서는 활력을 잃고 있다. 일본에서도 모터라제이션이나 이른바 大店法의 개정으로 상업 기능이 교외로 전개되면서 도심 공동화가 급속히 진행되고 있다. 도심의 거주 기능과 상업 기능의 회복으로, 도심의 활력회복이 요구된다.

[그림 15.4] 활기있는 죠그 자카르타(인도네시아의 중심부)

[그림 15.5] 도시재개발이 진행되는 고웅(대만)

15.3 지방 분권과 그래프형 국토구조시대의 도시계획

국토의 모습을 자세히 보면, 교통이나 통신네트워크, 하천이나 지하수의 수계나 수망, 또 지형상의 연접 등 하드한 네트워크로부터, 행정이나 정치 기구로서의 사회조직, 인문 · 문화의 교류 등 사람과 사람사이를 연결하는 소프트적인 네트워크로 다양한 그물이 국토를 형성하고 있음을 알 수 있을 것이다.

거기서 국토를 구성하는 도시나 농촌 지역의 집합으로서 실제의 국토 구조와 도시계획의 과제는 다음과 같다.

도시계획은 상위 계획으로서 국토계획이나 지방계획과 관련이 있다. 도시는 도쿄, 오사카, 나고야 등 3대 도시권부터 삿포로, 센다이, 히로시마, 후쿠오카와 같은 지방중추도시, 그리고 현청소재지의 지방중핵도시, 지방도시로, 말하자면 피라미드계층으로 자리 매김되어 왔다. 이러한 구조에서 도시기능의 분담이라는 미명아래에서 대도시로의 집중과 지방의 공동화를 일으켰다고 볼 수 있다.

대도시권의 과밀문제에 기인하는 도시문제와 지방의 과소에 기인하는 지역의 문제를 양극단으로 하는 수직선을 그려보면, 대부분의 도시가 그 선위에 자리잡고 있다.

5차에 걸친 국토계획의 과제는 이러한 국토 구조로부터 발생하는 문제를 해결하고자 하는 것이지만, 각각 주요 포인트가 되는 프로젝트가 반대의 효과를 가져왔던 것도 사실이다.

즉, 1차계획에서는 거점 개발에 의한 국토의 균형 발전, 2차계획에서는 고속교통네트워크 정비, 3차에서는 정주권의 확립, 4차에선 다극분산형 국토 구조의 실현, 그리고 「21세기 국토의 그랜드디자인」이라고 이름 붙여진 5차에서는 다축형 국토 구조의 형성이었다.

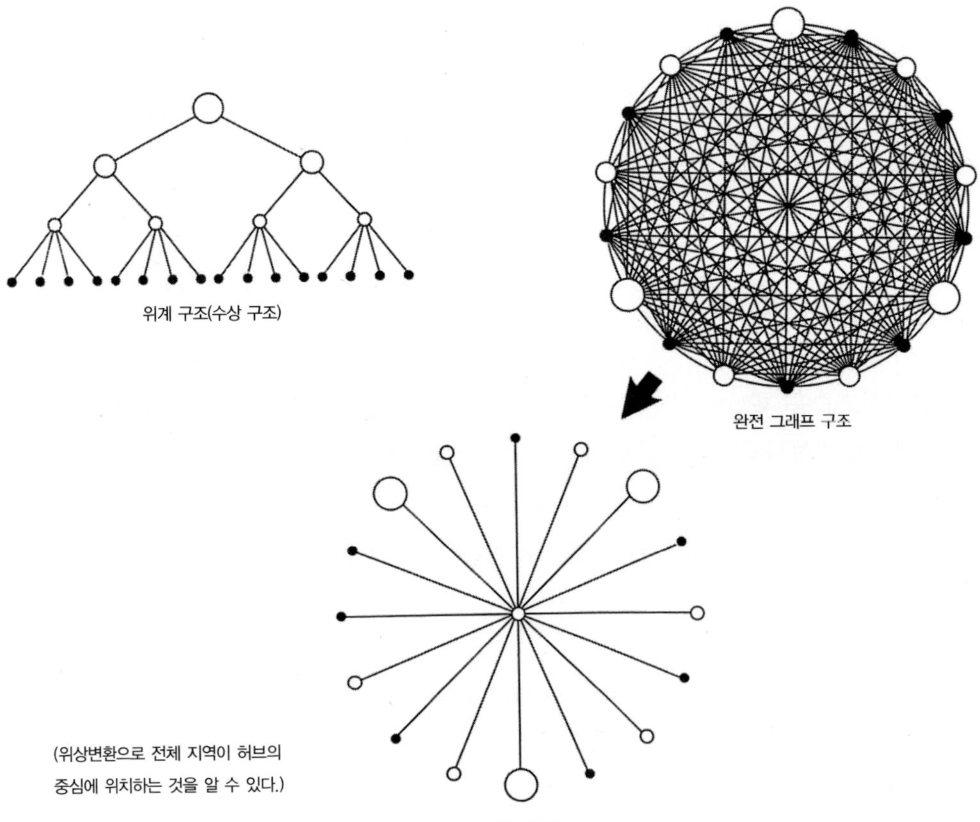

[그림 15.6] 국토 구조의 개념으로서 hierarchy 구조, 완전 그래프 구조, 허브 구조

다극분산형 국토 구조의 실현과 이 구조를 지원하는 개별 도시의 기능이 요구되었지만, 이를 실현하기 위해서는 지방도시가 대도시에 의존하는 것이 아니라, 독자적인 아이덴티티와 기능성을 실현시켜 거주에 의한 도시로서 시민에게 지지받는 도시를 실현하는 것이다. 완전 그래프형 국토 구조는 Euclid 공간인 국토가 여러 도시나 지역으로 구성된다. 평면 분할 문제로서 국토 구조에 대해 이론적으로는 곤란한 구조이다. 그러나 도시나 지역간을 각종의 네트워크로 긴밀히 묶어, 개개의 도시나 지역이 공간적으로 수평인 대등한 위치 관계를 만들어내는 것이 중요하다. 5차에서 제안하고 있는 태평양 신국토축을 비롯한 신국토축이 이 역할을 해줄것으로 기대하고 있다.

이러한 그래프형 국토 구조는 이른바 지방 분권의 국가 구조와 극도로 정합시킨 것이라고 말할 수 있다.

그래프형 국토 구조와 지방 분권의 국가 구조에서 도시와 도시계획이 과연 어떠한 역할을 할지는 아직 미지수이다. 그러나 위계(hierarchy)형의 국토 구조를 그래프형의 국토 구조로 전환시키기 위한 인프라 정비를 전제로 하면서, 개별 도시는 각각의 입장에서 자립적인 도시를 구축하여 더욱 더 매력적인 도시로 연출하기 위한 도시계획을 실현시켜야 한다.

15.4 자연과의 공생 – 지속 가능한 도시의 구축

도시녹지 환경의 후퇴, 열섬현상, 지하수위의 저하, 질소산화물을 시작으로 하는 대기오염 등의 환경 악화는 인간 거주에 있어서 가장 첨단적인 도시의 거주를 한층 더 저하시키고 있다.

현대의 환경 문제는 도시 환경 문제로부터 지구 규모의 환경 문제인 지구의 온난화, 열대 우림의 격감, 오존층 파괴, 사막 지역의 확대, 산성비, 도상국의 공해 문제 등이 주요 관심사로 되고 있다. 그러나 지구 규모의 환경 문제와 도시의 환경 문제는 기본적으로는 연결되어 있으며, 도시 환경 문제의 해결없이는 지구 환경 문제의 해결도 있을 수 없다.

[그림 15.7] 대학 캠퍼스 내의 풍부한 자연(류큐 대학)

도시와 자연이 대립적인 관계라는 것은, 인간이 자연환경을 변형시켜, 자연을 파괴하여 도시를 만들어냈다는 것을 생각할 필요도 없이 분명한 사실이다. 그러나 지구환경의 문제를 전면적으로 해결하기 위해서는 도시 환경문제의 해결방안도 필요하다. 따라서 자연을 파괴해 온 도시에 부가된 과제는 도시에 자연을 회복하여, 자연과 공생시키고, 미래를 향해 지속가능한 도시를 구축하는 것이라고 해도 좋다.

일본의 도시계획 행정분야에서도 「녹지 마스터플랜」을 책정한 경위가 있고, 법정 도시계획에서는 지역 지구의 지정에 대해서도, 풍치지구 등에서 볼 수 있듯이 자연환경보호의 관점이 없었던 것은 아니다. 그러나 원래 자연이나 환경보호의 과제는 도시계획 행정분야라고 하는 것보다 종합적으로, 통일적으로 대처해야 할 성격을 가진 것이다. 따라서 도시계획의 본래 기능인 공간계획에서의 종합조정기능을 도시의 자연 보호나 환경 문제 해결을 위해서 어떻게 발휘할 수 있는가가 풀어져야 할 과제일 것이다.

1993년에 제정된 환경기본법은 그러한 시점에서 보면, 자연과 공생하는 도시의 모습에 많은 시사점을 주고 있다. 환경기본법으로 규정되고 있는 환경기본계획에 대해서는 다른 장에서 설명하고 있으므로, 여기에서는 자연과의 공생이나 지속 가능한 도시의 구축을 위한 도시계획과 관계되는 과제에 대해 정리해 보자.

① 순환 : 물의 건전한 순환을 확보하기 위해서는 빗물의 지하 침투를 보장하는 것. 또 도시 건설에 있어서 환경에의 부하를 줄이고, 불요물의 발생을 억제하거나 적정한 처리, 또, 그 순환이 요구된다.

② 공생 : 도시에서 뛰어난 자연 환경을 유지하여, 자연 환경의 형성에 노력하는 것. 잡목림 등 도시 내 삼림의 보전, 비오톱 형성으로 자연과 공생할 수 있는 환경을 만들어 내는 것. 더 나아가 건물녹화에 의해서 도시의 열섬현상을 해소하는 것.

③ 참가 : 도시 활동의 주체인 행정, 민간 사업자, 시민참가로 도시 자연 환경 형성에 근무하는 것. 환경 교육을 통해 도시 자연 환경의 중요성을 인식하고, 자

연과 공생하는 도시의 형성에 대해 공통 인식을 양성하는 것.

④ 국제적인 대처 : 도시환경계획에 대한 국제 협력을 제안하는 것. 예를 들어 해당 분야에서 선진적인 대처방안을 취하고 있는 독일은 풍부한 노하우를 갖고 있다. 또 도상국의 도시 환경의 형성에 대한 협력은 선진국의 의무이기도 할 것이다.

15.5 고도 정보화 사회가 도시계획에 요구하는 것

광섬유와 컴퓨터, 또 이러한 것들을 제어하는 소프트웨어로 구성된 정보통신 기반을 돌아다니는 문자, 음성, 화상 등의 정보를 매개로 사람들이 교류하는 모습은 지금까지의 사회시스템과는 다른 새로운 사회상을 제시할 것으로 보여진다. 새로운 정보 네트워크가 큰 변화를 낳으려 하고 있는 것이다.

「21세기의 지적 사회에의 개혁을 향해-정보통신기반프로그램」이라는 제목으로 전기통신 심의회의 답신(1994년)은 일본판 정보 초고속도로 구상으로 불리고 있는 것이지만 그 내용은 멀티미디어의 장래 전망이 주축으로, 기술 전개에 의한 정보 교류의 요구가 비약적으로 확대되어, 정보 기반 정비가 급선무로 되어 있다. 그 중에서, 기반 시설로서 광섬유의 부설을 선행 정비 기간(~2000년), 본격 정비 기간(2005년), 수요성숙기(2010년)의 3기로 나누어, 제3기의 2010년까지는 전국적인 정비를 완료시켜, 전체 인구의 100%가 광섬유로 커버될 수 있다고 한다.

이러한 정보인프라정비에서 불가결의 요소는 B-ISDN(광대역 서비스 종합 디지털망)에 의한 정보 네트워크로 현재는 벌써 기간 광섬유망을 부설해, 고속·광대역 백보드 네트워크를 구축하고 있다. 따라서 이러한 네트워크를 말단의 가정까지 끌어 들임으로써 정보통신 기반 정비가 달성되는 것이다.

일본보다 일찍 정보통신 네트워크(정보 초고속도로) 구상을 제시한 미국에서는 고어 부통령의 지시 아래에서 텔레비젼, 비디오 카메라, PC 등을 조합한 장치로, 다음과 같은 생활상의 극적 변화를 이룬다고 한다(NII 행동 아지엔다(전미

정보 통신 기반 계획표)).

① 지리적, 거리적으로 불리한 조건을 가진 학생이 최고의 학교, 최고 교사의, 최고 수준의 수업을 받게 된다.

② 대학이나 도서관, 박물관에 직접 가지 않아도, 미술이나 과학이나 문학에 관한 방대한 자료를 입수할 수 있다.

③ 뛰어난 의료 등 사회 생활에 빠뜨릴 수 없는 서비스가 필요한 때, 필요한 장소에서 차례를 기다리는 일 없이 온라인으로 이용할 수 있다.

④ 자동차, 버스나 전철로 통근하는 대신에 전자하이웨이에서 오피스에 다니는 텔레코뮤팅(전자 통근)이 생기므로, 조건이 좋은 고용의 기회를 희생할 필요 없이 살고 싶은 곳에서 거주할 수 있다.

⑤ 중소 규모의 제조업도 전세계에서 전자 주문을 받게 된다.

⑥ 자택에서 느긋하게 쉬면서 언제라도 좋아하는 시간에 영화나 게임을 즐기고, 은행의 수속(홈뱅킹)이나 쇼핑(버추얼 쇼핑)을 할 수 있다.

⑦ 정부나 자치체의 정보를 전자적으로 직접 입수할 수 있고, 신청 수속도 네트워크를 통해 가능하다.

여기에 덧붙여, 고령자에게 각종의 케어를 정보 네트워크를 통해 실현되는 것도 가능하게 될 것이다.

이와 같이, 다양한 생활, 산업에서 정보통신 기반이 새로운 변화를 가져오지만, 이것이 도시 공간이나 도시계획에 어떠한 변화를 가져올까? 위에 기술되는 상당수의 사례는 네트워크가 공간을 초월해 사람들을 연결시켜줄 것을 시사하고 있다. 따라서 물리적인 이동에 의해서 face to face의 접촉이 아니면 고도의 교류가 가능하지 않았던 시대에서, 정보 네트워크를 통해 질 높은 정보, 문화, 산업, 생활상의 모든 교류나 공동 작업 등이 가능해지는 것이다.

이처럼, 정보 네트워크의 정비는 물리적 이동, 즉 사람이나 물건의 유동을 줄여, 교통 발생을 억제하는 기능도 있다. 따라서 교통 네트워크의 정비도 양적인 정비에서 질적인 정비로, 고도적이며 인간적인 교통으로 전개되어야 할 것이다. 아침 저녁의 교통의 러쉬를 해소할 수 있는 가능성도 있는 것이다.

또 정보통신 시스템의 발달은 시간의 절약과 연결되어, 여가를 발생하기 시작한다. 노동 시간의 단축으로 시작되는 여가와는 다른 성질의 여가가 발생한다. 도시는 이 여가를 어떻게 처리할 것인가, 정보 네트워크가 이 새로운 여가를 처리할 수 있는 것일까?

이러한 정보 네트워크가 가져오는 변화는 플러스의 측면만이 아니라 극히 심각한 문제도 함께 지니고 있다. 사람과 사람과의 face to face의 교류와 정보 네트워크 즉 광섬유에 의한 교류는 리얼리티의 면에서 큰 차이가 있다. VR 시스템의 발달에 의해서도 마음의 교류까지를 요구하는 것은 어렵다. 현재, VR 증후군이라고 하는 사회 현상이 발생하고 있지만, 이 현상은 한층 더 가속화될 것이다. 현실 세계와 가상현실 세계의 틈에서 그 차이에 머리 아파하는 사람들이 증가할 것이다. 이 문제를 해결하는 방법은 직접적인 face to face의 사람과 사람과의 교류이다.

정보통신 네트워크에 의해서 발생한 고도의 시스템을 가진 사회를 하이퍼 네트워크 사회라고 한다면, 사람과 사람과의 높은 질의 교류를 실현하는 인간적인 하이 터치 네트워크 사회의 공존이 21세기에 요구되는 것이다.

도시계획에 더하는 역할은 정보통신 기반의 정비에 따르는 인프라의 조정은 물론이고, 고도의 질을 가진 도시 공간을 만들어내, 사람과 사람과의 밀도높은 직접적인 교류를 실현할 수 있는 종합적인 환경을 제공하는 것이다.

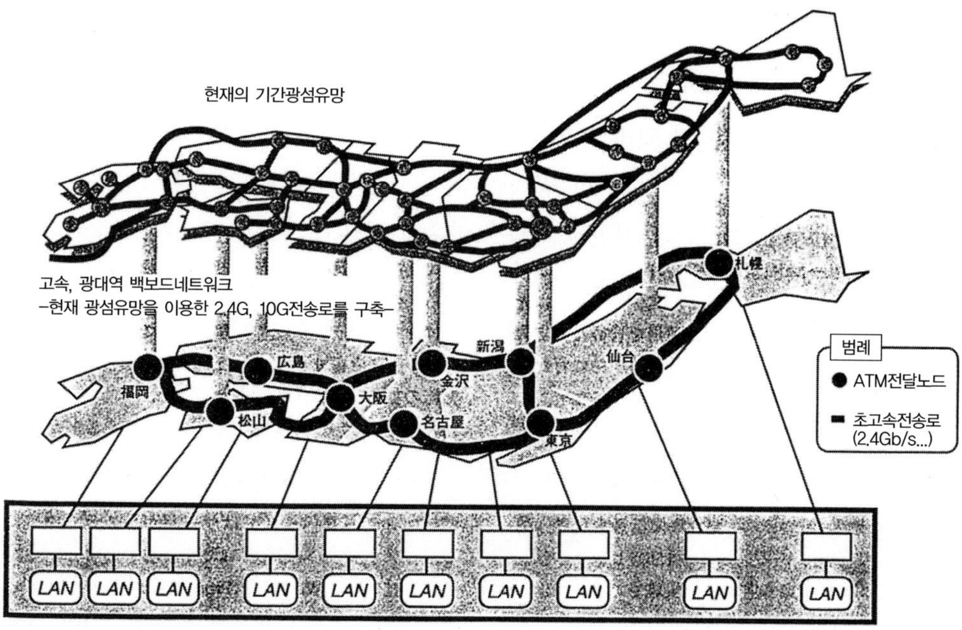

[그림 15.8] 일본의 데이터 하이웨이(NTT의 핵 보닛)
(멀티미디어 기기력, 이드북크, p.49, 시뮬레이션 미디어사)

15.6 고령화 사회와 도시계획

15.6.1 고령화 사회는 어디로 나아갈까

전대미문의 고령화 사회를 맞이하고 있는 지금, 고령화 대응은 도시계획 뿐만 아니라, 사회경제계획 전반과 관계되는 계획 과제이다. 고령화란 인구의 연령 구성이 언밸런스한 상태로 고령 인구의 비율이 커진 상태를 말하는 것으로, 65세 이상 인구의 비율을 정량적으로 규정하고 있는 것만은 아니다. 따라서 고령화라는 것은 인구 구성이 급속히 변화해, 고령자가 증가함으로 발생하는 다양한 과제의 상황을 나타내는 말이라고 할 수 있다.

의료의 발달로 인구의 자연 감소에 의한 고령자 인구의 절대적 증가나 소자녀화에 따라, 상대적으로 고령 인구가 증가한 것이 고령화의 요인이기 때문에 여기에서는 그 현상과 향후의 동향을 간단하게 봐 두기로 한다.

종전 직후의 1947년에는 남자 50.06세, 여자 53.96세였던 평균수명이, 1994년의 경우, 남자 76.57세, 여자 82.98세까지 연장되어 약 50년간에 각각 26.51년, 29.02년이 증가되어, 일본의 평균수명은 세계 제1의 수준이다.

이 경향에서 고령 인구도 증가의 일로로, 65세 인구는 1950년부터 1994년까지 416만 명으로부터 1,759만 명에게 증가해, 실제적으로 1,344만 명, 신장율에서는 4.2배라고 하는 현저한 증가를 보여주고 있다.

향후 이 경향은 어떻게 될 것인가. 후생성 인구문제연구소가 실시한 「일본의 장래 추계 인구(1992)」의 중위 추계에서는 2018년에 일본의 고령화율(66세 인구율)이 25%를 넘어, 2025년에는 25.8%에 이르고, 2045년에는 28.4%로 피크에 달할 것이라고 예측하고 있다. 그 후도 25% 이상의 고령화율을 유지하면서 2090년경까지 25% 수준을 유지한다고 한다. 4명 중 1명이 고령자라고 한다. 21세기는 확실히 고령화의 세기가 될 것이다.

15.6.2 고령화 사회의 전망

인구의 20~25%, 즉 5명 중 1명, 4명중 1명이 고령자라고 하는 시대의 도래는 청장년층을 중심으로 한 사회로부터 고령자의 입장을 충분히 배려하는 사회로 전환될 것을 요구하고 있다고 할 수 있다. 고령자가 사회에서 은퇴한 것이 아닌 사회의 일원으로서 사는 보람을 가지고, 적극적으로 사회에 참가함으로써 건강하고 충실한 생활이 가능해진다. 고령자 복지 시설만이 아니라, 문화 활동, 생산 활동 등 보다 액티브하게 살 수 있는 고령자로 계속 되는 것이 개인의 행복 추구에 큰 효과를 가져오는 것이다.

고령화의 진전은 현재의 추세 이상으로 진행될 것이며, 혼자사는 노인이 증가할 것이라고 한다. 기존의 가족 형태, 즉 부모로부터 아이, 아이로부터 손자로 이어지는 관계에서 고령자의 생활이 보장되던 시대에서, 핵가족화로 되는 과정에서 독거노인의 증가도 커다란 변화의 하나이다. 이렇게 변화하는 가족 형태에 맞추어, 고령자 거주를 보장하기 위해서, 고령자 거주에 대한 의식 개혁, 고령자 케어의 사회화 등이 풀어야 할 과제이다.

지역 커뮤니티는 도시를 구성하는 사회, 공간 단위이며, 고립하기 쉬운 고령자를 따뜻하게 받아들이는 그릇으로서 가능성이 있다. 고령기까지 길러 온 지식이나 경험을 가족에서 지역 커뮤니티로 전개함으로써 세대간의 교류나 제휴, 상호협조 등 새로운 커뮤니티를 형성할 수 있을 것이다.

청장년 중심의 사회로부터, 여러 세대가 공생할 수 있는 사회로의 전환이 21

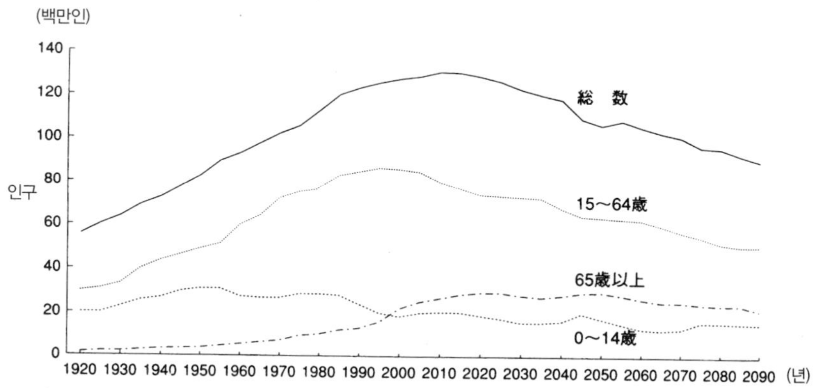

[그림 15.9] 연령 3구분별 인구추이와 예측(총무청, 1992)

세기의 과제이다. 이러한 변화에서 도시계획의 역할에도 새로운 과제가 추가되고 있다.

15.6.3 고령화 사회와 도시계획 과제

고령화 사회의 도래로 고령자를 위한 계획과제가 선보이고 있다. 그러나 도시에 거주하는 모든 사람들의 복지를 목적으로 하는 도시계획이기 때문에 특별히 고령자만을 위한 도시계획으로 되어서는 안될 것이다. 따라서 여기서 말하는 도시계획의 과제는 사람들이 언젠가 거쳐가는 고령기에 초점을 맞추면서도 사회의 약자로서 핸디캡을 가진 시민으로 대응한다는 의미가 있다.

일본의 도시현상을 볼 때, 인프라 정비도 착실하게 진행되며, 사회자본의 스톡도 형성되고 있지만, 구미제국과 비교하면, 가로나 하수도, 공원, 시가지 정비는 아직 지연되고 있다고 보여진다. 당분간은 이러한 사회자본정비가 큰 과제일 것이다. 그 중에서 고령자나 핸디캡을 가진 시민을 고려해, 질높은 도시 공간을 창출하는 것이 모든 연령층의 시민이나 정상인에게도 성숙한 도시임을 의미한다.

도시계획 중앙심의회가 「고령화 사회에 대응한 마을 만들기의 본연의 자세」로 정리한 검토 자료(1994년)에 의하면 다음의 7가지를 과제로 하고 있다.

① 기반 정비의 긴급성 : 지역의 기초 기반을 효율적, 효과적으로 정비함과 동시에, 고령자에게도 좋은 기반으로서 역할을 한다.

② 모든 사람에게 좋은 마을 만들기 : 고령자 · 장애자의 다양함을 고려, 부상자, 임산부 등 일시적으로 핸디캡을 가진 시민들에게도 좋은 「어메니티 풍부한, 모든 사람에게 좋은 마을 만들기」를 목표로 한다.

③ 점에서 면으로 : 지금까지는 개별 시설마다 정비 · 개선되는 경우가 많았고, 여기에 접근할 수 있는 방안도 충분하지 않았기 때문에, 「점에서 면으로」라는 관점으로, 적절하게 시설을 배치하고 네트워크를 위한 동선의 확보 등 각종 시설이 체계화된 시가지의 종합적 · 일체적 정비의 실시.

④ 베리어프리에서 어메니티로 : 고령자의 다양한 요구에 응하기 위해, 도시의 매력을 증진 시키는 문화, 교육 시설의 정비 등 기존의 베리어프리 중심의 대책으로부터, 어메니티 풍부한 질높은 복지의 마을 만들기를 목표로 하는 것.

⑤ 소프트 시책과 하드 정비의 제휴 : 모든 시설을 복합적으로 이용함으로써, 편리하고 효율이 높은 시설의 운영이나 정비가 가능하도록 복지, 교육, 노동, 주택, 사회간접자본의 정비를 여러 관점에서 종합한 마스터플랜을 기초로, 소프트한 시책과 하드한 정비를 결부시켜 마을 만들기를 진행시키는 것.

⑥ 관민의 제휴 : 고령화 사회의 모든 과제가 모두 공공 분야로 하는 것은 곤란하다. 복지시설의 정비 등 초기 비용을 공공에서 지원하고 운영은 민간에게 맡기는 등 관민의 제휴가 필요하다.

⑦ 안전성이라는 관점 : 고령자 등이 안심할 수 있는 생활을 실현하기 위해, 일상이나 비일상의 안전성 확보라는 관점이 필요하다. 복지 마을 만들기 조례 등 고령화에 대응한 도시계획의 과제에 대한 시책이 전개되고 있지만, 도시계획에서 복지라는 과제를 베리어프리라고 하는 좁은 범위의 과제로서 파악하는 것이 아닌, 앞으로는 보다 종합적으로 도시 환경을 복지의 시점에서 다시 파악할 필요가 있다.

〉〉〉 문헌

1) 吉川和廣 編著 : 21世紀の都市と計畵のパラダイム, 丸善, 1995.
2) 酉水孜郎 : 資料 · 國土計劃, 大明堂, 1975.
3) 下河邊淳 : 戰後國土計劃への証言, 日本經濟評論社, 1994.
4) 三菱綜合研究所 : 21世紀型社會への構圖, ダイヤモンド社, 1991.
5) K. Ermer 他, 水原 涉 譯 : 環境共生時代の都市計畵, 技報堂, 1996.
6) 日中地理學會議 : アジアの都市と人口, 古今書院, 1992.

| 편저자 약력 |

萩島 哲

九州大學 工學部 建築學科 卒業

現在 九州大學 大學院 人間環境學硏究科

都市共生デザイン專攻 敎授/工學博士

| 역자 약력 |

소명식

중앙대학교 건축미술학과 졸업

九州大學 大學院 人間環境學硏究科 都市共生デザイン專攻 졸업

현재 아키포럼 종합건축사사무소 소장

조광희

중앙대학교 건축공학과 졸업

중앙대학교 대학원 건축학과 졸업

九州大學 大學院 人間環境學硏究科 建築計劃專攻 수료

현재 대림대학 건축과 부교수

신인중

중앙대학교 건축공학과 졸업

九州大學 大學院 工學硏究科 建築學專攻 졸업

현재 대림대학 건축과 부교수/공학박사

유헌석

중앙대학교 건축공학과 졸업

서울대학교 환경대학원 환경계획학과 졸업

九州大學 大學院 工學硏究科 建築學專攻 졸업

현재 한국환경정책평가연구원 환경평가본부 정책분석평가실 실장/공학박사